建筑与装饰工程计量与计价

主　编　姜泓列　刘启利
副主编　岳井峰　穆　雪
参　编　沈文军　杨洁云

北京理工大学出版社
BEIJING INSTITUTE OF TECHNOLOGY PRESS

内 容 提 要

本书系统阐述了建筑与装饰工程计量与计价的基本理论和方法。全书共分为11个模块，主要包括绪论、工程建设定额、建设工程费用的组成与应用、建设工程施工图预算编制方法、建筑面积计算、建筑与装饰工程计量、建筑与装饰工程定额计价、建筑工程工程量清单编制、建筑工程工程量清单计价编制、建设工程结算与决算、建设工程概预算审查等。

本书可作为高等院校土木工程类相关专业的教材，也可供建筑与装饰工程造价编制与管理人员工作时参考使用。

图书在版编目（CIP）数据

建筑与装饰工程计量与计价/姜泓列，刘启利主编.—北京：北京理工大学出版社，2021.4

ISBN 978-7-5682-9779-0

Ⅰ.①建…　Ⅱ.①姜…②刘…　Ⅲ.①建筑工程－工程造价②建筑装饰－工程造价　Ⅳ.①TU723.3

中国版本图书馆CIP数据核字（2021）第076983号

出版发行／北京理工大学出版社有限责任公司

社　　址／北京市海淀区中关村南大街5号

邮　　编／100081

电　　话／（010）68914775（总编室）

（010）82562903（教材售后服务热线）

（010）68948351（其他图书服务热线）

网　　址／http://www.bitpress.com.cn

经　　销／全国各地新华书店

印　　刷／北京紫瑞利印刷有限公司

开　　本／787毫米×1092毫米　1/16

印　　张／18.5

字　　数／496千字

版　　次／2021年4月第1版　2021年4月第1次印刷

定　　价／75.00元

责任编辑／多海鹏

文案编辑／多海鹏

责任校对／周瑞红

责任印制／边心超

前　言

本书依据《建设工程工程量清单计价规范》（GB 50500—2013）、《房屋建筑与装饰工程工程量计算规范》（GB 50854—2013）、《房屋建筑与装饰工程消耗量定额》（TY01—31—2015）等标准规范及定额，结合《建筑安装费用项目组成》（建标〔2013〕44号）等工程造价编制与管理相关文件，采用2017年版辽宁省《房屋建筑与装饰工程定额》《建设工程费用标准》及《施工机械台班费用标准》进行编写。全书以实际工程为例，具有很强的实用价值和参考价值。本书在编写时既考虑了工程造价编制的地域性特点，又以强化本书的实践性和实用性为目标，注重专业的内在联系和综合性，具有广泛的应用范围。

本书系统阐述了房屋建筑与装饰工程计量与计价的基本理论，主要包括基本建设和建设工程造价的基本知识、工程建设定额、建设工程费用的组成与应用、建筑面积计算规则、建筑工程工程量计算规则、施工图预算的编制、工程量清单与计价、建筑工程结算及预算审查等内容。本书可满足高等院校工程造价、工程管理、建筑企业经济管理及其他建筑类相关专业的学生学习建筑工程预结算相关知识的需要。

与本书配套使用的×××公司办公楼建筑与结构工程图纸，读者可通过访问链接：https://pan.baidu.com/s/1mfUX_im5wREY0vYYTza5eg（提取码：eqml），或扫描右侧的二维码进行下载。

本书由辽宁建筑职业技术学院姜泓列、刘启利担任主编，由辽宁建筑职业技术学院岳井峰、穆雪担任副主编，辽宁建筑职业技术学院沈文军、杨洁云参与编写。具体编写分工如下：模块1由岳井峰编写，模块2和模块3由杨洁云编写，模块4由沈文军编写，模块5和模块6由刘启利编写，模块7～模块9由姜泓列编写，模块10和模块11由穆雪编写。全书插图及图纸由姜泓列、穆雪绘制。

由于编者水平有限，时间仓促，书中难免存在错误和不足，敬请读者批评指正。

编　者

目 录

模块 1　绪论

模块概述

本模块主要介绍基本建设的概念及费用组成。基本建设的费用由建筑安装工程费用、设备及工器具购置费、工程建设其他费用、预备费、建设期贷款利息组成。基本建设的程序可包括项目建议书阶段、可行性研究阶段、设计阶段、建设准备阶段、建设实施阶段和项目竣工验收阶段；基本建设项目由建设项目、单项工程、单位工程、分部工程和分项工程组成。本模块还阐述了工程造价的概念、特点、计价特征及分类；建设工程预算的概念及分类。

知识目标

了解基本建设的概念、一般程序、项目组成；熟悉基本建设的费用组成、工程造价的概念和特点以及建设工程预算的概念；掌握工程造价的分类、计价特征，建设工程预算的分类。

能力目标

能根据基本建设的概念和程序对基本建设项目的组成进行划分；能描述工程造价的概念和特点。

课时建议

6 学时。

1.1　基本建设概述

1.1.1　基本建设的概念

基本建设是指国民经济各部分为投资建造固定资产而进行的经济活动。具体地讲就是与固定资产扩大再生产相关的经济活动，是形成固定资产的过程。固定资产是指使用年限在一年以上、单位价值在规定限额标准以上的具有物质形态的资产，如建筑物、大型机械设备等。

1.1.2　基本建设的费用组成

基本建设的费用就是建设工程项目固定资产的总投资(图 1-1)。其具体构成如下。

1. 设备及工器具购置费

设备及工器具购置费由设备购置费和工具、器具及生产家具购置费组成。为建设项目购置或自制的达到固定资产标准的各种国产或进口设备、工具、器具的购置费用称为设备购置费。工具、器具及生产家具购置费是指在保证项目初期正常生产所必须购置的没有达到固定资产标准的设备、仪器、工具、器具、生产家具等的费用。

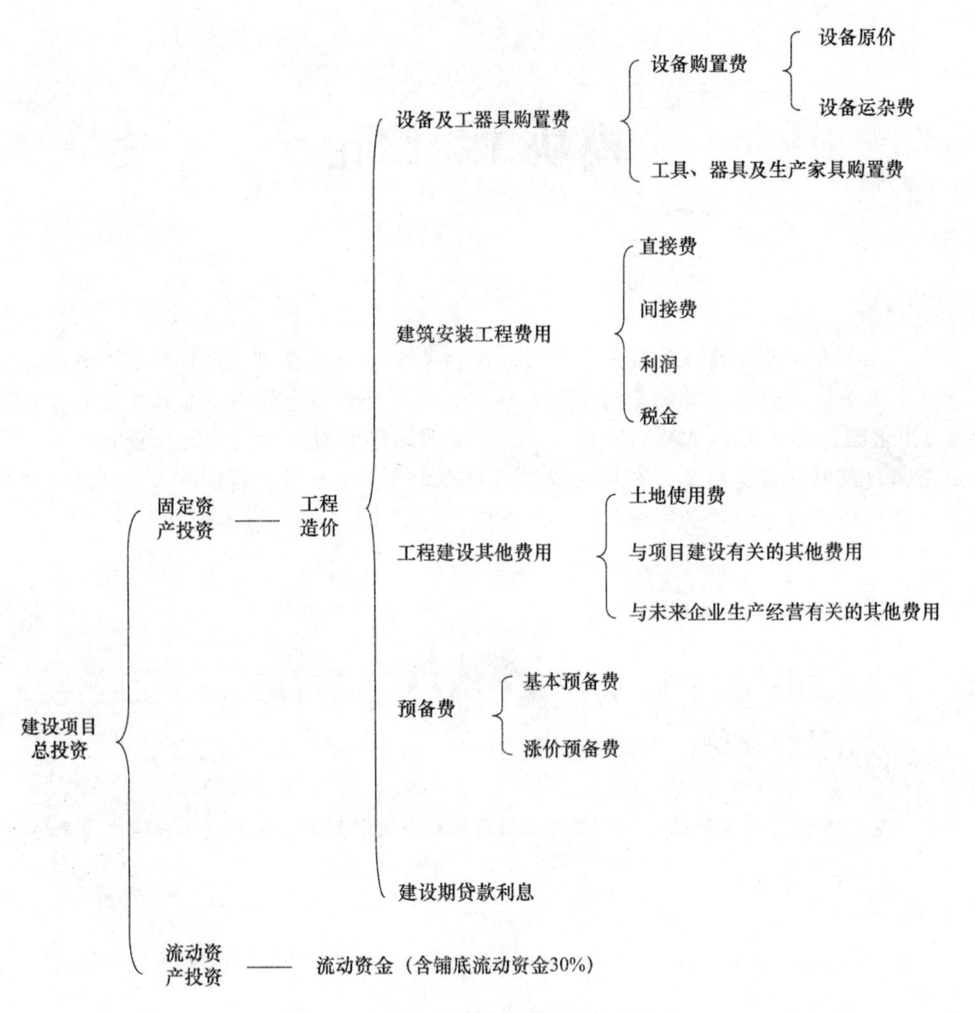

图 1-1　我国现行建设项目总投资的构成

2. 建筑安装工程费用

建筑安装工程费用是指为了完成建设工程项目的建造、生产性设备及其配套工程安装所需要的费用的总和。具体可细分为建筑工程费用和安装工程费用两部分。

(1)建筑工程费用主要包括各类房屋建筑工程和列入房屋建筑工程预算的供水、供暖、通风等设备费用和各种管道、电力、电信、电缆敷设等工程的费用；设备基础、工作台、水池、水塔等建筑工程及各种炉窑的砌筑工程与金属结构工程的费用；场地平整、场地清理、环境绿化、美化等的费用。

(2)安装工程费用主要包括与生产、动力相关的各种需要安装的机械设备的装配费用；与设备相连的工作台、梯子、栏杆等设施的工程费用；附属于被安装设备的管线敷设工程费用；设备的绝缘、防腐、保温、油漆等的费用；对单台设备进行的单机试运转、对系统设备进行的系统联动无负荷试运转等的调试费用。

3. 工程建设其他费用

工程建设其他费用是指从工程筹建起到工程竣工验收交付使用止的整个建设期间，除建筑安装工程费用和设备及工器具购置费用外的，为保证工程建设顺利完成和交付使用后能够正常发挥效用而发生的各项费用。

工程建设其他费用按其内容大体可分为三类：第一类指土地使用费；第二类指与工程建设有关的其他费用；第三类指与未来企业生产经营有关的其他费用。

(1)土地使用费。任何一个建设项目都固定于一定地点与地面相连接，必须占用一定量的土地，也就必然要发生为获得建设用地而支付的费用，这就是土地使用费。其是指通过划拨方式取得土地使用权而支付的土地征用及迁移补偿费，或者通过土地使用权出让方式取得土地使用权而支付的土地使用权出让金。

(2)与工程建设有关的其他费用。

①建设单位管理费。建设单位管理费是指建设项目从立项、筹建、建设、联合试运转、竣工验收交付使用及后评估等全过程管理所需的费用。

②勘察设计费。勘察设计费是指为本建设项目提供项目建议书、可行性研究报告及设计文件等所需的费用。

③研究试验费。研究试验费是指为建设项目提供和验证设计参数、数据、资料等所进行的必要的试验费用，以及设计规定在施工中必须进行试验、验证所需的费用。其包括自行或委托其他部门研究试验所需的人工费、材料费、试验设备及仪器使用费等。这项费用按照设计单位根据本工程项目的需要提出的研究试验内容和要求计算。

④建设单位临时设施费。建设单位临时设施费是指建设期间建设单位所需临时设施的搭设、维修、摊销费用或租赁费用。

临时设施包括临时宿舍、文化福利及公用事业房屋与构筑物、仓库、办公室、加工厂，以及规定范围内的道路、水、电、管线等临时设施和小型临时设施。

⑤工程监理费。工程监理费是指建设单位委托工程监理单位对工程实施监理工作所需的费用。根据《关于发布工程建设监理费用有关规定的通知》和各省份物价局关于工程建设监理费有关问题的通知的规定计取。

⑥工程保险费。工程保险费是指建设项目在建设期间根据需要实施工程保险所需的费用。

⑦施工机构迁移费。施工机构迁移费是指施工机构根据建设任务的需要，经有关部门决定，成建制地(指公司或公司所属工程处、工区)由原驻地迁移到另一个地区的一次性搬迁费用。其费用内容包括职工及随同家属的差旅费，调迁期间的工资和施工机械、设备、工具、用具、周转性材料的搬运费。此费用按建筑安装工程费的0.5%～1%计算。

⑧引进技术和进口设备其他费用。引进技术和进口设备其他费用包括出国人员费用、国外工程技术人员来华费用、技术引进费、分期或延期付款利息、担保费及进口设备检验鉴定费。

⑨工程承包费。工程承包费是指具有总承包条件的工程公司，对工程建设项目从开始建设至竣工投产全过程的总承包所需的管理费用。其具体内容包括组织勘察设计、设备材料采购、非标设备设计制造与销售、施工招标、发包、工程预决算、项目管理、施工质量监督、隐蔽工程检查、验收和试车直至竣工投产的各种管理费用。

(3)与未来企业生产经营有关的其他费用。

①联合试运转费。联合试运转费是指新建企业或新增加生产工艺过程的扩建企业在竣工验收前，按照设计规定的工程质量标准，进行整个车间的负荷或无负荷联合试运转发生的费用支出大于试运转收入的亏损部分。

②生产准备费。生产准备费是指新建企业或新增生产能力的企业，为保证竣工交付使用进行必要的生产能力所发生的费用。

③办公和生活家具购置费。办公和生活家具购置费是指为保证新建、改建、扩建项目初期正常生产、使用和管理所需购置的办公和生活家具、用具的费用。改建、扩建项目所需的办公和生活用具购置费，应用于新建项目。

4. 预备费

预备费主要包括基本预备费和涨价预备费两种。

(1)基本预备费是指在初步设计及概算内难以预料的工程费用。费用内容包括以下几项。

①在批准的初步设计范围内，技术设计、施工图设计及施工过程中所增加的工程费用；设计变更、局部地基处理等增加的费用。

②一般自然灾害造成的损失和预防自然灾害所采取措施的费用。实行工程保险的工程项目费用应适当降低。

③竣工验收时为鉴定工程质量对隐蔽工程进行必要的挖掘和修复费用。

(2)涨价预备费。涨价预备费是指建设项目在建设期间内由于价格等变化引起工程造价变化的预留费用。费用内容包括人工、设备、材料、施工机械的价差费，建筑安装工程费，工程建设其他费用调整及利率、汇率调整等增加的费用。

5. 建设期贷款利息

建设期贷款利息包括向国内银行和其他非银行金融机构贷款、出口信贷、外国政府贷款、国际商业银行贷款，以及在境内外发行的债券等在建设期间内应偿还的借款利息。建设期贷款利息按复利计算。

1.1.3 基本建设的一般程序

基本建设程序是建设项目从设想、选择、评估、决策、设计、施工到竣工验收、投入使用整个建设过程中，各项工作必须遵守的先后次序的法则。按照建设项目发展的内在联系和发展过程，建设程序分成若干阶段。它们各有不同的工作内容，有机地联系在一起。我国的工程建设程序包括以下几个阶段。

1. 项目建议书阶段

项目建议书是对拟建项目的一个轮廓设想，主要作用是说明项目建设的必要性及条件的可行性和获利的可能性。对项目建议书的审批即为立项。根据国民经济中长期发展规划和产业政策，由审批部门确定是否立项，并据此开展可行性研究工作。

2. 可行性研究阶段

可行性研究的主要作用是对项目在技术上是否可行和经济上是否合理进行科学的分析、研究，在评估论证的基础上，由审批部门对项目进行审批。经批准的可行性研究报告是进行初步设计的依据。

3. 设计阶段

设计是依据审批的可行性研究报告对建设工程实施的计划与安排，决定建设工程的轮廓与功能。其一般可分为初步设计和施工图设计两个阶段。

4. 建设准备阶段

建设准备是工程开工前对工程的各项准备工作。其包括征地拆迁、五通一平、组织建设工程招标投标、修建工程临时设施、办理工程开工手续等工作。

5. 建设实施阶段

建设项目具备开工条件后，可以申报开工，经批准开工建设，即进入了建设实施阶段，按照合同要求全面开展施工活动。

6. 项目竣工验收阶段

项目竣工验收是对建设工程办理检验、交接和交付使用的一系列活动，是建设程序的最后一环，是全面考核基本建设成果、检验设计和施工质量的重要阶段。在各专业主管部门单项工程验收合格的基础上，实施项目竣工验收，保证项目按设计要求投入使用，并办理移交固定资产手续。

1.1.4 基本建设的项目组成

基本建设项目由建设项目、单项工程、单位工程、分部工程和分项工程组成。

1. 建设项目

建设项目是指在一个总体设计范围内，按照一个设计意图进行施工的各个项目的总和。每个建设项目都有计划任务书和独立的总体设计。例如，建设一个电厂就是一个建设项目；建设一所学校，或一所医院、一个住宅小区等都是一个建设项目。一个建设项目可以只有一个单项工程，也可以由若干个单项工程组成。

2. 单项工程

单项工程是指在一个建设项目中，具有独立的设计文件，建成后可以独立发挥生产能力或工程效益的项目，是建设项目的组成部分。例如，学校的办公楼、教学楼，钢铁厂的高炉车间等。

3. 单位工程

单位工程是指具有单独设计文件、能够独立组织施工的工程，是单项工程的组成部分，但不能独立发挥生产效益和使用效益。例如，办公楼的土建工程、室内照明工程，钢铁厂的厂房建筑工程、设备安装工程等。

4. 分部工程

分部工程是指在单位工程中，按照工程部位、材料和工艺的不同进一步划分出来的工程。例如，土建工程中的土石方工程、砌筑工程、混凝土及钢筋混凝土工程，电气设备安装工程中的导线敷设等。

5. 分项工程

分项工程是指在一个分部工程中，按照不同的施工方法、不同的施工材料，对分部工程进一步划分的可计量的基本单元。例如，砌筑工程中的砖基础工程、内墙工程，导线敷设中的穿管配线等。

1.2 建设工程造价概述

1.2.1 工程造价的概念及特点

1. 工程造价的概念

工程造价通常是指工程的建造价格。从投资者的角度看，工程造价是指建设一项工程预期开支或实际开支的全部固定资产投资费用；从市场交易者的角度看，工程造价是指为建成一项工程预计或实际在土地市场、设备市场、技术及劳务市场，以及工程承发包市场等交易活动中所形成的建筑安装工程价格和建设工程总价格。

2. 工程造价的特点

(1)工程造价的大额性。工程造价的大额性是由工程的体量大、耗资多、构造复杂等所致。

工程造价少则几百万元，多则几亿至几十亿甚至上百亿元，关系到各个方面的经济利益，对宏观经济也产生重大的影响。

(2)工程造价的个别性、差异性。任何一项工程都有特定的用途、功能、规模。因此，对每一项工程的结构、造型、空间分割有着具体的要求，使其工程内容和实物形态具有个别性、差异性。产品的差异性决定了工程造价的个别性差异。

(3)工程造价的动态性。任何一项工程从决策到竣工交付使用，都有一个较长的建设期间，而且受多种不可控因素的影响，如工程变更、材料价格变化等。因此，造成了工程造价在整个建设期中处于不确定状态，直至竣工决算后才能最终确定工程的实际造价。

(4)工程造价的多层次性。造价的层次性取决于工程的层次性。一个建设项目往往含有多个能够独立发挥设计效能的单项工程(车间、写字楼、住宅楼等)，一个单项工程又是由能够各自发挥专业效能的多个单位工程(土建工程、电气安装工程等)组成的。与此相适应，工程造价有建设项目总造价、单项工程造价和单位工程造价 3 个层次。如果专业分工更细，单位工程(如土建工程)的组成部分——分部分项工程也可以成为交换对象，如大型土方工程、基础工程、装饰工程等，这样，工程造价的层次就增加分部工程和分项工程而成为 5 个层次。即使从造价的计算和工程管理的角度看，工程造价的多层次性也是非常突出的。

(5)工程造价的兼容性。工程造价的兼容性首先表现在它具有两种含义，其次表现在工程造价构成因素的广泛性和复杂性。在工程造价中，首先，成本因素非常复杂。其次，为获得建设工程用地支出的费用、项目可行性研究和规划设计费用、与政府一定时期政策(特别是产业政策和税收政策)相关的费用占有相当的份额。最后，盈利的构成也较为复杂，资金成本较大。

1.2.2 工程造价的计价特征

1. 计价的单件性

建筑产品的单件性特征决定了建设工程造价必须针对每项工程单独计算工程造价。

2. 计价的多次性

因建设项目要按照一定的程序进行决策和建设实施，在不同阶段均需要进行工程造价的计取，以便准确地确定和控制工程造价。因此，工程造价的计价具有多次性的特征。这一过程是一个由粗到细、由浅到深，并最终确定出工程实际造价的过程。工程计价的多次性如图 1-2 所示。

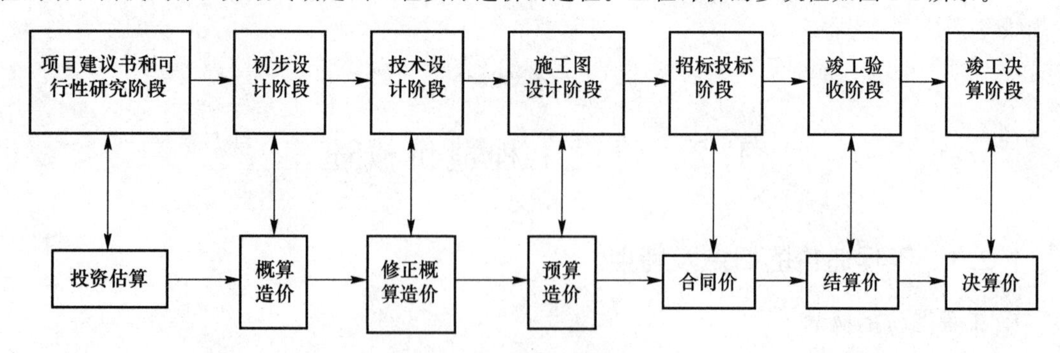

图 1-2 工程多次性计价示意

3. 计价的组合性

工程造价的计算是分部组合而成的。一个建设项目是一个复杂的工程综合体，可以分解为许多有内在联系的工程，这就决定了工程造价的过程也是逐步组合而成的，即分部分项工程造价→单位工程造价→单项工程造价→建设项目总造价。

4. 计价方法的多样性

工程项目的多次计价过程分别有不同的计价依据，每次都对工程造价的计算有不同的精度要求，从而决定了计价方法的多样性。例如，投资估算时采用设备系数法、生产能力指数法等，计算概、预算造价时采用单价法和实物法等。应根据不同的适用条件选择不同的计价方法。

5. 计价依据的复杂性

由于影响工程造价的因素较多，因此，计价依据也就较为复杂多样，主要有以下几项。

(1)设备和工程量的计算依据。

(2)计算人工、材料、机械台班等实物消耗量的依据。

(3)计算工程单价的依据。

(4)设备单价的计算依据。

(5)措施费、间接费和工程建设其他费用的计算依据。

(6)政府规定的税费和物价指数及工程造价指数等。

1.2.3 工程造价的分类

按照计价的多样性，可将工程造价分为以下七类。

1. 投资估算造价

投资估算造价是指在项目建议书和可行性研究阶段，通过编制估算文件测算和确定的工程造价。投资估算造价是建设项目进行决策、筹集资金和合理控制造价的主要依据。

2. 概算造价

概算造价是指在初步设计阶段，根据设计意图，通过编制工程概算文件预先测算和确定的工程造价。与投资估算造价相比，概算造价的准确性有所提高，但受投资估算造价的控制。概算造价一般又可分为建设项目概算总造价、各个单项工程概算综合造价和各单位工程概算造价。

3. 修正概算造价

修正概算造价是指在技术设计阶段，根据技术设计的要求，通过编制修正概算文件预先测算和确定的工程造价。修正概算造价是对初步设计阶段的概算造价的修正和调整，比概算造价准确，但受概算造价控制。

4. 预算造价

预算造价是指在施工图设计阶段，根据施工图纸，通过编制预算文件预先测算和确定的工程造价。预算造价比概算造价或修正概算造价更为详尽和准确，但同样要受前一阶段工程造价的控制。

5. 合同价

合同价是指在工程招标投标阶段通过签订总承包合同、建筑安装工程承包合同、设备材料采购合同，以及技术和咨询服务合同所确定的价格。

6. 结算价

结算价是指在工程竣工验收阶段，按合同调价范围和调价方法，对实际发生的工程量增减、设备和材料价差等进行调整后计算和确定的价格，反映的是工程项目实际造价。

7. 决算价

决算价是指工程竣工决算阶段，以实物数量和货币指标为计量单位，综合反映竣工项目从筹建开始到项目竣工交付使用为止的全部建设费用。决算价一般由建设单位编制，上报相关主管部门审查。

1.2.4 建设工程预算的概念

建设工程预算是指以货币指标确定基本建设工程从筹建到正式建成投产或竣工验收所需的全部建设费用的经济性文件，是通过编制各类价格文件对拟建工程造价进行的先测算和确定的过程。其由建设项目总预算、单项工程预算、单位工程施工图预算构成。

1.2.5 建设工程预算的分类

根据工程预算的不同阶段和深度，建设工程预算可分为以下六类。

(1)投资估算。投资估算是指在项目建议书与可行性研究阶段，通过编制估算文件测算和确定的工程造价。投资估算是建设项目进行决策、筹集资金和合理控制造价的主要依据。

(2)设计概算。设计概算是指在初步设计阶段，根据设计意图，通过编制工程概算文件预先测算和确定的工程造价。

(3)修正设计概算。修正设计概算是指在技术设计阶段，根据技术设计的要求，通过编制修正概算文件预先测算和确定的工程造价。修正设计概算是对初步设计阶段的概算造价的修正和调整，比概算造价准确，但受概算造价控制。

(4)施工图预算。施工图预算是指在施工图设计阶段，根据施工图纸，通过编制预算文件预先测算和确定的工程造价。其比概算造价或修正概算造价更为详尽和准确，但同样要受前一阶段工程造价的控制。施工图预算是确定建筑安装工程预算造价的具体文件，是依据施工图纸、施工组织设计、预算定额、费用标准等技术经济文件等资料编制而成的。

(5)竣工结算。竣工结算是指在工程竣工验收阶段，按合同调价范围和调价方法，对实际发生的工程量增减、设备和材料价差等进行调整后计算与确定的价格，反映的是工程项目实际造价。

(6)竣工决算。竣工决算是指工程竣工决算阶段，以实物数量和货币指标为计量单位，综合反映竣工项目从筹建开始到项目竣工交付使用为止的全部建设费用。竣工决算一般由建设单位编制，上报相关主管部门审查。

思考与练习

1. 什么是基本建设？
2. 基本建设由哪些费用组成？
3. 简述基本建设的程序。
4. 基本建设由哪些项目组成？
5. 什么是工程造价？简述工程造价的计价特征。
6. 工程造价可分为哪几类？
7. 建设工程预算可分为哪几类？

模块2　工程建设定额

模块概述

本模块主要介绍工程建设定额的概念、作用、特点及分类，其中工程建设定额的特点包括科学性、系统性、统一性、指导性、稳定性与时效性；施工定额编制与应用包括劳动定额编制与应用、材料消耗定额编制与应用、机械台班定额编制与应用。此外，还介绍了预算定额的概念、作用、编制、应用及预算定额手册的组成，概算定额和概算指标的编制与应用。

知识目标

了解定额及工程建设定额的概念、作用、特点；熟悉建筑工程定额的分类。

能力目标

能灵活应用工程建设定额，包括定额的直接套用、定额的换算和定额的补充。

课时建议

6课时。

2.1　工程建设定额概述

2.1.1　工程建设定额的概念及作用

1. 工程建设定额的概念

定额即规定的额度，是根据各种不同的需要，对某一事物规定的数量标准。定额水平就是规定完成单位合格产品所需资源消耗的数量多少，其随着社会生产力水平的变化而变化，是一定时期社会生产力的反映。

工程建设定额是指在工程建设中单位产品上人工、材料、机械、资金消耗的规定额度。其属于生产消耗定额的性质。这种规定的数量额度所反映的是在一定生产力发展水平的条件下，完成工程建设中的某项产品与各种生产消耗之间特定的数量关系。例如，砌筑每立方米M10干混砌筑砂浆砖基础需要消耗0.934 2个工日、0.526 2千块烧结煤矸石普通砖、0.239 9 m^3砂浆、0.105 0 m^3水及干混砂浆罐式搅拌机0.024个台班。

工程建设定额是根据国家一定时期的管理体制和管理制度，根据不同定额的用途和适用范围，由国家特定的机构按照一定的程序制定的。它应正确反映工程建设和各种资源消耗之间的客观规律。

2. 工程建设定额的作用

(1)工程建设定额是确定建筑工程造价的依据。

(2)工程建设定额是编制工程计划、组织和管理施工的重要依据。

(3)工程建设定额是建筑企业实行经济责任制及编制招标控制价和投标报价的依据。

(4)工程建设定额是建筑企业降低工程成本进行经济分析的依据。

(5)工程建设定额是总结先进生产方法的手段。

2.1.2 工程建设定额的特点

1. 科学性

工程建设定额的科学性，首先表现在用科学的态度制定定额，尊重客观实际，力求定额水平合理；其次表现在制定定额的技术方法上，即利用现代科学管理的成就，形成一套系统的、完整的、在实践中行之有效的方法；最后表现在定额制定和贯彻的一体化。制定定额是为了提供贯彻的依据，贯彻是为了实现管理的目标，也是对定额的信息反馈。

2. 系统性

工程建设定额是相对独立的系统，其是由多种定额结合而成的有机的整体，结构复杂、层次鲜明、目标明确。工程建设定额的系统性是由工程建设的特点决定的。按照系统论的观点，工程建设就是庞大的实体系统，工程建设定额是为这个实体系统服务的。

3. 统一性

工程建设定额的统一性，主要是由国家对经济发展的有计划的宏观调控职能决定的。为了使国民经济按照既定的目标发展，就需要借助某些标准、定额、参数等，对工程建设进行规划、组织、调节、控制。

工程建设定额的统一性按照其影响力和执行范围来看，有全国统一定额、地区统一定额和行业统一定额等。

4. 指导性

随着我国建设市场的不断成熟和规范，工程建设定额尤其是统一定额原具备的指令性特点逐渐弱化。

工程建设定额的指导性的客观基础是定额的科学性。只有科学的定额才能正确地指导客观的交易行为。工程建设定额的指导性体现在两个方面：一方面，工程建设定额作为国家各地区和行业颁布的指导性依据，可以规范建设市场的交易行为，在具体的建设产品定价过程中也可以起到相应的参考性作用，同时，统一定额还可以作为政府投资项目定价及造价控制的重要依据；另一方面，在现行的工程量清单计价方式下，体现交易双方自主定价的特点，投标人报价的主要依据是企业定额，但企业定额的编制和完善仍然离不开统一定额的指导。

5. 稳定性与时效性

工程建设定额中的任何一种都是一定时期技术发展和管理水平的反映，因而，在一段时间内都表现出稳定的状态。稳定的时间有长有短，一般为5～10年。保持定额的稳定性是维护定额的指导性所必需的，更是有效地贯彻定额所必需的。如果某种定额处于经常修改变动之中，那么必然造成执行中的困难和混乱，很容易导致定额指导作用的丧失。工程建设定额的不稳定也会给定额的编制工作带来极大的困难。

但是，工程建设定额的稳定性是相对的。当生产力向前发展时，定额就会与生产力不相适应。这样，它原有的作用就会逐步减弱以致消失，需要重新编制或修订。

2.1.3 工程建设定额的分类

就一个建设项目而言，由于所处的工程建设阶段不同，使用的定额就不同。按照定额反映的物质消耗、编制程序和用途、适用范围可以分为以下几种。

(1)按定额反映的生产要素消耗内容可分为劳动消耗定额、材料消耗定额、机械台班消耗定额。

(2)按定额的编制程序和用途可将工程建设定额分为施工定额、预算定额、概算定额、概算指标、投资估算指标等。

(3)按投资的费用性质可分为建筑工程定额、设备安装工程定额、建筑安装工程费用定额、工器具定额及工程建设其他费用定额等。

(4)按主编单位和管理权限可分为全国统一定额、行业统一定额、地区统一定额、企业定额、补充定额等。

(5)按专业性质可分为全国通用定额、行业通用定额和专业通用定额三种。

工程建设定额的分类如图 2-1 所示。

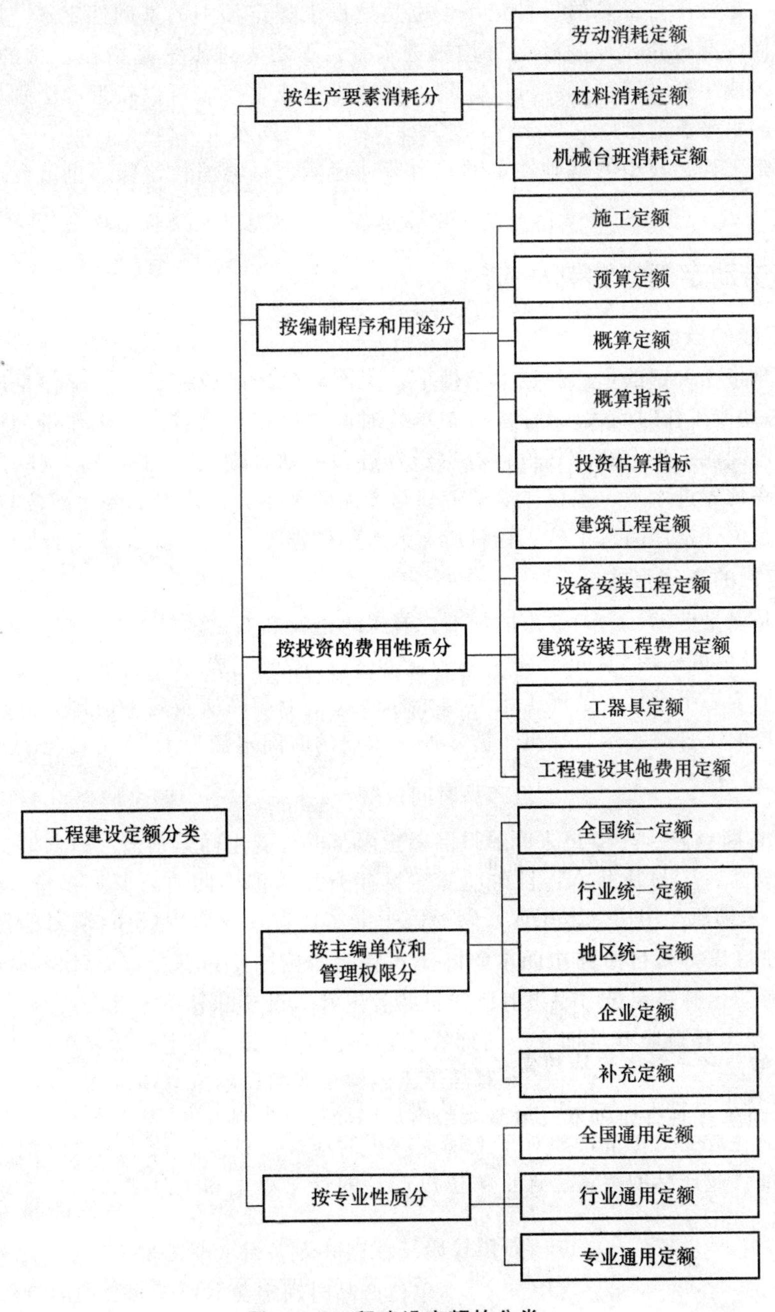

图 2-1　工程建设定额的分类

2.2 施工定额的编制与应用

施工定额也称为企业定额，表示在正常施工条件下，以建筑工程的施工过程为对象，完成规定计量单位的合格产品所必需消耗的人工、材料和机械台班的数量标准。其是指建筑安装企业根据企业本身的技术水平和管理水平，编制完成单位合格产品所必需的人工、材料、施工机械台班的消耗量，以及其他生产经营要素消耗的数量标准。

施工定额是为施工生产而服务的定额，是企业进行生产管理的一种工具。其是建设工程定额中分项最细、定额子目最多的一种定额，也是建设工程定额中的基础性定额。施工定额中只有定额消耗量而没有价格，反映社会平均先进水平。平均先进水平是指在正常的施工条件下，大多数施工班组或生产者通过努力可以达到、少数班组或生产者可以接近、个别先进班组或生产者可以超越的水平。通常，它低于先进水平，略高于平均水平。

施工定额是工程建设中的基础性定额，由劳动定额、材料消耗定额、机械台班定额三大基础定额构成。

2.2.1 劳动定额的编制与应用

1. 劳动定额的概念

劳动定额是指在一定的生产和技术条件下，生产单位产品或完成一定工作量应该消耗的劳动量(一般用劳动或工作时间表示)标准或在单位时间内生产产品或完成工作量的标准，又称人工定额、工时定额或工日定额。其蕴含着生产效益和劳动合理运用的标准，反映的是建筑安装工人劳动生产率的先进水平，不仅体现了劳动与产品的关系，还体现了劳动配备与组织的关系。它是计算完成单位合格产品或单位工程量所需人工的依据。

2. 劳动定额的表现形式

劳动定额是衡量劳动(工作)效率的标准，有工时定额和产量定额两种表现形式。

(1)工时定额也可称为“时间定额”，是生产单位产品或完成一定工作量所规定的时间消耗量，如对车工加工一个零件、装配工组装一个部件或一个产品所规定的时间。计量单位以完成单位产品所消耗的工日来表示，如砌1砖双面清水墙的时间定额为1.27工日/m^3。

$$单位产品时间定额=\frac{1}{每工产量} \tag{2-1}$$

或

$$单位产品时间定额=\frac{小组工日数组合}{小组每班产量} \tag{2-2}$$

【例2-1】 某砌筑小组由3人组成，砌一砖半混水内墙，一天内(8 h)砌完7.5 m^3，求时间定额。

【解】

$$时间定额=\frac{3工日}{7.5\ m^3}=0.4(工日/m^3)$$

即砌1 m^3合格的一砖半混水内墙约需0.4工日。

(2)产量定额也可称为“工作定额”，是在单位时间内(如小时、工作日或班次)规定的应生产产品的数量或应完成的工作量，如对车工规定一小时应加工的零件数量、对装配工规定一个工作日应装配的部件或产品的数量。计量单位以产品的计量单位和工日来表示，如砌砖墙的产量定额为1.08 m^3/工日。

$$每工产量=\frac{1}{单位产品时间定额} \tag{2-3}$$

或 $$小组每班产量=\frac{小组工日数组合}{单位产品时间定额} \tag{2-4}$$

【例 2-2】 3 人小组砌一砖半混水内墙需要时间 0.4 工日，求产量定额。

【解】 $$产量定额=\frac{3}{0.4\ 工日/m^3}=7.5(m^3/工日)$$

即 3 人小组每工日可砌合格的一砖半混水内墙 7.5 m^3。

工时定额和产量定额互为倒数，时间定额=1÷产量定额。工时定额越低，产量定额就越高；工时定额越高，产量定额就越低。在制造业中，单件小批生产的组织主要采用"工时定额"，时间定额可以相加，便于统计完成工作量；大批量生产的组织主要采用"产量定额"，产量定额直观、具体，便于向工人班组下达生产任务。

3. 劳动定额的表示方法

劳动定额的表示方法见表 2-1。

表 2-1 砖墙时间定额

工作内容：砌墙面的艺术表现形式(腰线、门窗套子、虎头砖、通立边)、墙垛、平旋、安放平旋模板、梁板头砌砖、梁板下塞砖、楼楞间砌砖，留孔洞，留楼梯踏步斜槽，砌各种凹进处，山墙、女儿墙泛水槽，安放木砖、铁件及体积≤0.024 m^3 的预制混凝土门窗过梁、隔板、垫块及调整立好后的门窗框等。

m^3

定额编号	AD0020	AD0021	AD0022	AD0023	AD0024	符号
项目	混水内墙					
	1/2 砖	3/4 砖	1 砖	3/2 砖	≥2 砖	
综合	1.380	1.340	1.020	0.994	0.917	一
砌砖	0.865	0.815	0.482	0.448	0.404	二
运输	0.434	0.437	0.440	0.440	0.395	三
调制砂浆	0.085	0.089	0.101	0.106	0.118	四
定额编号	AD0025	AD0026	AD0027	AD0028	AD0029	符号
项目	混水外墙					
	1/2 砖	3/4 砖	1 砖	3/2 砖	≥2 砖	
综合	1.500	1.440	1.090	1.040	1.010	一
砌砖	0.980	0.951	0.549	0.491	0.458	二
运输	0.434	0.437	0.440	0.440	0.440	三
调整砂浆	0.085	0.089	0.101	0.106	0.107	四
注：摘自《全国建设工程劳动定额》第四分册砌筑工程						

4. 劳动定额的应用

【例 2-3】 某工程有砌 1.5 砖混水外墙 580 m^3，每天有 20 名工人投入施工，时间定额为 0.491 工日/m^3，计算施工天数。

【解】 $$定额总工日=580\times0.491=284.78(工日)$$

$$施工天数=284.78\div20=14.24(d)$$

【例 2-4】 某工程砖墙抹水泥砂浆有 18 人参加施工，工作 5 d，抹灰的时间定额为 0.107 1 工日/m^2，计算完成抹灰的产量。

【解】 $$抹灰的产量定额=1\div0.107\ 1=9.337(m^2/工日)$$

$$完成的产量=18\times5\times9.337=840.33(m^2)$$

【例 2-5】 某工程条形基础挖地槽土方有 20 人参加施工，工作 6 d，挖地槽土方的时间定额为 0.292 工日/m^3，计算完成的挖土量。

【解】

$$挖土的产量定额=1\div 0.292=3.425(m^3/工日)$$

$$完成的挖土量=20\times 6\times 3.425=411(m^3)$$

2.2.2 材料消耗定额的编制与应用

1. 材料消耗定额的概念

材料消耗定额是指在合理使用和节约材料的条件下，生产单位质量合格的建筑产品所必须消耗一定品种和规格的建筑材料、半成品、构件、配件、燃料，以及不可避免损耗量等的数量标准。

材料消耗定额是企业核算材料消耗、考核材料节约或浪费的指标。

在建筑工程中，材料消耗量是确定材料需要量、签发限额领料单、考核和分析材料利用情况、编制预算定额的依据。执行材料消耗定额是实行经济核算、保证合理使用和节约材料的有力措施，也是提高施工企业生产技术和管理水平的主要途径。因此，用科学方法正确地确定材料消耗量和损耗率，对合理使用和节约原材料、减少浪费和积压、降低工程成本和保证施工的正常进行都具有重要的意义。

2. 材料的分类

(1)根据材料消耗与工程实体的关系划分。施工中的材料可分为实体材料和非实体材料两类。

①实体材料是指在建筑工程施工中，一次性消耗并直接构成工程实体的材料，如砖、瓦、砂、石、钢筋、水泥等。其包括主要材料和辅助材料，其中，主要材料用量大，辅助材料用量少。

②非实体材料是指在施工中必须使用但又不能构成工程实体的施工措施性材料。非实体材料主要是指周转性材料，如模板、脚手架等。

(2)根据材料消耗的性质划分。施工中材料的消耗可分为净用量和损耗量两类。其计算公式为

$$材料定额消耗量=净用量+损耗量$$

①净用量是指生产合格产品所需消耗的材料用量。

②损耗量是指在节约合理使用材料的情况下，从现场材料堆放点或加工点到完成施工操作过程中不可避免的合理损耗量。其包括施工操作损耗、厂内运输损耗、加工损耗和场内管理损耗等。材料的损耗量常用损耗率来表示，即损耗率为材料的损耗量与材料消耗量的比值。其可用下式表示：

$$损耗率=\frac{损耗量}{消耗量}\times 100\%$$

$$材料消耗量=\frac{净耗量}{1-损耗率}$$

部分损耗率见表 2-2。

表 2-2 部分损耗率

序号	材料名称	工程项目	损耗率/%	序号	材料名称	工程项目	损耗率/%
1	红(青)砖	基础	0.4	7	砌筑砂浆	砖砌体	1
2	红(青)砖	实砌墙	1	8	混合砂浆	抹天棚	3
3	红(青)砖	方砖柱	3	9	混合砂浆	墙及墙裙	2
4	砂	—	2	10	钢筋	预制混凝土	2
5	砂	混凝土工程	1.5	11	钢筋	现浇混凝土工程	2
6	水泥	—	1	12	钢筋	预应力	6.1

3. 实体材料消耗量的确定

确定实体材料的净用量和材料损耗量的计算数据，是通过现场观测法、实验室试验法、现场统计法和理论计算法等方法获得的。

(1)现场观测法。现场观测法是在施工现场对生产某一产品的材料消耗时进行实际测算。通过对产品数量、材料消耗量和材料的净耗量的计算，确定该单位产品的材料消耗量或损耗率。

采用这种方法，首先要选择观察对象。观察对象应符合下列要求。

①建筑结构是典型的。

②施工符合技术规范要求。

③材料品种和质量符合设计要求。

④被测定的工人在节约材料和保证产品质量方面有较好的成绩。

其次，要做好观察前的准备工作。如准备好标准桶、标准运输工具、称量设备，并采取减少材料损耗的必要措施。观察测定的结果、要取得材料消耗的数量和产品数量的资料。

现场观测法主要适用于制定材料损耗量。因为只有通过现场观察，才有可能测定出材料损耗数量，同时，也只有通过现场观察，才能区别出哪些是可以避免的损耗(这部分损耗不应列入)、哪些属于难以避免的损耗。

例如，生产 n 个合格产品，现场实测某种材料的消耗量为 N，根据设计图纸计算得出该产品的材料净耗量为 N_0，则

单位产品的材料消耗量 $$m=\frac{N}{n}$$

该材料的损耗率 $$P=\frac{N-N_0}{N}$$

(2)实验室试验法。实验室试验法是在实验室内进行观察和测定工作，主要是编制材料净用量。通过试验能够对材料的结构、化学成分和物理性能，以及按强度等级控制的混凝土、砂浆配合比得出科学的结论，给编制材料消耗定额提供有技术根据的、比较精确的计算数据，从而计算出每立方米混凝土中的水泥、砂、石、水等的消耗量。

(3)现场统计法。现场统计法是以对现场进料、分部(项)工程拨付材料数量、完成产品数量、完成工作后材料的剩余数量等大量的统计资料为基础，经过分析，计算出单位产品的材料消耗量的方法。这种方法由于不能分清材料消耗的性质，因而不能作为确定材料净用量和材料损耗量的依据。

设某一分项工程施工时共领料 N_0，项目完成后，退回材料的数量为 ΔN_0，则用于产品的材料数量为

$$N=N_0-\Delta N_0$$

若所完成的产品数量为 n，则单位产品的材料消耗量为

$$m=\frac{N}{n}=\frac{N_0-\Delta N_0}{n}$$

现场统计法比较简单易行，不需要组织专人测定或试验，但是其准确程度受统计资料和实际使用材料的影响，所以要注意统计资料的真实性和系统性，要有准确的领退料统计数据和完成工程量的统计资料，同时要有较多的统计资料作为依据，对统计对象也应加以认真选择。

上述三种方法的选择必须符合国家有关标准规范，即材料的产品标准，计量要使用标准容器和称量设备，质量符合施工质量验收规范的要求，以保证获得可靠的材料消耗量编制依据。

(4)理论计算法。理论计算法是根据施工图纸和建筑构造要求，运用一定的数学公式计算出产品的净耗材料数量，从而制定材料的消耗量。

理论计算法主要用于块、板类建筑材料(如砖、钢材、玻璃、油毡等)的消耗量。

①墙体砖和砂浆用量的计算。标准砖规格为长 240 mm×宽 115 mm×厚 53 mm，标准砖墙体砖数与计算厚度见表 2-3。

表 2-3 标准砖墙体砖数与计算厚度

砖数	1/4	1/2	3/4	1	1.5	2	2.5
计算厚度/mm	53	115	180	240	365	490	615

例如，用标准砖砌筑 1 m^3 不同厚度的砌体的砖和砂浆的净用量，可用以下公式计算：

$$1\ m^3\text{标准砖砌体砖的净用量(块)}=\frac{2\times\text{墙厚的砖数}}{\text{墙厚}\times(\text{砖长}+\text{灰缝})\times(\text{砖厚}+\text{灰缝})} \tag{2-5}$$

$$1\ m^3\text{标准砖砌体砂浆的净用量}(m^3)=1\ m^3\text{砌体体积}-\text{砖的体积}$$

$$=1-1\ m^3\text{标准砖砌体砖的净用量}\times\text{一块标准砖的体积}$$

其中，每块标准砖的体积：0.240×0.115×0.053=0.0 014 628(m^3)

【例 2-6】 计算 1 砖内墙每 m^3 砌体砖和砂浆的消耗量(砖与砂浆损耗率均为 1%)。

【解】

$$\text{砖净用量}=\frac{1\times2}{0.24\times(0.24+0.01)\times(0.053+0.01)}=529(\text{块})$$

$$\text{砖消耗量}=529\div(1-0.01)=534(\text{块})$$

$$\text{砂浆消耗量}=(1-529\times0.24\times0.115\times0.053)\div(1-0.01)=0.228(m^3)$$

②块料面层材料消耗量的计算。块料面层一般是指使用瓷砖、马赛克、水泥花砖、广场砖、大理石、花岗石板铺贴地面与墙面等，通常以 100 m^2 为计量单位，其计算公式如下：

$$100\ m^2\text{面层材料的用量}=\frac{100\ mm}{(\text{块长}+\text{拼缝})\times(\text{块宽}+\text{拼缝})}\div(1-\text{损耗率})$$

【例 2-7】 某工程地面铺贴大理石，规格为 500 mm×500 mm，灰缝为 1 mm，其损耗率为 3%，计算 100 m^2 地面大理石消耗量。

【解】

$$\text{釉面砖消耗量}=\frac{100}{(0.5+0.001)\times(0.5+0.001)}\div(1-0.03)=410.73(\text{块})$$

4. 材料用量计算

【例 2-8】 某工程用标准砖砌筑 1.5 砖外墙 63 m^3，损耗率为 1%，试计算砖和砂浆的净用量与消耗量。

【解】

$$\text{砖净用量}=\frac{2\times1.5}{0.365\times(0.24+0.01)\times(0.053+0.01)}\times63=32\ 876.71(\text{块})$$

$$\text{砖消耗量}=32\ 876.71\div(1-1\%)=33\ 208.80(\text{块})$$

$$\text{砂浆净用量}=63-(32\ 876.71\times0.24\times0.115\times0.053)=14.91(m^3)$$

$$\text{砂浆消耗量}=14.91\div(1-1\%)=15.06(m^3)$$

【例 2-9】 某工程用 800 mm×800 mm 的大理石镶贴地面，灰缝为 1 mm，地面面积为 50 m^2，安装时损耗率为 3%，计算大理石的消耗量。

【解】

$$\text{大理石的净用量}=50\div[(0.8+0.001)\times(0.8+0.001)]=77.93(\text{块})$$

$$\text{大理石的消耗量}=77.93\div(1-3\%)=80.34(\text{块})$$

【例 2-10】 某工程用 200 mm×300 mm 陶瓷马赛克贴高为 3 m、长为 4.5 m 的墙面，灰缝为 1 mm，损耗率为 5%，计算大理石的消耗量。

【解】

$$\text{陶瓷马赛克的净用量}=3\times4.5\div[(0.2+0.001)\times(0.3+0.001)]=223.14(\text{块})$$

$$\text{陶瓷马赛克的消耗用量}=223.14\div(1-5\%)=234.88(\text{块})$$

5. 非实体材料消耗量的确定

周转性材料使用一次在单位产品上的消耗量，称为摊销量。周转性材料的摊销量与周转次数有直接关系。下面以模板为例，介绍其计算方法。

(1)现浇钢筋混凝土结构模板摊销量的计算。按建筑安装工程定额，其计算公式如下：

$$摊销量=周转使用量-\frac{回收量\times回收折价率}{1+间接费费率}$$

上式用于预算定额。因为定额模板的摊销量是乘以材料预算单价计入工程的直接费，取间接费；摊销量中包括回收量，而回收量折价后仍在继续投入使用，该部分间接费(即企业管理费)有重复，因此，在计算模板摊销量时要扣除。

$$摊销量=周转使用量-回收量$$

上式用于施工定额，不计算企业管理费，不存在取费重复问题。

①周转使用量。

$$\begin{aligned}周转使用量&=\frac{一次使用量+一次使用量\times(周转次数-1)\times损耗率}{周转次数}\\&=一次使用量\times\frac{1+(周转次数-1)\times损耗率}{周转次数}\end{aligned}\tag{2-6}$$

②回收量。

$$\begin{aligned}回收量&=\frac{一次使用量-一次使用量\times损耗率}{周转次数}\\&=一次使用量\times\frac{1-损耗率}{周转次数}\end{aligned}\tag{2-7}$$

③一次使用量。一次使用量是指周转性材料为完成产品每一次生产时所需用的材料数量。

④损耗率。损耗率是指周转性材料使用一次后因损坏不能重复使用的数量占一次使用量的损耗百分数。

⑤周转次数。周转次数是指新的周转材料从第一次使用起(假定不补充新料)到材料不能再使用时的使用次数。

周转次数的确定方法如下：确定某一种周转性材料的周转次数是制定周转性材料消耗定额的关键，但它不能用计算的方法确定，而是采用长期的现场观察和大量的统计资料用统计分析法确定。

(2)预制钢筋混凝土构件模板计算方法。预制钢筋混凝土构件模板虽然也是多次使用，反复周转，但与现浇构件计算方法不同。预制钢筋混凝土构件是按多次使用平均摊销的计算方法，不计算每次周转损耗率(即补充损耗率)。因此，计算预制构件模板摊销量时，只需要确定其周转次数，按图纸计算出模板一次使用量后，摊销量按下式计算：

$$摊销量=\frac{一次使用量}{周转次数}\tag{2-8}$$

2.2.3 机械台班定额的编制与应用

1. 机械台班定额的概念

机械消耗定额是指在正常施工条件下，生产单位合格产品所需消耗某种机械的工作时间，或在单位时间内该机械应完成的产品数量。由于我国机械消耗定额是以一台机械一个工作班为计量单位，所以又称为机械台班定额。一台施工机械工作一个 8 h 为一个台班。

2. 机械台班使用定额的表示方式

(1)机械台班时间定额。机械台班时间定额是指在正常的施工条件和劳动组织条件下，使用某种规定的机械，完成单位合格产品所必须消耗的台班数量。其单位为台班/m、台班/m^2、台班/m^3、台班/t、台班/根等。

$$机械台班时间定额=\frac{1}{机械每台班产量} \tag{2-9}$$

(2)机械台班产量定额。机械台班产量定额是指在正常的施工条件和劳动组织条件下，某种机械在一个台班时间内必须完成的单位合格产品的数量。其单位为 m/台班、m^2/台班、m^3/台班、t/台班、根/台班。

$$机械台班产量定额=\frac{1}{机械台班时间定额} \tag{2-10}$$

(3)机械和人工共同工作时的人工定额。机械和人工共同工作时的人工定额按下式计算：

$$时间定额=\frac{每机械台班工人工日数}{机械的台班产量} \tag{2-11}$$

【例 2-11】 用6 t塔式起重机吊装某种构件，由1名起重机司机、7名安装起重工、2名电焊工组成的综合小组共同完成。已知机械台班产量定额为40块，求吊装每一块构件的机械时间定额和人工时间定额。

【解】 (1)吊装每一块混凝土构件和机械时间定额。

$$机械台班时间定额=\frac{1}{机械每台班产量}=\frac{1}{40}=0.025(台班/块)$$

(2)吊装每一块混凝土构件的人工时间定额。

①分工种计算。

$$吊装司机时间定额=1\times0.025=0.025(工日/块)$$

$$安装起重工时间定额=7\times0.025=0.175(工日/块)$$

$$电焊工时间定额=2\times0.025=0.05(工日/块)$$

②按综合工日计算。

$$人工时间定额=(1+7+2)\times0.025=0.25(工日/块)$$

或 $$时间定额=\frac{每机械台班工人工日数}{机械的台班产量}=\frac{1+7+2}{40}=0.25(工日/块)$$

机械台班定额通常用复式表示，同时表示时间定额和产量定额，即时间定额/产量定额。

3. 机械定额的计算

【例 2-12】 某工程安装楼板梁480根，机械定额为(0.21/62 | 13)，计算机械台班用量与工日数。

【解】 $$机械台班用量=480\div62=7.74(台班)$$

$$安装楼板梁工日=480\times0.21=100.8(工日)$$

【例 2-13】 某工程挖基础土方，台班产量为38 m^3/台班，计算工作8 d完成的产量。

【解】 $$工作8\ d完成产量=8\times38=304(m^3)$$

2.2.4 施工定额的内容和应用

1. 施工定额手册的内容

施工定额手册是施工定额的汇编，其内容主要包括以下三部分。

(1)文字说明。文字说明包括总说明、分册说明和分节说明。

①总说明。总说明一般包括定额的编制原则和依据、定额的用途及适用范围；工程质量及安全要求、劳动消耗指标及材料消耗指标的计算方法、有关全册的综合内容、有关规定及说明。

②分册说明。分册说明主要对本分册定额有关编制和执行方面的问题与规定进行阐述。如分册中包括的定额项目和工作内容、施工方法说明、有关规定(如材料运距、土壤类别的规定

等)的说明和工程量计算方法、质量及安全要求等。

③分节说明。分节说明主要内容包括具体的工作内容、施工方法、劳动小组成员等。

(2)定额项目表。定额项目表是定额手册的核心部分和主要内容，包括定额编号、计量单位、项目名称、工料消耗量及附注等。附注是定额项目的补充，主要说明没有列入定额项目的分项工程执行什么定额及执行时应增(减)工料的具体数值(有时乘以系数)等。附注不仅是对定额使用的补充，还是对定额使用的限制。

(3)附录。附录一般放在施工定额手册的后面，主要内容包括名词解释及图解、先进经验及先进工具介绍、混凝土及砂浆配合比表、材料单位质量参考表等。

以上三部分组成了施工定额手册的全部内容，其中以定额项目表为核心，但同时必须了解其他两部分的内容，这样才能保证准确无误地使用施工定额。

2. 施工定额的应用

施工定额的应用可分为直接套用和换算后套用两种。

(1)施工定额的直接套用。当设计要求同定额项目内容相一致时，可直接套用定额。其步骤为：查定额；确定定额编号；确定定额消耗量，包括人工消耗量、各种材料消耗量和各种机械台班消耗量；确定定额计量单位，将工程量的计量单位和定额计量单位化统一，用工程量乘以定额消耗量，计算该施工过程或工序的人工、材料、机械台班消耗量。

(2)施工定额的换算后套用。当设计要求与施工定额项目的内容部分不相符时，可按定额的有关规定进行换算，然后按换算后的定额计算某一分项工程的工料消耗量。定额换算实质上就是在相应的定额上增(减)工料数量或乘以相应的系数(换算方法同后面的预算定额的换算)。

2.3 预算定额的编制与应用

2.3.1 预算定额的概念及作用

预算定额是指完成单位合格产品(分项工程或结构构件)所需的人工、材料和机械台班消耗的数量标准，是计算建筑安装产品价格的基础。预算定额是一种计价性质的定额。

预算定额的作用如下：

(1)预算定额是编制施工图预算的基本依据。预算定额中的人工消耗量指标、材料消耗量指标和机械台班消耗量指标，是确定各单位工程人工费、材料费和机械使用费的基础。

(2)预算定额是对设计方案进行技术经济比较，对新结构、新材料进行技术经济分析的依据。

(3)预算定额是编制施工组织设计时，确定劳动力、建筑材料、成品、半成品、设备和建筑机械需要量的标准，也是施工企业进行经济核算和经济活动分析的依据。

(4)预算定额是编制概算定额的基础。加强预算定额的管理，对于控制和节约建设资金、降低建筑安装工程的劳动消耗、加强施工企业的计划管理和经济核算，都具有重大的现实意义。

(5)预算定额是工程结算的依据。

(6)预算定额是合理编制招标控制价、投标报价的基础。

2.3.2 预算定额的编制

1. 预算定额的编制原则

(1)平均水平性原则。预算定额作为合理确定建筑产品价格的工具，必须遵循价值规律的客观要求，即按建筑产品生产过程中所消耗的必要劳动时间确定定额水平。预算定额的平均水平是以正常的施工条件、多数施工企业的装备程度、合理的施工工艺、劳动组织及工期条件下的社会平均消耗水平确定的，既从当前的设计、施工和管理的实际出发，又有利于促进技术进步和管理水平的提高。

(2)贯彻简明适用性原则。预算定额的内容和形式，既要满足不同用途的需要，具有多方面的适用性，又要简单明了，易于掌握和应用。定额项目齐全对定额适用性的关系很大，要注意补充那些因采用新技术、新结构、新材料和先进技术而出现的新定额项目。

定额项目划分要粗细恰当、步距合理。对于那些主要常用项目，定额划分要细一些，步距要小一些；对于次要的不常用的项目，定额划分要粗一些，步距也可适当放大一些。在确定预算定额的计量单位时，也要考虑简化工程量的计算工作。同时，为了稳定定额的水平，除对设计和施工中变化较多、影响较大的因素应允许换算外，定额要尽量少留活口，减少换算工程量。

(3)统一性和差别性相结合的原则。统一性就是由中央主管部门归口，遵循社会主义市场经济原则，从有利于全国统一市场的建立、有利于市场竞争、有利于国家对工程造价的宏观调控出发，规范工程计价依据和计价行为。统一制定预算定额的编制原则和方法；具体组织和颁发全国统一预算定额，颁发有关的规章制度；在全国范围内统一定额分项、定额名称、定额编号，统一人工、材料和机械台班消耗量的名称及计量单位等。

差别性就是为适应招标竞争和市场价格变化的动态调整，实行工程实体性消耗和施工措施消耗。

2. 预算定额的编制依据

(1)国家及本省有关建设工程造价的法律、法规等。

(2)全国统一劳动定额、全国统一基础定额、全国统一工期定额等。

(3)现行的全省统一预算定额、补充定额，以及一次性补充单位估价测算资料。

(4)现行的设计规范、工程施工验收规范、质量评定标准和施工安全操作规程。

(5)现行通用的系列标准图集和已选定的典型工程施工图纸。

(6)推广的新技术、新结构、新材料、新工艺的有关资料。

(7)调研资料及工程现场的有关测算资料。

(8)现行的工人工资标准、材料预算价格和施工机械台班费用等有关价格资料。

3. 预算定额的编制步骤

预算定额的编制步骤大致分为以下几步：

(1)准备阶段。主要收集工程有关资料和国家政策性文件，拟订编制方案，对原则问题制定标准。

(2)编制预算定额初稿。根据确定的定额项目和基础资料，通过分析和测算，编制定额项目人工、材料和机械台班的计算表，然后汇总编制定额项目表。

(3)修改定稿。初稿需征求各方面意见，并组织讨论，然后制定修改方案；修改后，经审核无误，送审报批。

4. 预算定额消耗量的确定

(1)预算定额人工工日消耗量的确定。预算定额人工工日消耗量是指在正常施工条件下，完成单位合格产品所必须消耗的人工工日数量。人工的工日数以劳动定额为基础确定；遇劳动定额缺项的，采用现场工作日写实等测时方法确定和计算定额的人工用量。

预算定额的人工消耗量包括基本用工消耗量和其他用工消耗量。

①基本用工。基本用工是指完成单位合格产品所必须消耗的技术工种用工。以不同工种列出定额工日。基本用工消耗量的计算公式如下：

$$\text{基本用工消耗量} = \sum(\text{综合取定的工程量} \times \text{相应的劳动定额工日数}) \quad (2\text{-}12)$$

②其他用工。其他用工是指劳动定额没有包括而在预算定额内又必须考虑的工时。其内容

包括辅助用工、超运距用工和人工幅度差。

a. 辅助用工主要是指材料加工所用的工时，如筛砂子、整理模板等用工。其计算公式如下：

$$辅助用工量 = \sum(材料加工数量 \times 时间定额) \tag{2-13}$$

b. 超运距用工是指预算定额的平均水平运距超过劳动定额规定水平运距所增加的用工。超运距及超运距用工量的计算公式如下：

$$超运距 = 预算定额取定运距 - 劳动定额已包括的运距$$

$$超运距用工量 = \sum(超运距材料数量 \times 时间定额) \tag{2-14}$$

c. 人工幅度差是指在劳动定额作业之外，在预算定额应考虑的在正常施工条件下所发生的各种工时损失。其内容为：各工种之间的工序搭接及交叉作业互相配合所发生的停歇用工；施工机械的转移及临时水、电线路移动所造成的停工；质量检查和隐蔽工程验收工作的影响；班组操作地点转移用工；工序交接时对前一工序不可避免的修正用工；施工不可避免的其他零星用工。

人工幅度差计算公式如下：

$$人工幅度差 = (基本用工 + 辅助用工 + 超运距用工) \times 人工幅度差系数 \tag{2-15}$$

式中，人工幅度差系数一般取10%～30%。

预算定额人工消耗量的计算公式如下：

$$预算定额人工消耗量 = (基本用工 + 辅助用工 + 超运距用工) \times (1 + 人工幅度差系数) \tag{2-16}$$

(2)预算定额材料消耗量的确定。预算定额材料消耗量的确定同施工定额材料消耗量的确定。

①凡有标准规格的材料，按规范要求计算定额计量单位的耗用量。

②凡有设计图示标注尺寸及下料要求的，按设计图示尺寸计算材料净用量。

③各种胶结、涂料、混凝土、砂浆等应以半成品材料确定消耗量。

④各种周转性材料在计算出一次性使用量后，再按规定的周转次数确定消耗量。

⑤新材料、新结构不能用计算方法直接计算出材料消耗量时，可根据不同条件采用写实记录法确定材料的消耗量。

⑥确定材料消耗量时，应按规定计算材料的制作安装损耗。

另外，在施工定额中，材料消耗量$=\dfrac{材料净用量}{1-消耗率}$。在预算定额中为了简化计算，一般将该公式写为

$$材料消耗量 = 材料净用量 \times (1 + 损耗率) \tag{2-17}$$

在预算定额中，对于一些用量小、价值低的材料，一般按占主要材料的比率计算出综合费用，以其他材料费的方式表示。

(3)预算定额机械台班消耗量的确定。

①根据施工定额确定机械台班消耗量的计算，即以施工或劳动定额中机械台班产量加机械幅度差计算预算定额的机械台班消耗量。

机械幅度差是指劳动定额中未包括的，而机械在合理的施工组织条件下所必需的停歇时间。其内容包括以下几项：

a. 施工机械转移工作面及配套机械互相影响损失的时间；

b. 工程开工或结尾时，工作量不饱满所损失的时间；

c. 临时停水停电影响的时间；

d. 检查工程质量影响机械操作的时间；

e. 施工中不可避免的故障排除、维修及工序之间交叉影响的时间间隔。

机械幅度差系数一般由测定和统计资料取定。大型机械的机械幅度差系数为：土方机械1.25，打桩机械1.33，吊装机械1.3；其他分部工程的机械，如蛙式打夯机、水磨石机等专用机械均为1.1。

②以现场测定资料为基础确定机械台班消耗量。遇施工定额(劳动定额)缺项者，则需要依据单位时间完成的产量测算。

5. 预算定额基价的确定

预算单价也称预算定额基价，简称定额计价，是计算分项工程直接工程费的依据，是分项工程人工、材料、机械台班消耗的货币表现。其由人工费单价、材料费单价和机械费单价三部分组成，计算公式如下：

$$预算定额基价=人工费单价+材料费单价+机械费单价$$

预算定额基价的编制依据包括：现行的全省统一预算定额；现行的人工单价；现行的地区材料预算价格；现行的施工机械、仪器仪表台班费用定额及地区基价。

(1)人工费单价的确定。人工费单价即单位分项工程的人工费，以其人工消耗量和当地人工预算单价为依据计算。其计算公式如下：

$$人工费单价=人工工日消耗量\times 工日单价 \tag{2-18}$$

工日单价也称工资单价，是指一个工人工作一个工作日应得的劳动报酬，即企业使用工人的技能、时间给予的补偿。一个工作日的工作时间为8 h，简称“工日”。

工日单价实际就是日工资标准，不同时期、不同地区的工日单价不同，但是，其内容都由基本工资、工资性补贴、生产工人辅助工资、职工福利费、生产工人劳动保护费等组成。

①基本工资：是指发放给生产工人的基本工资，由岗位工资、技能工资、工龄工资等方面组成。

②工资性补贴：是指按规定标准发放的物价补贴，煤、燃气补贴，交通补贴，住房补贴，流动施工津贴等。

③生产工人辅助工资：是指生产工人年有效施工天数以外非作业天数的工资，包括职工学习、培训期间的工资，调动工作、探亲、休假期间的工资，因气候影响的停工工资，女工哺乳时间的工资，病假在六个月以内的工资及产、婚、丧假期间的工资。

④职工福利费：是指按规定标准计提的职工福利费。

⑤生产工人劳动保护费：是指按规定标准发放的劳动保护用品的购置费及修理费，徒工服装补贴，防暑降温费，在有碍身体健康环境中施工的保健费用等。

(2)材料费单价的确定。材料费单价即单位分项工程的材料费，是指施工过程中耗费的构成工程实体的原材料、辅助材料、构配件、零件、半成品的费用，以其各种材料消耗量和当地材料预算单价为依据计算。其计算公式如下：

$$材料费单价=\sum 各种材料消耗量\times 相应材料预算单价 \tag{2-19}$$

材料预算单价是指材料由其货源地(或交货地点)到达工地仓库(或指定堆放地点)的出库价格，包括货源地至工地仓库之间的所有费用。其内容包括以下几项：

①材料原价：材料原价即材料的购买价。同种材料因为产地、供应渠道不同，会出现几种原价，可按照加权平均法计算平均原价。

②材料运杂费：是指材料自来源地运至工地仓库或指定堆放地点所发生的全部费用。

③运输损耗费：在材料运输中应考虑一定的场外运输损耗费用，是指材料在运输装卸过程中不可避免的损耗。

④采购及保管费：是指为组织采购、供应和保管材料过程中所需要的各项费用。其包括采购费、仓储费、工地保管费、仓储损耗。

材料预算价格＝(材料原价＋供销部门手续费＋包装费＋运输费＋运输损耗费)×(1＋采购保管费)－包装品回收价值　(2-20)

(3)机械费单价的确定。机械费单价是指单位分项工程的施工机械使用费，是施工机械作业所发生的机械使用费及机械安拆费和场外运费，以其各种机械台班消耗量和当地机械台班预算单价为依据计算。机械费单价的计算公式如下：

$$机械费单价 = \sum 各种机械台班消耗量 \times 相应的机械台班预算单价 \tag{2-21}$$

机械台班预算单价应由下列七项费用组成。

①折旧费：是指施工机械在规定的使用年限内，陆续收回其原值及购置资金的时间价值。

②大修理费：是指施工机械按规定的大修理间隔台班进行必要的大修理，以恢复其正常功能所需的费用。

③经常修理费：是指施工机械除大修理外的各级保养和临时故障排除所需的费用。其包括为保障机械正常运转所需替换设备与随机配备工具附具的摊销和维护费用、机械运转中日常保养所需润滑与擦拭的材料费用及机械停滞期间的维护和保养费用等。

④安拆费及场外运费：安拆费是指施工机械在现场进行安装与拆卸所需的人工、材料、机械和试运转费用以及机械辅助设施的折旧、搭设、拆除等费用；场外运费是指施工机械整体或分体自停放地点运至施工现场或由一施工地点运至另一施工地点的运输、装卸、辅助材料及架线等费用。

⑤人工费：是指机上司机(司炉)和其他操作人员的工作日人工费及上述人员在施工机械规定的年工作台班以外的人工费。

⑥燃料动力费：是指施工机械在运转作业中所消耗的固体燃料(煤、木柴)、液体燃料(汽油、柴油)及水、电等的费用。

⑦车船使用税：是指施工机械按照国家规定和有关部门规定应缴纳的车船使用税、保险费及年检费等。

2.3.3 预算定额手册的组成

预算定额手册由目录、总说明、建筑面积计算规则、分部工程说明、工程量计算规则与计算方法、分项工程定额项目表和有关附录等组成。

1. 文字说明部分

(1)总说明：在总说明中，主要阐述预算定额的用途、编制依据和原则、适用范围，定额中已考虑的因素和未考虑的因素及使用中应注意的事项和有关问题的说明。

(2)建筑面积计算规则：建筑面积计算规则严格、系统地规定了计算建筑面积的内容范围和计算规则，这是正确计算建筑面积的前提条件，从而使全国各地区的同类建筑产品的计划价格有一个科学的可比性。对于结构类型相同的建筑物，可通过计算单位建筑面积造价，进行技术经济效果分析和比较。

(3)分部工程说明：分部工程说明是建筑工程预算定额手册的重要内容。它主要说明了分部工程定额中所包括的主要分项工程，以及使用定额的一些基本规定，并阐述了该分部工程中各分项工程的工程量计算规则和方法。

2. 分项工程定额项目表

分项工程定额项目表是按各分部工程归类，又按不同内容划分为若干个分项工程项目排列的定额项目表。在项目表中，根据建筑结构及施工程序等，按分部、分节、分项子目排列，一般由工作内容、计量单位、项目表组成。

分项工程定额项目表的形式见表 2-4(以辽宁计价定额 2017 版为例)。

表 2-4　现浇混凝土梁　　$10\ m^3$

工作内容：浇筑、振捣、养护等。

清单编码			001001	002001	003001
定额编码			5—17	5—18	5—19
项目			基础梁	矩形梁	异形梁
综合单价/元			3 751.92	3 780.43	3 788.40
其中	人工费/元		173.43	198.43	206.72
	材料费/元		3 550.74	3 550.25	3 548.61
	机械费/元		—	—	—
	综合费用/元		27.75	31.75	33.07
名称		单位	消耗量		
人工	合计工日	工日	1.845	2.111	2.199
材料	预拌混凝土 C30	m^3	10.100	10.100	10.100
	塑料薄膜	m^2	31.765	29.750	36.150
	水	m^3	3.040	3.090	2.100
	电	km·h	3.750	3.750	3.750

3. 附录

附录一般在预算定额后面，包括各种砂浆、混凝土配合比表，材料预算价格表，机械台班价格表等。

2.3.4　预算定额的应用

1. 预算定额的直接套用

当施工图的设计要求与预算定额的项目内容一致时，可直接套用预算定额。套用时应注意以下几点。

(1)根据施工图、设计说明和做法说明，准确地选择定额项目。

(2)要从工程内容、技术特征和施工方法上仔细核对，才能较准确地确定相对应的定额项目。

(3)分项工程的名称和计量单位要与预算定额相一致。在预算定额中，往往用到扩大的计量单位，如 $100\ m$、$100\ m^2$、$10\ m^3$ 等，以便于定额的编制和使用，套用定额时一定要注意。

【例 2-14】　某工程现浇混凝土矩形柱 $150\ m^3$，计算矩形柱的工程合价。

【解】　查定额 5－12 得综合单价为 3 800.11 元/$10\ m^3$。

$$直接费 = 3\ 800.11 \times 150/10 = 57\ 001.65(元)$$

2. 预算定额的换算

定额的换算是当设计图纸的分项工程内容与预算定额的内容不一致，在定额允许的条件下，将定额的内容调整到符合设计要求的过程。

(1)换算原则。为了保持定额的水平，在预算定额的说明中规定了有关换算原则，一般包括以下几项。

①定额的砂浆、混凝土强度等级，如设计与定额不同时，允许按定额附录的砂浆、混凝土配合比表换算，但配合比中的各种材料用量不得调整。

②定额中抹灰项目已考虑了常用厚度，各层砂浆的厚度一般不做调整。如果设计有特殊要求时，定额中的人工、材料可以按厚度比例换算。

③必须按预算定额中的各项规定换算定额。

(2)预算定额换算的基本思想。根据选定的预算定额基价，按规定换入增加的费用，减去扣除的费用。换算后的定额基价计算公式如下：

$$换算后的定额基价=原定额基价+换入的费用-换出的费用 \tag{2-22}$$

(3)预算定额的换算类型。预算定额的换算类型有以下六种。

①砂浆换算：即砌筑砂浆换强度等级、抹灰砂浆换配合比及砂浆用量；当设计图纸要求的砌筑砂浆强度等级在预算定额中缺项时，就需要调整砂浆强度等级，求出新的定额基价。

因为砂浆用量不变，所以人工费、机械费不变，即只换算砂浆强度等级和调整砂浆材料费。换算后定额综合单价的计算公式如下：

换算后定额综合单价=原定额综合单价+定额砂浆用量×(换入砂浆单价-换出砂浆单价)

【例 2-15】 某工程砌筑实心砖 1 砖混水墙，采用 M7.5 的混合砂浆，计算砌筑 85 m^3 砖墙的工程合价。

【解】 查定额 4-13 得基价为 3 394.62 元/10 m^3，干混砌筑砂浆 DM M10，2.313 m^3/10 m^3。

C00130 干混砌筑砂浆 DM M10　170.69 元/m^3

18-336 混合砂浆 M7.5　169.09 元/m^3

砖墙的综合单价=3 394.62+2.313×(169.09-170.69)=3 390.92(元/10 m^3)

砖墙的工程合价=3 390.92×85/10=28 822.82(元)

②混凝土换算：即构件混凝土、楼地面混凝土的强度等级和混凝土类型的换算。当设计要求构件采用的混凝土强度等级，在预算定额中没有相符合的项目时，就产生了混凝土强度等级或石子粒径的换算。

混凝土用量不变，人工费、机械费不变，只换算混凝土强度等级或石子粒径。

换算定额综合单价=原定额综合单价+定额混凝土用量×(换入混凝土单价-换出混凝土单价)　(2-23)

【例 2-16】 某工程现浇独立基础，采用碎石混凝土 C30～40，水泥 32.5 MPa，试确定 50 m^3 独立基础的工程合价。

【解】 查定额 5-5 得综合单价为 3 752.60 元/10 m^3，预拌混凝土 C30 10.1 m^3/10 m^3。

C00064　预拌混凝土 349 元/m^3

18-64　C30～40 碎石混凝土 207.65 元/m^3

混凝土综合单价=3 752.60+10.1×(207.65-349)=2 324.97(元/10 m^3)

独立基础的工程合价=2 324.97×50/10=11 624.85(元)

【例 2-17】 某工程现浇混凝土矩形柱采用碎石 C30～40 的水泥 42.5 MPa，试确定 65 m^3 矩形柱的工程合价。

【解】 查定额 5-5 得综合单价为 3 800.11 元/10 m^3，预拌混凝土 C30 9.797 m^3/10 m^3。

C00064　预拌混凝土 349 元/m^3

18-128　C30～40 碎石混凝土 218.29 元/m^3

混凝土综合单价=3 800.11+9.797×(218.29-349)=2 519.54(元/10 m^3).

独立基础的工程合价=2 519.54×65/10=16 377.01(元)

③运距的换算。在预算定额中，各种项目的运输定额一般可分为基本定额和增加定额，当实际运距超过基本运距时，应另行增加，换算公式为

换算后的综合单价=基本综合单价+增加运距项目的综合单价×增加运距的倍数

式中

$$增加运距的倍数=\frac{实际运距-基本项目所含运距}{增加运距项目所含的运距}$$

【例 2-18】 用自卸汽车运土方运距 10 km，试确定 320 m^3 的运费合价。

【解】 查定额1—140、1—141，综合单价为：运距1 km以内44.29元/10 m^3，运距每增加1 km 14.33元/10 m^3。

计算工程直接费。

运费合价=[44.29+(10−1)/1×14.33]×320/10=5 544.32(元)

④利用系数换算。在施工中，由于施工条件及施工方法不同，也影响预算价值，因此，定额中有些项目可以利用系数进行换算。其换算方法如下：

换算后定额综合单价=定额部分价值×规定系数+未乘以系数部分的价值

【例2-19】 某工程人工挖沟槽土方槽深2 m以内，一、二类土，求挖45 m^3湿土的工程合价。

【解】 查定额1—11得综合单价为231.32元/10 m^3，其中，人工费为219.05元，挖湿土时按相应定额人工乘以1.18系数。

换算后的综合单价=231.32+219.05×0.18=270.75(元/10 m^3)

工程合价=270.75×45/10=1 218.38(元)

【例2-20】 某工程现浇混凝土平板在压型钢板上浇捣混凝土，求浇混凝土50 m^3平板的工程合价。

【解】 查定额5—33得综合单价为3 799.46元/10 m^3，其中，人工费为195.44元，在压型钢板上浇捣混凝土人工乘以1.1系数。

换算后的综合单价=3 799.46+195.44×0.1=3 819(元/10 m^3)

工程合价=3 819×50/10=19 095(元)

⑤厚度换算。预算定额中的找平层、面层定额，一般可分为基本定额和增加定额，当实际厚度超过基本厚度时，应另行增加。其换算公式如下：

换算后的定额综合单价=基本项目综合单价+增加厚度项目的综合单价×增加厚度的倍数

式中 $$增加厚度的倍数=\frac{实际厚度-基本项目厚度}{增加项目所含的厚度}$$

【例2-21】 某工程设计细石混凝土楼地面，厚度为50 mm，求350 m^3地面的工程合价。

【解】 查定额11—15、11—16，厚度30 mm综合单价为2 362.43元/100 m^2，每增加5 mm综合单价为326.62元/100 m^2。

换算后定额综合单价=2 362.43+326.62×(50−30)/5=3 668.91(元/100 m^2)

地面的工程合价=3 668.91×350/100=12 841.19(元)

⑥抹灰砂浆的配合比换算。预算定额中的抹灰项目中砂浆配合比与设计不同者，按设计要求调整。

【例2-22】 某工程墙面抹1∶2水泥砂浆，厚度为20 mm，求500 m^3墙面的工程合价。

【解】 查定额12—1，综合单价为2 201.44元/100 m^2，干混抹灰砂浆用量DP M10用量为2.32 m^3。

C00966干混抹灰砂浆190.54元/m^3

18—279抹灰砂浆 水泥砂浆1∶2 223.06元/m^3

抹灰的综合单价=2 201.44+2.32×(223.06−190.54)=2 276.89(元/100 m^2)

墙面的工程合价=2 276.89×500/100=11 384.45(元)

3. 定额的补充

社会在不断发展，技术在不断进步，新材料、新技术、新工艺的出现可能会导致定额缺项，需要补充定额。当设计图纸要求的内容既没有合适的定额子目可以套用，又不能进行换算时，就要补充定额。

定额的补充方法同定额的制定，也可以借鉴其他地区的定额予以参考，以本地区人工、材料、机械台班的预算价格计算而得。

2.4 概算定额和概算指标的编制与应用

2.4.1 概算定额

1. 概算定额的概念与作用

概算定额又称扩大结构定额，其规定了完成单位扩大分项工程或结构构件所必须消耗的人工、材料和机械台班的数量标准。概算定额是由预算定额综合而成的。

概算定额的作用主要表现在以下几个方面。

(1)概算定额是扩大初步设计阶段编制设计概算和技术设计阶段编制修正概算的依据。

(2)概算定额是对设计项目进行技术经济分析和比较的基础资料之一。

(3)概算定额是编制建设项目主要材料计划的参考依据。

(4)概算定额是编制概算指标的依据。

(5)概算定额是编制概算阶段招标控制价和投标报价的依据。

2. 概算定额的编制原则

为了提高设计概算的质量，加强基本建设经济管理，降低建设成本，充分发挥投资效果，在编制概算定额时应贯彻社会平均水平和简明适用的原则。

由于概算定额和预算定额都是工程计价的依据，因此应符合价值规律和反映现阶段生产力水平，在概预算定额水平之间应保留必要的幅度差，并在概算定额的编制过程中严格控制。

为了稳定概算定额水平，统一考核尺度和简化计算工程量，原则上概算定额编制时不留活口或少留活口。

3. 概算定额的编制依据

(1)现行的预算定额。

(2)选择的典型工程施工图和其他有关资料。

(3)人工工资标准、材料预算价格和机械台班预算价格。

(4)现行的全国通用设计标准、规范和施工验收规范。

(5)现行的概算定额。

4. 概算定额的编制步骤

(1)准备工作阶段。该阶段的主要工作是确定编制机械和人员组成，进行调查研究，了解现行概算定额的执行情况和存在的问题，明确编制定额的项目。在此基础上，制定出编制方案，确定概算定额项目。

(2)编制初稿阶段。该阶段根据制定的编制方案和确定的定额项目，收集和整理各种数据，对各种资料进行深入细致的测算和分析，确定各项目的消耗指标，最后编制出定额初稿。

该阶段要测算概算定额水平。其内容包括两个方面：一方面是新编概算定额与原概算定额的水平测算；另一方面是概算定额与预算定额的水平测算。

(3)审查定稿阶段。该阶段要组织有关部门讨论定额初稿，在听取合理意见的基础上进行修改，最后将修改稿报请上级主管部门审批。

5. 概算定额的内容

概算定额的内容由文字说明、定额表和附录三部分组成。

(1)文字说明包括总说明和分章说明。

①总说明，主要是对编制的依据、用途、适用范围、工程内容、有关规定、取费标准和概算造价计算方法等进行阐述。

②分章说明，包括分部工程量的计算规则、说明、定额项目的工程内容等。

(2)定额表：表头有本节定额的工作内容和定额的计算单位；表格内有基价、人工、材料和机械费，主要材料消耗量等。

(3)附录：一般列在定额手册之后，主要包括砂浆、混凝土配合比表及其他相关资料。

2.4.2 概算指标

1. 概算指标的概念和作用

概算指标通常是指以整个建筑物和构筑物为对象，以建筑面积、体积或成套设备装置的台或组为计量单位而规定的人工、材料、机械台班的消耗量标准和造价指标。

概算指标的作用主要表现在以下几个方面。

(1)概算指标是基本建设管理部门编制投资估算和编制基本建设计划，估算主要材料用量计划的依据。

(2)概算指标是设计单位编制初步设计概算、选择设计方案的依据。

(3)概算指标是考核基本建设投资效果的依据。

2. 概算指标的编制依据

(1)现行的设计标准规范。

(2)现行的概算指标及其他相关资料。

(3)国务院各有关部门和各省份批准颁发的标准设计图集和有代表性的设计图纸。

(4)编制期相应地区人工工资标准、材料价格、机械台班费用等。

3. 概算指标的内容与应用

概算指标主要包括以下五部分内容。

(1)总说明：说明概算指标的编制依据、适用范围和使用方法等。

(2)示意图：说明工程的结构形式。工业项目中还应标示出起重机规格等技术参数。

(3)结构特征：详细说明主要工程的结构形式、层高、层数和建筑面积等，见表2-5。

表2-5 结构特征

结构类型	层数	层高	檐高	建筑面积
砖混	6	2.8 m	17.7 m	3 303 m^2

(4)经济指标：说明该项目每100 m^2 或每座构筑物的造价指标，以及其中土建、水暖、电气照明等单位工程的相应造价，见表2-6。

表2-6 经济指标 每100 m^2 建筑面积

造价分类 \ 造价构成		合计/元	其中/元					参考系数
			直接费	间接费	计划利润	其他	税金	
单方造价		38 481	22 286	5 685	1 930	7 466	1 114	
其中	土建	32 233	18 667	4 761	1 617	6 254	933	
	水暖	4 196	2 430	620	210	814	122	
	电气照明	2 052	1 189	303	103	398	59	

(5)分部分项工程构造内容及工程量指标：说明该工程项目各分部分项工程的构造内容，相应计量单位的工程量指标等见表2-7。

表 2-7　内浇外砌住宅构造内容及工程量指标　　　每 100 m^2 建筑面积

序号	构造特征		工程量	
			单位	数量
一	土建			
1	基础	灌注桩	m^3	14.64
2	外墙	2 砖墙、清水墙勾缝、内墙抹灰刷白	m^3	24.32
3	内墙	混凝土墙、1 砖墙、抹灰刷白	m^3	22.70
4	柱	混凝土柱	m^3	0.70
5	地面	碎砖垫层、水泥砂浆面层	m^2	13
6	楼面	120 mm 预制空心板、水泥砂浆面层	m^2	65
7	门窗	木门窗	m^2	62
8	屋面	预制空心板、水泥珍珠岩保温、三毡四油卷材防水	m^2	21.7
9	脚手架	综合脚手架	m^2	100

概算指标的应用主要有两种情况：第一种是概算指标的直接套用，当设计对象在结构特征及施工条件上预概算指标内容完全一致时，可直接套用；第二种是换算后再套用，当设计对象与概算指标在某些方面不一致时，要换算后再套用。

思考与练习

1. 什么是工程建设定额？
2. 工程建设定额的特点有哪些？
3. 工程建设定额如何分类？
4. 劳动定额有哪几种表现形式？
5. 试计算 200 m^3 烧结普通砖砖墙中，标准砖和砂浆的消耗量(设标准砖和砂浆的损耗率均为 3%)。
6. 施工定额手册的内容主要包括哪几部分？
7. 什么是预算定额？
8. 预算定额的人工消耗量包括哪几部分？
9. 预算定额单价中人工费、材料费和机械费单价怎么确定？
10. 预算定额手册由哪几部分构成？
11. 按当地定额计算 150 m^3 的 M7.5 水泥砂浆砖基础中，人工、材料、机械台班的消耗量和直接工程费。
12. 什么是概算定额？什么是概算指标？
13. 某工程的机械台班产量为 50 m^3/台班，有 13 人施工，计算人工的时间定额。
14. 什么是时间定额与产量定额？简述二者的关系及主要用途。
15. 某工程有 980 m^3 两砖清水墙外墙，由 10 人砌筑小组负责施工，产量定额为 0.91 m^3/工日，计算施工天数。
16. 某地面铺大理石 500 mm×500 mm，灰缝为 1 mm，其损耗率为 2%，计算铺 460 m^2 的大理石消耗量。
17. 某工程安装楼板梁 286 根，机械定额为(0.21/62 | 13)，计算机械台班用量与工日数。
18. 某工程砌筑 1.5 砖墙混水墙，采用 M5 的混合砂浆，求砌筑 45 m^3 的直接费。
19. 某墙体采用硅酸盐砌块，300 mm 厚，根据图纸计算工程量为 280 m^3，采用 M5 水泥砂浆砌筑，试计算其直接费。
20. 某工程做 40 mm 厚的细石混凝土地面 150 m^2，计算直接工程费。

模块3　建设工程费用的组成与应用

模块概述

本模块主要介绍建设工程费用由分部分项工程费、措施项目费、其他项目费、规费、税金组成。分部分项工程费是指各专业工程的分部分项工程应允列支的各项费用；措施项目费包括技术措施费、一般措施项目费、其他措施项目费；其他项目费包括暂列金额、计日工、总承包服务费等；规费包括社会保险费、住房公积金、工程排污费等；税金是指国家税法规定的应计入建筑安装工程造价内的增值税销项税额。建设工程费用中分部分项工程费、措施项目费、其他项目费内容包括人工费、材料费、施工机具使用费、企业管理费、利润。本模块还确定了费用计取规则，以及各项费用费率及其计算方法。

知识目标

了解建设工程费用的组成与内容，工程取费项目、费率的确定，单位工程取费计算方法。

能力目标

能运用建设工程费用标准，进行工程取费项目、费率的确定及单位工程取费的计算。

课时建议

6学时。

3.1　建设工程费用的组成与内容

根据住房和城乡建设部、财政部《关于印发〈建筑安装工程费用组成〉的通知》(建标〔2013〕44号)、住房和城乡建设部《关于做好建筑业营改增建设工程计价依据调整准备工作的通知》(建办标〔2016〕4号)、财政部和国家税务总局《关于全面推开营业税改征增值税试点的通知》(财税〔2016〕36号)规定，结合辽宁省实际情况，确定建设工程费用项目组成。

本节以辽宁省建设工程费用定额为例进行讲解，各省份费用定额不完全相同，但大同小异。

辽宁省建设工程费用标准是以国有投资或国有投资为主的建设项目，编制工程量清单、招标控制价、施工图预算、工程竣工结算的依据；是评定投标报价合理性的依据；是调解处理工程造价争议和纠纷、审计和司法鉴定的依据；是编制投资估算指标、概算指标和概算定额的依据。

非国有资金投资的建设工程使用本费用标准时，应遵循本定额的规定进行工程计价。

3.1.1　建设工程费用的组成

建设工程费用由分部分项工程费、措施项目费、其他项目费、规费、税金组成。分部分项工程费、措施项目费、其他项目费包括人工费、材料费、施工机具使用费、企业管理费和利润，各项费用组成均不含可抵扣进项税额。

1. 分部分项工程费

分部分项工程费是指各专业工程的分部与分项工程应予列支的各项费用。

(1)专业工程：是指按现行国家计量规范划分的房屋建筑与装饰工程、通用安装工程、市政工程等各类工程。

(2)分部与分项工程：是指按现行国家计量规范对各专业工程划分的项目，如房屋建筑与装饰工程划分的土石方工程、地基处理与边坡支护工程、桩基工程、砌筑工程等。

2. 措施项目费

措施项目费是指为完成建设工程施工，发生于该工程施工前和施工过程中的技术、生活、安全、环境保护等方面的费用。

(1)技术措施费：是指工程定额中规定的、在施工过程中耗费的非工程实体可以计量的措施项目，计入分部分项工程费。其内容包括以下几项。

①大型机械(设备)进出场和安拆费：是指工程定额中列项的大型机械设备进出场或安、拆费。

②混凝土模板及支架费：是指混凝土施工过程中需要的各种模板、支架等的安、拆、运输费用。

③脚手架费：是指施工需要的各种脚手架搭、拆、运输费用。

④垂直运输费。

⑤施工排水及井点降水。

⑥临时设施费：是指施工企业为进行建设工程施工所必须搭设的生活和生产用的临时建筑物、构筑物与其他临时设施费用。其包括地面硬覆盖、临时围挡、大门、临时建筑、临时管线安装等临时设施的搭设、维修、拆除、清理费或摊销费等。

⑦其他项目。

(2)一般措施项目费：是指工程定额中规定的措施项目中不包括的且不可计量的，为完成工程项目施工，发生于该工程施工前和施工过程中非工程实体项目的费用，一般工程均有发生。其内容包括以下几项。

①安全施工费：是指施工现场安全施工所需要的各项费用。依据《企业安全生产费用提取和使用管理办法》(财企〔2012〕16号)，建设工程施工企业安全费用应当按照以下范围使用：完善、改造和维护安全防护设施设备支出(不含“三同时”要求初期投入的安全措施)，包括施工现场临时用电系统、洞口、临边、机械设备、高处作业防护、交叉作业防护、防火、防爆、防尘、防毒、防雷、防台风、防地质灾害、地下工程有害气体监测、通风、临时安全防护等设施设备支出；配备、维护、保养应急救援器材、设备支出和应急演练支出；开展重大危险源和事故隐患评估、监控和整改支出、安全生产检查、评价(不包括新建、改建、扩建项目安全评价)和标准化建设支出；配备和更新现场作业人员安全防护用品支出；安全生产宣传、教育、培训支出；安全生产适用的新技术、新标准、新工艺、新装备的推广应用支出；安全设施及特种设备检测检验支出；其他与安全生产直接相关的支出。

②环境保护和文明施工费：是指施工现场文明施工所需要的各项费用和在施工过程中采取的环境保护措施费用。对于相关部门要求的非施工过程采取的环境保护措施费用，按实际发生计算。

③雨期施工费：是指在雨期施工需要增加的临时设施，采取的防滑、排除雨水措施，人工及施工机械效率降低等发生的费用。

(3)其他措施项目费：是指工程定额中规定的措施项目中不包括的且不可计量的，为完成工程项目施工，发生于该工程施工前和施工过程中非工程实体项目的费用，仅特定工程或特殊条件下发生。其内容包括以下几项。

①夜间施工增加费：是指因夜间施工所发生的夜班补助费、夜间施工降效、夜间施工照明设备摊销及照明供电等费用。

②二次搬运费：是指因施工场地条件限制而发生的材料、构配件、半成品等一次运输不能到达堆放地点，必须进行二次或多次搬运所发生的费用。

③冬期施工费：是指在冬期(连续 5 d 气温在 5 ℃以下环境)施工需要增加的临时设施(不包含暖棚法施工所采用的措施)，采取防滑、除雪措施，人工及施工机械效率降低及水砂石加热、混凝土保温覆盖等发生的费用。

④已完工程及设备保护费：是指竣工验收前，对已完工程及设备采取的必要保护措施所发生的费用。

⑤市政工程施工干扰费：是指市政工程施工中发生的边施工边维护交通及车辆、行人干扰等所发生的防护和保护措施费。

3. 其他项目费

(1)暂列金额：是指建设单位在工程量清单中暂定并包括在工程合同价款中的一笔款项。它用于施工合同签订时尚未确定或者不可预见的所需材料、工程设备、服务的采购，施工中可能发生的工程变更，合同约定调整因素出现时的工程价款调整及发生的索赔、现场签证确认等的费用。

(2)计日工：是指在施工过程中，施工企业完成建设单位提出的施工图纸以外的零星项目或工作所需要的费用。

(3)总承包服务费：是指总承包人为配合、协调建设单位进行的专业工程发包，对建设单位自行采购的材料、工程设备等进行保管，以及施工现场管理、竣工资料汇总整理等服务所需的费用。

(4)其他未列项目，如暂估价等。

4. 规费

规费是指按国家法律法规规定，由政府和有关权力部门规定必须缴纳或计取的费用。其内容包括以下几项。

(1)社会保险费。

①养老保险费：是指企业按照规定标准为职工缴纳的基本养老保险费。

②失业保险费：是指企业按照规定标准为职工缴纳的失业保险费。

③医疗保险费：是指企业按照规定标准为职工缴纳的基本医疗保险费。

④生育保险费：是指企业按照规定标准为职工缴纳的生育保险费。

⑤工伤保险费：是指企业按照规定标准为职工缴纳的工伤保险费。

(2)住房公积金：是指企业按照规定标准为职工缴纳的住房公积金。

(3)工程排污费：是指按规定缴纳的施工现场工程排污费。

(4)其他应列而未列入的规费，按实际发生计取。

5. 税金

税金是指国家税法规定的应计入建筑安装工程造价内的增值税销项税额。

3.1.2 建设工程费用的内容

建设工程费用中分部分项工程费、措施项目费、其他项目费包括以下几项内容。

1. 人工费

人工费是指按工资总额构成规定，支付给从事建筑安装工程施工的生产工人和附属生产单位工人的各项费用。其内容包括以下几项。

(1)计时工资或计件工资：是指按计时工资标准和工作时间或对已做工作按计件单价支付给个人的劳动报酬。

(2)奖金：是指对超额劳动和增收节支支付给个人的劳动报酬，如节约奖、劳动竞赛奖等。

(3)津贴补贴：是指为了补偿职工特殊或额外的劳动消耗和因其他特殊原因支付给个人的津贴，以及为了保证职工工资水平不受物价影响支付给个人的物价补贴，如流动施工津贴、特殊地区施工津贴、高温(寒)作业临时津贴、高空津贴等。

(4)加班加点工资：是指按规定支付的在法定节假日工作的加班工资和在法定工作时间外延时工作的加点工资。

(5)特殊情况下支付的工资：是指根据国家法律、法规和政策规定，因病、工伤、产假、计划生育假、婚丧假、事假、探亲假、定期休假、停工学习、执行国家或社会义务等原因按计时工资标准或计时工资标准的一定比例支付工资。

2. 材料费

材料费是指施工过程中消耗的原材料、辅助材料、构配件、零件、半成品或成品、工程设备的费用。其内容包括以下几项。

(1)材料原价：是指材料、工程设备的出厂价格或商家供应价格，不包含增值税可抵扣进项税额。

(2)运杂费：是指材料、工程设备自来源地运至工地仓库或指定堆放地点所发生的全部费用。

(3)运输损耗费：是指材料在运输装卸过程中不可避免的损耗。

(4)采购及保管费：是指在组织采购、供应和保管材料、工程设备的过程中所需要的各项费用。其包括采购费、仓储费、工地保管费、仓储损耗。

工程设备是指构成或计划构成永久工程一部分的机电设备、金属结构设备、仪器装置及其他类似的设备和装置。

3. 施工机具使用费

施工机具使用费是指施工作业所发生的施工机械使用费、仪器仪表使用费。

(1)施工机械使用费。施工机械使用费是以施工机械台班耗用量乘以施工机械台班单价表示。施工机械台班单价应由下列七项费用组成。

①折旧费：是指施工机械在规定的使用年限内，陆续收回其原值的费用。

②大修理费：是指施工机械按规定的大修理间隔台班进行必要的大修理，以恢复其正常功能所需的费用。

③经常修理费：是指施工机械除大修理以外的各级保养及临时故障排除所需的费用。其包括为保障机械正常运转所需替换设备与随机配备工具附具的摊销和维护费用、机械运转中日常保养所需润滑与擦拭的材料费用及机械停滞期间的维护和保养费用等。

④安拆费及场外运费：安拆费是指施工机械(大型机械除外)在现场进行安装与拆卸所需的人工、材料、机械和试运转费用及机械辅助设施的折旧、搭设、拆除等费用；场外运费是指施工机械整体或分体自停放地点运至施工现场或由一施工地点的运输、装卸、辅助材料及架线等费用。

⑤人工费：是指机上司机(司炉)和其他操作人员的费用。

⑥燃料动力费：是指施工机械在运转作业中所消耗的各种燃料及水、电费等。

⑦税费：是指施工机械按照国家规定应缴纳的车船使用税、保险费及年检费等。

(2)仪器仪表使用费：是指工程施工所需使用的仪器仪表的摊销及维修费用。

4. 企业管理费

企业管理费是指建筑安装企业组织施工生产和经营管理所需的费用。其内容包括以下几项。

(1)管理人员工资：是指按规定支付给管理人员计时工资、奖金、津贴补贴、加班加点工资及特殊情况下支付的工资等。

(2)办公费：是指企业管理办公用的文具、纸张、账表、印刷、邮电、书报、办公软件、现场监控、会议、水电、烧水和集体取暖降温(包括现场临时宿舍取暖降温)等费用。

(3)差旅交通费：是指职工因公出差、调动工作的差旅费、住勤补助费，市内交通费和误餐补助费，职工探亲路费，劳动力招募费，职工退休、退职一次性路费，工伤人员就医路费，工地转移费及管理部门使用的交通工具的油料、燃料等费用。

(4)固定资产使用费：是指管理和试验部门及附属生产单位使用的属于固定资产的房屋、设备、仪器等的折旧、大修、维修或租赁费。

(5)工具用具使用费：是指企业施工生产和管理使用的不属于固定资产的工具、器具、家具、交通工具和检验、试验、测绘、消防用具等的购置、维修和摊销费。

(6)劳动保险和职工福利费：是指由企业支付的职工退职金、按规定支付给离休干部的经费、集体福利费、夏季防暑降温费、冬季取暖补贴、上下班交通补贴等。

(7)劳动保护费：是指企业按规定发放的劳动保护用品的支出，如工作服、手套、防暑降温饮料及在有碍身体健康的环境中施工的保健费用等。

(8)检验试验费：是指施工企业按照有关标准规定，对建筑及材料、构件和建筑安装物进行一般鉴定、检查所发生的费用，包括自设试验室进行试验所耗用的材料等费用。检验试验费不包括新结构、新材料的试验费，对构件做破坏性试验及其他特殊要求检验试验的费用和建设单位委托检测机构进行检测的费用，对此类检测发生的费用，由建设单位在工程建设其他费用中列支。但对施工企业提供的具有合格证明的材料进行检测不合格的，该检测费用由施工企业支付。

(9)工会经费：是指企业按《中华人民共和国工会法》规定的全部职工工资总额比例计提的工会经费。

(10)职工教育经费：是指按职工工资总额的规定比例计提，企业为职工进行专业技术和职业技能培训，专业技术人员继续教育、职工职业技能鉴定、职业资格认定，以及根据需要对职工进行各类文化教育所发生的费用。

(11)财产保险费：是指施工管理用财产、车辆等的保险费用。

(12)财务费：是指企业为施工生产筹集资金或提供预付款担保、履约担保、职工工资支付担保等所发生的各种费用。

(13)税金：是指企业按规定缴纳的房产税、车船使用税、土地使用税、印花税等。

(14)工程项目附加税费：是指国家税法规定的应计入建筑安装工程造价内的城市维护建设税、教育费附加、地方教育附加。

(15)工程定位复测费：是指工程施工过程中进行全部施工测量放线和复测工作的费用。

(16)其他：包括技术转让费、技术开发费、投标费、业务招待费、广告费、公证费、法律顾问费、审计费、咨询费、保险费等。

5. 利润

利润是指施工企业完成所承包工程获得的营利。

3.2 各项费用费率

3.2.1 费用计取规则

各专业工程以工程定额分部分项工程费中的人工费与机械费之和为取费基数，其中部分专业工程以项目人工费与机械费之和的35%为取费基数，详见各项费用费率表。

3.2.2 各项费用费率

1. 一般措施项目

(1)安全施工费：以建筑安装工程不含本项费用的税前造价为取费基数。房屋建筑与装饰工程为2.27%，市政工程、通用安装工程为1.71%。

(2)文明施工和环境保护费：按表3-1所示取费基数和基础费率计算。

表3-1 文明施工和环境保护费

<table>
<tr><th>专业</th><th>取费基数</th><th>基础费率</th></tr>
<tr><td>《房屋建筑与装饰工程定额》第1章、第16章</td><td rowspan="2">人工费与机械费之和的35%</td><td rowspan="7">0.65%</td></tr>
<tr><td>《市政工程定额》第1、10册</td></tr>
<tr><td>《房屋建筑与装饰工程定额》第2～15章、第17章</td><td rowspan="5">人工费与机械费之和</td></tr>
<tr><td>《通用安装工程定额》</td></tr>
<tr><td>《装配式建筑工程定额》</td></tr>
<tr><td>《绿色建筑工程定额》</td></tr>
<tr><td>《市政工程定额》第3～9、11册，《园林绿化工程》</td></tr>
<tr><td>《市政工程定额》第2册</td><td>人工费与机械费之和</td><td>0.97%</td></tr>
</table>

(3)雨期施工费：雨期施工费工程量为全部工程量，按表3-2所示取费基数和基础费率计算。

表3-2 雨期施工费

<table>
<tr><th>专业</th><th>取费基数</th><th>基础费率</th></tr>
<tr><td>《房屋建筑与装饰工程定额》第1章、第16章</td><td rowspan="2">人工费与机械费之和的35%</td><td rowspan="7">0.65%</td></tr>
<tr><td>《市政工程定额》第1、10册</td></tr>
<tr><td>《房屋建筑与装饰工程定额》第2～15章、第17章</td><td rowspan="5">人工费与机械费之和</td></tr>
<tr><td>《通用安装工程定额》</td></tr>
<tr><td>《装配式建筑工程定额》</td></tr>
<tr><td>《绿色建筑工程定额》</td></tr>
<tr><td>《市政工程定额》第3～9、11册，《园林绿化工程》</td></tr>
<tr><td>《市政工程定额》第2册</td><td>人工费与机械费之和</td><td>0.97%</td></tr>
</table>

2. 其他措施项目

(1)夜间施工增加费和白天施工需要照明费按表3-3计算。

表 3-3　夜间施工增加费和白天施工需要照明费

<table>
<tr><th>项目</th><th>合计</th><th>夜餐补助费</th><th>工效降低和照明设施折旧费</th></tr>
<tr><td>夜间施工</td><td>32</td><td>10</td><td>22</td></tr>
<tr><td>白天施工需要照明</td><td>22</td><td>—</td><td>22</td></tr>
<tr><td colspan="4">注：该工日为符合夜间施工和白天施工需要照明条件的工程量对应的定额工日数</td></tr>
</table>

(2)二次搬运费：按批准的施工组织设计或签证计算。

(3)冬期施工费：冬期施工工程量，为达到冬期标准(平均气温连续 5 d 低于 5℃)所发生的工程量，按表 3-4 所示取费基数和基础费率计算。

表 3-4　冬期施工费

<table>
<tr><th>专业</th><th>取费基数</th><th>基础费率</th></tr>
<tr><td>《房屋建筑与装饰工程定额》第 1 章、第 16 章</td><td rowspan="2">人工费与机械费之和的 35%</td><td rowspan="7">3.65%</td></tr>
<tr><td>《市政工程定额》第 1、10 册</td></tr>
<tr><td>《房屋建筑与装饰工程定额》第 2～15 章、第 17 章</td><td rowspan="5">人工费与机械费之和</td></tr>
<tr><td>《通用安装工程定额》</td></tr>
<tr><td>《装配式建筑工程定额》</td></tr>
<tr><td>《绿色建筑工程定额》</td></tr>
<tr><td>《市政工程定额》第 3～9、11 册，《园林绿化工程》</td></tr>
<tr><td>《市政工程定额》第 2 册</td><td>人工费与机械费之和</td><td>5.48%</td></tr>
</table>

(4)已完工程及设备保护费：按批准的施工组织设计或签证计算。

(5)市政工程(含园林绿化工程)施工干扰费：仅对符合发生市政工程干扰情形的工程项目或项目的一部分，按对应工程量的人工费与机械费之和的 4%计取该项费用。

3. 其他项目费

(1)暂列金额。

(2)计日工。

(3)总承包服务费。

4. 企业管理费

企业管理费按表 3-5 所示取费基数和基础费率计算。

表 3-5　企业管理费

<table>
<tr><th>专业</th><th>取费基数</th><th>基础费率</th></tr>
<tr><td>《房屋建筑与装饰工程定额》第 1 章、第 16 章</td><td rowspan="2">人工费与机械费之和的 35%</td><td rowspan="7">8.50%</td></tr>
<tr><td>《市政工程定额》第 1、10 册</td></tr>
<tr><td>《房屋建筑与装饰工程定额》第 2～15 章、第 17 章</td><td rowspan="5">人工费与机械费之和</td></tr>
<tr><td>《通用安装工程定额》</td></tr>
<tr><td>《装配式建筑工程定额》</td></tr>
<tr><td>《绿色建筑工程定额》</td></tr>
<tr><td>《市政工程定额》第 3～9、11 册，《园林绿化工程》</td></tr>
<tr><td>《市政工程定额》第 2 册</td><td>人工费与机械费之和</td><td>12.75%</td></tr>
</table>

企业管理费基础费率中未包含通过第三方检验机构进行材料检测费用和工程项目附加税费。

上述两项是工程造价的组成部分，招标投标工程由投标人在投标报价时自行确定，非招标工程在工程结算时按规定或实际发生计入。

5. 利润

利润按表 3-6 所示的取费基数和基础费率计算。

表 3-6 利润

<table>
<tr><th>专业</th><th>取费基数</th><th>基础费率</th></tr>
<tr><td>《房屋建筑与装饰工程定额》第 1 章、第 16 章</td><td rowspan="2">人工费与机械费之和的 35%</td><td rowspan="7">7.50%</td></tr>
<tr><td>《市政工程定额》第 1、10 册</td></tr>
<tr><td>《房屋建筑与装饰工程定额》第 2～15 章、第 17 章</td><td rowspan="5">人工费与机械费之和</td></tr>
<tr><td>《通用安装工程定额》</td></tr>
<tr><td>《装配式建筑工程定额》</td></tr>
<tr><td>《绿色建筑工程定额》</td></tr>
<tr><td>《市政工程定额》第 3～9、11 册，《园林绿化工程》</td></tr>
<tr><td>《市政工程定额》第 2 册</td><td>人工费与机械费之和</td><td>11.25%</td></tr>
</table>

6. 规费

招标工程投标人在投标报价时，根据有关部门的规定及企业缴纳支出情况，自行确定；非招标工程在施工合同中，根据有权部门的规定及企业缴纳支出情况约定规费费率。

7. 税金

按《中华人民共和国税法》《关于全面推开营业税改征增值税试点的通知》(财税〔2016〕36 号)相关规定执行。

3.2.3 工程费用取费程序

工程费用取费程序见表 3-7。

表 3-7 工程费用取费程序

序号	费用项目	计算方法
1	工程定额分部分项工程费、技术措施费合计	工程量×定额综合单价＋主材费
1.1	其中：人工费＋机械费	
2	一般措施项目费(不含安全施工措施费)	1.1×费率，按规定或按施工组织设计和签证
3	其他措施项目费	1.1×费率
4	其他项目费	
5	工程定额分部分项工程费、措施项目费(不含安全施工措施费)、其他项目费合计	1＋2＋3＋4
5.1	其中：企业管理费	1.1×费率
5.2	其中：利润	1.1×费率
6	规费	1.1×费率及各市规定
7	安全施工措施费	(5＋6)×费率
8	税费前工程造价合计	5＋6＋7
9	税金	8×规定费率
10	工程造价	8＋9

(1)一般措施项目费(不含安全施工措施费)组成见表3-8。

表3-8 一般措施项目费用(不含安全施工措施费)组成

2	一般措施项目费(不含安全施工措施费)	计算方法
2.1	环境保护和文明施工费	1.1×费率
2.2	雨期施工费	1.1×费率

(2)其他措施项目费组成见表3-9。

表3-9 其他措施项目费组成

3	其他措施项目费	计算方法
3.1	夜间施工增加费	按规定计算
3.2	二次搬运费	按批准的施工组织设计或签证计算
3.3	冬期施工费	1.1×费率
3.4	已完工程及设备保护费	按批准的施工组织设计或签证计算
3.5	市政工程干扰费	1.1×费率
3.6	其他	

(3)其他项目费组成见表3-10。

表3-10 其他项目费组成

4	其他项目费	计算方法
4.1	暂列金额	
4.2	计时工	
4.3	总承包服务费	
4.4	暂估价	
4.5	其他	

(4)规费费用组成见表3-11。

表3-11 规费费用组成

6	规费	计算方法
6.1	社会保障费	1.1×费率
6.2	住房公积金	1.1×费率
6.3	工程排污费	按工程所在地规定计算
6.4	其他	

(5)企业管理费见表3-12。

表3-12 企业管理费

5.1	企业管理费	计算方法
5.1.1	房屋建筑与装饰工程土石方部分	1.1×费率
5.1.2	房屋建筑与装饰工程其他	1.1×费率
5.1.3	通用安装工程部分	1.1×费率
5.1.4	市政工程土石方部分	1.1×费率
…	……	…

(6)利润见表 3-13。

表 3-13　利润

5.2	利润	计算方法
5.2.1	房屋建筑与装饰工程土石方部分	1.1×费率
5.2.2	房屋建筑与装饰工程其他	1.1×费率
5.2.3	通用安装工程部分	1.1×费率
5.2.4	市政工程土石方部分	1.1×费率
…	……	…

【例 3-1】 某办公楼工程根据施工图纸计算工程定额分部分项工程费、技术措施费合计为 169 413.81 元，其中，人工费＋机械费＝17 793.74 元，社会保险费为 1.8%，税金为 11%，计算该工程的工程造价。

【解】 该工程的工程造价计算结果见表 3-14。

表 3-14　单位工程费用

行号	费用名称	计算方法	费率/%	金额/元
1	工程定额分部分项工程费、技术措施费合计	工程量×定额综合单价＋主材费		169 413.81
1.1	其中：人工费＋机械费			17 793.74
2	一般措施项目费(不含安全施工措施费)	2.1＋2.2		231.32
2.1	文明施工和环境保护费	1.1×费率	0.65	115.66
2.2	雨期施工费	1.1×费率	0.65	115.66
3	其他措施项目费	3.1＋3.2＋3.3＋3.4＋3.5＋3.6		649.47
3.1	夜间施工增加费和白天施工需要照明费			
3.2	二次搬运费			
3.3	冬期施工费	1.1×费率	3.65	649.47
3.4	已完工程及设备保护费			
3.5	市政工程(含园林绿化工程)施工干扰费			
3.6	其他			
4	其他项目费			
5	工程定额分部分项工程费、技术措施费(不含安全施工措施费)、其他项目费合计	1＋2＋3＋4		170 294.6
5.1	其中：企业管理费	1.1×费率	8.5	1 512.47
5.2	其中：利润	1.1×费率	7.5	1 334.53
6	规费	6.1＋6.2＋6.3＋6.4		320.29
6.1	社会保障费	1.1×费率	1.8	320.29
6.2	住房公积金	1.1×费率		
6.3	工程排污费			
6.4	其他			
7	安全施工措施费	(5＋6)×费率	2.27	3 872.96
8	税费前工程造价合计	5＋6＋7		174 487.85
9	税金	8×费率	11	19 193.66
10	工程造价	8＋9		193 681.51

3.3 招标控制价费率

3.3.1 费用计取规则

各专业工程以工程定额分部分项工程费中的人工费与机械费之和为取费基数，其中部分专业工程以项目人工费与机械费之和的35%为取费基数，详见各项费用费率表。

3.3.2 各项费用费率

1. 一般措施项目

(1)安全施工费：以建筑安装工程不含本项费用的税前造价为取费基数。房屋建筑工程为2.27%，市政公用工程、机电安装工程为1.71%。

(2)文明施工和环境保护费，按表3-15所示取费基数和建议费率计算。

表3-15 文明施工和环境保护费

<table>
<tr><th>专业</th><th>取费基数</th><th>建议费率</th></tr>
<tr><td>《房屋建筑与装饰工程定额》第1章、第16章</td><td rowspan="2">人工费与机械费之和的35%</td><td rowspan="7">0.85%</td></tr>
<tr><td>《市政工程定额》第1、10册</td></tr>
<tr><td>《房屋建筑与装饰工程定额》第2～15章、第17章</td><td rowspan="5">人工费与机械费之和</td></tr>
<tr><td>《通用安装工程定额》</td></tr>
<tr><td>《装配式建筑工程定额》</td></tr>
<tr><td>《绿色建筑工程定额》</td></tr>
<tr><td>《市政工程定额》第3～9、11册，《园林绿化工程》</td></tr>
<tr><td>《市政工程定额》第2册</td><td>人工费与机械费之和</td><td>1.26%</td></tr>
</table>

(3)雨期施工费。雨期施工费工程量为全部工程量，按表3-16所示取费基数和建议费率计算。

表3-16 雨期施工费

<table>
<tr><th>专业</th><th>取费基数</th><th>建议费率</th></tr>
<tr><td>《房屋建筑与装饰工程定额》第1章、第16章</td><td rowspan="2">人工费与机械费之和的35%</td><td rowspan="7">0.85%</td></tr>
<tr><td>《市政工程定额》第1、10册</td></tr>
<tr><td>《房屋建筑与装饰工程定额》第2～15章、第17章</td><td rowspan="5">人工费与机械费之和</td></tr>
<tr><td>《通用安装工程定额》</td></tr>
<tr><td>《装配式建筑工程定额》</td></tr>
<tr><td>《绿色建筑工程定额》</td></tr>
<tr><td>《市政工程定额》第3～9、11册，《园林绿化工程》</td></tr>
<tr><td>《市政工程定额》第2册</td><td>人工费与机械费之和</td><td>1.26%</td></tr>
</table>

2. 其他措施项目

(1)夜间施工增加费和白天施工需要照明费按表3-17计算。

表 3-17　夜间施工增加费和白天施工需要照明费

项目	合计	夜餐补助费	工效降低和照明设施折旧费
夜间施工	32	10	22
白天施工需要照明	22	—	22

(2)二次搬运费：按批准的施工组织设计或签证计算。

(3)冬期施工费：冬期施工工程量，为达到冬期标准(平均气温连续 5 d 低于 5℃)所发生的工程量，按表 3-18 所示取费基数和建议费率计算。

表 3-18　冬期施工费

<table>
<tr><th>专业</th><th>取费基数</th><th>建议费率</th></tr>
<tr><td>《房屋建筑与装饰工程定额》第 1 章、第 16 章</td><td rowspan="2">人工费与机械费之和的 35%</td><td rowspan="7">4.75%</td></tr>
<tr><td>《市政工程定额》第 1、10 册</td></tr>
<tr><td>《房屋建筑与装饰工程定额》第 2～15 章、第 17 章</td><td rowspan="5">人工费与机械费之和</td></tr>
<tr><td>《通用安装工程定额》</td></tr>
<tr><td>《装配式建筑工程定额》</td></tr>
<tr><td>《绿色建筑工程定额》</td></tr>
<tr><td>《市政工程定额》第 3～9、11 册，《园林绿化工程》</td></tr>
<tr><td>《市政工程定额》第 2 册</td><td>人工费与机械费之和</td><td>7.13%</td></tr>
</table>

(4)已完工程及设备保护费：按正常施工情况，由编制人自行确定。

(5)市政工程(含园林绿化工程)施工干扰费，仅对符合发生市政工程干扰情形的工程项目或项目的一部分，按对应工程量人工费与机械费之和的 4%计取该项费用。

3. 其他项目费

(1)暂列金额。

(2)计日工。

(3)总承包服务费。

4. 企业管理费

企业管理费按表 3-19 所示取费基数和建议费率计算。

表 3-19　企业管理费

<table>
<tr><th>专业</th><th>取费基数</th><th>建议费率</th></tr>
<tr><td>《房屋建筑与装饰工程定额》第 1 章、第 16 章</td><td rowspan="2">人工费与机械费之和的 35%</td><td rowspan="7">11.05%</td></tr>
<tr><td>《市政工程定额》第 1、10 册</td></tr>
<tr><td>《房屋建筑与装饰工程定额》第 2～15 章、第 17 章</td><td rowspan="5">人工费与机械费之和</td></tr>
<tr><td>《通用安装工程定额》</td></tr>
<tr><td>《装配式建筑工程定额》</td></tr>
<tr><td>《绿色建筑工程定额》</td></tr>
<tr><td>《市政工程定额》第 3～9、11 册，《园林绿化工程》</td></tr>
<tr><td>《市政工程定额》第 2 册</td><td>人工费与机械费之和</td><td>16.58%</td></tr>
</table>

建议费率中未包含通过第三方检验机构进行材料检测费用和工程项目附加税费。

上述两项是工程造价的组成部分，招标控制价由编制人予以考虑。

5. 利润

利润按表3-20所示取费基数和建议费率计算。

表3-20　利润

<table>
<tr><th>专业</th><th>取费基数</th><th>建议费率</th></tr>
<tr><td>《房屋建筑与装饰工程定额》第1章、第16章</td><td rowspan="2">人工费与机械费之和的35%</td><td rowspan="7">9.75%</td></tr>
<tr><td>《市政工程定额》第1、10册</td></tr>
<tr><td>《房屋建筑与装饰工程定额》第2～15章、第17章</td><td rowspan="5">人工费与机械费之和</td></tr>
<tr><td>《通用安装工程定额》</td></tr>
<tr><td>《装配式建筑工程定额》</td></tr>
<tr><td>《绿色建筑工程定额》</td></tr>
<tr><td>《市政工程定额》第3～9、11册，《园林绿化工程》</td></tr>
<tr><td>《市政工程定额》第2册</td><td>人工费与机械费之和</td><td>14.63%</td></tr>
</table>

6. 规费

招标控制价的规费计算，按当地有权部门的规定和企业社会保险费的实际缴纳支出情况，由招标人自行确定。

7. 税金

按《中华人民共和国税法》、财政部国家税务总局《关于全面推开营业税改征增值税试点的通知》(财税〔2016〕36号)相关规定执行。

【例3-2】 某住宅楼工程根据施工图纸计算工程定额分部分项工程费、技术措施费合计为881 375.64元，其中，人工费预算价＋机械费预算价为50 507.72元，社会保险费为1.8%，税金为11%，计算该工程的招标控制价。

【解】 该工程的招标控制价计算结果见表3-21。

表3-21　单位工程费用

行号	费用名称	计算方法	费率/%	金额/元
1	工程定额分部分项工程费、技术措施费合计	工程量×定额综合单价＋主材费		881 375.64
1.1	其中：人工费＋机械费			50 507.72
2	一般措施项目费(不含安全施工措施费)	2.1＋2.2		858.64
2.1	文明施工和环境保护费	1.1×费率	0.85	429.32
2.2	雨期施工费	1.1×费率	0.85	429.32
3	其他措施项目费	3.1＋3.2＋3.3＋3.4＋3.5＋3.6		2 399.12
3.1	夜间施工增加费和白天施工需要照明费			
3.2	二次搬运费			
3.3	冬期施工费	1.1×费率	4.75	2 399.12
3.4	已完工程及设备保护费			
3.5	市政工程(含园林绿化工程)施工干扰费			
3.6	其他			
4	其他项目费			

续表

行号	费用名称	计算方法	费率/%	金额/元
5	工程定额分部分项工程费、技术措施费(不含安全施工措施费)、其他项目费合计	1+2+3+4		884 633.4
5.1	其中：企业管理费	1.1×费率	11.05	5 581.1
5.2	其中：利润	1.1×费率	9.75	4 924.5
6	规费	6.1+6.2+6.3+6.4		909.14
6.1	社会保障费	1.1×费率	1.8	909.14
6.2	住房公积金	1.1×费率		
6.3	工程排污费			
6.4	其他			
7	安全施工措施费	(5+6)×费率	2.27	20 101.82
8	税费前工程造价合计	5+6+7		905 644.36
9	税金	8×费率	11	99 620.88
10	工程造价	8+9		1 005 265.24

思考与练习

1. 什么是建设工程费用？它由哪些费用组成？
2. 人工费包括哪些内容？
3. 材料费包括哪些内容？
4. 施工机具使用费包括哪些内容？
5. 什么是措施费？它包括哪些内容？如何计算？
6. 什么是其他项目费？它包括哪些内容？
7. 什么是规费？它包括哪些内容？如何计算？
8. 什么是招标控制价？
9. 什么是企业管理费？如何计算？
10. 什么是利润？如何计算？
11. 某办公楼工程根据施工图纸计算工程定额分部分项工程费、技术措施费合计为3 386 723.29元，其中人工费+机械费为1 208 970.13元，社会保险费为1.8%，税金为11%，计算该工程的招标控制价。

模块4　建设工程施工图预算编制方法

模块概述

本模块主要介绍施工图预算编制依据、作用、方法及步骤。施工图预算编制方法包括单价法和实物法两种。其中，单价法编制施工图预算的步骤应为：准备资料，熟悉施工图纸、了解施工现场，计算工程量，套用预算单价，计算直接费，计算其他费用并汇总单位工程造价，进行工料分析，复核，编制说明、填写封面。

知识目标

了解施工图编制的依据、程序、方法，掌握预算资料的内容，收集、整理方法。

能力目标

能运用施工图编制的依据、程序、方法，进行预算资料的收集、整理。

课时建议

4学时。

建设工程施工图预算是在施工图设计完成后、工程开工前，根据已批准的施工图纸，在施工方案或施工组织设计已确定的前提下，按照国家或省、市颁发的现行预算定额、费用标准、材料预算价格等有关规定，进行逐项计算工程量、套用相应定额、进行工料分析，计算直接费、间接费、利润、税金等费用，确定单位工程造价的技术经济文件。建筑工程预算一般可分为土建工程预算、给水排水工程预算、电气照明工程预算、暖通工程预算、构筑物工程预算及工业管道、电力电信工程预算。

4.1　施工图预算编制的依据及方法

4.1.1　施工图预算编制的依据

(1)施工图纸、标准图集及图纸会审记录。编制施工图预算要用经过会审的施工图，包括文字说明、有关的通用图集和标准图集及施工图纸会审记录。其规定了工程的具体内容、各分部分项工程的做法，结构尺寸及施工方法，是编制施工图预算的重要依据。

(2)现行工程定额及费用标准。现行房屋建筑与装饰工程定额、建筑工程费用标准及计价程序，是确定分部、分项工程数量，计算直接费及工程造价，编制施工图预算的重要依据。

(3)施工组织设计或施工方案。施工组织设计或施工方案对工程施工方法、施工机械选择、材料构件的加工和堆放地点都有明确的规定，如土石方开挖时，人工挖土还是机械挖土，土方运输的方式及运输距离；垂直运输机械的选型等。这些资料决定了工程量计算、定额项目的套用等。

(4)工程合同或协议。施工企业同建设单位签订的工程承包合同是双方必须遵守的文件，其中有关条款是编制施工图预算的依据。

(5)地区人工工资、材料及机械台班预算价格。建筑工程直接费用是根据工程定额计算的，工程定额中的材料预算价格是相对固定的，在施工图预算编制时，人工工资、材料及机械台班预算价格都有可能发生变化。施工图预算编制时按国家规定调整范围和方法，以地区人工工资、材料及机械台班预算价格为依据进行调整。

(6)预算工作手册和建材五金手册。各种预算工作手册和建材五金手册上载有各种构件工程量及钢材质量等，作为工具性资料，加快工程量的计算速度。

4.1.2 施工图预算编制的作用

(1)施工图预算是确定单位建筑工程造价的依据。建筑工程由于体积庞大、结构复杂、形态多样、用途各异、地点固定、生产周期长及材料消耗庞杂，故不能像其他工业产品那样由国家制定统一的出厂价格，而必须依据各自的施工设计图纸，预算定额单价、取费标准等分别计算各个建筑工程的预算造价。因此，建筑工程预算起着为建筑产品定价的作用。实行招标的工程，预算也是确定投标报价的依据。

(2)施工图预算是编制年度建设项目计划的依据。按照国家工程建设管理制度的要求，年度基本建设计划必须根据审定后的建设预算进行编制。凡没有编制好建设预算的工程项目，必须在开工前编制出建设预算，否则不能列入年度基本建设计划。

(3)施工图预算是签订施工合同的依据。凡是承发包工程，建设单位与施工单位都必须以经审查后的施工图预算为依据签订施工合同。这是因为，施工图预算所确定的工程造价，是建筑产品的出厂价格，双方为了各自的经济利益，应以施工图预算为准，明确责任，分工协作，互相制约，共同保证完成国家基本建设计划。

(4)施工图预算是衡量设计标准和考核工程建设成本的依据。单位建筑工程施工图预算是以货币形式，综合反映工程项目设计标准和设计质量的经济价值数量。设计上的浪费或节约，通过计算工程数量和各项费用，可以全部反映到预算文件中。因此，建设项目的施工图预算编制完毕后，就可以利用预算中的有关指标(如单位建筑面积造价指标、三大材料耗用指标、单位生产能力造价指标等)对设计的标准与质量进行经济分析和评价，从而达到衡量设计是否技术先进、经济合理的目的。经过审查批准的建筑工程预算既是施工企业承担建设项目施工任务的经济收入凭证，又是考核企业经营管理水平的依据。施工企业以其工程价款收入抵补其施工活动中的资源消耗后还有盈余的，说明这个企业经济管理水平高；反之，则是经营管理水平低。施工企业为了增加盈余，就必须在预算造价范围内，努力改善经营管理，提高劳动生产率，降低各种消耗。因此，建筑工程预算是施工企业加强经济核算、节支增收、考核工程建设成本的依据。

(5)施工图预算是施工企业编制施工计划和统计完成工作量的依据。施工企业对所承担的建设项目施工准备的各项计划(包括施工进度计划、材料供应计划、劳动力安排计划、机具调配计划、财务计划等)的编制，都是以批准的施工图预算为依据的。

4.1.3 施工图预算编制的方法

编制施工图预算常用单价法和实物法两种方法。

1. 单价法

单价法编制施工图预算，就是根据地区统一单位估价表中的各分项工程单价，乘以相应的各分项工程量，并相加，即得到单位工程的直接工程费。再加上措施费、间接费、利润和税金，即可得到单位工程的施工图预算。具体步骤如下。

(1)准备资料。在编制预算之前，要准备好施工图纸、施工方案或施工组织设计、图纸会审记录、工程预算定额、施工管理费和其他费用定额、材料、设备价格表、各种标准图册、预算调价文件和有关技术经济资料等编制施工图预算所需的资料。

(2)熟悉施工图纸，了解施工现场。施工图纸既是编制预算的工作对象，也是基本依据。预算人员首先要认真阅读和熟悉施工图纸，将建筑施工、结构施工、给水排水、暖通、电气等各种专业施工图相互对照，认真核对图纸是否齐全、相互之间是否有矛盾和错误、各分部尺寸之和是否等于总尺寸、各种构件的竖向位置是否与标高相符等。还要熟悉有关标准图，构、配件图集，设计变更和设计说明等，通过阅读和熟悉图纸，对拟编预算的工程建筑、结构、材料应用和设计意图有一个总体的概念。

在熟悉施工图纸的同时，还要深入施工现场，了解施工方法、施工机械的选择、施工条件及技术组织措施和周围环境，使编制预算所需的基础资料更加完备。另外，为了正确确定工程造价，必须学习预算定额的全部内容，了解定额总说明、分部工程说明、工程量计算规则，掌握定额的组成，能够进行定额的套用与换算，掌握定额项目的工作内容、施工方法、质量要求和计量单位等，以便正确使用定额。

(3)计算工程量。工程量的计算既是编制预算的基础和重要内容，也是预算编制过程中最为繁杂而又十分细致的工作。所谓工程量是指以物理计量单位或自然计量单位表示的各个具体分项工程的数量。

①工程量计算的步骤。

a. 根据工程内容和定额项目，列出计算工程量的分部分项工程。

b. 列出计算式。预算项目确定后，就可根据施工图纸所示的部位、尺寸和数量，按照一定的顺序，列出工程量计算式，并列出工程量计算表。

c. 进行计算。计算式全部列出后，就可以按照顺序逐式进行计算，并核对检查无误后将计算结果填入计算表中。

d. 对计算结果的计量单位进行调整，使之与定额中相应的分部分项工程的计量单位保持一致。

②工程量计算要注意的问题。

a. 工程量计算时要按定额规定的计算规则、项目、单位进行，以便于选套定额，正确使用定额的各项指标。

b. 严格按照施工图纸计算，并按一定的顺序认真识图、审图防止重算、漏算，确保数据准确、项目齐全。

(4)套用预算单价。工程量计算完成并经自己检查认为无差错后，就可以进行套用预算单价的工作。首先，将计算好的分项工程量及计算单位，按照定额分部顺序整理填写到预算表中。然后，从预算定额(单位估价表)中查得相应的分项工程的定额编号和单价填到预算表中，将分项工程的工程量和该项单价相乘，即得出该分项工程的预算价值。在套用预算单价时，注意分项工程的名称、规格和计算单位估价表上所列的内容完全一致。

选套定额项目时要注意以下问题。

①同预算定额工作内容一致的项目，直接套用相应定额项目单价。

②同预算定额不完全一致，而且定额规定允许换算时，应首先进行定额换算，然后套用换算后的定额单价。

③当定额中缺项的项目没有定额项目可套用时，应编制补充定额，作为一次性定额纳入预算文件。

(5)计算直接费。首先，将各分项工程的预算价值相加求出各分部工程的预算价值小计数，再将各分部工程预算价值小计数相加求得单位工程的预算合价，即单位工程的直接工程费。然后，按照当地主管部门规定的项目和费率计算措施费。单位工程的直接工程费与措施费之和即单位工程直接费。

$$分部分项工程直接工程费 = \sum 分部分项工程工程量 \times 相应的地区基价$$

$$单位工程直接工程费 = \sum 分部分项工程直接工程费$$

$$单位工程直接费 = \sum 分部分项工程直接工程费 + 单位工程措施项目费$$

(6)计算其他费用并汇总单位工程造价。单位工程直接费确定后，根据本地区的建筑工程费用计算规定与取费程序，计算间接费、利润和税金等。将各项费用进行汇总，就是单位工程造价，即

$$单位工程总造价=直接费+间接费+利润+税金$$

(7)进行工料分析。对单位工程所需的人工工日数及各种材料需要量进行的分析计算，就称为“工料分析”。在单价法施工图预算中，工料分析主要是为计算材料价差提供所需的数据。工料分析汇总时应按不同工种的人工和不同品种、规格的材料分别进行汇总。计算公式如下：

$$某工种人工工日数 = \sum 分项工程量 \times 相应分项定额人工消耗量$$

$$某种材料需用量 = \sum 分项工程量 \times 相应分项该材料的定额消耗量$$

(8)复核。当单位工程预算编制完后，应由有关人员对编制的主要内容及计算情况进行核对检查，以便及时发现差错，及时修改，以利于提高预算的准确性。在复核中，重点应对分项工程列项、工程量计算公式和结果、套用的定额单价及采用的各项取费费率、数字计算和数据精确度等进行全面复核。

(9)编制说明、填写封面。编制说明是编制方向审核方交代编制的依据，可以逐条分述。主要应写明以下内容。

①编制的依据。

a. 单位工程的编号和工程名称。

b. 设计施工图纸及其有关说明，包括设计单位、设计编号、图纸编号、张数等。

c. 所采用的标准图集、规范、工艺标准、材料做法、设备安装图册等。

d. 编制工程预算是否包括技术交底中的设计变更。

e. 使用的定额、材料预算价格的名称及有关文件名称。

f. 编制工程预算所依据的费用定额的名称及有关文件名称。

g. 进口设备、材料或加工订货单价来源。

②本工程坐落地点。

③施工企业的性质(国营、集体)及企业的所在地。

④其他需要说明的内容。

封面应写明工程编号、工程名称、工程量、预算总造价和单位造价、编制单位名称、负责人和编制日期，以及审核单位的名称、负责人和审核日期等。

2. 实物法

用实物法编制施工图预算，主要是先用计算出的各分项工程的实物工程量，分别套用定额计算出消耗量，并按类相加，求出单位工程所需的各种人工、材料、机械台班消耗量，然后分

别乘以当时和当地的各种人工、材料、施工机械台班的实际单价，求得人工费、材料费和施工机械使用费，再汇总求和。措施费、间接费、计划利润和税金等费用的计算方法均与单价法相同。具体步骤如下：

(1)准备资料。

(2)熟悉施工图纸，了解施工现场。

(3)计算工程量。

(4)计算人工工日消耗量、材料消耗量、机械台班消耗量。根据预算人工定额所列的各类人工工日的数量，乘以各分项工程的工程量，计算出各分项工程所需的各类人工工日的数量，然后经统计汇总，获得单位工程所需的各类人工工日消耗量。同理，可以计算出材料消耗量、机械台班消耗量。

(5)计算直接工程费。用当时、当地的各类实际人工工资单位，乘以相应的人工工日消耗量，计算出单位工程的人工费。同样，用当时、当地的各类实际材料预算价格，乘以相应的材料消耗量，计算出单位工程的材料费；用当时、当地的各类实际机械台班费用单价，乘以相应的机械台班消耗量，计算出单位工程的机械使用费。将这些费用求和，再加上按照当时规定的费率计算出的措施费，即单位工程直接费。

(6)计算工程间接费。

(7)计算计划利润和税金。

(8)确定单位工程预算造价。

将以上各项费用相加，即可得出单位工程预算造价。

(9)编制说明，填写封面。

最后，将所有内容按以上顺序编排并装订成册，编制人员签字盖章，请有关单位审阅、签字并加盖单位公章后，一般土建工程施工图预算便完成了编制工作。

4.2 工程量计算的原则及方法

4.2.1 工程量计算原则

(1)计算工程量时必须遵循统一的计算规则，即与现行预算定额中工程量计算规则相一致，避免错算。

(2)计算工程量时，口径要统一，即每个项目包括的内容和范围必须与预算定额相一致，避免重复计算。

(3)计算工程量时，要按照一定的顺序进行，避免漏算或重复计算。计算公式各组成项的排列顺序要尽可能一致，以便审核。

(4)计算工程量时，所列出的各分项工程的计量单位要与现行定额的计量单位一致。

(5)计算工程量时，计算精度要统一。工程量计算结果，除钢材、木材取 3 位小数外，其余项目一般取 2 位小数。

4.2.2 工程量计算方法

建筑物或构筑物是由很多分部分项工程组成的，在实际计算工程量时容易发生漏算或重复计算，影响工程量计算的准确性。为了加快计算速度，避免重复计算或漏算，同一个计算项目的工程量计算也应根据工程项目的不同结构形式，按照施工图样，遵循着一定的计算顺序依次进行。

1. 一般土建工程计算工程量的方法

一般土建工程计算工程量时，通常可按项目施工顺序、定额项目顺序、统筹法顺序进行计算。

(1)按项目施工顺序计算：即按工程施工的先后顺序来计算工程量。大型复杂工程可分区域、分部位计算。例如，按施工顺序安排基础工程的工程量计算顺序可以为挖土方、做垫层、做基础、回填土、余土外运。

(2)按定额项目顺序计算：即按现行预算定额的分部分项顺序依次列项计算。

(3)按统筹法顺序计算工程量：就是分析工程量计算过程中，各分项工程量计算之间固有规律和相互依赖关系，合理安排工程量计算程序，以简化计算，提高效率，节约时间。例如，室内地面工程中的房心回填土、地面垫层、地面面层工程量计算过程中都要用到室内地面的长×宽，如把地面面层的计算放在前面，用它的数据供计算地面垫层、房心回填土工程量使用，这样就可避免重复计算，提高工程量计算速度。

2. 对于同一分项工程工程量计算方法

(1)按顺时针方向列项计算：从图样左上角开始，从左至右按顺时针方向依次计算，再重新回到图样左上角的计算方法。这种计算顺序适用于外墙的挖地槽、砖石基础、砖石墙、墙基垫层、楼地面、顶棚、外墙粉饰、内墙以间为单位的粉饰等项目。

(2)横竖分割列项计算：按照先横后竖、从上到下、从左到右的顺序列项计算。这种计算顺序适用于内墙的挖地槽、砖石基础、砖石墙、墙基垫层、内墙装饰等项目。

(3)按构件分类和编号列项计算：按照图样注明的不同类别、型号的构件编号列表进行计算。这种方法既方便检查校对，又能简化算式，如按柱、梁、板、门窗分类，再按编号分别计算。这种计算顺序适用于桩基础工程、钢筋混凝土构件、金属结构构件、钢木门窗等项目。

(4)按轴线编号列项计算：根据平面上定位轴线编号，从左到右、从上到下列项计算。这种方法主要适用于造型或结构复杂的工程。

上述工程量计算的方法不是独立存在的，在实际工作中应根据工程具体情况灵活运用，可以只采用其中一种方法，也可以同时采用几种方法。无论采用哪种计算方法，都应做到所计算的项目不重不漏、数据准确可靠。

思考与练习

1. 施工图预算编制的主要作用有哪些？
2. 施工图预算编制的依据有哪些？
3. 简述单价法编制施工图预算的步骤。

模块5　建筑面积计算

模块概述

本模块主要介绍建筑面积的概念及作用、建筑面积计算的总则及有关术语、建筑面积的计算规定，并对每条规定进行了条文说明，主要包括建筑物、地下室、半地下室、建筑物的门厅、大厅、架空走廊、立体书库、立体仓库、立体车库、舞台灯光控制室、落地橱窗、门斗、走廊、门廊、阳台、雨篷、室外楼梯等建筑面积计算，并介绍了不计算面积的范围。

知识目标

理解建筑面积的计算规则；掌握单位工程的建筑面积计算。

能力目标

能运用建筑面积的计算规则，进行单位工程的建筑面积计算。

课时建议

4学时。

5.1　建筑面积概述

5.1.1　建筑面积的概念

建筑面积是指建筑物各层水平平面面积的总和。建筑面积是以“m^2”为计量单位，是反映建筑物的各种技术经济指标的依据，包括使用面积、辅助面积和结构面积三部分。使用面积是指建筑物各层平面中直接为生产或生活使用的净面积之和，如民用建筑中的居室间、厨房、卫生间等；辅助面积是指建筑物各层平面中为辅助生产或生活所占净面积之和，如民用建筑中的楼梯、公共走廊、电梯井等，使用面积和辅助面积之和称为有效面积；结构面积是指建筑各层平面中的墙体、柱、通风道等结构所占面积之和。

5.1.2　建筑面积计算的作用

建筑面积是建筑物一项重要的技术经济指标，也是工程量计算的基础数据，在工程建设中起非常重要的作用。

(1)在工程建设的众多技术指标中，大多数以建筑面积为基数，是计算建筑工程投资、建筑工程造价等并分析工程造价和工程设计合理性的基础指标。

(2)建筑面积是计算开工面积、竣工面积、优良工程率等的重要的技术指标，并且，建筑面积是计算建筑、装饰等单位工程或单项工程的单位面积工程造价、人工消耗指标、机械台班消耗指标、工程量消耗指标的重要经济指标。

(3)建筑面积是房地产交易、工程发包交易、建设工程有关运营费用等核定的关键指标。

5.2 建筑面积计算的相关规定

5.2.1 建筑面积计算的总则及术语

1. 总则

(1)为规范工业与民用建筑工程建设全过程的建筑面积计算，统一计算方法，制定《建筑工程建筑面积计算规范》(GB/T 50353—2013)。

(2)《建筑工程建筑面积计算规范》(GB/T 50353—2013)适用于新建、扩建、改建的工业与民用建筑工程建设全过程的建筑面积计算。

(3)建筑工程的建筑面积计算，除应符合《建筑工程建筑面积计算规范》(GB/T 50353—2013)外，还应符合国家现行有关标准的规定。

2. 术语

(1)建筑面积：建筑物(包括墙体)所形成的楼地面面积。

(2)自然层：按楼地面结构分层的楼层。

(3)结构层高：楼面或地面结构层上表面至上部结构层上表面之间的垂直距离。

(4)围护结构：围合建筑空间的墙体、门、窗。

(5)建筑空间：以建筑界面限定的、供人们生活和活动的场所。

(6)结构净高：楼面或地面结构层上表面至上部结构层下表面之间的垂直距离。

(7)围护设施：为保障安全而设置的栏杆、栏板等围挡。

(8)地下室：室内地平面低于室外地平面的高度超过室内净高的1/2的房间。

(9)半地下室：室内地平面低于室外地平面的高度超过室内净高的1/3，且不超过1/2的房间。

(10)架空层：仅有结构支撑而无外围护结构的开敞空间层。

(11)走廊：建筑物中的水平交通空间。

(12)架空走廊：专门设置在建筑物的二层或二层以上，作为不同建筑物之间水平交通的空间。

(13)结构层：整体结构体系中承重的楼板层。

(14)落地橱窗：凸出外墙面且根基落地的橱窗。

(15)凸窗(飘窗)：凸出建筑物外墙面的窗户。

(16)檐廊：建筑物挑檐下的水平交通空间。

(17)挑廊：挑出建筑物外墙的水平交通空间。

(18)门斗：建筑物入口处两道门之间的空间。

(19)雨篷：建筑出入口上方为遮挡雨水而设置的部件。

(20)门廊：建筑物入口前有顶棚的半围合空间。

(21)楼梯：由连续行走的梯级、休息平台和维护安全的栏杆(或栏板)、扶手，以及相应的支托结构组成的作为楼层之间垂直交通使用的建筑部件。

(22)阳台：附设于建筑物外墙，设有栏杆或栏板，可供人活动的室外空间。

(23)主体结构：接受、承担和传递建设工程所有上部荷载，维持上部结构整体性、稳定性和安全性的有机联系的构造。

(24)变形缝：防止建筑物在某些因素作用下引起开裂甚至破坏而预留的构造缝。

(25)骑楼：建筑底层沿街面后退且留出公共人行空间的建筑物。

(26)过街楼：跨越道路上空并与两边建筑相连接的建筑物。

(27)建筑物通道：为穿过建筑物而设置的空间。

(28)露台：设置在屋面、首层地面或雨篷上的供人室外活动的有围护设施的平台。

(29)勒脚：在房屋外墙接近地面部位设置的饰面保护构造。

(30)台阶：联系室内外地坪或同楼层不同标高而设置的阶梯形踏步。

5.2.2 建筑面积计算的规定

1. 建筑物的建筑面积

建筑物的建筑面积应按自然层外墙结构外围水平面积之和计算。结构层高在 2.20 m 及以上的，应计算全面积；结构层高在 2.20 m 以下的，应计算 1/2 面积。

【例 5-1】 某单层建筑如图 5-1 所示，计算单层建筑物的建筑面积。

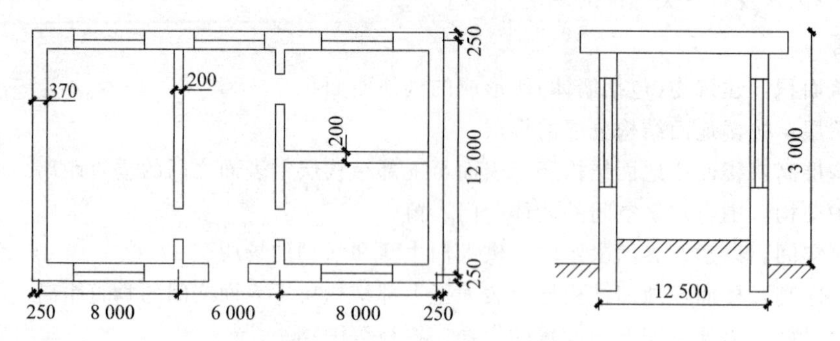

图 5-1 单层建筑物建筑面积示意

【解】 单层建筑面积 $S=(8\times2+6+0.25\times2)\times(12+0.25\times2)=281.25(m^2)$

【例 5-2】 某多层建筑物如图 5-2 所示，计算多层建筑物的建筑面积。

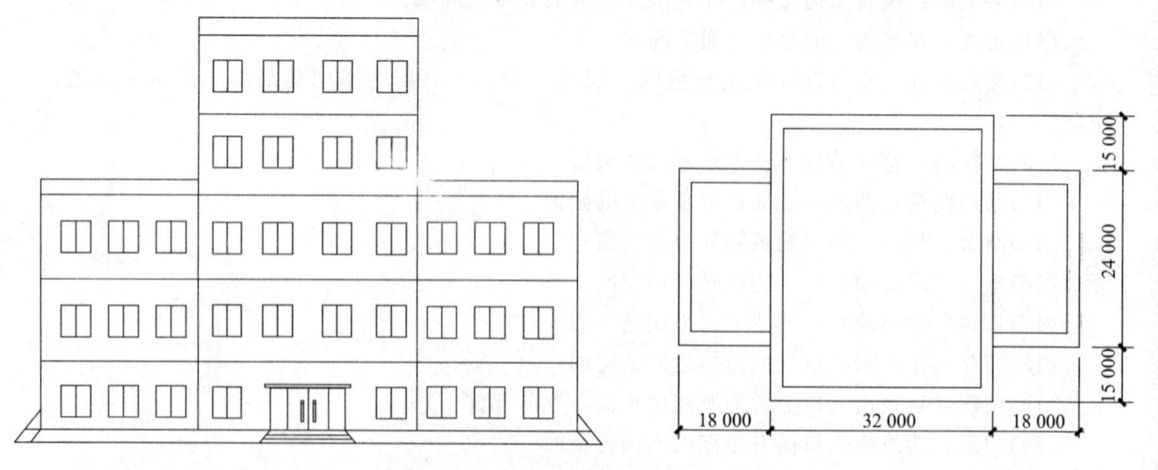

图 5-2 多层建筑物建筑面积示意

【解】　建筑面积 $S=18\times24\times3\times2+32\times(15\times2+24)\times5=11\ 232(m^2)$

2. 建筑物局部楼层

建筑物内设有局部楼层时，对于局部楼层的二层及以上楼层，有围护结构的应按其围护结构外围水平面积计算，无围护结构的应按其结构底板水平面积计算。结构层高在 2.20 m 及以上的，应计算全面积；结构层高在 2.20 m 以下的，应计算 1/2 面积。

【例 5-3】 某建筑物局部楼层如图 5-3 所示，计算建筑面积。

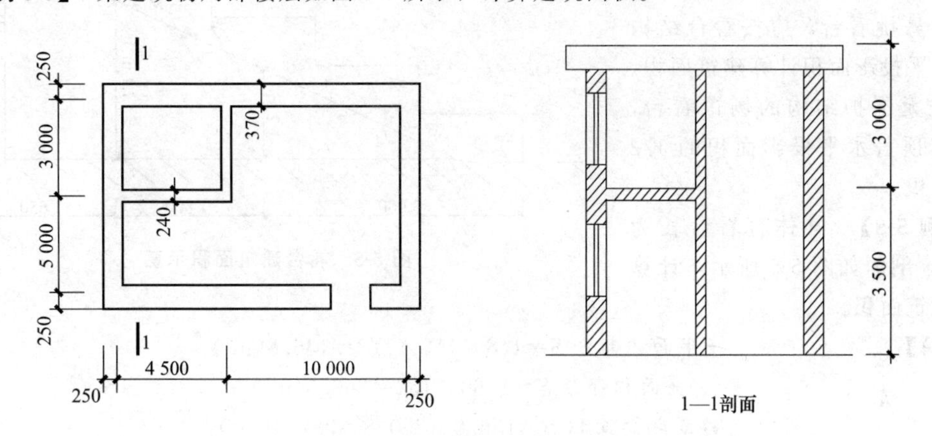

图 5-3　局部楼层建筑面积示意

【解】　一层建筑面积 $S=(10+4.5+0.25\times2)\times(5+3+0.25\times2)=127.5(m^2)$

楼隔层部分建筑面积 $S=(4.5+0.25+0.12)\times(3+0.25+0.12)=16.41(m^2)$

建筑物总面积 $S=127.5+16.41=143.91(m^2)$

3. 建筑坡屋顶内和场馆看台

形成建筑空间的坡屋顶，结构净高在 2.10 m 及以上的部位应计算全面积；结构净高在 1.20 m 及以上至 2.10 m 以下的部位应计算 1/2 面积；结构净高在 1.20 m 以下的部位不应计算建筑面积。

【例 5-4】 某多层住宅楼坡屋顶如图 5-4 所示，建筑长为 35 m，计算住宅楼坡屋顶的建筑面积。

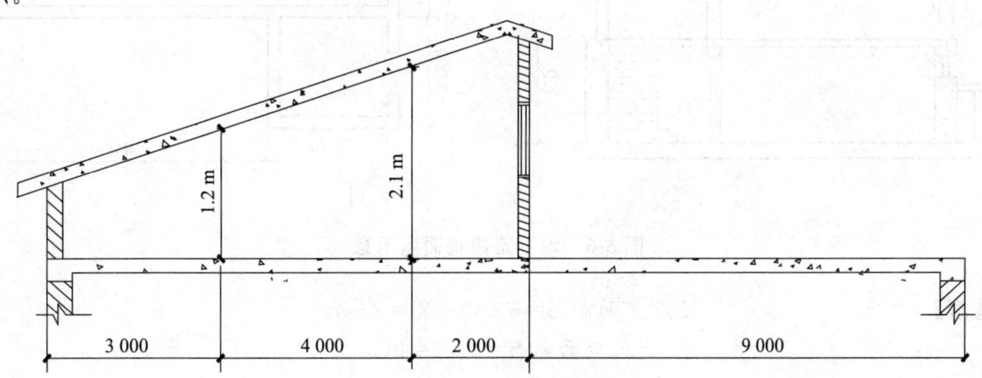

图 5-4　坡屋顶建筑面积示意

【解】　一半面积部分 $S=4\times35\times1/2=70(m^2)$

全面积部分 $S=2\times35=70(m^2)$

建筑物总面积 $S=70+70=140(m^2)$

4. 场馆看台下的空间

场馆看台下的建筑空间，结构净高在 2.10 m 及以上的部位应计算全面积；结构净高在 1.20 m 及以上至 2.10 m 以下的部位应计算 1/2 面积；结构净高在 1.20 m 以下的部位不应计算建筑面积。室内单独设置的有围护设施的悬挑看台，应按看台结构底板水平投影面积计算建筑面积。有顶盖无围护结构的场馆看台，应按其顶盖水平投影面积的 1/2 计算面积。

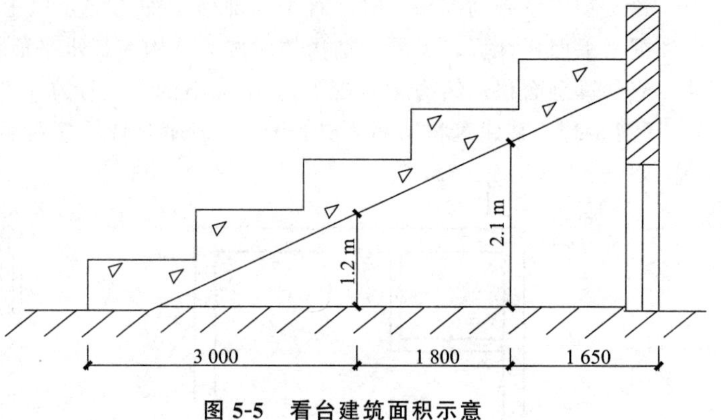

图 5-5　看台建筑面积示意

【例 5-5】　某体育看台长为 152 m，剖面如图 5-5 所示，计算看台建筑面积。

【解】

$$一半面积部分\ S=1.8\times152\times1/2=136.8(m^2)$$

$$全面积部分\ S=1.65\times152=250.8(m^2)$$

$$建筑物总面积\ S=136.8+250.8=387.6(m^2)$$

5. 地下室、半地下室

地下室、半地下室应按其结构外围水平面积计算，结构层高在 2.20 m 及以上的，应计算全面积；结构层高在 2.20 m 以下的，应计算 1/2 面积。

【例 5-6】　某商店建筑地下室如图 5-6 所示，计算地下室建筑面积。

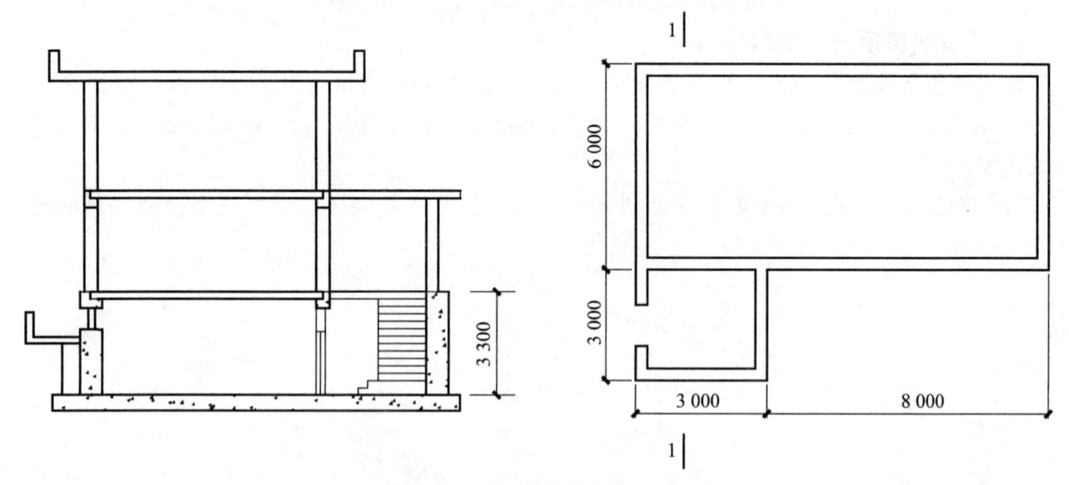

图 5-6　地下室建筑面积示意

【解】

$$地下室面积\ S=6\times(3+8)=66(m^2)$$

$$出入口面积\ S=3\times3=9(m^2)$$

$$建筑总面积\ S=66+9=75(m^2)$$

6. 出入口外墙外侧坡道

出入口外墙外侧坡道有顶盖的部位，应按其外墙结构外围水平面积的 1/2 计算面积。

7. 建筑物架空层及坡地建筑物的吊脚架空层

建筑物架空层及坡地建筑物的吊脚架空层，应按其顶板水平投影计算建筑面积。结构层高在 2.20 m 及以上的，应计算全面积；结构层高在 2.20 m 以下的，应计算 1/2 面积。

【例 5-7】 某建筑带有吊脚架空层如图 5-7 所示，计算其建筑面积。

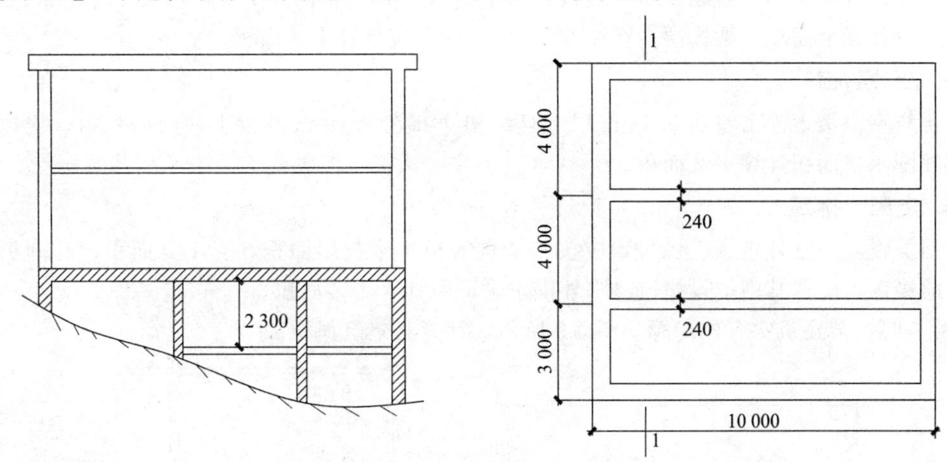

图 5-7 吊脚架层建筑面积示意

【解】 架空层建筑面积 $S=10\times(3+4+0.12)=71.2(\mathrm{m}^2)$

8. 门厅、大厅

建筑物的门厅、大厅应按一层计算建筑面积。门厅、大厅内设置的走廊应按走廊结构底板水平投影面积计算建筑面积。结构层高在 2.20 m 及以上的，应计算全面积；结构层高在 2.20 m 以下的，应计算 1/2 面积。

9. 架空走廊

建筑物之间的架空走廊，有顶盖和围护结构的，应按其围护结构外围水平面积计算全面积；无围护结构、有围护设施的，应按其结构底板水平投影面积计算 1/2 面积。

【例 5-8】 某两栋建筑物间架空走廊如图 5-8 所示，计算其建筑面积。

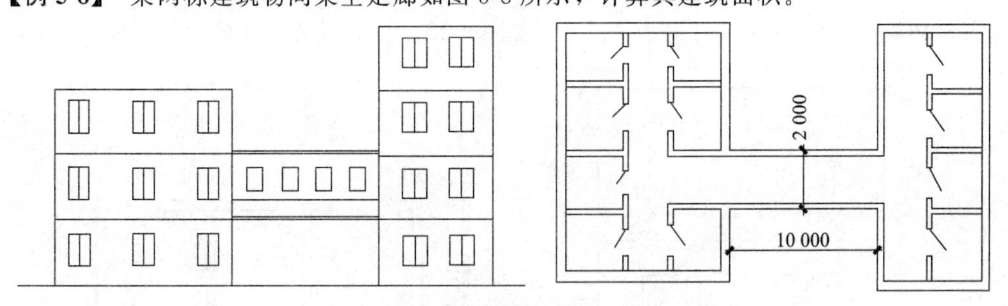

图 5-8 架空走廊建筑面积示意

【解】 架空走廊的建筑面积 $S=10\times2=20(\mathrm{m}^2)$

10. 立体书库、立体仓库、立体车库

立体书库、立体仓库、立体车库，有围护结构的，应按其围护结构外围水平面积计算建筑面积；无围护结构、有围护设施的，应按其结构底板水平投影面积计算建筑面积。无结构层的应按一层计算，有结构层的应按其结构层面积分别计算。结构层高在 2.20 m 及以上的，应计算全面积；结构层高在 2.20 m 以下的，应计算 1/2 面积。

11. 舞台灯光控制室

有围护结构的舞台灯光控制室，应按其围护结构外围水平面积计算。结构层高在 2.20 m 及以上的，应计算全面积；结构层高在 2.20 m 以下的，应计算 1/2 面积。

12. 落地橱窗

附属在建筑物外墙的落地橱窗，应按其围护结构外围水平面积计算。结构层高在 2.20 m 及以上的，应计算全面积；结构层高在 2.20 m 以下的，应计算 1/2 面积。

13. 凸(飘)窗

窗台与室内楼地面高差在 0.45 m 以下且结构净高在 2.10 m 及以上的凸(飘)窗，应按其围护结构外围水平面积计算 1/2 面积。

14. 走廊、挑廊

有围护设施的室外走廊(挑廊)，应按其结构底板水平投影面积计算 1/2 面积；有围护设施(或柱)的檐廊，应按其围护设施(或柱)外围水平面积计算 1/2 面积。

【例 5-9】 某建筑物有柱走廊如图 5-9 所示，计算其建筑面积。

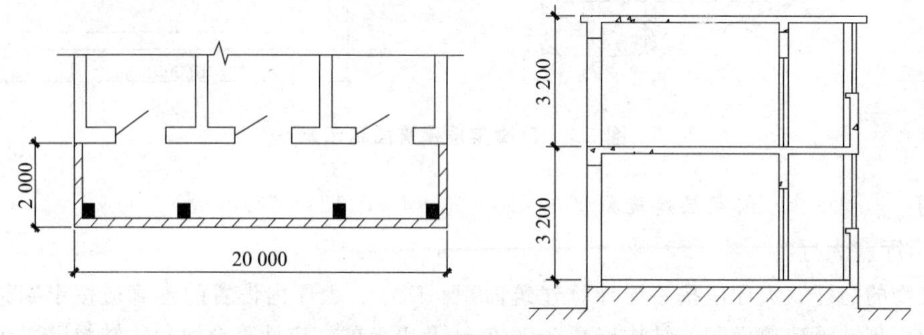

图 5-9　有柱走廊建筑面积示意

【解】 有柱走廊的建筑面积 $S=1/2\times20\times2\times2$ 层$=40(\mathrm{m}^2)$

15. 门斗

门斗应按其围护结构外围水平面积计算建筑面积，结构层高在 2.20 m 及以上的，应计算全面积；结构层高在 2.20 m 以下的，应计算 1/2 面积。

【例 5-10】 某建筑物的门斗高为 2.7 m，如图 5-10 所示，计算门斗的建筑面积。

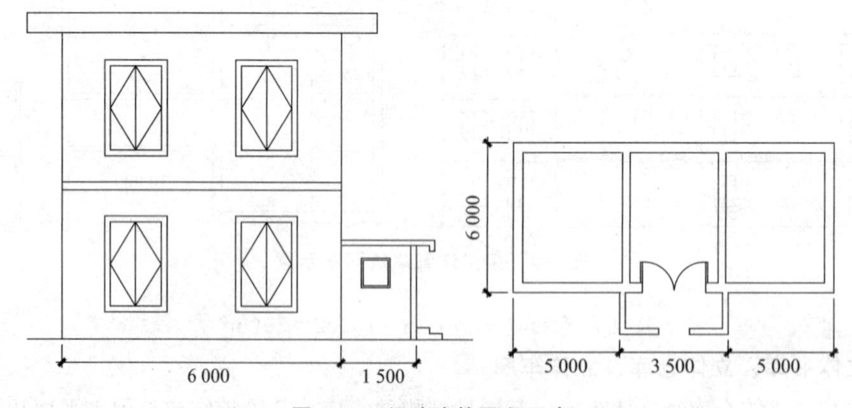

图 5-10　门斗建筑面积示意

【解】 门斗的建筑面积 $S=1.5\times3.5=5.25(\mathrm{m}^2)$

16. 门廊、雨篷

门廊应按其顶板水平投影面积的 1/2 计算建筑面积。有柱雨篷应按其结构板水平投影面积的 1/2 计算建筑面积；无柱雨篷的结构外边线至外墙结构外边线的宽度在 2.10 m 及以上的，应按雨篷结构板的水平投影面积的 1/2 计算建筑面积。

(1)如图 5-11(a)所示，无柱雨篷：当 $b>2.10$ m 时，雨篷建筑面积 $S=1/2\times a\times b$。

(2)如图 5-11(b)所示，有柱雨篷：雨篷建筑面积 $S=1/2\times a\times b$。

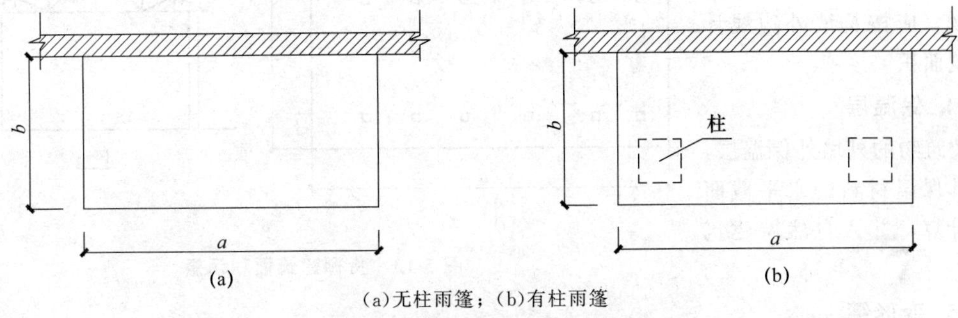

(a)无柱雨篷；(b)有柱雨篷

图 5-11　雨篷建筑面积示意图

17. 楼梯间、水箱间、电梯机房等

设在建筑物顶部的、有围护结构的楼梯间、水箱间、电梯机房等，结构层高在 2.20 m 及以上的，应计算全面积；结构层高在 2.20 m 以下的，应计算 1/2 面积。

18. 围护结构不垂直于水平面的楼层

围护结构不垂直于水平面的楼层，应按其底板面的外墙外围水平面积计算。结构净高在 2.10 m 及以上的部位，应计算全面积；结构净高在 1.20 m 及以上至 2.10 m 以下的部位，应计算 1/2 面积；结构净高在 1.20 m 以下的部位，不应计算建筑面积。

19. 室内楼梯间、电梯井、提物井、管道井、通风排气竖井、烟道

建筑物的室内楼梯、电梯井、提物井、管道井、通风排气竖井、烟道，应并入建筑物的自然层计算建筑面积。有顶盖的采光井应按一层计算建筑面积，结构净高在 2.10 m 及以上的，应计算全面积；结构净高在 2.10 m 以下的，应计算 1/2 面积。

20. 室外楼梯

室外楼梯应并入所依附建筑物的自然层，并应按其水平投影面积的 1/2 计算建筑面积。

21. 阳台

在主体结构内的阳台，应按其结构外围水平面积计算全面积；在主体结构外的阳台，应按其结构底板水平投影面积计算 1/2 面积。

阳台建筑面积为

$$S=1/2\times a\times b$$

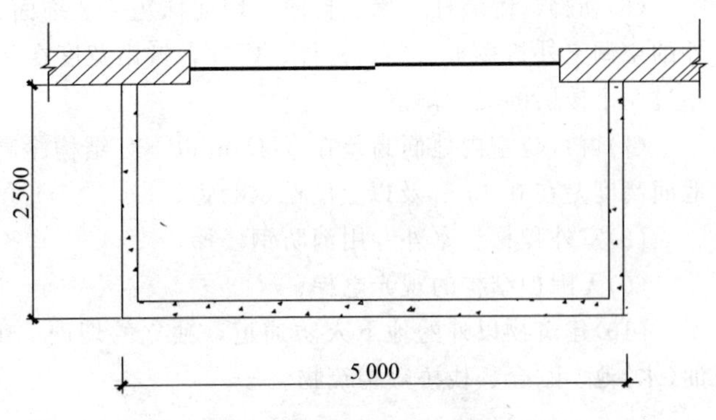

图 5-12　阳台建筑面积示意

【例 5-11】 某建筑物带有一阳台，如图 5-12 所示，计算其建筑面积。

【解】 阳台建筑面积 $S=1/2\times 5\times 2.5=6.25(\text{m}^2)$

22. 车棚、货棚、站台、加油站、收费站等

有顶盖无围护结构的车棚、货棚、站台、加油站、收费站等，应按其顶盖水平投影面积的 1/2 计算建筑面积。

货棚建筑面积如图 5-13 所示。货棚建筑面积为

$$S=1/2\times a\times b$$

23. 幕墙

以幕墙作为围护结构的建筑物，应按幕墙外边线计算建筑面积。

24. 保温层

建筑物的外墙外保温层，应按其保温材料的水平截面面积计算，并入自然层建筑面积。

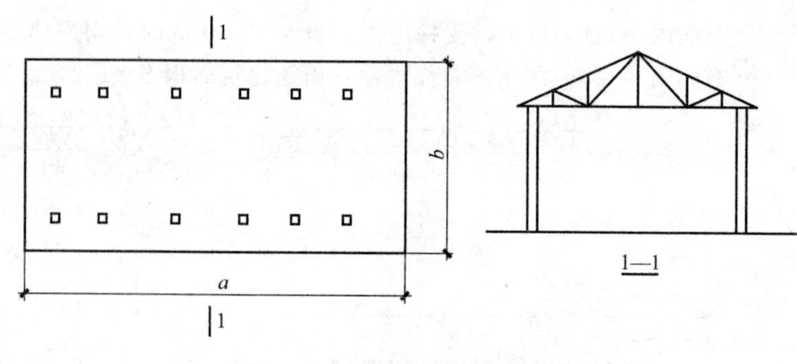

图 5-13 货棚建筑面积示意

25. 变形缝

与室内相通的变形缝，应按其自然层合并在建筑物建筑面积内计算。对于高低联跨的建筑物，当高低跨内部连通时，其变形缝应计算在低跨面积内。

26. 建筑物内的设备层、管道层、避难层

对于建筑物内的设备层、管道层、避难层等有结构层的楼层，结构层高在 2.20 m 及以上的，应计算全面积；结构层高在 2.20 m 以下的，应计算 1/2 面积。

5.2.3 不计算面积的范围

(1)与建筑物内不相连通的建筑部件；

(2)骑楼、过街楼底层的开放公共空间的建筑物通道；

(3)舞台及后台悬挂幕布和布景的天桥、挑台等；

(4)露台、露天游泳池、花架、屋顶的水箱及装饰性结构构件；

(5)建筑物内的操作平台、上料平台、安装箱和罐体的平台；

(6)勒脚、附墙柱、垛、台阶、墙面抹灰、装饰面、镶贴块料面层、装饰性幕墙，主体结构外的空调室外机搁板(箱)、构件、配件，挑出宽度在 2.10 m 以下的无柱雨篷和顶盖高度达到或超过两个楼层的无柱雨篷；

(7)窗台与室内地面高差在 0.45 m 以下且结构净高在 2.10 m 以上的凸(飘)窗，窗台与室内地面高度差在 0.45 m 及以上的凸(飘)窗；

(8)室外爬梯、室外专用消防钢楼梯；

(9)无围护结构的观光电梯；

(10)建筑物以外的地下人防通道，独立的烟囱、烟道、地沟、油(水)罐、气柜、水塔、贮油(水)池、贮仓、栈桥等构筑物。

思考与练习

1. 室外楼梯建筑面积计算有哪些规定？
2. 阳台的建筑面积是如何计算的？
3. 门厅、大厅是如何计算建筑面积的？
4. 哪些建筑物按其面积的 1/2 计算建筑面积？
5. 门廊、雨篷建筑面积的计算有哪些规定？

模块6　建筑与装饰工程计量

模块概述

本模块主要介绍分部分项工程工程量计算规则，分部工程定额说明的项目主要包括土石方工程，地基处理和基坑支护，桩基工程，砌筑工程，混凝土、钢筋工程，金属结构工程，木结构工程，门窗工程，屋面及防水工程，保温、隔热、防腐工程，楼地面装饰工程，墙、柱面抹灰、装饰与隔断、幕墙工程，天棚工程，油漆、涂料、裱糊工程，拆除工程，措施项目，并应用具体的示例详细说明了工程量计算方法，如应用一个典型办公楼工程工程量计算过程作为计算的实例讲解。

知识目标

理解分部分项工程工程量计算规则、分部工程定额说明、预算定额项目查找方法；掌握预算列项、分部分项工程量计算与汇总。

能力目标

能运用工程量计算规则、施工图纸和施工方案进行分部分项工程列项，能准确进行分部分项工程的工程量计算与汇总。

课时建议

32学时。

6.1　土石方工程

6.1.1　定额工程量计算规则

1. 土石方天然密实体积计算

土石方的挖、推、铲、装、运等体积均以天然密实体积计算，填方按设计的回填体积计算。不同状态的土方体积，按土方体积换算表相关系数换算(见表6-1)。

表6-1　土石方体积换算系数

名称	虚方	松填	天然密实	夯填
土方	1.00	0.83	0.77	0.67
	1.20	1.00	0.92	0.80
	1.30	1.08	1.00	0.87
	1.50	1.25	1.15	1.00

续表

名称	虚方	松填	天然密实	夯填
石方	1.00	0.85	0.65	—
	1.18	1.00	0.76	—
	1.54	1.31	1.00	—
砂夹石	1.07	0.94	1.00	—

2. 基础土石方的开挖深度

基础土石方的开挖深度应按基础（含垫层）底标高至设计室外地坪标高（含石方允许超挖量）确定。当进场交付施工场地标高与设计室外地坪标高不同时，应按进场交付施工场地标高确定。

3. 基础施工的工作面宽度

基础施工的工作面宽度按施工组织设计（经过批准，下同）计算；施工组织设计无规定时，按下列规定计算。

（1）当组成基础的材料不同或施工方式不同时，基础施工的工作面宽度按表6-2计算。

表6-2 基础施工单面工作面宽度计算

基础材料	每面增加工作面宽度/mm
砖基础	200
毛石、方整石基础	250
混凝土基础、垫层（支模板）	400
基础垂直面做砂浆防潮层	800（自防潮层面）
基础垂直面做防水层或防腐层	1 000（自防水层或防腐层面）
支挡土板	150（另加）

（2）基础施工需要搭设脚手架时，基础施工的工作面宽度，条形基础按1.50 m计算（只计算一面），独立基础按0.45 m计算（四面均计算）。

（3）基坑土方大开挖需做边坡支护时，基础施工的工作面宽度按2.00 m计算。

（4）基坑内施工各种桩时，基础施工的工作面宽度按2.00 m计算。

（5）管道施工的工作面宽度按表6-3计算。

表6-3 管道施工单面工作面宽度计算

管道材质	管道基础外沿宽度（无基础时管道外径）/mm			
	≤500	≤1 000	≤2 500	＞2 500
混凝土管、水泥管	400	500	600	700
其他管道	300	400	500	600

4. 基础土方的放坡

（1）土方放坡的深度和放坡坡度按施工组织设计计算；施工组织设计无规定时按表6-4计算。

表 6-4　土方放坡起点深度和放坡坡度

土壤类别	起点深度(＞m)	放坡坡度			
		人工挖土	机械挖土		
			沟槽、坑内作业	基坑上作业	沟槽上作业
一、二类土	1.20	1∶0.50	1∶0.33	1∶0.75	1∶0.50
三类土	1.50	1∶0.33	1∶0.25	1∶0.67	1∶0.33
四类土	2.00	1∶0.25	1∶0.10	1∶0.33	1∶0.25

注：1. 机械挖土从交付施工场地标高起至基础底，机械一直在坑内作业，并设有机械上坡道(或采用其他措施运送机械)，称为坑内作业；相反，机械一直在交付施工场地标高上作业(不下坑)，称为坑上作业。
2. 开挖时没有形成坑，虽然是在交付施工场地标高上(坑上)挖土，但继续挖土时机械随坑深在坑内作业，也称为坑内作业。
3. 沟槽上作业定义与坑上作业相同

(2)基础土方放坡，自基础(含垫层)底标高算起。

(3)混合土质的基础土方，其放坡的起点深度和放坡坡度按不同土类厚度加权平均计算。

(4)计算基础土方放坡时，不扣除放坡交叉处的重复工程量。

(5)基础土方支挡土板时，土方放坡不另计算。

(6)挖冻土及岩石不计算放坡。

(7)如设计规定挖管沟放坡尺寸，按照设计图示尺寸计算土方工程量；如无规定，则按定额规定的放坡系数计算管沟土方工程量。

5. 爆破岩石超挖量

爆破岩石每边及坑底的允许超挖量分别为极软岩、软岩 0.20 m、较软岩、较硬岩、坚硬岩 0.15 m。

6. 沟槽土石方

沟槽土石方，按设计图示沟槽长度乘以沟槽断面面积，以体积计算。

(1)条形基础的沟槽长度按设计规定计算；设计无规定时按下列规定计算：

①外墙沟槽，按外墙中心线长度计算。凸出墙面的墙垛，按墙垛凸出墙面的中心线长度，并入相应工程量内计算。

②内墙沟槽、框架间沟槽，按基础(含垫层)之间垫层(或基础底)的净长度计算。

(2)管道的沟槽长度按设计规定计算；设计无规定时，以设计图示管道中心线长度(不扣除下口直径或边长≤1.5 m 的井池)计算。下口直径或边长＞1.5 m 的井池的土石方，另按基坑的相应规定计算。

(3)沟槽的断面面积，应包括工作面宽度、放坡宽度或石方允许超挖量的面积。

(4)沟槽土石方工程量计算方法。

①沟槽长度的计算。

【例 6-1】 某工程基础平面图、剖面图如图 6-1 所示，计算挖地槽的长度。

【解】 (1)外墙 1—1 剖面地槽长 $L=[(3+8.5+0.25\times2)+(6+1.5+0.25\times2)]\times2-4\times0.37$
$=38.52(\mathrm{m})$

(2)内墙 2—2 剖面地槽长 $L=[3+8.5-(0.735+0.1)\times2]+[6-(0.8+0.1)-(0.735+0.1)]$
$=14.10(\mathrm{m})$

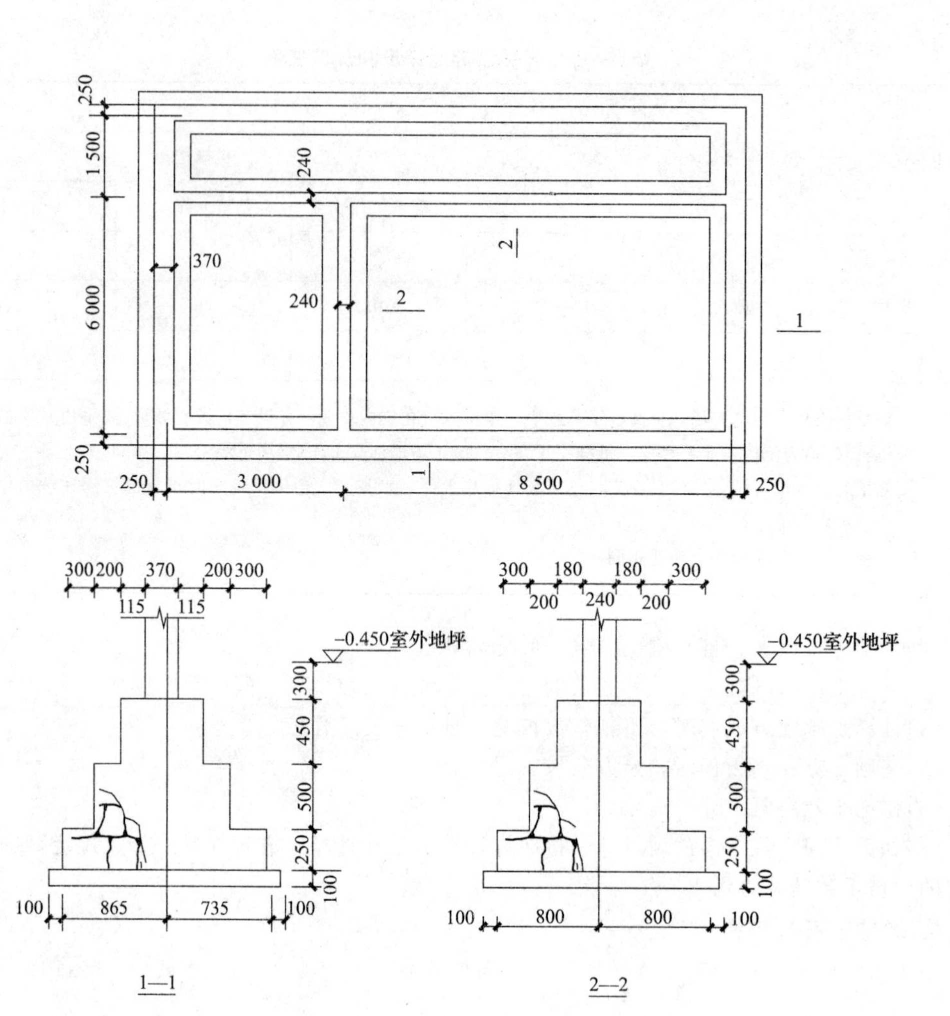

图 6-1　基础平面图、剖面图

②挖沟槽计算公式：

a. 不放坡、不支挡土板(图 6-2)：　$V=H(a+2c)L$　　(6-1)

b. 两侧放坡(图 6-3)：　$V=H(a+2c+KH)L$　　(6-2)

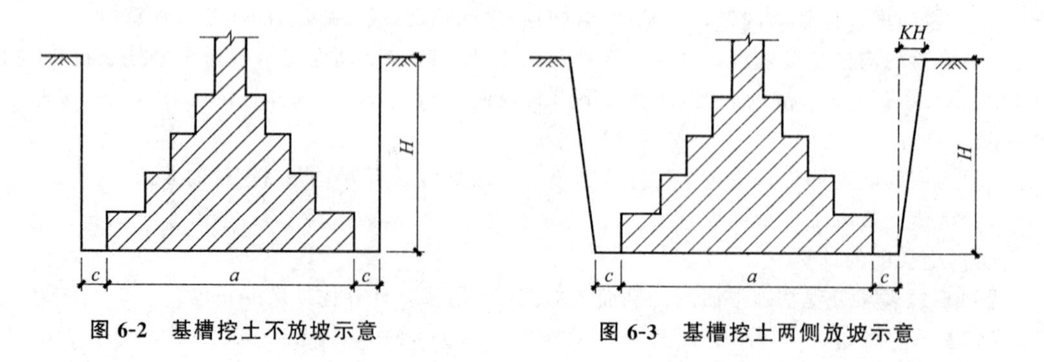

图 6-2　基槽挖土不放坡示意　　图 6-3　基槽挖土两侧放坡示意

c. 两侧支挡土板(图 6-4)：　$V=H(a+2c+0.2)L$　　(6-3)

d. 一侧放坡一侧支挡土板：　$V=H(a+2c+1/2KH+0.1)L$　　(6-4)

式中　V——挖沟槽体积；

H——挖土深度；

a——基础垫层宽度；

c——工作面宽度；

K——放坡系数；

L——沟槽长度。

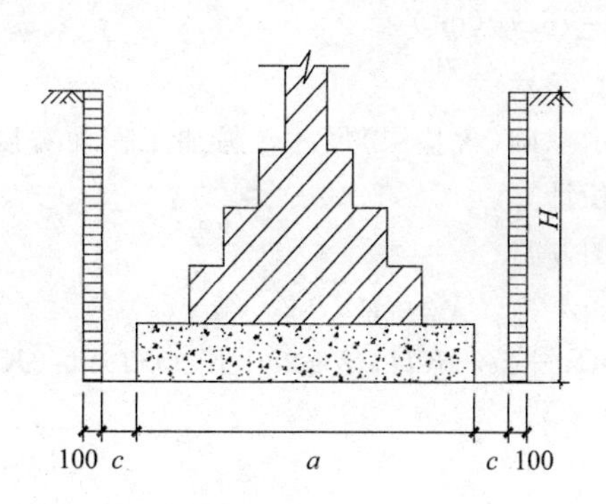

图 6-4　基槽挖土两侧支挡土板示意

【例 6-2】 某建筑物砖基础、砂垫层如图 6-5 所示，槽长为 85 m，二类土，双面放坡，计算基槽的人工挖土方体积。

【解】　(1)挖地槽的体积公式：$V_{挖}=[(a+2c+KH_1)H_1+(a+2c)H_2]L$

(2)$V_{挖}=[(1+2\times0.2+0.5\times1.3)\times1.3+(1+2\times0.2)\times0.1]\times85=238.43(m^3)$

【例 6-3】 某建筑物混凝土基础如图 6-6 所示，槽长为 150 m，二类土，双面支挡土板，计算基槽的挖土方体积。

【解】　(1)挖地槽的体积公式：$V_{挖}=H(a+2c+0.3)L$

(2)$V_{挖}=(0.8+2\times0.4+0.2)\times1.2\times150=324(m^3)$

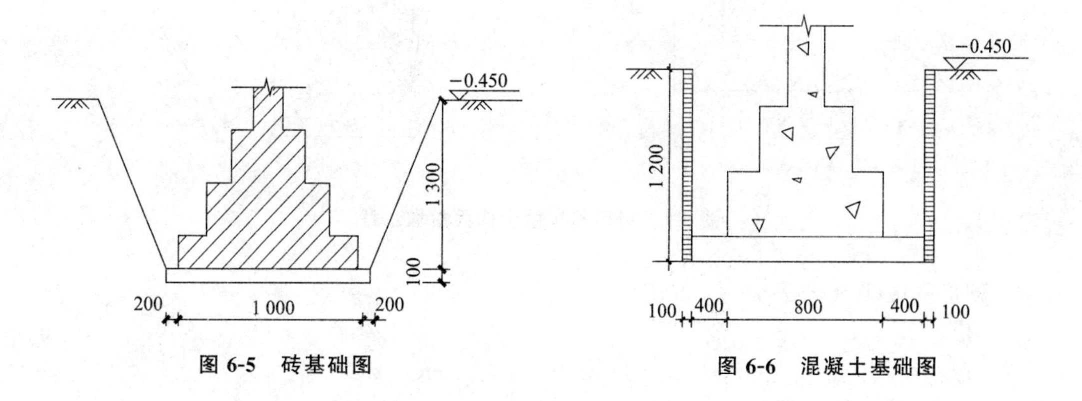

图 6-5　砖基础图　　　　图 6-6　混凝土基础图

【例 6-4】 某建筑物毛石基础、混凝土垫层需支模板，如图 6 1 所示，二类土，计算基槽的挖土方体积。

【解】 (1)外墙 1—1 剖面地槽长 $L=[(3+8.5+0.25\times2)+(6+1.5+0.25\times2)]\times2-4\times0.37$

$=38.52(m)$

(2)内墙2—2剖面地槽长 $L=[3+8.5-(0.735+0.1)\times2]+[6-(0.8+0.1)-(0.735+0.1)]$
$=14.10(\text{m})$

(3)外墙挖地槽体积 $V_{挖}=(0.865+0.735+0.2+2\times0.4+0.5\times1.6)\times1.6\times38.52$
$=209.55(\text{m}^3)$

(4)内墙挖地槽体积 $V_{挖}=(0.8\times2+0.2+2\times0.4+0.5\times1.6)\times1.6\times14.10$
$=76.70(\text{m}^3)$

7. 基坑土石方

基坑土石方，按设计图示基础(含垫层)尺寸，另加工作面宽度、土方放坡宽度或石方允许超挖量乘以开挖深度，以体积计算。

(1)正方形或矩形地坑(图6-7)。

不放坡：
$$V=H(a+2c)(b+2c) \tag{6-5}$$

四面放坡：
$$V=(a+2c+KH)(b+2c+KH)H+1/3K^2H^3 \tag{6-6}$$

式中 V——挖沟槽体积；

a——基础底宽度；

b——基础底长度；

c——工作面宽度；

H——挖土深度；

K——放坡系数。

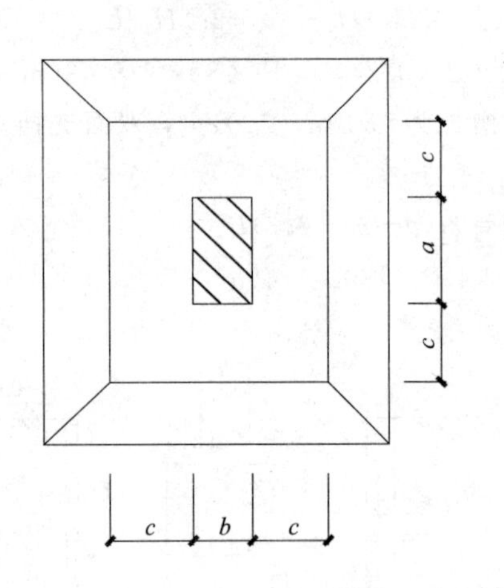

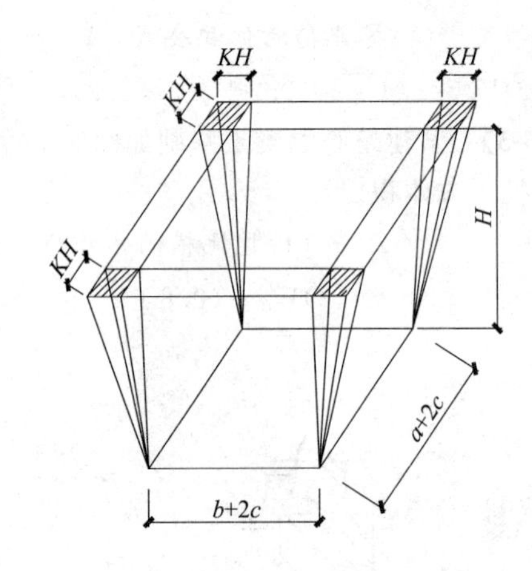

图6-7 矩形基坑挖土四面放坡示意

(2)圆形基坑(图6-8)。

圆柱形：
$$V=\pi r^2H \tag{6-7}$$

圆台形：
$$V=1/3\pi H(r^2+R^2+rR) \tag{6-8}$$

式中 V——挖槽坑体积；

r——圆形基坑底半径；

R——圆形基坑顶半径；

H——挖土深度。

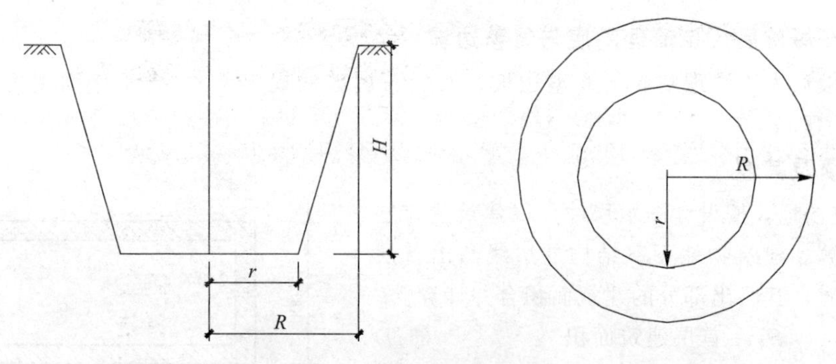

图 6-8　圆形基坑挖土示意

【例 6-5】 某建筑物现浇混凝土柱 9 根，柱基础如图 6-9 所示，放坡系数为 0.33，工作面宽度为 400 mm。计算柱基坑挖土的工程量。

【解】 挖基坑体积 $=(a+2c+KH)(b+2c+KH)H+\frac{1}{3}K^2H^3$

$$V_{挖}=[(1.4+2\times0.4+0.33\times1.5)\times(1.4+2\times0.4+0.33\times1.5)\times1.5+\frac{1}{3}\times0.33^2\times1.5^3]\times9$$

$$=99.15(m^3)$$

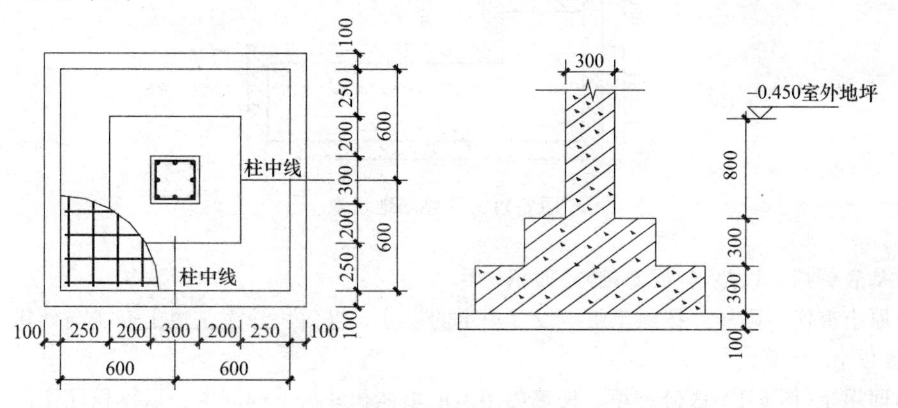

图 6-9　柱基础示意

8. 一般土石方

一般土石方，按设计图示基础(含垫层)尺寸，另加工作面宽度、土方放坡宽度或石方允许超挖量乘以开挖深度，以体积计算。机械施工坡道的土石方工程量，并入相应工程量内计算。

9. 桩间挖土

桩间挖土，设计有桩顶承台的按承台外边线乘以实际桩间挖土深度计算，无承台的按桩外边线均外扩 0.6 m 乘以实际桩间挖土深度计算，桩间挖土不扣除桩体积和空孔所占体积，挖土交叉处产生的重复工程量不扣除。

10. 挖淤泥流砂

挖淤泥流砂以实际挖方体积计算。

11. 人工挖冻土

人工挖(含爆破后挖)冻土，按实际冻土厚度，以体积计算。机械挖冻土，冻土层厚度在 300 mm 以内时，不计算挖冻土费用；冻土层厚度超过 300 mm 时，按实际冻土厚度，以体积计算，执行“机械破碎冻土”项目。破碎后冻土层挖、装、运执行挖、装、运石渣相应定额项目。

12. 岩石爆破后人工清理基底与修整边坡

岩石爆破后人工清理基底与修整边坡，按岩石爆破的规定尺寸(含工作面宽度和允许超挖量)以面积计算。

13. 回填及其他

(1)平整场地，按设计图示尺寸，以建筑物首层建筑面积计算。建筑物地下室结构外边线凸出首层结构外边线时，其凸出部分的建筑面积合并计算。

$$S_{平}=首层建筑面积 \tag{6-9}$$

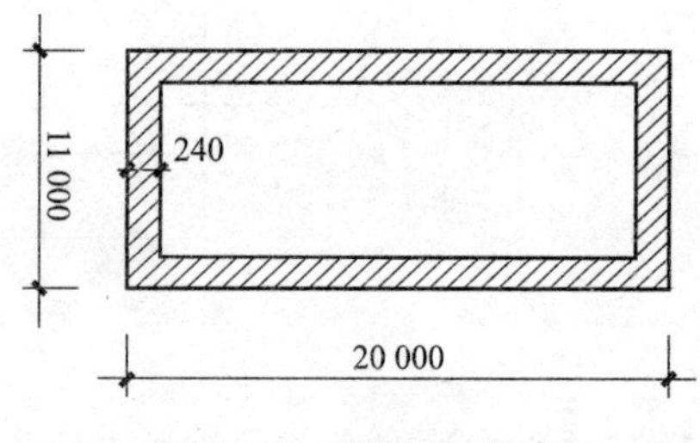

图 6-10　平整场地示意

【例 6-6】 如图 6-10 所示，计算平整场地的工程量。

【解】 $S_{平}=20\times11=220(m^2)$

【例 6-7】 如图 6-11 所示，计算平整场地的工程量。

【解】 平整场地 $S_{平}=(20+10)\times(10+5)+5\times10=500(m^2)$

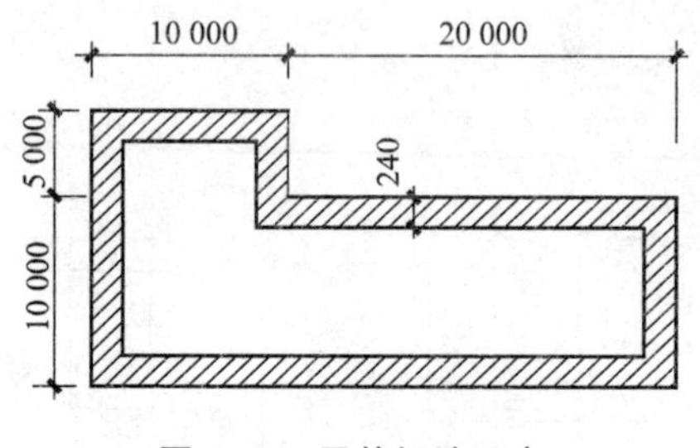

图 6-11　平整场地示意

(2)基底钎探，以垫层(或基础)底面积计算。

(3)原土夯实与碾压，按施工组织设计规定的尺寸，以面积计算。填土夯实与碾压，按图示填土厚度以 m^3 计算。

(4)回填土(图 6-12)区分夯填、松填按图示回填体积并依下列规定，以体积计算：

①沟槽、基坑回填，按挖方体积减去设计室外地坪以下建筑物、基础(含垫层)体积计算。

沟槽、基坑回填体积=挖土体积－自然地坪标高以下的埋设砌筑物的体积

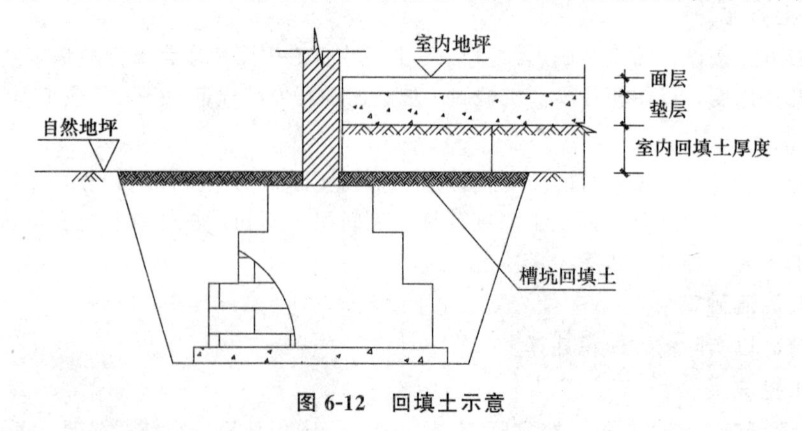

图 6-12　回填土示意

②管道沟槽回填，按挖方体积减去管道基础和表 6-5 管道折合回填体积计算。管径≤300 m 时，不扣除管道所占体积；管径＞300 mm 时，可按表 6-5 扣除管道所占体积计算。

表 6-5　管道折合回填体积　　m³/m

管道	公称直径(mm 以内)					
	301～500	501～600	601～800	801～1 000	1 101～1 200	1 201～1 500
混凝土管及钢筋混凝土管道	0.24	0.33	0.60	0.92	1.15	1.45
其他材质管道	0.13	0.22	0.46	0.74	按实计算	按实计算

③房心(含地下室内)回填，按主墙间净面积(扣除单个面积 2 m² 以上的设备基础等面积)乘以回填厚度以体积计算。

室内回填土＝主墙之间的净面积×回填土厚度

回填土厚度＝室内外高差－(地面面层厚度＋垫层厚度)

④场区(含地下室顶板以上)回填，按回填面积乘以平均回填厚度以体积计算。

【例 6-8】 某建筑物基础如图 6-13 所示，室外设计地坪为－0.400，室内面层和垫层总厚为 200 mm，计算建筑物基础挖土方、基础回填土、室内回填土、余土运输工程量。(放坡系数为 0.33，工作面宽度为 400 mm)

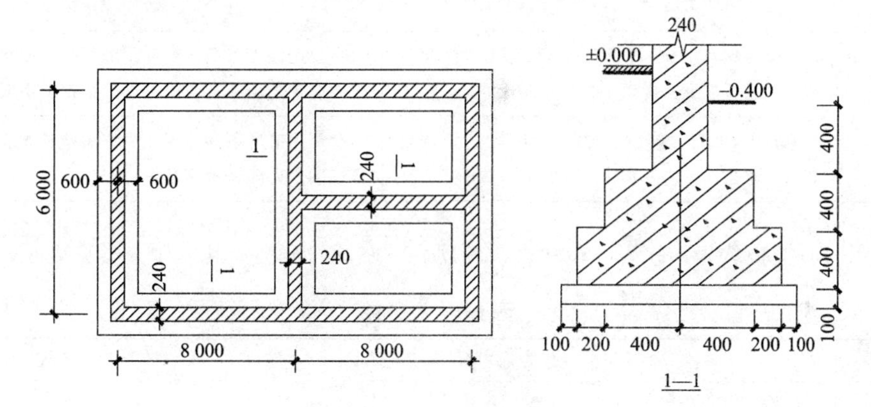

图 6-13　地槽土示意

【解】 (1)地槽长度 $L_{外墙基}=(16+6)\times2=44(m)$

$$L_{内墙基}=(6-0.7\times2)+(8-0.7\times2)=11.2(m)$$

挖土深度：$H=1.3$ m

(2)挖地槽的体积 $V_{挖}=H(a+2c+KH)L$

$$V_{挖}=(1.4+0.4\times2+0.33\times1.3)\times1.3\times(44+11.2)=188.65(m^3)$$

(3)基础埋设量：

$$V_{垫层}=1.4\times0.1\times(44+11.2)=7.73(m^3)$$

$$V_{基础}=(1.2\times0.4+0.8\times0.4+0.24\times0.4)\times[44+(8-0.4\times2)+(6-0.4\times2)]=50.53(m^3)$$

(4)基础回填土：

$$V_{回}=188.65-(7.73+50.53)=130.39(m^3)$$

(5)室内回填土：

$$V_{室}=[(8-0.24)\times(6-0.24)+(8-0.24)\times(3-0.24)\times2]\times(0.4-0.2)=17.51(m^3)$$

(6)运土：

$$V_{运}=188.65-(130.39+17.51)=40.75(m^3)$$

14. 土方运输，以天然密实体积计算

挖土总体积减去回填土(折合天然密实体积)，总体积为正则为余土外运；总体积为负则为取土内运。

余土外运体积＝挖土总体积－回填土总体积

6.1.2 定额使用说明

(1)本章定额*包括人工土方工程、人工石方工程、回填及其他、机械土方工程、机械石方工程五节。

(2)土壤及岩石分类。

①本章土壤按一、二类土，三类土，四类土分类。其具体分类见表6-6。

表6-6 土壤分类

土壤分类	土壤名称	开挖方法
一、二类土	粉土、砂土(粉砂、细砂、中砂、粗砂、砾砂)、粉质黏土、弱中盐渍土、软土(淤泥质土、泥炭、泥炭质土)、软塑红黏土、冲填土	主要用锹，少许用镐、条锄开挖。机械能全部直接铲挖满载者
三类土	黏土、碎石土(圆砾、角砾)混合土、硬塑红黏土、强盐渍土、素填土、压实填土	主要用镐、条锄，少许用锹开挖。机械需部分刨松方能铲挖满载者，或可直接铲挖但不能满载者
四类土	碎石土(卵石、碎石、漂石、块石)、坚硬红黏土、超盐渍土、杂填土	全部用镐、条锄挖掘，少许用撬棍挖掘。机械需普遍刨松方能铲挖满载者

②本章岩石按极软岩、软岩、较软岩、较硬岩、坚硬岩分类。其具体分类见表6-7。

表6-7 石分类

岩石分类	代表性岩石	开挖方法
极软岩	1. 全风化的各种岩石 2. 各种半成岩	部分用手凿工具、部分用爆破法开挖
软岩	1. 强风化的坚硬岩或较硬岩 2. 中等风化—强风化的较软岩 3. 未风化—微风化的页岩、泥岩、泥质砂岩等	用风镐和爆破法开挖
较软岩	1. 中等风化—强风化的坚硬岩或较硬岩 2. 未风化、微风化的凝灰岩、千枚岩、泥灰岩、砂质泥岩等	用爆破法开挖
较硬岩	1. 微风化的坚硬岩 2. 未风化—微风化的大理岩、板岩、石灰岩、白云岩、钙质砂岩等	用爆破法开挖
坚硬岩	未风化—微风化的花岗岩、闪长岩、辉绿岩、玄武岩、安山岩、片麻岩、石英岩、石英砂岩、硅质砾岩、硅质石灰岩等	用爆破法开挖

(3)干土、湿土、淤泥的划分。

①干土、湿土的划分，以地质勘测资料的地下常水位为准。地下常水位以上为干土，以下为湿土。

---

* 本书中建筑与装饰工程计量与计价均套用辽宁省2017年版《房屋建筑与装饰工程定额》进行，故本书中所述“本定额”“本章定额”“本章”等均指辽宁省2017年版《房屋建筑与装饰工程定额》及其相应章节。

②地表水排出后，土壤含水率≥25%时超过液限的为湿土。

③含水率超过液限、土和水的混合物呈现流动状态时为淤泥。

④本章定额中的冻土，指短时冻土和季节性冻土。

(4)沟槽、基坑、一般土石方的划分：底宽(设计图示垫层或基础的底宽，下同)≤7 m且底长＞3倍底宽为沟槽；底长≤3倍底宽且底面积≤150 m^2 为基坑；超出上述范围，又非平整场地的，为一般土石方。

(5)人工挖管沟项目执行人工挖沟槽相应项目。

(6)挖掘机(含小型挖掘机)挖土方项目，已综合了挖掘机挖土方和挖掘机挖土后，基底和边坡遗留厚度≤0.3 m的人工清理和修整。使用时不得调整，人工基底清理和边坡修整不另行计算。

(7)小型挖掘机，是指斗容量≤0.30 m^3 的挖掘机；小型自卸汽车，是指载重量≤6 t的自卸汽车。

(8)机械挖管沟土方项目适用于管道(给水排水、工业、电力、通信)、光(电)缆沟[包括：人(手)孔、接口坑]及连接井(检查井)等。

(9)下列土石方工程，执行相应项目时乘以规定的系数：

①土方项目按干土编制。人工挖、运湿土时，相应项目人工乘以系数1.18；机械挖、运湿土时，相应项目人工、机械乘以系数1.15。采取降水措施后，挖、运土方按干土考虑。

②人工挖一般土方、沟槽、基坑深度超过6 m时，6 m＜深度≤7 m，按深度≤6 m相应项目人工乘以系数1.25；7 m＜深度≤8 m，按深度≤6 m相应项目人工乘以系数 1.25^2；即1.25的 n 次方，以此类推，各段分别计算工程量。

③挡土板内人工挖槽坑时，相应项目人工乘以系数1.43。

④桩间挖土，是指桩间外边线间距1.2 m范围内的挖土，相应项目人工、机械乘以系数1.50。

⑤满堂基础垫层底以下局部加深的槽坑，按槽坑相应规则计算工程量，相应项目人工、机械乘以系数1.25。

⑥推土机推土，当土层平均厚度≤0.30 m时，相应项目人工、机械乘以系数1.25。

⑦挖掘机在垫板上作业时，相应项目人工、机械乘以系数1.25。挖掘机下铺设垫板、汽车运输道路上铺设材料时，其费用另行计算。

(10)石方爆破按炮眼法松动爆破和无地下渗水积水考虑，防水和覆盖材料未在项目内。采用火雷管可以换算，雷管数量不变，扣除胶质导线用量，增加导火索用量，导火索长度按每根雷管2.12 m计算。本定额编制按一般爆破考虑，抛掷和定向爆破等另行处理。打眼爆破若要达到石料粒径要求，则增加的费用另计。

(11)挖密实的钢碴，按挖四类土执行，人工挖土项目乘以系数2.50，机械挖土项目乘以系数1.50。

(12)挖、装、运山皮石(土)，按挖、装、运石渣项目执行。

(13)土石方运输：

①土石方运距，按挖土区重心至填方区(或堆放区)重心间的最短距离计算。

②人工、人力车、汽车、推土机的负载上坡(坡度≤15%)降效因素，已综合在相应运输项目中，不另行计算；如坡度超过15%时，按表6-8降效系数计算。装载机负载上坡时，其降效因素按坡道斜长乘以表6-8中相应系数计算。

表 6-8　上坡降效系数

坡度/%	5～10	≤15	≤20	≤25
系数	1.75	2.00	2.25	2.50

(14)平整场地，指建筑物所在现场厚度≤±30 cm 的就地挖、填及平整。

挖填土方厚度>±30 cm 时，全部厚度按一般土方相应规定另行计算，但仍应计算平整场地。

(15)基础(地下室)周边回填材料时，执行本定额“第二章　地基处理与边坡支护工程”中相应项目，人工、机械乘以系数 0.90。

(16)本章定额的施工机械是综合考虑的，在执行中不得因机械型号不同而调整。

(17)本章未包括现场障碍物清除、地下常水位以下的施工降水、土石方开挖过程中的地表水排除与边坡支护，实际发生时，另按本定额其他章节相应规定计算。

6.1.3　工程量计算实例

根据辽宁省 2017 年版《房屋建筑与装饰工程定额》中的土石方工程量计算规则，以×××公司办公楼(施工图纸见附录)为一个工程项目，完成相应的工程量计算(见表 6-9)。

项目名称：×××公司办公楼建筑与装饰工程。

项目简介：本工程为四层框架结构办公楼。建筑面积为 2 373.57 m²，其中 1～4 层为 2 117.12 m²，地下室计一半为 256.45 m²，基础采用挖孔桩。

项目任务：基础的挖土方工程量计算。

表 6-9　工程量计算程序

序号	工程项目名称	计算式	单位	数量
		土石方工程		
1	平整场地	$S_{平}=S_{底}$ $S=37.99\times13.5+(12+0.35\times2)\times(1+0.295+0.08-0.355)=525.82(m^2)$	m^2	525.82
2	地下室挖土 (大开挖挖到基础梁底)	地下室挖土采用四面放坡 公式：$V=(a+2c+KH)\times(b+2c+KH)\times H+1/3K^2H^3$ 高度：$H=(3.15+0.3)-1.2=2.25(m)$ $V=(37.28+0.8+2\times0.4+0.67\times2.25)\times(12.79+0.8+2\times0.4+0.67\times2.25)\times2.25+1/3\times0.67^2\times2.25^3=1\,446.34(m^3)$	m^3	1 446.34
3	基础回填土	基坑回填土体积＝挖土体积－自然地坪标高以下的埋设砌筑物的体积 V＝1 446.34－18.739(基础梁体积)－80.207(筏形基础体积)－5.2(垫层体积)－(37.28＋0.45)×(12.79＋0.45)×(3.15－1.2)(自然地坪标高以下建筑物体积)＝368.08(m^3)	m^3	368.08
4	室内回填土	室内回填土体积＝主墙之间的净面积×回填土厚度 V＝[(37.28＋0.45)×(12.79＋0.45)－22.56(墙面积)－6.36(柱面积)]×(3.15－2.29)＝404.74(m^3)	m^3	404.74

续表

序号	工程项目名称	计算式	单位	数量
5	运土	余土外运体积＝挖土总体积－回填土总体积 $V=1\ 446.34+158.35$(灌注桩挖土)$-368.08-404.74=831.87(m^3)$	m^3	673.52
6	散水挖土	$V=[108.62-12-0.355\times2-3.746-(1+0.295-0.355)\times2]\times0.9\times0.3=24.38(m^3)$	m^3	24.38
7	台阶挖土	台阶挖土 800 mm，台阶挖土参照辽 92J101 图集 台阶 1 $V_1=[(0.18\times2+0.45)\times(0.8+0.3)+1/2\times(0.8^2\times0.17\times6)/1.56]\times(2.946+0.3\times2)=3.9(m^3)$ 台阶 2 $V_2=[(0.18\times2+0.45)\times(0.8+0.3)+1/2\times(0.8^2\times0.17\times6)/1.56]\times(9.02+0.3\times2)=10.58(m^3)$ $V_{总}=3.9+10.58=14.48(m^3)$	m^3	14.48
8	散水台阶运土	$V_{运}=24.38+14.48=38.86(m^3)$	m^3	38.86

6.2 地基处理和基坑支护

6.2.1 定额工程量计算规则

1. 地基处理

(1)换填垫层、山皮石摊铺以面积计算，其余按设计图示尺寸以体积计算。

(2)铺设土工合成材料按设计图示尺寸以面积计算。

(3)堆载预压、真空预压按设计图示尺寸以加固面积计算。

(4)强夯地基按设计图示强夯处理范围以面积计算。设计无规定时，按建筑物外为轴线每边各加 4 m 计算。

(5)碎石桩、砂石桩及水泥粉煤灰碎石桩、挤密桩均按设计桩长(包括桩尖)乘以设计桩外径截面积，以体积计算。

(6)搅拌桩。

①深层水泥搅拌桩、三轴水泥搅拌桩、高压旋喷水泥桩按设计桩长加 50 cm 乘以设计桩外径截面积，以体积计算。

②三轴水泥搅拌桩中的插、拔型钢工程量按设计图示型钢以质量计算。

(7)高压旋喷水泥桩成孔按设计图示尺寸以桩长计算。

(8)石灰桩按设计桩长(包括桩尖)以长度计算。

(9)分层注浆钻孔数量按设计图示以钻孔深度计算，注浆数量按设计图纸注明加固土体的体积计算。

(10)压密注浆钻孔数量按设计图示以钻孔深度计算。注浆数量按下列规定计算。

①设计图纸明确加固土体体积的，按设计图纸注明的体积计算。

②设计图纸以布点形式图示土体加固范围的，则按两孔间距的一半作为扩散半径，以布点边线各加扩散半径，形成计算平面，计算注浆体积。

③如果设计图纸注浆点在钻孔灌注桩之间，则按两注浆孔的一半作为每孔的扩散半径，依此圆柱体积计算注浆体积。

(11)凿桩头按凿桩长度乘断面以体积计算。凿桩长度设计有规定时，按设计要求计算，设计无规定时，按0.5 m计算。

2. 基坑支护

(1)地下连续墙。

①现浇导墙混凝土按设计图示，以体积计算。

②成槽工程量按设计长度乘墙厚及成槽深度(设计室外地坪至连续墙底)，以体积计算。

③锁口管以“段”为单位(段指槽壁单元槽段)，锁口管吊拔按连续墙段数计算，定额中已包括锁口管的摊销费用。

④清底置换以“段”为单位(段指槽壁单元槽段)。

⑤浇筑连续墙混凝土工程量按设计长度乘以墙厚及墙深加0.5 m，以体积计算。

⑥凿地下连续墙超灌混凝土，设计无规定时，其工程量按墙体断面面积乘以0.5 m，以体积计算。

(2)钢板桩。

①打拔钢板桩按设计桩体以质量计算。

②钢板桩使用天数费=钢板桩定额使用量×使用天数×钢板桩使用费标准[元/(t·d)]。钢板桩使用天数按实际算，使用费标准为9元/(t·d)。

③安、拆导向夹具按设计图示尺寸以长度计算。

(3)打入式土钉按入土深度以长度计算。

(4)砂浆土钉、砂浆锚杆的钻孔、灌浆，按设计文件或施工组织设计规定(设计图示尺寸)的钻孔深度，以长度计算。喷射混凝土护坡区分土层与岩层，按设计文件(或施工组织设计)规定尺寸，以面积计算。钢筋、钢绞线、钢管锚杆按设计图示以质量计算。锚头制作、安装、张拉、锁定按设计图示以套计算。泄水孔以个计算。

(5)挡土板按设计文件(或施工组织设计)规定的支挡范围，以面积计算。

(6)钢支撑按设计图示尺寸以质量计算，不扣除孔眼质量，焊条、铆钉、螺栓等也不另增加质量。

6.2.2 定额使用说明

本章定额包括地基处理和基坑支护两节。

1. 地基处理

(1)换填垫层。

①换填垫层项目适用于软弱地基挖土后的换填材料加固工程。

②换填垫层夯填灰土就地取土时，应扣除灰土配合比中的黏土。

③填筑毛石混凝土项目中毛石与混凝土比例可按实际调整，其他不变。

(2)堆载预压定额工作内容中包括堆载四面的放坡和修筑坡道。

(3)真空预压砂垫层厚度按70 cm考虑，当设计材料厚度不同时，可以调整。

(4)强夯地基。

①点夯定额中综合考虑了各类布点形式，无论设计采用何种布点形式均不得调整。

②点夯项目中每单位面积夯点数，是指设计文件最终夯点布置图中规定的单位面积内点夯完成后最终的夯点数量。

③满夯应按设计要求的满夯能级计算。

④强夯的夯击击数，是指强夯机械就位后，夯锤在同一夯点上下起落的次数。

⑤强夯工程量应区别不同夯击能量和夯点密度，按设计图示夯击范围分别计算。

⑥设计要求采用强夯置换法夯实地基时，人工、机械乘以系数1.25，填充夯填料及其运输的人工、机械不含在强夯定额中，而是另行计算。

⑦如强夯面积小于600 m^2 小型工程，应按相应定额项目乘以系数1.25。

(5)填料桩。碎石桩与砂石桩定额项目中已包括充盈系数1.3和损耗率2%。实测砂石配合比及充盈系数不同时可以调整。其中灌注砂石桩除上述充盈系数和损耗率外，还包括级配密实系数1.334。

(6)搅拌桩。

①深层水泥搅拌桩项目按1喷2搅施工编制，实际施工为2喷4搅时，定额人工、机械乘以系数1.43；实际施工为2喷2搅、4喷4搅，分别按1喷2搅、2喷4搅计算。

②深层水泥搅拌桩的水泥掺入量按加固土重(1 800 kg/m^3)的13%考虑，如设计不同时，则按每增减1%项目计算。

③深层水泥搅拌桩项目已综合了正常施工工艺需要的重复喷浆(粉)和搅拌。空搅部分按相应定额的人工及搅拌桩机台班乘以系数0.5计算。

④三轴水泥搅拌桩项目水泥掺入量按加固土重(1 800 kg/m^3)的18%考虑，如设计不同时，则按深层水泥搅拌桩每增减1%定额计算；按2搅2喷施工工艺考虑，设计不同时，每增(减)1搅1喷按相应项目人工和机械费增(减)40%计算。空搅部分按相应定额的人工及搅拌桩机台班乘以系数0.5计算。

⑤三轴水泥搅拌桩设计要求全断面套打时，相应项目的人工及机械乘以系数1.5，其余不变。

(7)旋喷桩。高压旋喷桩定额项目已综合接头处的复喷工料；高压喷射注浆桩的水泥设计用量与定额不同时应予调整。

(8)石灰桩。石灰桩是按桩径500 mm编制的，当设计桩径不同时，桩径每增加50 mm，人工和机械消耗量增加5%。当设计与定额取定的石灰用量不同时，可以换算。

(9)注浆地基所用的浆体材料用量应按照设计含量调整。

(10)注浆项目中注浆管消耗量为摊销量，若为一次性使用，可进行调整。废浆及注浆引起的膨胀土方的清理及外运套用本定额“第一章　土石方工程”相应内容。

(11)打桩工程按陆地打垂直桩编制。设计要求打斜桩，斜度≤1∶6时，相应项目人工、机械乘以系数1.25；斜度>1∶6时，相应定额人工、机械乘以系数1.43。

(12)桩之间补桩或在沟槽(基坑)中及强夯后的地基上打桩时，相应定额人工、机械乘以系数1.15。

(13)单独打试桩、锚桩，按相应定额的打桩人工及机械乘以系数1.5。

(14)若单位工程的碎石桩、砂石桩的工程量在≤60 m^3 时，其相应项目人工、机械乘以系数1.25。

(15)本章凿桩头适用于深层水泥搅拌桩、三轴水泥搅拌桩、高压旋喷水泥桩等项目。

2. 基坑支护

(1)地下连续墙未包括导墙挖土方、泥浆处理及外运、钢筋加工，实际发生时，按相应规定另行计算。现浇导墙混凝土模板按本定额“第十七章　措施项目”中的相应项目执行。

(2)单位工程打预制钢筋混凝土板桩工程量少于 100 m^3 时，相应项目人工、机械乘以系数 1.25。

(3)钢制桩。

①打拔槽钢或钢轨，按钢板桩项目，其机械乘以系数 0.77，其他不变。

②现场制作的型钢桩、钢板桩，其制作执行本定额“第六章　金属结构制作工程”中钢柱制作相应子目。

③定额内未包括型钢桩、钢板桩的制作、除锈、刷油。

(4)挡土板定额可分为疏板和密板。疏板是指间隔支挡土板，且板间净空≤150 cm 的情况；密板是指满堂支挡土板或板间净空≤30 cm 的情况。

(5)若单位工程的钢板桩的工程量在≤50 t 时，其人工、机械量按相应定额项目乘以系数 1.25 计算。

(6)打入式土钉按人工打入考虑，不含土钉材料费，土钉制作、安装按本章节相应项目执行。

(7)锚杆、土钉钻孔设计要求进入岩石层时执行入岩增加子目，入岩增加是指钻入软质岩的较软岩和硬质岩。

(8)本章定额内未包括桩锚喷联合支护喷射混凝土护壁的钢筋网制安项目，实际发生时按本定额“第五章　混凝土、钢筋工程”中的相应项目执行。

(9)基坑围护中的格构柱，套用本定额“第六章　金属结构工程”相应项目，其中，制作项目(除主材外)乘以系数 0.7，安装项目乘以系数 0.5。同时，应考虑钢格构柱拆除、回收残值等的因素。

(10)钢支撑仅适用于基坑开挖的大型支撑安装、拆除。

(11)注浆项目中注浆管消耗量为摊销量，若为一次性使用，则按实际使用量调整。

6.3　桩基工程

6.3.1　定额工程量计算规则

1. 打桩

(1)预制钢筋混凝土方桩。打、压预制钢筋混凝土方桩按设计桩长(包括桩尖)乘以桩截面面积，以体积计算。

(2)预应力钢筋混凝土管桩。

①打、压预应力钢筋混凝土管桩按设计桩长(不包括桩尖)，以长度计算。

②预应力钢筋混凝土管桩钢桩尖按设计图示尺寸，以质量计算。

③预应力钢筋混凝土管桩，如设计要求桩孔内加注填充材料时，填充部分执行人工挖孔桩灌桩芯定额项目，人工、机械乘以系数 1.25。

④桩头灌芯按设计尺寸以灌注体积计算。

(3)钢管桩。

①钢管桩按设计要求的桩体质量计算。

②钢管桩内切割、精割盖帽按设计要求的数量计算。

③钢管桩管内钻孔取土、填芯，按设计桩长(包括桩尖)乘以填芯截面面积，以体积计算。

【例 6-9】　某工程打预制钢筋混凝土方桩 48 根(图 6-14)，桩截面尺寸为 300 mm×300 mm，桩长 L 为 7 m(包括桩尖)，计算打桩工程量。

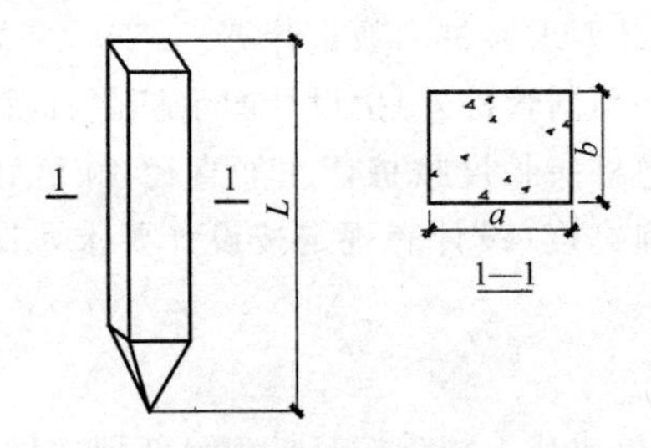

图 6-14　预制混凝土方桩示意

【解】　　　　　　打桩工程量 $V=0.3\times0.3\times7\times48=30.24(m^3)$

(4)打桩工程的送桩均按设计桩顶标高至打桩前的自然地坪标高另加 0.5 m，计算相应的送桩工程量(图 6-15)。

$$V_{送桩}=S\times(H_1+0.5)$$

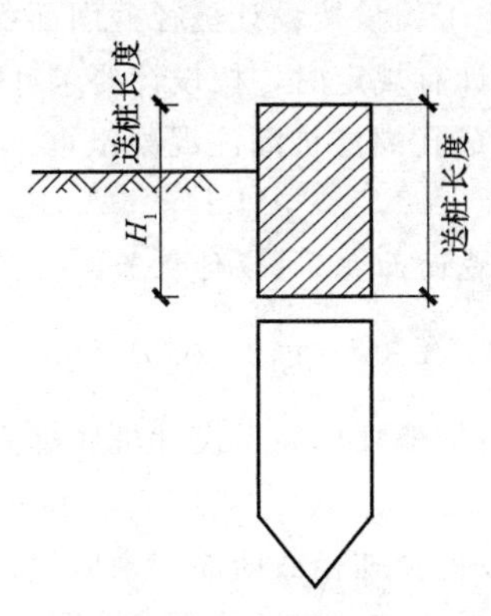

图 6-15　送桩示意

(5)预制混凝土桩、钢管桩电焊接桩，按设计要求接桩头的数量计算(图 6-16)。

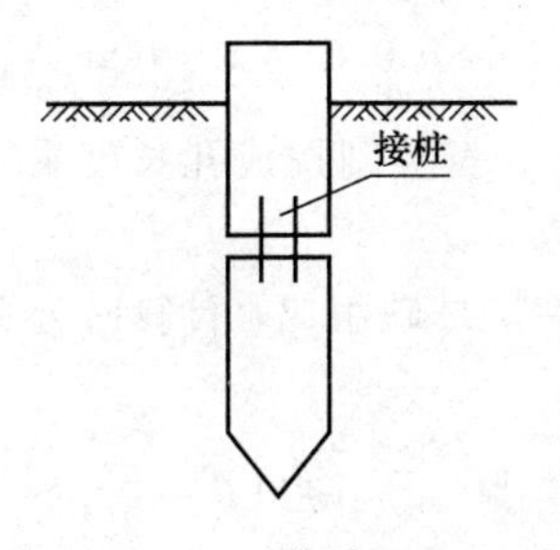

图 6-16　接桩示意

【例 6-10】 某工程送桩 20 根截面尺寸为 300 mm×300 mm，桩顶至地面高度为 0.5 m，计算送桩体积。

【解】　　　　　　送桩体积 $V=0.3\times0.3\times(0.5+0.5)\times20=1.8(m^3)$

【例 6-11】 某工程有框架柱 16 根，每根柱基础下打 5 根预制混凝土桩，如图 6-16 所示，桩截面尺寸为 400 mm×400 mm，每根桩桩长均为 7 m，接桩接头采用焊接，计算打桩、接桩工程量。

【解】　　　　　　打桩工程量 $V=0.4\times0.4\times7\times2\times5\times16=179.2(m^3)$

接桩工程量 $=1\times5\times16=80$(个)

(6)预制混凝土桩截桩按设计要求截桩的数量计算。

(7)预制混凝土桩凿桩头(除预制管桩外)按设计图示桩截面面积乘以凿桩头长度，以体积计算。凿桩头长度设计无规定时，桩头长度按桩体主筋直径40倍计算，主筋直径不同时取大者；灌注混凝土桩凿桩头按设计加灌高度(设计有规定按设计要求，设计无规定按0.5 m)乘以桩身设计截面面积，以体积计算。

2. 灌注桩

(1)回旋钻机成孔、冲击钻机成孔工程量按打桩前自然地坪标高至设计桩底标高的成孔长度计算。其余机械成孔工程量按打桩前自然地坪标高至设计桩底标高的成孔长度乘以设计桩径截面面积，以体积计算。

(2)冲击成孔机施工场内移动及安装、拆卸，按移动次数计算。

(3)回旋钻机成孔、冲击成孔机成孔设计深度在20 m以内时，执行孔深20 m以内相应定额；设计深度超过20 m时，超过部分执行20 m以上定额项目。

(4)机械成孔灌注桩灌注混凝土工程量按设计桩径截面面积乘以设计桩长(包括桩尖)另加加灌长度，以体积计算。加灌长度设计有规定时，按设计要求计算；无规定时，按0.5 m计算。

【例6-12】 某工程设计为机械成孔灌注桩灌注混凝土桩，设计桩径为350 mm，设计桩长为12 m，计算85根桩的混凝土工程量。

【解】

$$V=灌注桩截面面积\times(设计桩长+0.5)\times桩根数$$

$$V=\frac{1}{4}\times3.14\times0.35^2\times(12+0.5)\times85=102.17(\mathrm{m}^3)$$

(5)沉管成孔工程量按打桩前自然地坪标高至设计桩底标高(不包括预制桩尖)的成孔长度乘以钢管外径截面面积，以体积计算。

(6)沉管桩灌注混凝土工程量按钢管外径截面面积乘以设计桩长(不包括预制桩尖)另加灌长度，以体积计算。加灌长度设计有规定时，按设计要求计算；无规定时，按0.5 m计算。

【例6-13】 某工程现场采用现浇混凝土桩，设计长度为6.5 m，直径为450 mm，所用钢管管箍外径为465 mm，计算单桩灌注混凝土体积。

【解】 $V=\frac{1}{4}\times3.14\times0.465^2\times(6.5+0.5)=1.19(\mathrm{m}^3)$

(7)人工挖孔桩挖孔工程量分土、石类别按成孔长度乘以设计护壁外围截面面积，以体积计算。

人工挖孔桩一般是由柱体、圆台、球缺组成，计算时分别按圆柱、圆台和球缺计算工程量，球缺的体积：

$$V_{球缺}=\pi h^2\left(R-\frac{h}{3}\right) \tag{6-10}$$

式中，各字母的含义如图6-17所示。

人工挖孔桩施工图中一般只标注球缺半径 r 的尺寸，无球体的半径 R 尺寸，所以需要求 R。

$$R^2=r^2+(R-h)^2$$

$$R^2=r^2+R^2-2Rh+h^2$$

$$2Rh=r^2+h^2$$

$$R=\frac{r^2+h^2}{2h} \tag{6-11}$$

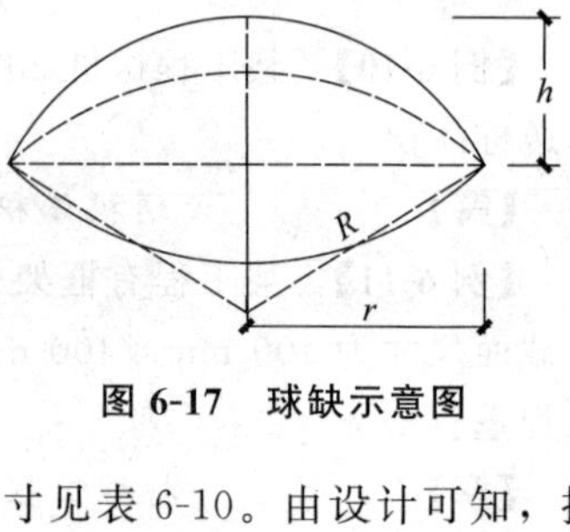

图6-17　球缺示意图

【例6-14】 某工程人工挖孔桩如图6-18所示，人工挖孔桩尺寸见表6-10。由设计可知，挖土顶标高为承台梁底标高，计算人工挖孔桩的土方工程量。

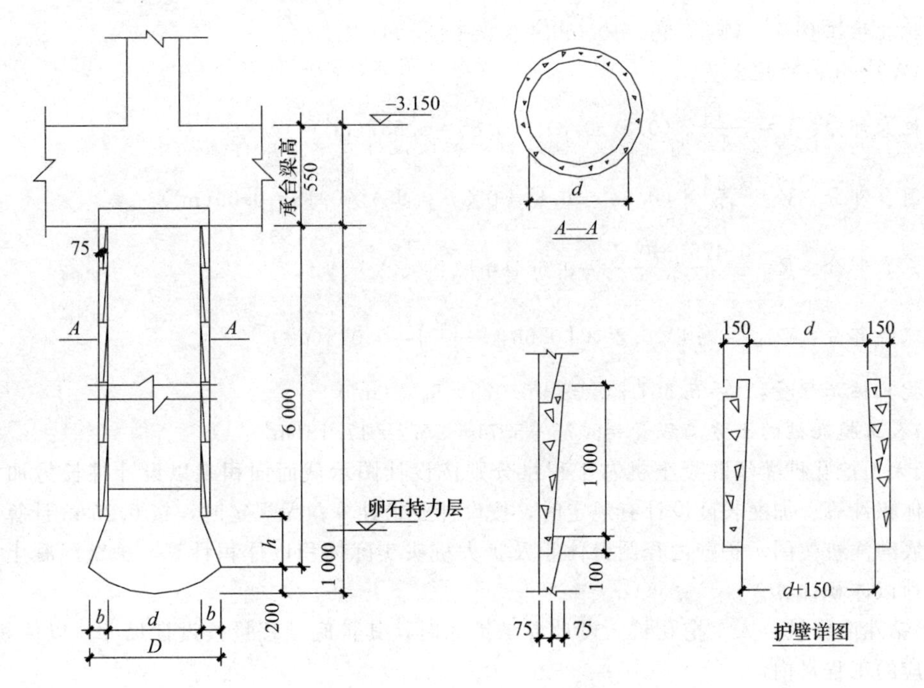

图 6-18　人工挖孔桩示意

表 6-10　人工挖孔桩尺寸

桩编号	各部尺寸				
	D	b	d	a	h
WZ－1	800	0	800	0	0
WZ－2	900	50	800	0	150
WZ－3	950	75	800	0	150

【解】 (1)WZ－1 桩的挖土量。

①桩身部分：$V=\frac{3.14}{4}\times(0.8+0.3)^2\times6=5.699(\text{m}^3)$

②锅底部分：$R=\frac{0.4^2+0.2^2}{2\times0.2}=0.5(\text{m})$

③球缺部分：$V_{球缺}=3.14\times0.2^2\times\left(0.5-\frac{0.2}{3}\right)=0.054(\text{m}^3)$

④挖孔桩工程量：$V=5.699+0.054=5.75(\text{m}^3)$

(2)WZ－2 桩的挖土量。

①桩身部分：$V=\frac{3.14}{4}\times(0.8+0.3)^2\times5.85=5.557(\text{m}^3)$

②圆台部分：$V=\frac{3.14}{12}\times(0.8^2+0.9^2+0.8\times0.9)\times0.15=0.085(\text{m}^3)$

③锅底部分：$R=\frac{0.45^2+0.2^2}{2\times0.2}=0.606(\text{m})$

④球缺部分：$V_{球缺}=3.14\times0.2^2\times\left(0.606-\frac{0.2}{3}\right)=0.068(\text{m}^3)$

⑤挖孔桩工程量：$V=5.557+0.085+0.068=5.71(m^3)$

(3)WZ-3桩的挖土量。

①桩身部分：$V=\frac{3.14}{4}\times(0.8+0.3)^2\times5.85=5.557(m^3)$

②圆台部分：$V=\frac{3.14}{12}\times(0.95^2+0.8^2+0.8\times0.95)\times0.15=0.09(m^3)$

③锅底部分：$R=\frac{0.475^2+0.2^2}{2\times0.2}=0.664(m)$

④球缺部分：$V_{球缺}=3.14\times0.2^2\times\left(0.664-\frac{0.2}{3}\right)=0.075(m^3)$

⑤挖孔桩工程量：$V=5.557+0.09+0.075=5.72(m^3)$

(4)人工挖孔桩的土方工程量$=5.75+5.71+5.72=17.18(m^3)$

(8)人工挖孔桩灌注混凝土桩芯工程量分别按设计图示截面面积乘以设计桩长另加加灌长度，以体积计算。加灌长度设计有规定时，按设计要求计算；无规定时，按0.25 m计算。人工挖孔扩底灌注桩按图示护壁内径圆台体积及扩大桩头实际体积以体积计算。护壁混凝土按设计图示尺寸以体积计算。

(9)钻孔灌注桩、人工挖孔桩，设计要求扩底时，其扩底工程量按设计尺寸，以体积计算，并入相应的工程量内。

(10)泥浆制作、运输按实际成孔工程量，以体积计算。

(11)埋设钢护筒分别不同桩径按长度计算。

(12)桩孔回填工程量按打桩前自然地坪标高至桩加灌长度的顶面乘以桩孔截面面积，以体积计算。

(13)钻孔压浆桩工程量按设计桩长，以长度计算。

(14)注浆管、声测管埋设工程量按打桩前的自然地坪标高至设计桩底标高另加0.5 m，以长度计算。

(15)桩底(侧)后压浆工程量按设计注入水泥用量，以质量计算。

6.3.2 定额使用说明

(1)本章定额包括打桩、灌注桩两节。

(2)本章定额适用于陆地上桩基工程，所列打桩机械的规格、型号是按常规施工工艺和方法综合取定，施工场地的土质级别也进行了综合取定。

(3)桩基施工前场地平整、压实地表、地下障碍处理等，定额均未考虑，发生时另行计算。

(4)探桩位已综合考虑在各类桩基定额内，不另行计算。

(5)当单位工程的桩基工程量少于表6-11对应数量时，相应项目人工、机械乘以系数1.25。灌注桩单位工程的桩基工程量是指灌注混凝土量。

表6-11 单位工程桩基工程量表

项目	单位工程的工程量	项目	单位工程的工程量
预制钢筋混凝土方桩	200 m^3	钻孔、旋挖成孔灌注桩	150 m^3
预应力钢筋混凝土管桩	1 000 m	沉管灌注桩	100 m^3
钢管桩	50 t		

1. 打桩

(1)单独打试桩、锚桩，按相应定额的打桩人工及机械乘以系数 1.5。

(2)打桩工程按陆地打垂直桩编制。设计要求打斜桩，斜度≤1∶6 时，相应项目人工、机械乘以系数 1.25；斜度>1∶6 时，相应项目人工、机械乘以系数 1.43。

(3)打桩工程以平地(坡度≤15°)打桩为准，坡度>15°打桩时，按相应项目人工、机械乘以系数 1.15。如在坑内作业坑深度>1.5 m、坑底面积≤500 m^2 时打桩或在地坪上打坑槽内作业坑槽深度>1 m 打桩时，按相应项目人工、机械乘以系数 1.11。

(4)在桩间补桩或在强夯后的地基上打桩时，相应项目人工、机械乘以系数 1.15。

(5)打桩工程，如遇送桩时，按相应定额项目执行。定额已综合了不同送桩深度和桩径。

(6)本章定额内未包括预应力钢筋混凝土管桩钢桩尖制安项目，实际发生时按本定额“第五章　混凝土、钢筋工程”中的预埋铁件项目执行。

(7)预应力钢筋混凝土管桩桩头灌芯部分执行人工挖孔桩灌桩芯定额，人工、机械乘以系数 1.25。

(8)截桩长度≤1 m 时，不扣减相应桩的打桩工程量；截桩长度>1 m 时，其超过部分按实扣减打桩工程量，但桩体的价格不扣除。

2. 灌注桩

(1)回旋钻机成孔、旋挖钻机成孔、冲击成孔机成孔不含泥浆制作、埋设钢护筒，发生时按相应定额执行。

(2)埋设钢护筒定额中钢护筒按摊销量计算；若遇钢护筒无法拔出，经确认后，可按钢护筒实际用量减去定额摊销量计算，该部分不得计取除税金外的其他费用。

(3)定额各种灌注桩的材料用量中，均已包括了充盈系数和材料损耗，见表 6-12。

表 6-12　灌注桩充盈系数和材料损耗率表

项目名称	充盈系数	损耗率/%
旋挖、冲击钻机成孔灌注混凝土桩	1.25	1
回旋、螺旋钻机钻孔灌注混凝土桩	1.20	1
沉管桩机成孔灌注混凝土桩	1.15	1

(4)人工挖桩孔土(石)方项目中已综合考虑了孔内照明、通风。人工挖孔桩，桩孔内垂直运输方式按人工考虑。

(5)桩孔空钻部分回填应根据施工组织设计要求套用相应定额，填土者按本定额“第一章　土石方工程”松填土方项目执行；填碎石者按本定额“第二章　地基处理与基坑支护工程”碎石垫层项目乘以系数 0.7 计算。

(6)旋挖钻机成孔、螺旋钻机成孔、人工挖桩孔土(石)方等干作业成孔桩的土石方场内、场外运输，执行本定额“第一章　土石方工程”相应的土方装车、运输定额。

(7)本章定额内未包括泥浆池制作，实际发生时按相应项目执行。

(8)本章定额内未包括泥浆场外运输实际发生时执行本定额“第一章　土石方工程”相应项目。

(9)本章定额内未包括桩钢筋笼、铁件制安项目，实际发生时按本定额“第五章　混凝土、钢筋工程”中的相应项目执行。

(10)本章定额内未包括沉管灌注桩的桩尖制安项目，实际发生时另行计算。

(11)灌注桩后压浆注浆管、声测管埋设，注浆管、声测管如遇材质、规格不同时，可以换算，其余不变。

(12)注浆管埋设定额按桩底注浆考虑，如设计采用侧向注浆，则人工、机械乘以系数 1.2。

6.3.3 工程量计算实例

根据辽宁省 2017 年版《房屋建筑与装饰工程定额》中的桩与地基基础工程量计算规则，以×××公司办公楼为工程项目，完成桩与地基基础工程的工程量计算(见表 6-13)。

项目名称：×××公司办公楼建筑与装饰工程。

项目任务：桩与地基基础工程的工程量计算。

表 6-13　工程量计算程序

序号	工程项目名称	计算式	单位	数量
		桩基工程		
1	灌注桩挖土	WZ－1　18 个 桩身：$V_1=3.14/4\times1.1^2\times6=5.699(m^3)$ 圆台部分：$V=0$ 锅底部分：$R=(r^2+R^2)/2h$ $R=(0.4^2+0.2^2)/(2\times0.2)=0.5(m)$ $V_{球}=3.14\times0.2^2\times(0.5-0.2/3)=0.054\,4(m^3)$ 桩挖孔工程量：$V=(5.699+0.054\,4)\times18=103.56(m^3)$ WZ－2　8 个 桩身：$V_1=3.14/4\times1.1^2\times6=5.699(m^3)$ 圆台部分：$V=3.14/12\times(0.8^2+0.9^2+0.8\times0.9)\times0.15=0.085\,2(m^3)$ 锅底部分：$R=(r^2+R^2)/2h$ $R=(0.45^2+0.2^2)/(2\times0.2)=0.61(m)$ $V_{球}=3.14\times0.2^2\times(0.61-0.2/3)=0.068(m^3)$ 桩挖孔工程量：$V=(5.699+0.085\,2+0.068)\times8=46.82(m^3)$ WZ－3 桩身：$V_1=3.14/4\times1.1^2\times6=5.699(m^3)$ 圆台部分：$V=3.14/12\times(0.8^2+0.95^2+0.8\times0.95)\times0.15=0.090\,4(m^3)$ 锅底部分：$R=(r^2+R^2)/2h$ $R=(0.475^2+0.2^2)/(2\times0.2)=0.664(m)$ $V_{球}=3.14\times0.2^2\times(0.664-0.2/3)=0.075(m^3)$ 桩挖孔工程量： $V=(5.699+0.090\,4+0.075)\times4=23.46(m^3)$ $V_{总}=103.56+46.82+23.46=173.84(m^3)$	m^3	173.84

续表

序号	工程项目名称	计算式	单位	数量
2	人工挖孔桩灌注 混凝土桩芯工程量 混凝土 C25	$V_{挖土}=V_{桩身}+V_{圆台}+V_{锅底}$（包括护壁） $V_{桩体}=V_{挖}-V_{护}$ 壁　桩顶到卵石持力层高为 6 m WZ－1　18 个 桩身部分：$V=3.14/4\times1.1^2\times6=5.699(m^3)$ 锅底部分：$R=(r^2+R^2)/2h$ $R=(0.4^2+0.2^2)/(2\times0.2)=0.5(m)$ $V_{球缺}=3.14\times0.2^2\times(0.5-0.2/3)=0.0544(m^3)$ 护壁：$V=3.14/4\times(1.1^2-0.875^2)\times6=2.09(m^3)$ 灌注桩工程量：$V=(5.699+0.0544-2.09)\times18=65.94(m^3)$ WZ－2　8 个 桩身部分：$V=3.14/4\times1.1^2\times6=5.699(m^3)$ 圆台部分：$V=1/3\pi H(R^2+r^2+R\times r)$ $V=1/3\times3.14\times(0.45^2+0.4^2+0.45\times0.4)\times0.15=0.085(m^3)$ 锅底部分：$R=(0.45^2+0.2^2)/(2\times0.2)=0.61(m)$ $V_{球缺}=3.14\times0.2^2\times(0.61-0.2/3)=0.068(m^3)$ 护壁：$V=3.14/4\times(1.1^2-0.875^2)\times6=2.09(m^3)$ 灌注桩工程量：$V_{合}=(5.699+0.085+0.068-2.09)\times8=30.10(m^3)$ WZ－34 个 灌注桩工程量：$V=13.08(m^3)$ $V_{总}=65.94+30.10+13.08=109.12(m^3)$	m^3	109.12
3	桩护壁 混凝土 C15	$V=S_{护}\times H(6\ m)$护壁平均厚度$(150+75)/2=112.5(mm)$ $V=3.14/4\times[1.1^2-(1.1-0.1125\times2)^2]\times6\times30=62.79(m^3)$	m^3	62.79

6.4 砌筑工程

6.4.1 定额工程量计算规则

1. 基础与墙(柱)身的划分

(1)基础与墙(柱)身使用同一种材料时，以设计室内地面为界(有地下室者，以地下室室内设计地面为界)，以下为基础，以上为墙(柱)身。

(2)基础与墙(柱)身使用不同材料，位于设计室内地面高度≤±300 mm 时，以不同材料为分界线；高度>±300 mm 时，以设计室内地面为分界线。

(3)砖砌地沟不分墙基和墙身，按不同材质分别合并工程量套用相应项目。

(4)围墙以设计室外地坪为界，以下为基础，以上为墙身。

(5)石基础、石勒脚、石墙的划分：基础与勒脚应以设计室外地坪为界，勒脚与墙身应以设计室内地面为界。石围墙内外地坪标高不同时，应以较低地坪标高为界，以下为基础；内外标高之差为挡土墙时，挡土墙以上为墙身。

基础与墙体分界线如图 6-19 所示。

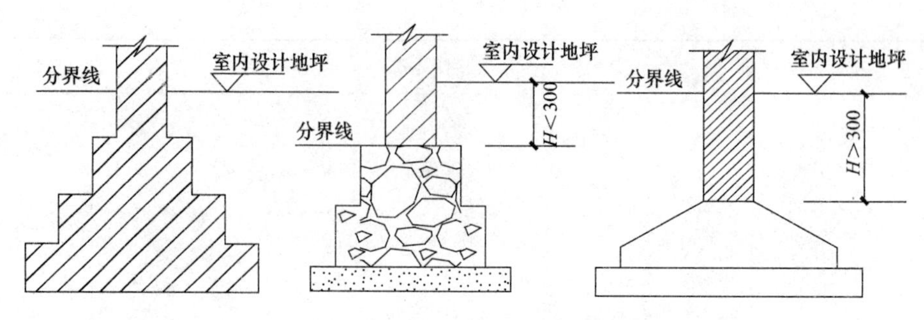

图 6-19　基础与墙体分界线示意

2. 砖基础

砖基础工程量按设计图示尺寸以体积计算。

(1)附墙垛基础宽出部分体积按折加长度合并计算，扣除地梁(圈梁)、构造柱所占体积，不扣除基础大放脚 T 形接头处的重叠部分及嵌入基础内的钢筋、铁件、管道、基础砂浆防潮层和单个面积 0.3 m^2 以内的孔洞所占体积，靠墙暖气沟的挑檐不增加。

$$基础体积 = 基础断面积 \times 基础长度 - \sum 埋入构件体积 + \sum 应增加基础体积$$

(2)基础长度：外墙按外墙中心线长度计算；内墙按内墙基础净长线计算。

(3)单个面积超过 0.3 m^2 的孔洞所占体积应予扣除，其洞口上混凝土过梁应另行计算。

内墙基础、内墙净长线如图 6-20 所示。

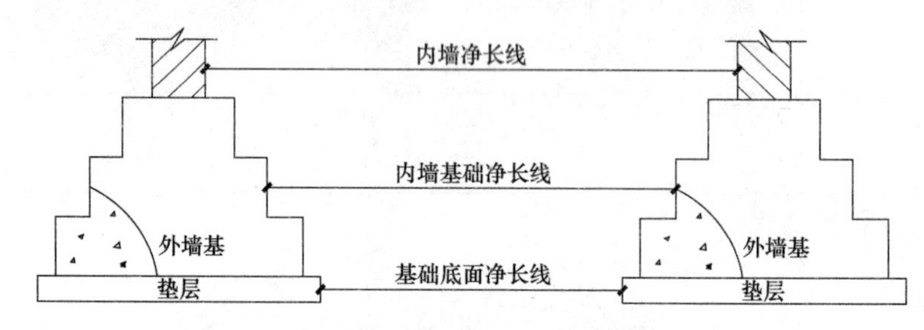

图 6-20　内墙基础、内墙净长线示意

3. 砖墙、砌块墙

砖墙、砌块墙按设计图示尺寸以体积计算。

(1)扣除门窗、洞口、嵌入墙内的钢筋混凝土柱、梁、圈梁、挑梁、过梁及凹进墙内的壁龛、管槽、暖气槽、消火栓箱、门窗侧面预埋的混凝土块所占体积，不扣除梁头、板头、檩头、垫木、木楞头、沿缘木、木砖、门窗走头、砖墙内加固钢筋、木筋、铁件、钢管及单个面积 0.3 m^2 时以内的孔洞所占的体积。凸出墙面的腰线、挑檐、压顶、窗台线、虎头砖、门窗套的体积也不增加。凸出墙面的砖垛并入墙体体积内计算。

$$砖墙、砌块墙体积 = 墙厚 \times (墙高 \times 墙长 - 门窗洞口的面积) - \sum 埋入构件体积 + \sum 应增加体积$$

(2)墙长度：外墙按中心线、内墙按净长计算。

(3)墙高度：

①外墙：斜(坡)屋面无檐口天棚者算至屋面板底；有屋架且室内外均有天棚者算至屋架下弦底另加 200 mm；无天棚者算至屋架下弦底另加 300 mm，出檐宽度超过 600 mm 时按实砌高度计算；有钢筋混凝土楼板隔层者算至板顶。平屋顶算至钢筋混凝土板底。

②内墙：位于屋架下弦者，算至屋架下弦底；无屋架者算至天棚底另加 100 mm；有钢筋混凝土楼板隔层者算至楼板底；有框架梁时算至梁底。

③女儿墙：从屋面板上表面算至女儿墙顶面(如有混凝土压顶时算至压顶下表面)。

④坡屋顶，内、外山墙：按其平均高度计算。

(4)墙厚度：按设计图示尺寸计算。

坡屋面外墙高度如图 6-21 所示，平屋面墙体高度如图 6-22 所示，内墙高度如图 6-23 所示。

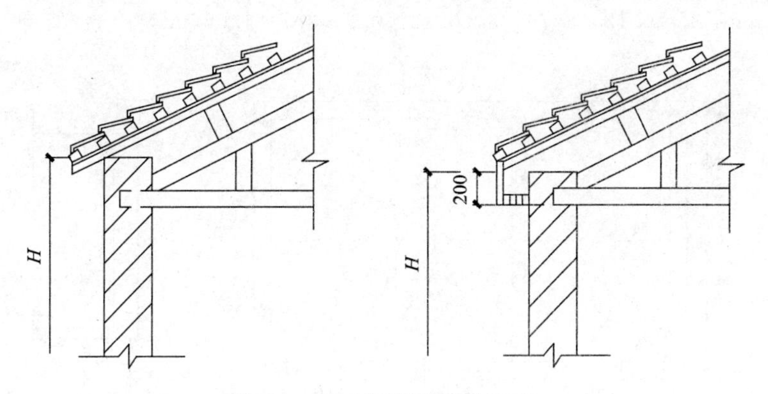

图 6-21　坡屋面外墙高度示意

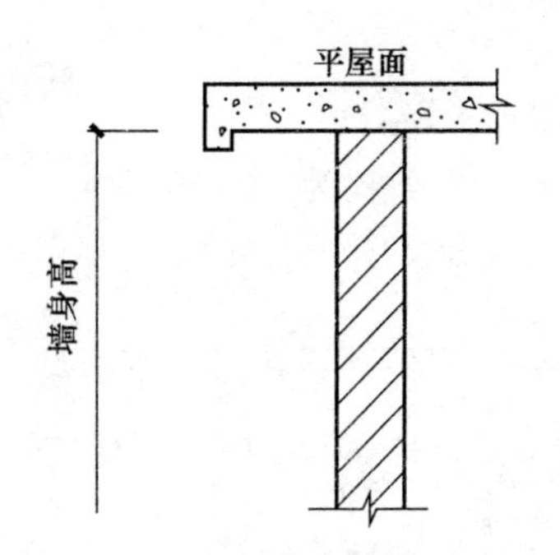

图 6-22　平屋面墙体高度示意

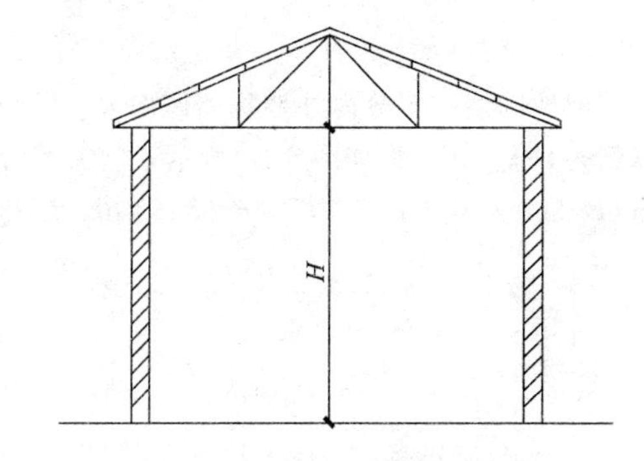

图 6-23　内墙高度示意

【例 6-15】 某工程如图 6-24 所示采用混凝土砌块砌筑，门窗统计见表 6-14，墙体净高为 3 m，墙体所含过梁量为外墙 1.29 m^3，内墙 0.59 m^3，计算内、外墙体的工程量。

表 6-14　门窗统计

序号	设计编号	规格/(mm×mm)
1	M—1	900×2 700
2	M—2	900×2 700
3	C—1	2 400×1 800
4	C—2	2 100×1 800

【解】 (1)计算外墙中心线、内墙净长线。

$$L_{外}=(12.5+8.5)\times 2=42(\text{m})$$

$$L_{中}=42-4\times 0.37=40.52(\text{m})$$

$$L_{净长线240}=(12-0.12\times2)+(4-0.12\times2)\times2=19.28(\text{m})$$

$$L_{净长线120}=4-0.12\times2=3.76(\text{m})$$

(2)墙体的工程量。

外墙 370 mm：$V=0.37\times40.52\times3-0.37\times(0.9\times2.7+2.4\times1.8\times2+2.1\times1.8\times2)-1.29=36.79(\text{m}^3)$

内墙 240 mm：$V=0.24\times19.28\times3-0.24\times0.9\times2.7\times3-0.59=11.54(\text{m}^3)$

内墙 120 mm：$V=0.12\times3.76\times3-0.12\times0.9\times2.7=1.06(\text{m}^3)$

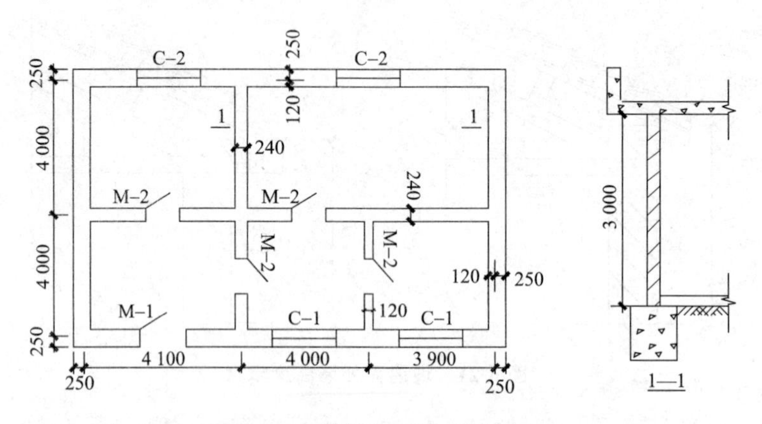

图 6-24　墙体平面图、剖面图

(5)框架间墙，不分内外墙按墙体净尺寸，以体积计算。

【例 6-16】 某工程如图 6-25 所示，门窗统计见表 6-15，框架柱为 450 mm×450 mm，梁为 300 mm×500 mm，室外地坪为－0.450 m，计算墙体的工程量。

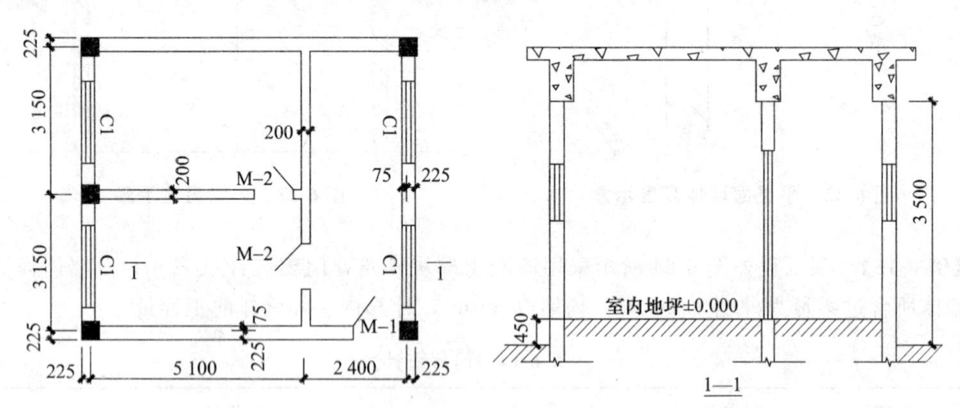

图 6-25　框架间墙体平面图、剖面图

表 6-15　门窗统计

序号	设计编号	规格/(mm×mm)
1	M－1	1 000×2 100
2	M－2	900×2 100
3	C－1	1 800×1 800

【解】 (1)墙体的长度与高度。

外墙：$L_{外}=(3.15-0.45)\times2+(6.3-0.45)+(7.5-0.45)\times2=25.35(m)$

内墙：$L_{内}=(5.1-0.225-0.1)+(6.3-0.75\times2)=9.58(m)$

高度：$H=3.5-0.45=3.05(m)$

(2)外墙体积。

$$V=0.3\times3.05\times25.35-(1.8\times1.8\times4+1\times2.1)\times0.3=18.68(m^3)$$

(3)内墙体积。

$$V=0.2\times3.05\times9.58-(0.9\times2.1\times2)\times0.2=5.09(m^3)$$

(6)围墙：高度算至压顶上表面(如有混凝土压顶时算至压顶下表面)，围墙柱并入围墙体积内。

(7)空心砖、多孔砖墙，不扣除其孔、空心部分体积，其中实心砖砌体部分已包括在项目内，不另行计算。

4. 其他砌体

(1)空斗墙按设计图示尺寸以空斗墙外形体积计算。

①墙角、内外墙交接处、门窗洞口立边、窗台砖、屋檐处的实砌部分体积已包括在空斗墙体积内。

②空斗墙的窗间墙、窗台下、楼板下、梁头下等的实砌部分，应另行计算，套用零星砌体项目。

(2)空花墙按设计图示尺寸以空花部分外形体积计算，不扣除空花部分体积。其中实心砖砌体部分按相应墙体项目另行计算。

(3)填充墙按设计图示尺寸以填充墙外形体积计算。其中实心砖砌体部分已包括在项目内，不另行算。

(4)砖柱、石柱按设计图示尺寸以体积计算，扣除混凝土及钢筋混凝土梁垫、梁头、板头所占体积。

(5)零星砌体、地沟、砖碹按设计图示尺寸以体积计算。零星砌体扣除混凝土及钢筋混凝土梁垫、梁头、板头所占体积。

(6)砖砌台阶(包括梯带)按体积以“m^3”计算。

(7)砖散水、地坪按设计图示尺寸以面积计算。

(8)附墙烟囱、通风道、垃圾道应按设计图示尺寸以体积(扣除孔洞所占体积)计算并入所依附的墙体体积内。不扣除每一孔洞横截面在 0.1 m^2 以下的体积。当设计规定孔洞内需抹灰时，另按本定额“第十二章　墙柱面工程”相应项目执行。

(9)轻质砌块 L 型专用连接件的工程量按设计数量计算。

(10)加气混凝土砌块墙、硅酸盐砌块墙、小型空心砌块墙，按设计规定需要镶嵌实心砖砌体部分已包括在项目内，不另行计算。

(11)基础、墙体洞口上的砖平碹、钢筋砖过梁若另行计算时，应扣除相应砖砌体的体积。砖平碹、钢筋砖过梁、砖拱碹，均按图示尺寸以“m^3”计算。如设计无规定时，砖平碹按门窗洞口宽度两端共加 100 mm，乘以高度(门窗洞口宽小于 1 500 mm 时，高度为 240 mm，大于 1 500 mm 时，高度为 365 mm)计算；钢筋砖过梁按门窗洞口宽度两端共加 500 mm，高度按 440 mm 计算。

(12)砖砌检查井不分壁厚均以“m^3”计算，洞口上的砖平拱碹等并入砌体体积内计算。

(13)检查井井盖(箅)、井座安装：区分不同材质，以套计算。

(14)砖砌地沟不分墙基、墙身，合并以“m^3”计算。

(15)砖明沟，按图示尺寸以“延长米”计算。

5. 石砌体

(1)石基础、石墙的工程量计算规则参照砖砌体相应规定。

【例 6-17】 某工程采用毛石基础如图 6-26 所示，室外设计标高为−0.450 m。计算毛石基础的工程量。

【解】 (1)基础的长度。

外墙基中心线：$L_{中}=(7+9.5)\times 2=33(\text{m})$

内墙基础净长线：$L_{内}=(7-0.3\times 2)+(8-0.3\times 2)=13.8(\text{m})$

(2)毛石基础工程量。

基础断面面积：$S=0.6\times 1.4=0.84(\text{m}^2)$

基础工程量：$V=0.84\times(33+13.8)=39.31(\text{m}^3)$

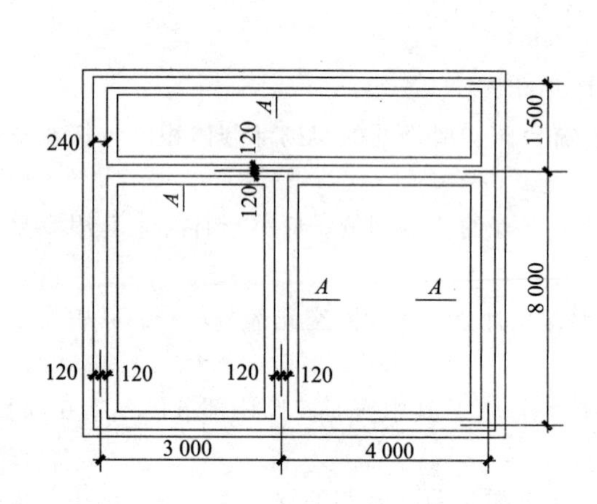

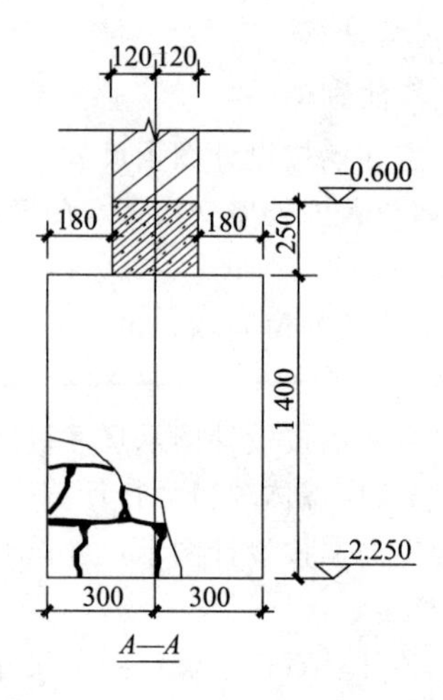

图 6-26 毛石基础平面图、剖面图

(2)石挡土墙、石护坡、石台阶、按设计图示尺寸以体积计算，石坡道按设计图示尺寸以水平投影面积计算，墙面勾缝按设计图示尺寸以面积计算。

【例 6-18】 某工程毛石挡土墙剖面如图 6-27 所示，墙长为 380 m，计算毛石挡土墙的工程量。

【解】 $V=\left[(1.2+0.2+0.4)\times 0.4+1.2\times 0.7+\dfrac{1.2+0.65}{2}\times 3\right]\times 380=1\ 647.3(\text{m}^3)$

(3)安砌石踏步板，按图示尺寸以“延长米”计算。

(4)石勒脚，按设计图示尺寸以体积计算。扣除单个 0.3 m² 以外的孔洞所占体积。

(5)石表面扁光，区分不同斜面宽度，按扁光长度计算。

(6)整石扁光、钉麻石和打钻路，均按实打面积以“m²”计算。

(7)料石拱碹，按图示以“延长米”计算。

(8)石砌地沟按实砌体积以“m³”计算。

6. 垫层

垫层工程量按设计图示尺寸以体积计算。

7. 轻质隔墙

轻质隔墙按设计图示尺寸以面积计算。

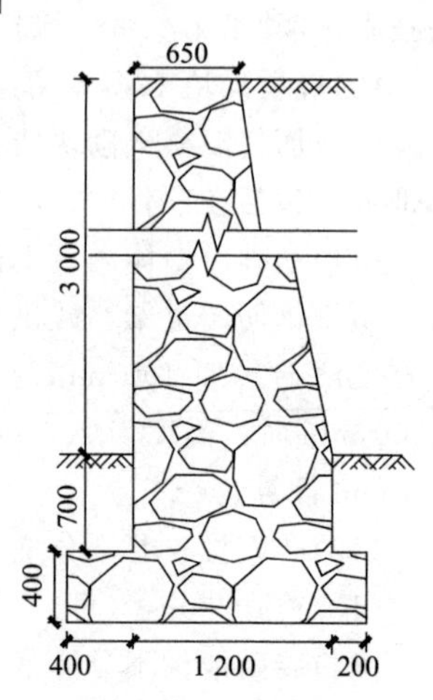

图 6-27 毛石挡土墙剖面图

8. 构筑物

(1)砖烟囱、水塔，均按设计图示筒壁平均中心线周长乘以厚度乘以高度以体积计算。扣除各种孔洞、钢筋混凝土圈梁、过梁等体积。

(2)砖烟囱应按设计室外地坪为界，以下为基础，以上为筒身。

(3)砖烟道与炉体的划分应按第一道闸门为界。

砖烟囱体积可按下式分段计算：

$$V=\sum H\times C\times \pi D \tag{6-12}$$

式中 V——筒身体积；

H——每段筒身垂直高度；

C——每段筒壁厚度；

D——每段筒壁平均直径。

【例 6-19】 某工程砖烟囱如图 6-28 所示，计算烟身的工程量。

【解】 (1)筒壁平均直径。

下段：$D_1=(2+2.2)\div 2-0.365=1.735(\text{m})$

上段：$D_2=(2+1.8)\div 2-0.24=1.66(\text{m})$

(2)筒身的体积。

下段：$V_1=3.5\times 0.365\times 3.14\times 1.735=6.96(\text{m}^3)$

上段：$V_2=3.5\times 0.24\times 3.14\times 1.66=4.38(\text{m}^3)$

筒身的体积：$V=V_1+V_2=6.96+4.38=11.34(\text{m}^3)$

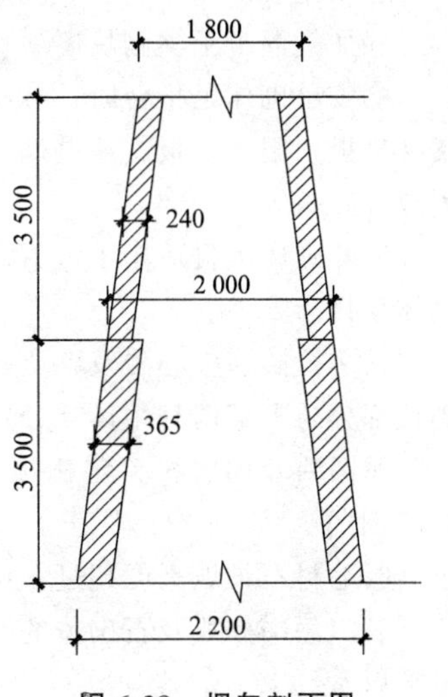

图 6-28 烟囱剖面图

(4)水塔基础与塔身划分应以砖砌体的扩大部分顶面为界，以上为塔身，以下为基础。

(5)砖烟囱体积可按下式分段计算：

$$V=\sum H\times C\times \pi D$$

式中 V——筒身体积；

H——每段筒身垂直高度；

C——每段筒壁厚度；

D——每段筒壁平均直径。

(6)烟道砌砖，按图示尺寸以体积计算。炉体内的烟道部分列入炉体工程量计算。

(7)砖烟道、烟囱内衬，按不同内衬材料并扣除孔洞后，以图示实体积计算。

(8)烟囱内壁表面隔绝层，按筒身内壁并扣除各种孔洞后的面积以“m^2”计算；填料按烟囱筒身与内衬之间的体积另行计算，并扣除各种孔洞所占体积，但不扣除连接横砖及防沉带的体积。填料所需人工已包括在内衬项目内。

(9)砖水箱内外壁，不分壁厚，均以图示实砌体积计算，套用相应的砖墙项目。

(10)贮水池及化粪池不分壁厚均以“m^3”计算，洞口上的砖平拱碹等并入砌体体积内计算。

(11)窨井及水池均按实砌体积以“m^3”计算。

9. 现场搅拌砂浆增加费

现场搅拌砂浆增加费按定额项目中的砂浆含量以体积计算工程量。

6.4.2 定额使用说明

(1)本章定额包括砖砌体、砌块砌体、石砌体、垫层、轻质隔墙和构筑物六节。

(2)砖砌体、砌块砌体、石砌体。

①定额中砖、砌块和石料按标准或常用规格编制，设计规格与定额不同时，砌体材料和砌筑(黏结)材料用量应作调整换算，砌筑砂浆按干混预拌砌筑砂浆编制。定额所列砌筑砂浆种类和强度等级、砌块专用砌筑胶粘剂品种，如设计与定额不同时，应作调整换算。

②定额中的墙体是按每层砌筑高度 3.6 m 编制的，如超过 3.6 m 时，其超过部分工程量的定额人工乘以系数 1.3。

③砖基础不分砌筑宽度及有否大放脚，均执行对应品种及规格砖的同一项目。

④砖砌体和砌块砌体不分内、外墙，均执行对应品种的砖和砌块项目，其中：

a. 定额中均已包括立门窗框的调直及腰线、窗台线、挑檐等一般出线用工。

b. 清水砖砌体均包括了原浆勾缝用工，设计需加浆勾缝时，应另行计算，按本定额“第十二章　墙柱面工程”相应项目执行。

c. 轻集料混凝土小型空心砌块墙的门窗洞口等镶砌的同类实心砖部分已包含在定额内，不单独另行计算。

⑤填充墙以填炉渣、炉渣混凝土为准，如设计与定额不同时应作换算，其他不变。

⑥加气混凝土类砌块墙项目已包括砌块零星切割改锯的损耗及费用。

⑦零星砌体是指台阶、台阶挡墙、梯带、锅台、炉灶、蹲台、池槽、池槽腿、花台、花池、楼梯栏板、阳台栏板、地垄墙、0.3 m^2 以内的孔洞填塞、凸出屋面的烟囱、屋面伸缩缝砌体、隔热板砖墩等。

⑧贴砌砖项目适用于地下室外墙保护墙部位的贴砌砖；框架外表面的贴砖部分，套用零星砌体项目。

⑨多孔砖、空心砖及砌块砌筑有防水、防潮要求的墙体时，若下部以普通(实心)砖砌筑的，则该部分与上部墙身主体需分别计算，下部套用零星砌体项目。

⑩围墙套用墙相关定额项目，双面清水围墙按相应单面清水墙项目，人工用量乘以系数 1.15 计算。

⑪毛料石护坡高度超过 4 m 时，定额人工乘以系数 1.15。

⑫定额中砌块及石砌体的砌筑均按直形砌筑编制，如果是弧形墙时，则按相应定额人工用量乘以系数 1.10，砌块、石砌体及砂浆(胶粘剂)用量乘以系数 1.03 计算。弧形墙是指半径 9 m 以内的圆弧形墙。

⑬砖砌体钢筋加固，砌体内加筋，墙体拉结筋的制作、安装，以及墙基、墙身的防潮、防水、抹灰等按本定额其他相关章节的项目及规定计算。

⑭砖砌挡土墙，二砖以上按砖基础项目计算；二砖以内按砖墙项目计算。

⑮毛石墙镶砖墙身按单面镶 1/2 砖、墙体厚度按 600 mm 编制；如设计砖、石比例与本定额不同时可按实调整。

(3)人工级配砂石垫层是按中(粗)砂 15%(不含填充石子空隙)、砾石 85%(含填充砂)的级配比例编制的。

(4)圆形烟囱基础按砖基础项目人工乘以系数 1.2 计算。

6.4.3 工程量计算实例

根据辽宁省 2017 年版《房屋建筑与装饰工程定额》中的砌筑工程量计算规则，以×××公司办公楼为工程项目，完成砌筑工程量计算(表 6-16)。

项目名称：×××公司办公楼建筑与装饰工程。

项目任务：砌筑工程量计算。

表 6-16　工程量计算程序

序号	工程项目名称	计算式	单位	数量
		砌筑工程		
1	外墙 420 mm	1. 一层外墙(仅Ⓓ轴上方凸出墙体部分) 外墙高度：H=层高－梁高 H=4.5－0.65=3.85(m) L=12＋0.33×2=12.66(m) V=12.66×3.85×0.42=20.47(m^3) 2. 二层外墙(位置同一层) 外墙高度：H=层高－梁高 H=8－4.4－0.65=2.95(m) L=12＋0.33×2=12.66(m) V=12.66×2.95×0.42=15.69(m^3) 3. 三层外墙(同二层) V=15.69 m^3 4. 四层外墙(位置同一层) 外墙高度：H=层高－梁高 H=15.6－11.6－0.65=3.35(m) L=12＋0.33×2=12.66(m) V=12.66×3.35×0.42=17.813(m^3) 5. 外墙门窗洞口面积 S=1.8×3.4×2(C－4：2 个)＋2.5×2.2×1(M－1：1 个)＋1.5×2.2×2(C－M：2 个)＋10.2×(15.6－4.5－1－0.46)(洞口－玻璃幕墙)=122.668(m^2) V=122.668×0.42=51.52(m^3) 6. 外墙过梁体积(仅 M－1、M－2 上有过梁) V=0.378＋0.252=0.63(m^3) 7. 梁贴面体积 V=0.1×(0.65－0.1)×(12＋0.45)=0.685(m^3) 综上：V=(20.47＋15.69×2＋17.813)－51.52(门窗洞口)－0.63(过梁体积)－0.685(梁贴面)=16.83(m^3)	m^3	16.83
2	外墙 300 mm	1. 一层外墙：Ⓐ～Ⓓ轴上外墙高度 H=层高－梁高 H=4.5－0.65=3.85(m) Ⓓ轴上侧外墙高度：H=4.5－0.65=3.85(m) ①～⑩轴上外墙高度：H=4.5－0.5=4(m) Ⓐ～Ⓓ轴外墙：L=(12.79－2×0.45)×2=23.78(m) V=23.78×3.85×0.3=27.466(m^3) Ⓓ轴上侧外墙：L=(1－0.125－0.225)×2=1.3(m) V=1.3×3.85×0.3=1.502(m^3) ①～⑩轴外墙：L=37.28×2－15×0.45－12=55.81(m) V=55.81×4×0.3=66.972(m^3) 小计：V=27.466＋1.502＋66.972=95.94(m^3) 2. 二层外墙：(墙长同一层) Ⓐ～Ⓓ轴上墙：H=8－4.4－0.65=2.95(m)	m^3	220.71

续表

序号	工程项目名称	计算式	单位	数量
2	外墙 300 mm	V＝2.95×23.78×0.3＝21.045(m^3) Ⓓ轴上侧外墙：H＝8－4.4－0.65＝2.95(m) V＝2.95×1.3×0.3＝1.151(m^3) ①～⑩轴上墙：H＝8－4.4－0.5＝3.1(m) V＝3.1×55.81×0.3＝51.903(m^3) 小计：$V_{总}$＝21.045＋1.151＋51.903＝74.099(m^3) 3. 三层外墙(同二层) $V_{总}$＝21.045＋1.151＋51.903＝74.099(m^3) 4. 四层外墙：(墙长同一层) Ⓐ～Ⓓ轴上墙：H＝15.6－11.6－0.65＝3.35(m) V＝3.35×23.78×0.3＝23.899(m^3) Ⓓ轴上侧外墙：H＝15.6－11.6－0.65＝3.35(m) V＝3.35×1.3×0.3＝1.307(m^3) ①～⑩轴上墙：H＝15.6－11.6－0.5＝3.5(m) V＝3.5×55.81×0.3＝58.6(m^3) 小计：$V_{合}$＝23.899＋1.307＋58.6＝83.81(m^3) 外墙门窗洞口面积 S＝1.5×2.7×1(M－4：1个)＋2.64×3.4×2(C－1：2个)＋2.6×3.4×2(C－2：2个)＋2.3×3.4×2(C－3：4个)＋1.5×2.1×34(C－5：34个)＋1.5×2.2×8(C－6：8个)＋3.7×3×3(C－7：3个)＋1.5×3×5(C－8：5个)＋3.7×2.1×9(C－9：9个)＋1.3×3×2(C－10：2个)＋1.2×2.1×4(C－11：4个)＋1.2×2.1×2(C－12：2个)＝337.47(m^2) V＝337.47×0.3＝101.24 (m^3) 外墙过梁体积(外墙仅M－4、C－5、C－6、C－9、C－12有过梁) $V_{合}$＝0.072＋3.06＋0.72＋0.68＋0.153＝4.685(m^3) 梁贴面砖砌体体积 ①～⑩轴：V＝0.1×(0.65－0.1)×(12.79×2－2×2×0.45)＝1.308(m^3) Ⓐ～Ⓓ轴：V＝0.1×(0.5－0.1)×(37.28×2－15×0.45)＝2.712(m^3) Ⓓ轴上侧：V＝0.1×(0.65－0.1)×(1.17－0.125－0.225)×2＝0.09(m^3) 小计：$V_{合}$＝1.308＋2.712＋0.09＝4.11(m^3) 综上：外墙体积V＝(95.94＋74.099×2＋83.81)－105.75(门窗体积)－4.685(过梁体积)－9.684(构造柱体积)＋4.11(梁贴面体积)＝211.94(m^3)	m^3	220.71
3	内墙 200 mm	一层墙体　V＝墙厚×墙长×墙高 Ⓒ轴：V＝0.2×(4.5－0.5)×(37.28－3－12－3.2－0.1×3－0.075)＝14.964(m^3) Ⓑ轴：V＝0.2×(4.5－0.5)×(37.28－3－12－0.45×5)＝16.024(m^3) ②～⑨轴上墙体：V＝0.2×(4.5－0.65)×(12.79×6－2.11×6＋0.1×4－0.1×4－0.45×9)＝46.223(m^3)	m^3	247.61

续表

序号	工程项目名称	计算式	单位	数量
3	内墙 200 mm	⑧～⑨间墙体：V＝0.2×(4.5－0.4)×(5.54－0.225－0.1)＝4.276(m^3) $V_{合}$＝14.964＋16.024＋46.223＋4.276＝81.487(m^3) 二层墙体 Ⓒ轴：V＝0.2×(8.1－4.5－0.5)×(37.28－3－3.2－0.1×3－0.075)＝19.037(m^3) Ⓑ轴：V＝0.2×(8.1－4.5－0.5)×(37.28－9×0.45)＝20.603(m^3) Ⓒ～Ⓓ间墙体：V＝0.2×[(8.1－4.5－0.65)×(5.54×6－0.225×6)＋(8.1－4.5)×(5.54－0.1－0.225)]＝22.57(m^3) Ⓐ～Ⓑ轴间：V＝0.2×(8.1－4.5－0.5)×(5.14×8－0.45×8)＝23.262(m^3) $V_{合}$＝19.037＋20.603＋22.57＋23.262＝85.472(m^3) 三层墙体 Ⓒ轴：V＝0.2×(11.7－8.1－0.5)×(37.28－3－3.2－6.44－0.1×3－0.075)＝15.044(m^3) Ⓑ轴：V＝0.2×(11.7－8.1－0.65)×(37.28－6.44－3－0.45×7)＝14.567(m^3) Ⓒ～Ⓓ轴间：V＝0.2×(11.7－8.1－0.65)×(5.54×4－0.1×2－0.45×2)＝12.425(m^3) Ⓑ～Ⓓ轴间：V＝0.2×(11.7－8.1－0.65)×(5.54＋2.11－0.45)×2＝8.496(m^3) Ⓐ～Ⓑ轴间：V＝0.2×(11.7－8.1－0.5)×(5.14×7－0.45×7)＝20.355(m^3) $V_{合}$＝15.044＋14.567＋12.425＋8.496＋20.355＝70.887(m^3) 四层墙体 Ⓒ轴：V＝0.2×(15.6－11.7－0.1)×(6.44＋3－0.1－0.075)＝7.041(m^3) Ⓑ轴：V＝0.2×(15.6－11.7－0.1－0.5)×(3＋6.44＋3.2＋3－0.45×4)＝9.134(m^3) ②轴、⑦轴：V＝0.2×[(15.6－11.7－0.1－0.65)×(5.54＋2.11－0.45)＋(15.6－11.7－0.1－0.5)×(5.14－0.45)]×2＝15.262(m^3) ⑧轴：V＝0.2×(15.6－11.7－0.1－0.65)×(5.54－0.225＋0.1)＝3.411(m^3) $V_{合}$＝7.041＋9.134＋15.262＋3.411＝34.848(m^3) 门窗洞口体积： V＝0.2×[1.5×2.1×17(M－5)＋1×2.1×25(M－6)＋1.5×(15.6－11.7－0.65)×2(门洞)]＝23.16(m^3) 过梁体积： V＝1.02(M－5)＋0.9(M－6)＝1.92(m^3) 综上：$V_{总}$＝81.487＋85.472＋70.887＋34.848－23.16(门窗洞口体积)－1.92(过梁体积)＝247.61(m^3)	m^3	247.61

续表

序号	工程项目名称	计算式	单位	数量
4	内墙 100 mm	一层墙体　V＝墙厚×墙高×墙长 ⑤～⑥轴上：$V=0.1\times(4.5-0.65)\times(3.376\times2-0.075)=2.571(\text{m}^3)$ ⑤～⑥轴间：$V=0.1\times4.5\times(1.8\times3+0.3\times2-0.1)=2.655(\text{m}^3)$ ⑧～⑩轴间：$V=0.1\times(3.3+3-0.1-0.05-0.075)\times4.5=2.734(\text{m}^3)$ $V_{合}=2.571+2.655+2.734=7.96(\text{m}^3)$ 二层墙体 ⑧～⑩轴间：$V=0.1\times(8.1-4.5)\times(3.3+3-0.1-0.05-0.075)=2.187(\text{m}^3)$ 三层墙体 ⑨～⑩轴间：$V=0.1\times(3-0.05-0.075)\times(11.7-8.1)=1.035(\text{m}^3)$ 综上：$V_{总}=7.96+2.187+1.035=11.18(\text{m}^3)$	m^3	11.18
5	台阶挡墙砌体 370 mm(砖砌体)	墙体工程量：V＝墙长×墙高×墙厚 $V=0.37\times(0.8-0.01-0.1)\times2.946\times2=1.50(\text{m}^3)$	m^3	1.50

6.5　混凝土、钢筋工程

6.5.1　定额工程量计算规则

1. 现浇混凝土

(1)混凝土工程量除另有规定者外，均按设计图示尺寸以体积计算，不扣除构件内钢筋，预埋铁件及墙、板中 0.3 m^2 以内的孔洞所占体积。

(2)基础：按设计图示尺寸以体积计算，不扣除伸入承台基础的桩头所占面积。

①带形基础(图 6-29)：带形基础有肋，在肋高(指基础扩大顶面至梁顶面的高)≤1.2 m 时，将肋与基础的工程量合并计算，按带形基础定额项目计算；在肋高＞1.2 m 时，将扩大顶面以下的基础部分，按带形基础项目计算，扩大顶面以上部分，按混凝土墙子目计算。

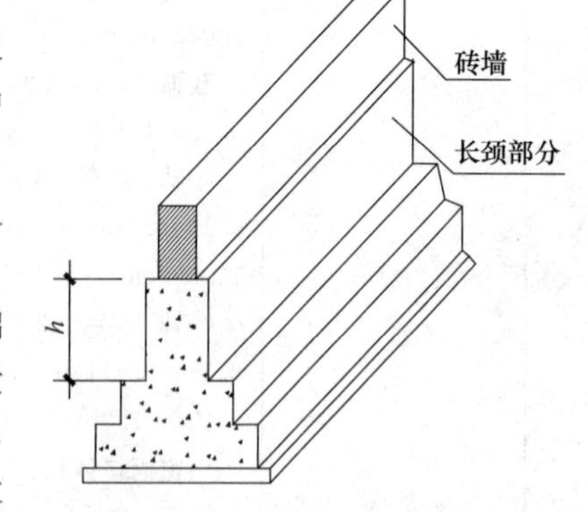

图 6-29　带形混凝土基础示意

②箱式基础(图 6-30)：分别按基础、柱、墙、梁、板等有关规定计算。

③设备基础：设备基础除块体设备基础(块体设备基础是指没有空间的实心混凝土形状)外，其他类型设备基础分别按基础、柱、墙、梁、板等有关规定计算。

④独立基础、杯形基础，均按体积以“m^3”计算。杯形基础应扣除插柱的空杯部分体积。

⑤桩承台工程量按体积以“m^3”计算。预制桩上部的承台不扣除浇入承台的桩头体积。

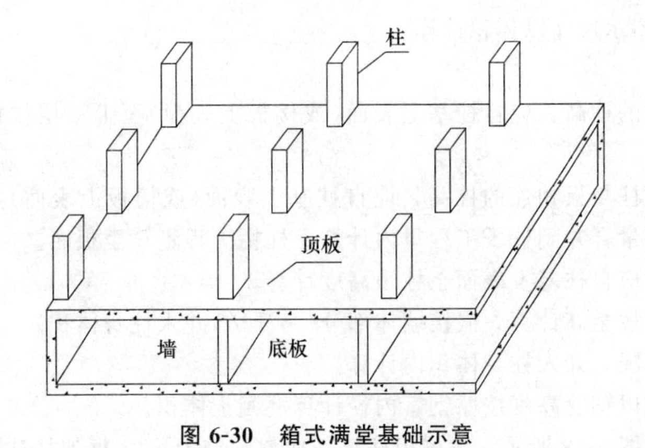

图 6-30　箱式满堂基础示意

【例 6-20】 某工程 15 个独立基础，如图 6-31 所示，计算独立基础的混凝土工程量。

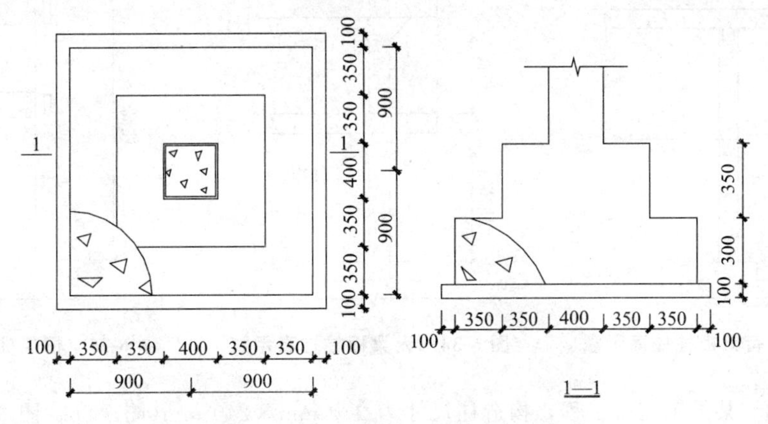

图 6-31　独立基础平面、剖面图

【解】 独立基础最下阶混凝土工程量：$V=1.8\times1.8\times0.3=0.972(\mathrm{m}^3)$

独立基础最上阶混凝土工程量：$V=1.1\times1.1\times0.35=0.42(\mathrm{m}^3)$

总体积：$V=(0.42+0.972)\times15=20.88(\mathrm{m}^3)$

【例 6-21】 某工程 12 个基础如图 6-32 所示，计算桩承台基础的混凝土工程量。

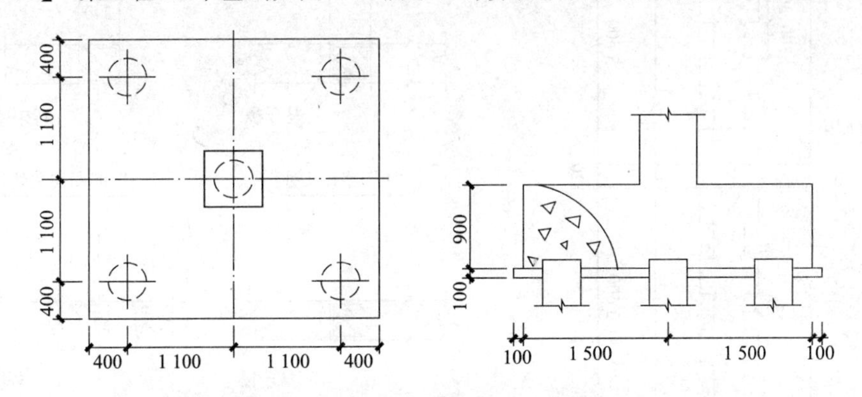

图 6-32　独立承台基础平面、剖面图

【解】 桩承台基础混凝土量：$V=3\times3\times0.9\times12=97.2(\mathrm{m}^3)$

(3)柱：按设计图示尺寸以体积计算。

柱高计算：

①柱与板相连接的柱高，应自柱基上表面(或楼板上表面)至上一层楼板上表面之间的高度计算。

②带柱帽的柱，柱与板相连的柱高，应自柱基上表面(或楼板上表面)至柱帽下表面之间的高度计算。柱帽工程量合并到柱子工程量内计算。柱帽工程量算至板底。

③框架柱的柱高应自柱基上表面至柱顶高度计算。

④构造柱的柱高按全高计算，嵌接墙体部分(马牙槎)并入柱身体积。

⑤依附柱上的牛腿，并入柱身体积内计算。

⑥钢管混凝土柱以钢管高度按照钢管内径计算混凝土体积。

有梁板柱柱高如图6-33所示，无梁板柱柱高如图6-34所示，框架柱柱高如图6-35所示。

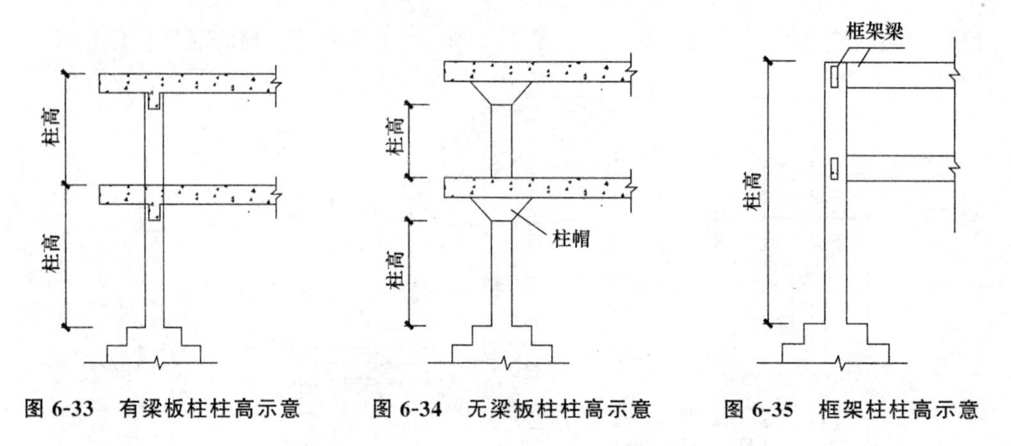

图6-33　有梁板柱柱高示意　　图6-34　无梁板柱柱高示意　　图6-35　框架柱柱高示意

【例6-22】　某员工宿舍工程，构造柱尺寸为240 mm×240 mm(图6-36、图6-37)，不同位置构造柱统计如下：丁字形接头处构造柱，16个；90°转角处构造柱，4个；一字形构造柱，4个；十字墙接头处构造柱，8个。计算构造柱的混凝土工程量。

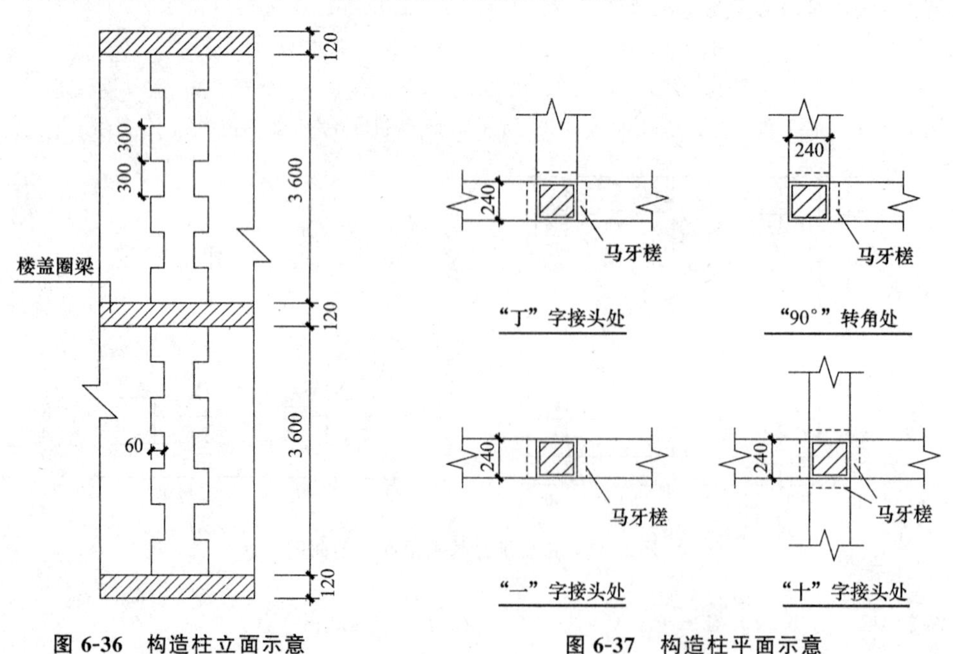

图6-36　构造柱立面示意　　图6-37　构造柱平面示意

【解】 丁字形接头处构造柱：$V=7.56\times(0.24\times0.24+0.03\times0.24\times3)\times16=9.58(m^3)$

90°转角处构造柱：$V=7.56\times(0.24\times0.24+0.03\times0.24\times2)\times4=2.18(m^3)$

一字形构造柱：$V=7.56\times(0.24\times0.24+0.03\times0.24\times2)\times4=2.18(m^3)$

十字墙接头处构造柱：$V=7.56\times(0.24\times0.24+0.03\times0.24\times4)\times8=5.23(m^3)$

构造柱的总体积：$V=2.18+9.58+5.23+2.18=19.17(m^3)$

(4)墙：按设计图示尺寸以体积计算，扣除门窗洞口及 0.3 m² 以外孔洞所占体积，墙垛及凸出部分并入墙体积内计算。直形墙中门窗洞口上的梁并入墙体积，短肢剪力墙结构砌体内门窗洞口上的梁并入梁体积。

墙与柱相连接时，墙算至柱边；墙与梁相连接时，墙算至梁底面；墙与板相连接时，板算至墙侧面；未凸出墙面的暗梁、暗柱合并到墙体积计算。

【例 6-23】 某工程部分剪力墙如图 6-38 所示，墙高为 3.9 m，M－1 门为 1 000 mm×2 000 mm，计算剪力墙的工程量。

【解】 (1)外墙体中心线长：$L=(4+8)\times2+(4+4)\times2-3=37(m)$

外墙的体积：$V=(37\times0.35+0.2\times0.2\times2)\times3.9=50.82(m^3)$

(2)内墙体净长线：$L=(4+8-0.35)+(4-0.175-0.1)\times2=19.1(m)$

内墙的体积：$V=19.1\times0.2\times3.9-1\times2\times0.2\times4=13.30(m^3)$

(3)剪力墙的体积：$V=50.82+13.30=64.12(m^3)$

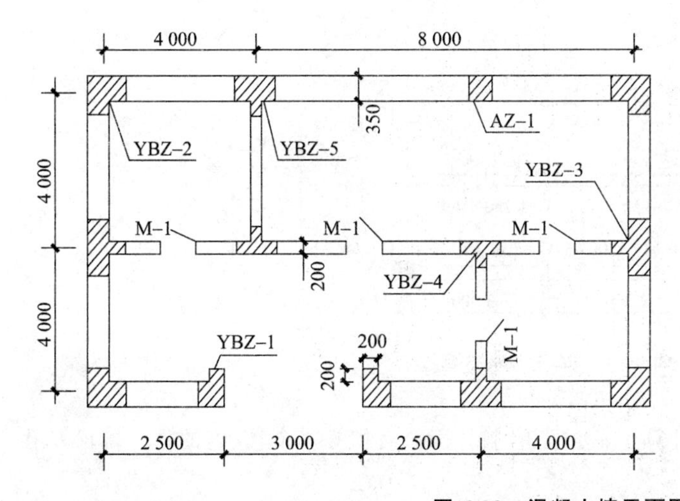

构件列表			
序号	图形	代码	个数
①		YBZ–1	2
②		YBZ–2	4
③		YBZ–3	2
④		YBZ–4	2
⑤		YBZ–5	2
⑥		AZ–1	1

图 6-38 混凝土墙平面图

(5)梁：按设计图示尺寸以体积计算，伸入砖墙内的梁头、梁垫并入梁体积内。

梁长计算(图 6-39、图 6-40)：

①梁与柱连接时，梁长算至柱侧面。

②主梁与次梁连接时，次梁长算至主梁侧面。

③圈梁、压顶按设计图示尺寸以体积计算。

④圈梁与过梁连接者，分别套用圈梁、过梁定额，其过梁长度按门、窗口外围宽度两端共加 50 cm 计算。

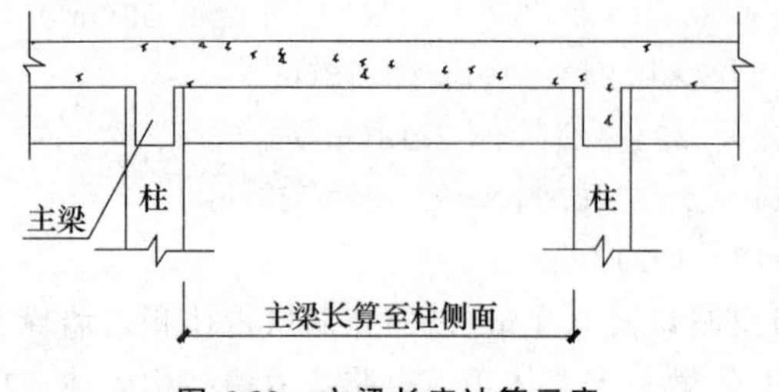

图 6-39　主梁长度计算示意

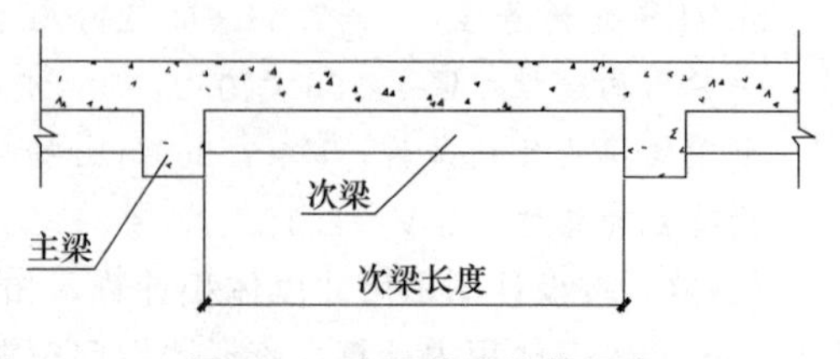

图 6-40　次梁长度计算示意

【例 6-24】 某工程现浇混凝土框架梁如图 6-41 所示，其中，框架柱的尺寸为 450 mm×450 mm，计算 L 形梁、矩形梁的工程量。

【解】 L 形梁长：$L=(9.3-0.45)+(9.3-0.45\times 3)+(8-0.45)\times 2=31.9(\mathrm{m})$

L 形梁：$V=(0.1\times 0.4+0.5\times 0.3)\times 31.9=6.06(\mathrm{m}^3)$

矩形梁长：$L=(9.3+0.45-0.3\times 2)+(6-0.125-0.225)\times 2=20.45(\mathrm{m})$

矩形梁：$V=0.25\times 0.4\times 20.45=2.05(\mathrm{m}^3)$

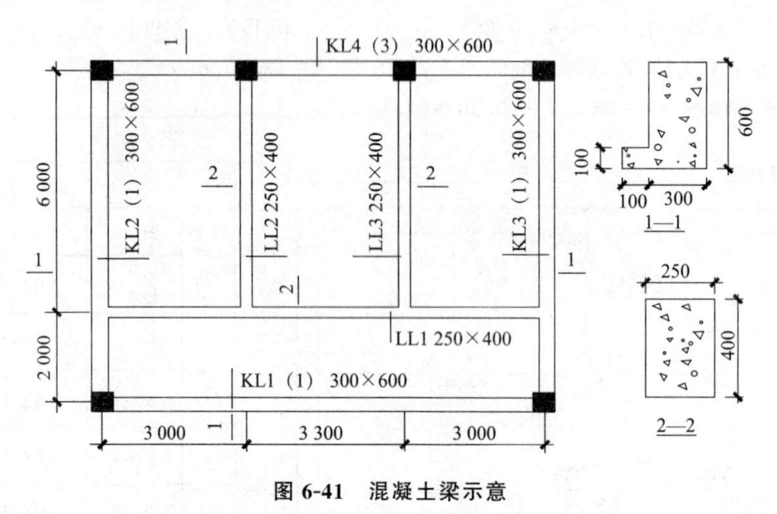

图 6-41　混凝土梁示意

(6)板：按设计图示尺寸以体积计算，不扣除单个(截面)面积 0.3 m^2 以内的柱、墙垛及孔洞所占体积。

①板与梁连接时板宽(长)算至梁侧面。

②各类现浇板伸入砖墙内的板头并入板体积内计算；薄壳板的肋、基梁并入薄壳体积内计算。

③空心板按设计图示尺寸以体积(扣除空心部分)计算。

④叠合梁、叠合板按二次浇筑部分体积计算。

(7)栏板、扶手按设计图示尺寸以体积计算，伸入砖墙内的部分并入栏板、扶手体积计算。

栏板与墙的界限划分：栏板高度 1.2 m 以下(含压顶扶手及翻沿)为栏板，1.2 m 以上为墙；屋面混凝土女儿墙高度＞1.2 m 时执行相应墙项目，≤1.2 m 时执行相应栏板项目。

(8)挑檐、天沟按设计图示尺寸以墙外部分体积计算。挑檐、天沟板与板(包括屋面板)连接时，以外墙外边线为分界线；与梁(包括圈梁等)连接时，以梁的外边线为分界线；外墙外边线以外的板为挑檐、天沟。

(9)凸阳台(包括凸出外墙外侧用悬挑梁悬挑的阳台)按阳台板项目计算；凹进墙内的阳台，按梁、板分别计算，阳台栏板、压顶及扶手分别按栏板、压顶及扶手项目计算。

【例 6-25】 某工程现浇混凝土阳台平面、剖面如图 6-42 所示，计算阳台板、栏板的工程量。

【解】 (1)阳台板：$V=(3.6+0.06+0.12\times2)\times(1.2+0.06+0.12)\times0.12=0.65(\mathrm{m}^3)$

(2)阳台栏板：$V=[0.06\times0.6+0.08\times(0.12+0.06+0.03)]\times(3.6+0.06+1.2\times2)=0.32(\mathrm{m}^3)$

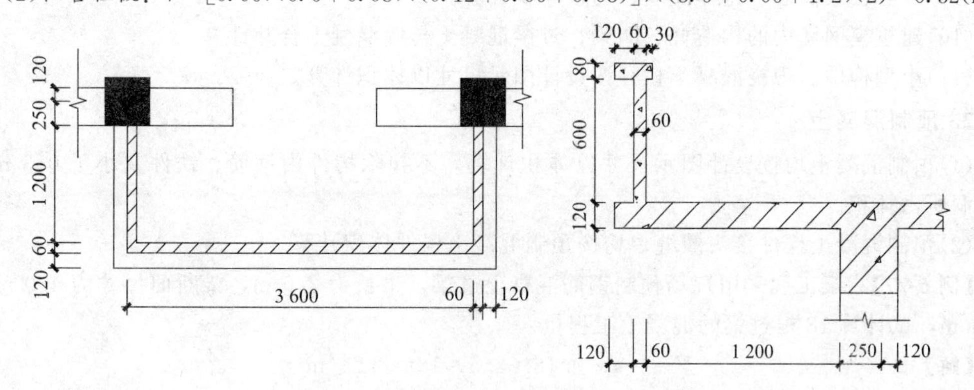

图 6-42 混凝土阳台平面图、剖面图

(10)雨篷梁、板工程量合并，按雨篷以体积计算，高度≤400 mm 的栏板并入雨篷体积内计算，栏板高度>400 mm 时，其全高按栏板计算。

(11)楼梯(包括休息平台，平台梁、斜梁及楼梯的连接梁)按设计图示尺寸以水平投影面积计算，如两跑以上楼梯水平投影有重叠部分，重叠部分单独计算水平投影面积，不扣除宽度小于 500 mm 楼梯井，伸入墙内部分不计算。当整体楼梯与现浇楼板无楼梯的连接梁连接时，以楼梯的最后一个踏步边缘加 300 mm 为界。

【例 6-26】 某工程 6 层办公楼现浇混凝土楼梯如图 6-43 所示，其中 TL－1 尺寸为 200 mm×300 mm，计算楼梯的工程量。

【解】 $S=(3.98-0.12\times2)\times(2.2-0.12+2.7+0.2)\times(6-1)=93.13(\mathrm{m}^2)$

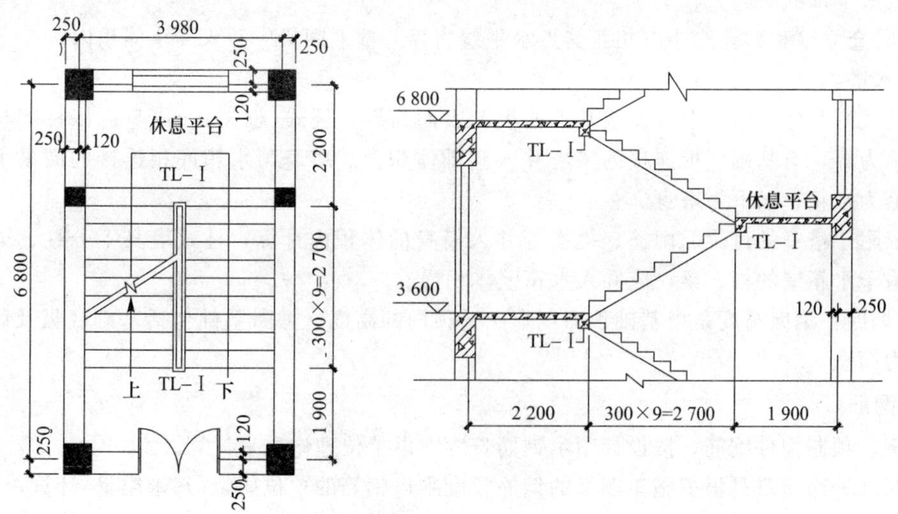

图 6-43 梁楼梯平面图

(12)散水、坡道与台阶(包括整体散水、坡道、台阶及混凝土散水、台阶)按设计图示尺寸，以水平投影面积计算，不扣除单个 0.3 m² 以内的孔洞所占面积。三步以内的整体台阶的平台面积并入台阶投影面积内计算；三步以上的台阶，与平台连接时其投影面积应以最上层踏步外沿加 300 mm 计算。

(13)场馆看台、地沟、电缆沟、明沟、混凝土后浇带按设计图示尺寸以体积计算。

(14)二次灌浆按照实际灌注混凝土体积计算。

(15)空心楼板筒芯、箱体安装，均按体积计算。

(16)建筑模网墙内的构造柱、圈梁、过梁混凝土与墙混凝土合并计算。

(17)小型构件、现浇混凝土栏杆按设计图示尺寸以体积计算。

2. 预制混凝土

(1)预制混凝土均按设计图示尺寸以体积计算，不扣除构件内钢筋、铁件及小于 0.3 m^2 以内孔洞所占体积。

(2)预制混凝土构件接头灌缝，均按预制混凝土构件体积计算。

【例 6-27】 某工程采用现场预制钢筋混凝土过梁，梁长为 2.5 m，梁断面尺寸为 400 mm×180 mm，试计算 18 根过梁的混凝土工程量。

【解】

$$V=0.4\times0.18\times2.5\times18=3.24(m^3)$$

3. 构筑物混凝土

(1)构筑物混凝土除另有规定者外，均按设计图示尺寸以体积计算，不扣除构件内钢筋、预埋铁件及单个面积 0.3 m^2 以内的孔洞所占面积。

(2)贮水(油)池不分平底、锥底、坡底，均按池底板计算；壁基梁、池壁不分圆形壁和矩形壁，均按池壁计算；其他项目均按现浇混凝土部分相应项目计算。有壁基梁的，应以壁基梁底为界，以上为池壁、以下为池底；无壁基梁的，锥形坡底应算至其上口，池壁下部的八字靴脚应并入池底体积内。无梁池盖的柱高应从池底上表面算至池盖下表面，柱帽和柱座应并在柱体积内，套用现浇混凝土柱定额。肋形池盖应包括主、次梁体积；球形池盖应以池壁顶面为界，边侧梁应并入球形池盖体积内。

壁基梁是指池壁与坡底或锥底上口相衔接的池壁基础梁(简称“壁基梁”)。壁基梁的高度为梁底至池壁下部的底面。

(3)贮仓立壁和贮仓漏斗以相互交点水平线为界，壁上圈梁应并入漏斗体积内。

(4)水塔：

①筒式塔身应以筒座上表面或基础地板上表面为界，柱式(框架式)塔身应以柱脚与基础底板或梁顶为界，与基础底板连接的梁应并入基础体积内。塔身与水箱底相连接的圈梁下表面为界，以上为水箱，以下为塔身。

②依附于塔身的过梁、雨篷、挑檐等并入筒身的体积内计算；柱式塔身不分柱、梁合并计算。依附于水箱壁的柱、梁，应并入水箱壁体积内。

(5)烟囱：烟囱高度是指基础顶面至烟囱壁顶面的高度；烟囱基础包括基础底板及筒座，筒座以上为筒壁。

4. 钢筋

现浇、预制构件钢筋，按设计图示钢筋长度乘以单位理论质量计算。

钢筋理论净质量是根据施工图纸的钢筋长度乘以钢筋的单位质量(每米质量)计算，即

$$钢筋理论净质量=\sum(钢筋长度\times每米质量)$$

(1)钢筋每米质量计算。钢筋每米质量可按附表查得或用下列计算公式计算：

$$W=0.006\ 165d^2$$

式中 W——每米质量(kg/m)；

d——钢筋直径(mm)。

钢筋每延长米质量见表 6-17。

表 6-17 钢筋每延长米质量

直径/mm	6	6.5	8	10	12	14	16	18	20	22	25	28
单位质量/(kg·m^{-1})	0.222	0.260	0.395	0.617	0.888	1.208	1.578	1.998	2.446	2.984	3.850	4.834

(2)钢筋长度计算。

①钢筋保护层厚度。钢筋保护层厚度，图纸有规定时按规定计算，无规定时按表 6-18 的规定计算。混凝土的环境类别见表 6-19。

表 6-18 混凝土保护层最小厚度 mm

环境类别	板、墙	梁、柱
一	15	20
二 a	20	25
二 b	25	35
三 a	30	40
三 b	40	50

注：1. 表中混凝土保护层指最外层钢筋外边缘至混凝土表面的距离，适用于设计使用年限为 50 年的混凝土结构。
2. 构件中受力钢筋的保护层厚度不应小于钢筋的公称直径。
3. 设计使用年限为 100 年的混凝土结构，一类环境中，最外层钢筋的保护层厚度不应小于表中数值的 1.4 倍，二、三类环境中，应采用专门的有效措施。
4. 混凝土强度等级不大于 C25 时，表 6-18 中保护层厚度数值应增加 5。
5. 基础底面钢筋的保护层厚度，有混凝土垫层时应从垫层顶面算起，且不应小于 40 mm

表 6-19 混凝土的环境类别

环境类别	条件
一	室内正常环境；无侵蚀性静水浸没环境
二 a	室内潮湿环境；非严寒和非寒冷地区的露天环境；非严寒和非寒冷地区与无侵蚀性的水或土壤直接接触的环境；严寒和寒冷地区的冰冻线以下与无侵蚀性的水或土壤直接接触的环境
二 b	干湿交替的环境；水位频繁变动的环境；严寒和寒冷地区的露天环境；严寒和寒冷地区的冰冻线以下与无侵蚀性的水或土壤直接接触的环境
三 a	严寒和寒冷地区冬季水位变动区环境；受除冰盐影响环境；海风环境
三 b	盐渍土环境；受除冰盐作用环境；海岸环境
四	海水环境
五	受人为或自然地侵蚀性物质影响的环境

注：1. 室内潮湿环境是指构件表面经常处于结露或湿润状态的环境。
2. 严寒和寒冷环境的划分应符合现行国家标准《民用建筑热工设计规范》(GB 50176—2016)的有关规定。
3. 海岸环境和海风环境宜根据当地情况，考虑主导风向及结构所处迎风、背风部位等因素的影响，由调查研究和工程经验规定。
4. 受除冰盐影响环境是指受到除冰盐盐雾环境的影响；受除冰盐作用是环境是指被除冰盐溶液溅射的环境，以及使用除冰盐地区的洗车房、停车楼等建筑。
5. 暴露的环境是指混凝土结构表面所处的环境

②钢筋弯钩增加长度。钢筋弯钩有180°半圆弯钩、135°斜弯钩、90°直弯钩三种形式。弯钩长度按设计规定计算增加长度，若设计无规定时，可按图6-44计算。

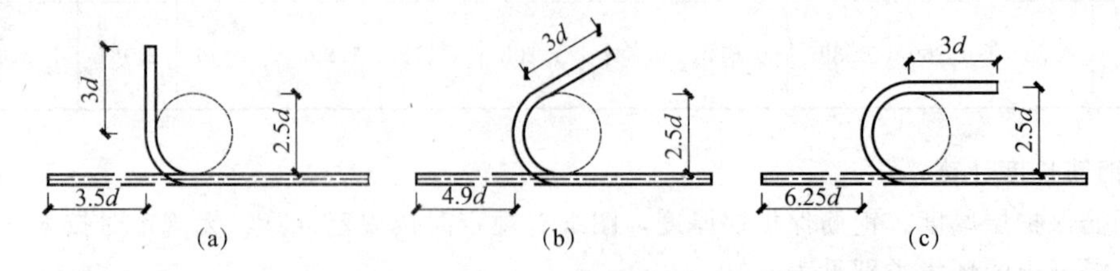

(a)90°直弯钩；(b)135°斜弯钩；(c)180°半圆弯钩

图6-44　钢筋弯钩示意

弯钩每个增加长度：135°斜弯钩 $4.9d$，180°圆弯钩 $6.25d$，90°直弯钩 $3.5d$。

③弯起钢筋增加长度(ΔL)，如图6-45所示。弯起钢筋的弯起角度有30°、45°、60°三种。其弯起增加长度 ΔL 为

当 $\alpha=30°$时，$S=2h$　　　$\Delta L=S-L=0.268h$

当 $\alpha=45°$时，$S=1.414h$　　　$\Delta L=S-L=0.414h$

当 $\alpha=60°$时，$S=1.155h$　　　$\Delta L=S-L=0.577h$

h=构件的厚度$-2\times$保护层的厚度

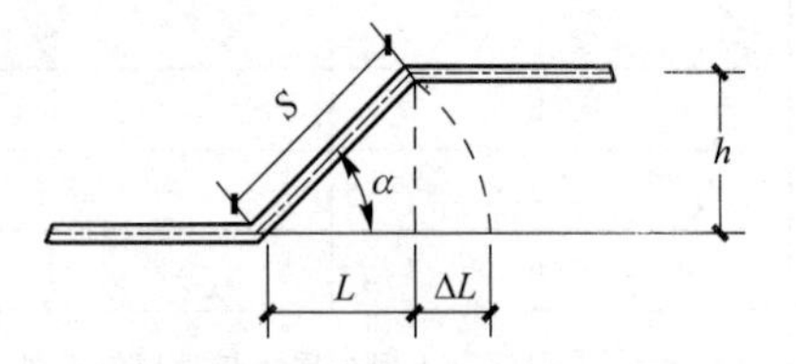

图6-45　钢筋弯起示意

④钢筋锚固增加长度，是指不同构件交接处彼此的钢筋应相互锚入，如柱与主梁、主梁与次梁、梁与板等交接处，钢筋相互锚入，以增加结构的整体性。受拉钢筋抗震锚固定长度见表6-20。

表6-20　受拉钢筋抗震锚固长度 L_{aE}

钢筋种类及抗震等级		C20	C25		C30		C35		C40	
		$d\leqslant25$	$d\leqslant25$	$d>25$	$d\leqslant25$	$d>25$	$d\leqslant25$	$d>25$	$d\leqslant25$	$d>25$
HPB300	一、二级	$45d$	$39d$	—	$35d$	—	$32d$	—	$29d$	—
	三级	$41d$	$36d$	—	$32d$	—	$29d$	—	$26d$	—
HRB335 HRBF335	一、二级	$44d$	$38d$	—	$33d$	—	$31d$	—	$29d$	—
	三级	$40d$	$35d$	—	$30d$	—	$28d$	—	$26d$	—
HRB400 HRBF400	一、二级	—	$46d$	$51d$	$40d$	$45d$	$37d$	$40d$	$33d$	$37d$
	三级	—	$42d$	$46d$	$37d$	$41d$	$34d$	$37d$	$30d$	$34d$
HRB500 HRBF500	一、二级	—	$55d$	$61d$	$49d$	$54d$	$45d$	$49d$	$41d$	$46d$
	三级	—	$50d$	$56d$	$45d$	$49d$	$41d$	$45d$	$38d$	$42d$

注：1. 当为环氧树脂涂层带肋钢筋时，表中数据尚应乘以1.25。

2. 当纵向受拉钢筋在施工过程中易受扰动时，表中数据尚应乘以1.1。

3. 当锚固长度范围内纵向受力钢筋周边保护层厚度为 $3d$、$5d$(d 为锚固钢筋的直径)时，表中数据可分别乘以0.8、0.7；中间时按内插值。

4. 当纵向受拉普通钢筋锚固长度修正系数(注1～注3)多于一项时，可按连乘计算。

5. 受拉钢筋的锚固长度 l_a、l_{aE} 计算值不应小于200 mm。

6. 四级抗震时，$l_{aE}=l_a$。

7. 当锚固钢筋的保护层厚度不大于 $5d$ 时，锚固钢筋长度范围内应设置横向构造钢筋，其直径不应小于 $d/4$(d 为锚固钢筋的最大直径)；对梁、柱等构件间距不应大于 $5d$，对板、墙等构件间距不应大于 $10d$，且均不应大于100(d 为锚固钢筋的最小直径)

⑤钢筋的搭接。本定额中关于钢筋的搭接是按结构搭接和定尺搭接两种情况分别考虑的。

a. 钢筋结构搭接。钢筋结构搭接是指按设计图示及规范要求设置的搭接；如按设计图示及规范要求计算钢筋搭接长度的，应按设计图示及规范要求计算搭接长度；若设计图示及规范未标明搭接长度，则不应另外计算钢筋搭接长度(表 6-21)。

表 6-21　受拉钢筋抗震锚固长度 L_{lE}

钢筋种类及同一区段内搭接钢筋面积百分率			C20	C25		C30		C35		C40	
			d≤25 mm	d≤25 mm	d>25 mm	d≤25 mm	d>25 mm	d≤25 mm	d>25 mm	d≤25 mm	d>25 mm
一、二级抗震等级	HPB300	≤25%	54d	47d	—	42d	—	38d	—	35d	—
		50%	63d	55d	—	49d	—	45d	—	41d	—
	HRB335 HRBF335	≤25%	53d	46d	—	40d	—	37d	—	35d	—
		50%	62d	53d	—	46d	—	43d	—	41d	—
	HRB400 HRBF400	≤25%	—	55d	61d	48d	54d	44d	48d	40d	44d
		50%	—	64d	71d	56d	63d	52d	56d	46d	52d
	HRB500 HRBF500	≤25%	—	66d	73d	59d	65d	54d	59d	49d	55d
		50%	—	77d	85d	69d	76d	63d	69d	57d	44d
三级抗震等级	HPB300	≤25%	49d	43d	—	38d	—	35d	—	31d	—
		50%	57d	50d	—	45d	—	41d	—	36d	—
	HRB335 HRBF335	≤25%	48d	42d	—	36d	—	34d	—	31d	—
		50%	56d	49d	—	42d	—	39d	—	36d	—
	HRB400 HRBF400	≤25%	—	50d	55d	44d	49d	41d	44d	36d	41d
		50%	—	59d	64d	52d	57d	48d	52d	42d	48d
	HRB500 HRBF500	≤25%	—	60d	67d	54d	59d	49d	54d	46d	50d
		50%	—	70d	78d	63d	69d	57d	63d	53d	59d

注：1. 表中数值为纵向受拉钢筋绑扎搭接接头的搭接长度。

2. 两根不同直径钢筋搭接时，表中 d 取较细钢筋直径。

3. 当为环氧树脂涂层带肋钢筋时，表中数据还应乘以 1.25。

4. 当纵向受拉钢筋在施工过程中易受扰动时，表中数据还应乘以 1.1。

5. 当搭接长度范围内纵向受力钢筋周边保护层厚度为 $3d$、$5d$(d 为搭接钢筋的直径)时，表中数据尚可分别乘以 0.8、0.7；中间时按内插值。

6. 当上述修正系数(注 3～注 5)多于一项时，可按连乘计算。

7. 任何境况下，搭接长度不应小于 300 mm。

8. 四级抗震等级时，$L_{lE}=L_l$

b. 钢筋定尺搭接在实际施工中所使用的钢筋，通常情况下是生产企业按国家规定的标准生产供应的具有固定长度的钢筋。

本定额对钢筋“定尺搭接”接头数量的计算办法规定如下：

Φ22 以内的直条长钢筋按每 12 m 计算一个钢筋搭接接头。

使用盘圆或盘螺钢筋只计算结构搭接接头数量，不计算“定尺搭接”接头数量。

Φ25 及以上的直条长钢筋按每 9 m 计算一个机械连接接头。

c. 钢筋“定尺搭接”的搭接方式及搭接长度计算。

绑扎连接：Φ22 以内(不含 Φ14 及以上的竖向钢筋的连接)的钢筋绑扎接头搭接长度是按绑

扎、焊接综合考虑的，定尺搭接接头的长度已按“定尺搭接接头数量①、②”计算原则计入在制作损耗系数内，具体搭接增加的系数详见表 6-22。

表 6-22　定尺搭接增加系数

钢筋规格	Φ10	Φ12	Φ14	Φ16	Φ18	Φ20	Φ22
搭接系数	1.75%	2.10%	2.45%	2.80%	3.15%	3.50%	3.85%
注：表 6-22 中系数仅适用于直条钢筋							

如在实际施工中的定尺搭接长度与表 6-22 规定的定尺搭接系数不一致，按“定尺搭接接头数量①、②”计算原则另行计算。

电渣压力焊：本定额中 Φ14 及以上的竖向钢筋的连接是按电渣压力焊考虑，只计算接头个数，不计算搭接长度。

机械连接：Φ25 及以上水平方向钢筋的连接，是按机械连接考虑，只计算接头个数，不计算搭接长度。

在实际施工中，无论采用何种搭接方式，均按本定额规定执行，不予调整。

在实际施工中发生的结构搭接与定尺搭接重复计算的连接个数应扣除，按定尺搭接的总量乘以系数 0.7 计算连接个数(电渣压力焊或机械连接)。

⑥箍筋长度计算。

$$\text{箍筋长度}=(\text{箍筋的内周长}+\text{两个弯钩长})\times\text{箍筋个数}$$

$$\text{箍筋个数}=\frac{\text{构件长}-\text{保护层}}{\text{箍筋间距}}+1$$

为简便起见，箍筋长度＝构件截面周长－8×箍筋保护层＋两个弯钩长度

箍筋弯钩多采用抗震结构的 135°弯钩，每个弯钩增加值取 $11.90d$ 及 $75\ \text{mm}+1.9d$ 中较大的数值。

⑦圆形箍筋(图 6-46)、螺旋箍筋(图 6-47)计算。

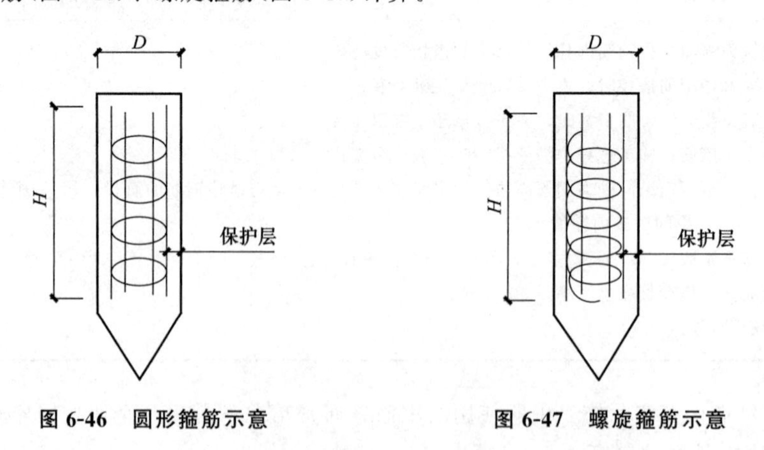

图 6-46　圆形箍筋示意　　　　**图 6-47　螺旋箍筋示意**

$$\text{圆形箍筋}=(\text{圆箍周长}+\text{勾长})\times\text{根数}\times\text{单位质量}$$

$$\text{螺旋箍筋}=\text{螺旋箍筋长}\times\text{单位质量}$$

$$=\sqrt{1+\left[\frac{\pi(D-50)}{b}\right]^2}\times H\times\text{单位质量}$$

式中　D——直径(mm)；

b——螺距(mm)；

H——钢筋笼高度(m)。

⑧钢筋工程量计算示例。

【例 6-28】 某工程现浇混凝土过梁如图 6-48 所示，计算过梁的钢筋质量。

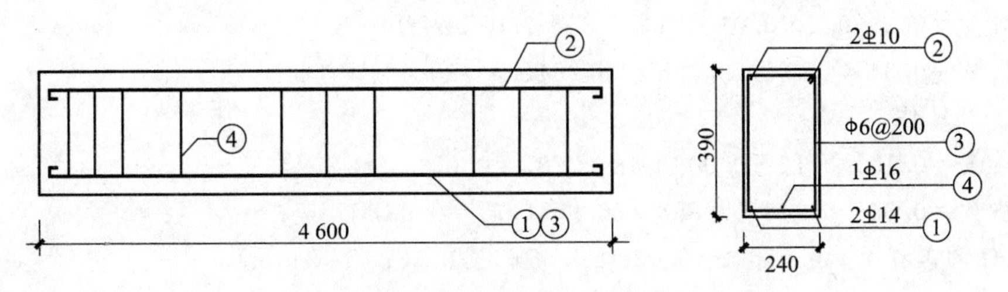

图 6-48 单梁配筋示意

【解】 过梁的钢筋质量为

①Φ14 钢筋：2 根

(4.6－0.025×2＋6.25×0.014×2)×2×1.208＝11.42(kg)

②Φ10 钢筋：2 根

(4.6－0.025×2＋6.25×0.01×2)×2×0.617＝5.77(kg)

③Φ6 箍筋：

根数：(4.6－0.025×2)÷0.2＋1＝24(根)

[(0.24－0.025×2)×2＋(0.39－0.025×2)×2＋11.9×0.006×2]×24×0.222＝6.41(kg)

④Φ16 钢筋：1 根

(4.6－0.025×2＋6.25×0.016×2)×1.578＝7.50(kg)

(3)先张法预应力钢筋按设计图示钢筋长度乘以单位理论质量计算。

(4)后张法预应力钢筋按设计图示钢筋(绞线、丝束)长度乘以单位理论质量计算。

①低合金的钢筋两端均采用螺杆锚具时，钢筋长度按孔道长度减 0.35 m 计算，螺杆另行计算。

②低合金的钢筋一端采用镦头插片，另一端采用螺杆锚具，钢筋长度按孔道长度计算，螺杆另行计算。

③低合金的钢筋一端采用镦头插片，另一端采用帮条锚具时，钢筋按增加 0.15 m 计算；两端均采用帮条锚具时，钢筋长度按孔道长度增加 0.3 m 计算。

④低合金的钢筋采用后张混凝土自锚时，钢筋长度按孔道长度增加 0.35 m 计算。

⑤低合金的钢筋(钢绞线)采用 JM、XM、OVM、QM 型锚具，孔道长度≤20 m 时，钢筋长度按孔道长度增加 1 m 计算；孔道长度＞20 m 时，钢筋长度按孔道长度增加 1.8 m 计算。

⑥碳素钢丝采用锥形锚具，孔道长度≤20 m 时，钢丝束长度按孔道长度增加 1 m 计算；孔道长度＞20 m 时，钢丝束长度按孔道长度增加 1.8 m 计算。

⑦碳素钢丝采用墩头锚具时，钢丝束长度按孔道长度增加 0.35 m 计算。

(5)预应力钢丝束、钢绞线锚具安装按套数计算。

(6)当设计要求钢筋接头采用机械或电渣压力焊连接时，按数量计算，不再计算该处的钢筋搭接长度。

(7)植筋按数量计算；植入的钢筋质量按外露和植入部分之和长度乘以单位理论质量计算。

(8)钢筋网片、混凝土灌注桩钢筋笼、地下连续墙钢筋笼按设计图示钢筋长度乘以单位理论质量计算。

(9)混凝土构件预埋铁件、螺栓，按设计图是尺寸，以质量计算。

(10)钢筋长度按中心线长度计算。

【例 6-29】 某工业厂房钢屋架和混凝土柱连接的预埋件如图 6-49 所示，M－1、24 个，M－2、48 个，计算预埋铁件的工程量。

【解】 (1)M—1 铁件。

钢板质量＝0.2×0.2×0.01×24×7.85＝0.075 4(t)

钢筋质量＝0.34×4×24×0.888＝28.984(kg)＝0.029 t

(2)M—2 铁件。

钢板质量＝0.15×0.12×0.008×48×7.85＝0.054 3(t)

钢筋质量＝0.34×6×48×0.888＝86.953(kg)＝0.087 t

(3)铁件的工程量＝0.075 4＋0.029＋0.054 3＋0.087＝0.246(t)

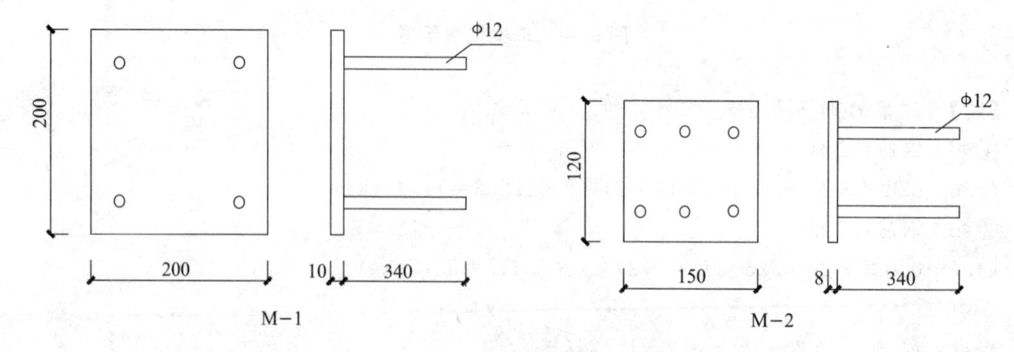

图 6-49 预埋件示意

6.5.2 定额使用说明

本章定额包括混凝土、钢筋、混凝土构件运输、安装、现场搅拌混凝土和混凝土构筑物六节。

1. 混凝土

(1)混凝土按预拌混凝土编制，采用现场搅拌时，执行相应的预拌混凝土项目，再执行现场搅拌混凝土调整费项目。现场搅拌混凝土调整费项目中，仅包含了冲洗搅拌机用水量，如需冲洗石子，则用水量另行处理。对已按现场搅拌混凝土编制的定额项目不再计算现场搅拌混凝土调整费项目。

(2)预拌混凝土是指在混凝土厂集中搅拌、用混凝土罐车运输到施工现场的混凝土。

固定泵、泵车项目适用本章内所有子目中的混凝土送到施工现场后，使用固定泵或泵车将预拌混凝土送入模中的施工方法。因施工条件限制不能直接入模的，如圈梁、过梁、构造柱等项目，人工乘以系数 1.3。

对于高层建筑需采用多台固定泵接力式输送混凝土的建筑，可按施工组织设计的要求计算固定泵使用费。

(3)混凝土按常用强度等级考虑，设计强度等级不同时可以换算。除预拌混凝土本身所含外加剂外，设计要求增加的其他的各种外加剂另行计算。

(4)毛石混凝土，按毛石占混凝土体积的 20%计算，如设计要求不同时，可以换算。

(5)混凝土结构物实体积最小几何尺寸大小 1 m，且按规定需进行温度控制的大体积混凝土，温度控制费用按照经批准的专项施工方案另行计算。

(6)独立桩承台执行独立基础项目；带形桩承台执行带形基础项目；与满堂基础相连的桩承台执行满堂基础项目。

(7)二次灌浆，如定额规定灌注材料与设计不同时，可以换算。

(8)现浇钢筋混凝土柱、墙项目，均综合了每层底部灌注水泥砂浆的消耗量。地下室外墙执行直形墙项目。电梯井壁与墙连接时，以电梯井壁外边线为界，外边线以内为电梯井壁，外边线以外为墙。弧形墙是指半径小于 9 m 的混凝土墙。

(9)钢管柱制作、安装执行本定额“第六章　金属结构工程相应项目”；钢管柱浇筑混凝土使用反顶升浇筑法施工时，增加的材料、机械另行计算。

(10)斜梁(板)项目按坡度大于 10°且≤30°综合考虑的，斜梁(板)坡度在 10°以内的执行梁、板项目，坡度在 30°以上、45°以内时人工乘以系数 1.05；坡度在 45°以上、60°以内时人工乘以系数 1.10；坡度在 60°以上时人工乘以系数 1.20，坡度在 60°以上的斜板是按单面支模考虑的，如是双面支模，则人工乘以系数 1.05。

(11)叠合梁、板，分别按梁、板相应项目执行。

预制混凝土基础梁、框架梁、单梁、异形梁安装均执行连系梁安装项目。

(12)压型钢板上浇捣混凝土，执行平板项目，人工乘以系数 1.10。

(13)型钢组合混凝土构件，执行普通混凝土相应构件项目，人工、机械乘以系数 1.20。型钢组合混凝土构件，应扣除混凝土的型钢体积(型钢体积按 7 850 kg/m^3 换算)。

(14)挑檐、天沟壁高度≤400 mm，执行天沟、挑檐板项目；挑檐、天沟壁高度＞400 mm，按全高执行栏板项目。

如挑檐、天沟的单体体积在 0.1 m^3 以内，执行小型构件项目。

(15)阳台不包括阳台栏板及压顶、扶手内容。

(16)预制板之间补现浇板缝，适用于板缝小于预制板的模数，但需支模才能浇筑的混凝土板缝。

(17)楼梯是按建筑物的一个自然层两跑楼梯考虑，如单坡直形楼梯(即一个自然层无休息平台)按相应项目定额乘以系数 1.2；三跑楼梯(即一个自然层两个休息平台)按相应项目定额乘以系数 0.9；四跑楼梯(即一个自然层三个休息平台)按相应项目定额乘以系数 0.75。

当设计混凝土用量与定额消耗量不同时，混凝土消耗量按设计用量调整，人工按相应比例调整。

弧形楼梯是指一个自然层旋转弧度小于 180°的楼梯；螺旋楼梯是指一个自然层旋转弧度大于 180°的楼梯。

(18)散水混凝土按厚度 80 mm 编制，如设计厚度不同时可以换算。散水(5—49)项目中包括了混凝土浇筑、养护、表面压实抹光及嵌缝内容；未包括散水土方的挖、填、基础夯实、垫层等内容；整体散水(5—50)项目中已包括完成整体散水的全部工作内容。其中，砂垫层厚度按 1.2 m 计算，厚度不同时可以换算。

(19)整体防滑坡道(5—51)项目中，混凝土是按厚度 80 mm 编制，如设计厚度不同时可以换算；整体防滑坡道项目中以包括完成整体防滑坡道的全部工作内容(面层按水泥砂浆考虑)。其中，砂垫层厚度按 1.2 m 计算，厚度不同时可以换算。

(20)台阶(5—53)项目中的混凝土含量是按 1.22 $m^3/10\ m^2$ 综合编制的，如设计含量不同时，可以换算。台阶(5—53)项目中包括了混凝土浇筑、压实、养护表面压实抹光及嵌缝内容，未包括台阶土方的挖、填、基础夯实、垫层等内容，发生时执行其他章节相应项目。

整体台阶(5—54、5—55)项目中包括台阶找平层以内的全部工作内容(不包括梯带、挡墙)。其中，砂垫层厚度按 1.2 m 计算，厚度不同时可以换算；面层按设计要求另行计算。本定额中的整体台阶项目适用三步以内的台阶。三步以上的台阶应按设计要求和定额的规定分别计算。

(21)与主体结构不同时浇捣的厨房、卫生间等处墙体下部的现浇混凝土翻边执行圈梁相应项目。

(22)独立现浇门框按构造柱项目执行。

(23)凸出混凝土柱、梁的线条，并入相应柱、梁构件内；凸出混凝土外墙面、阳台梁、栏板外侧≤300 mm 的装饰线条，执行扶手项目；凸出混凝土外墙、梁外侧＞300 mm 的板，按伸出外墙或梁的板的体积一并计算，执行悬挑板项目。

(24)外形尺寸体积在 1 m^3 以内的独立池、槽执行小型构件项目，1 m^3 以上的独立池、槽及与建筑物相连的梁、板、墙结构式水池，分别执行梁、板、墙相应项目。

(25)小型构件是指单件体积 0.1 m^3 以内且本章节未列入项目的小型构件。

(26)现浇混凝土的后浇带按设计后浇带的体积计算，现浇混凝土的后浇带定额项目已包括了与原混凝土接缝处的钢丝网用量。

(27)有梁板应按梁、板分别计算工程量，执行相应的梁、板项目。

(28)短肢剪力墙是指截面厚度≤300 mm，各截面宽度与厚度之比的最大值>4 但≤8 的剪力墙；各肢截面宽度与厚度之比的最大值≤4 的剪力墙执行柱项目。

(29)静压管桩的桩芯灌混凝土执行钢管混凝土柱项目，人工乘系数 1.1。

(30)悬挑板适用于悬挑于室外的空调板及凸出混凝土外墙、梁外侧>300 mm 的板。

(31)除本节列出的可在施工现场按预拌混凝土制作的预制构件项目外，其他混凝土预制构件本定额均按外购成品考虑；如施工现场不具备现场制作条件的预制构件，也可按外购成品考虑。

(32)预制混凝土隔板，执行预制混凝土架空隔热板项目。

(33)本章中的构筑物包括钢筋混凝土贮水(油)池、贮仓(库)、水塔、烟囱四部分内容。

2. 钢筋

(1)钢筋工程按钢筋的不同品种和规格以现浇构件、预制构件、预应力构件及箍筋分别列项。

螺纹钢筋适用于二级钢筋和三级钢筋。

(2)除定额规定单独列项计算的内容外，各类钢筋、铁件的制作成型、运输、绑扎、安装、接头、固定所用人工、材料、机械消耗均已综合在相应项目内；设计另有规定者，按设计要求计算。

(3)钢筋工程中措施钢筋，按设计图纸规定、专业施工方案及施工验收规范要求计算，按品种、规格执行相应项目。如采用其他材料，则另行计算。

(4)现浇构件冷拔钢筋(丝)按 Φ10 内相应的钢筋制作安装项目执行。

(5)型钢组合混凝土构件中，型钢骨架执行本定额“第六章　金属结构工程”相应项目；钢筋执行现浇构件钢筋相应项目，人工乘以系数 1.50、机械乘以系数 1.15。

(6)半径小于 9 mm 的弧形构件的钢筋工程执行钢筋相应项目，人工乘以系数 1.05。

(7)混凝土空心楼板(ADS空心板)中钢筋网片，执行现浇构件钢筋网片项目，人工乘以系数 1.30，机械乘以系数 1.15。

(8)预应力混凝土构件中的非预应力钢筋按钢筋相应项目执行。

(9)非预应力钢筋未包括冷加工，如设计要求冷加工，则应另行计算。

(10)预应力钢筋如设计要求人工时效处理时，应另行计算。

(11)后张法钢筋的锚固是按钢筋帮条焊、U 形插垫编制的，如采用其他方法锚固，则应另行计算。

(12)预应力钢丝束、钢绞线综合考虑了一端、两端张拉；锚具按单锚、群锚分别列项，单锚按单孔锚具列入，群锚按 3 孔列入。预应力钢丝束、钢绞线长度大于 50 m 时，应采用分段张拉；用于地面预制构件时，应扣除项目中张拉平台摊销费。

(13)植筋项目不包括植入的钢筋和化学螺栓。植入的钢筋按相应项目另行计算(按钢筋制安相应项目执行)；使用化学螺栓，应扣除植筋胶的消耗量。植筋钢筋埋深按以下规定计算。

①钢筋直径规格 20 mm 以下，按钢筋直径的 15 倍计算，并大于或等于 100 mm。

②钢筋规格为 20 mm 以上，按钢筋直径的 20 倍计算。

当设计埋深长度与本规定不同时，定额中的人工和材料可以按相应比例调整，植筋与相关钢筋采用绑扎或电焊连接时，其费用已含在相应的定额项目中，不再另外计算费用。

(14)地下连续墙钢筋笼安放，不包括钢筋笼制作，钢筋笼制作按现浇钢筋制安相应项目执行；如需搭设制作平台，则可按实际发生的措施项目计算费用；地下连续墙钢筋笼安放，吊装时如发生措施费用，则应按实际计算。

(15)预埋螺栓项目中的螺栓是按成品考虑的。固定预埋铁件、螺栓所消耗的材料按实计算，执行相应项目。

(16)现浇混凝土小型构件中的钢筋，执行现浇构件钢筋相应项目，人工、机械乘以系数2.0。

3. 混凝土构件运输、安装

(1)混凝土构件运输。

①构件运输适用于构件堆放场地或构件加工厂至施工现场的运输。运距按30 km以内考虑，30 km以上另行计算。

②构件运输基本运距按场内运输1 km、场外运输10 km分别列项，实际运距不同时，按场内每增减0.5 km、场外每增减1 km项目调整。

③定额已综合考虑施工场内外(现场、城镇)运输道路等级、路况、重车上下坡等不同因素。

④构件运输不包括桥梁、涵洞、道路加固、管线、路灯迁移及因限载、限高而发生的加固、扩宽、公交管理部门要求的措施等因素。

⑤预制混凝土构件运输，按表6-23中预制混凝土构件分类。分类表中1、2类构件的单体体积、面积、长度三个指标中，以符合其中一项指标为准(按就高不就低的原则执行)。

表6-23　预制混凝土构件分类

类别	项目
1	桩、柱、梁、板、墙单件体积≤1 m^3、面积≤4 m^2、长度≤5 m
2	桩、柱、梁、板、墙单件体积>1 m^3、面积>4 m^2、5 m<长度≤6 m
3	6 m以上至14 m的桩、柱、梁、板、屋架、桁架、托架(14 m以上另行计算)
4	天窗架、侧板、端壁板、天窗上下档及小型构件

(2)预制混凝土构件安装。

①构件安装项目是按履带式起重机或轮胎式起重机综合考虑编制的。构件安装是按单机作业考虑的，如因构件超重(以起重机械起重量为限)须双机抬吊时，按相应项目人工、机械乘以系数1.20。

②构件安装是按机械起吊点中心回转半径15 m以内距离计算。如超过15 m，构件须用起重机移运就位，且运距在50 m以内的，起重机械乘以系数1.25；运距超过50 m的，应另按构件运输项目计算。

③小型构件安装是指单体构件体积0.1 m^3以内的构件安装。

④构件安装不包括运输、安装过程中起重机械、运输机械场内行驶道路加固、铺垫工作的人工、材料、机械消耗，发生该费用时另行计算。

⑤构件安装高度以20 m以内为准，安装高度(除塔式起重机施工外)超过20 m并小于30 m时，按相应项目人工、机械乘以系数1.20。安装高度(除塔式起重机施工外)超过30 m时，另行计算。

⑥构件安装需另行搭设的脚手架，按批准的施工组织设计要求，执行本定额"第十七章　措施项目脚手架工程"相应项目。

⑦塔式起重机的机械台班均已包括在垂直运输机械费项目中。凡在定额中未列垂直运输机械的项目，其垂直运输均已按塔式起重机考虑。

单层房屋建筑，其屋面系统的预制混凝土构件，必须在建筑物外安装的，按相应项目的人工、机械乘以系数1.18；但使用塔式起重机施工时，不乘以系数。

(3)成品预制混凝土构件制作、运输(包括场内运输)损耗含在成品预制混凝土价格中。

4. 混凝土构筑物

混凝土构筑物按构件选用相应项目。

6.5.3 工程量计算实例

根据辽宁省2017年版《房屋建筑与装饰工程定额》中的混凝土、钢筋工程量计算规则，以×××公司办公楼(施工图纸见附录)为工程项目，完成混凝土、钢筋工程量计算(表6-24～表6-26)。

项目名称：×××公司办公楼建筑与装饰工程。

项目任务：混凝土、钢筋工程量计算。

表6-24 工程量计算程序

序号	工程项目名称	计算式	单位	数量
		一、混凝土工程		
1	基础垫层 C10混凝土，100 mm厚	V=底面积$S\times h$－桩所占体积 $V=522.68\times0.1-3.14/4\times0.1\times1.1^2\times30=49.42(m^3)$	m³	49.42
2	筏板基础 混凝土C25	$V=S\times H$－基础梁所占体积 $V=(37.28+0.325\times2)\times(12.79+0.325\times2)\times0.2-21.8/2=91.06(m^3)$	m³	91.06
3	剪力墙 混凝土C30	墙高=基础梁顶标高(－2.95)－地下室顶标高(－0.1)－地下室梁高 墙高$H_1=2.95-0.1-0.4=2.45(m)$ 墙高$H_2=2.95-0.1-0.5=2.35(m)$ 墙长$L_1=(12.79-0.45\times2)\times2+37.28-0.45\times9=57.01(m)$ $L_2=37.28-0.45\times9=33.23(m)$ 墙厚=0.25 m 门窗洞口下沿100 mm×100 mm×洞口长度×个数 $V=0.1\times0.1\times1.5\times11=0.165(m^3)$ $V=57.01\times2.45\times0.25+(33.23\times2.35-1.5\times0.4\times11)\times0.25+0.165=52.96(m^3)$	m³	52.96
4	框架柱(地下室) 混凝土C30	框架柱：KZ－1 2个　KZ－2 4个　KZ－3 4个 KZ－4 4个　KZ－5 4个　KZ－6 9个 KZ－7 1个　KZ－8 2个 $V_{柱}$=断面面积$S\times$柱高$H\times$个数 柱高$H=-0.1-(-3.15)=3.05(m)$ KZ－1 $V=0.45\times0.45\times3.05\times2=1.235(m^3)$ KZ－2 $V=0.45\times0.45\times3.05\times4=2.471(m^3)$ KZ－3，KZ－4同KZ－2 KZ－5 $V=0.5\times0.5\times3.05\times4=3.05(m^3)$ KZ－6 $V=0.45\times0.45\times3.05\times9=5.559(m^3)$ KZ－7 $V=0.45\times0.45\times3.05\times1=0.618(m^3)$ KZ－8 $V=0.5\times0.5\times3.05\times2=1.525(m^3)$ $V_{合}=1.235+2.471+2.471+2.471+3.05+5.559+0.618+1.525=19.4(m^3)$	m³	19.4

续表

序号	工程项目名称	计算式	单位	数量
5	框架柱(首层至顶层) 混凝土 C25	柱高 H=15.6−(−0.1)=15.7(m) KZ−1 V=0.45×0.45×15.7×2=6.359(m^3) KZ−2 V=0.45×0.45×15.7×4=12.717(m^3) KZ−3，KZ−4 同 KZ−2 KZ−5 V={0.5×0.5×[4.4−(−0.1)]+0.45×0.45×(15.6−4.4)}×4=13.572(m^3) KZ−6 V=0.45×0.45×15.7×9=28.613(m^3) KZ−7 V=0.45×0.45×[11.6−(−0.1)]×1=2.369(m^3) KZ−8 V={0.5×0.5×[4.4−(−0.1)]+0.45×0.45×(15.6−4.4)}×2=6.786(m^3) $V_{合}$=6.359+12.717+12.717+12.717+13.572+28.613+2.369+6.786=95.85(m^3)	m^3	95.85
6	基础梁 混凝土 C25	V=断面面积 S×梁长 L×个数 V=0.25×0.4×(37.28−9×0.45+37.28−6×0.5−3×0.45+37.28−9×0.45)+0.25×0.4×(7.65+5.14−2×0.45)×4+0.25×0.4×(7.65+5.14−0.5−0.45)×6=21.8(m^3)	m^3	21.8
7	异形梁 混凝土 C25	地下室层梁 V=断面面积 S×梁长 L×个数 KL−1 V=(0.25×0.4+0.1×0.1)×(12.79−0.45−0.45)=1.308(m^3) KL−9 同 KL−1 KL−10(9) V=(0.25×0.5+0.1×0.1)×(37.28−9×0.45)=4.486(m^3) KL−12(9) V=(0.25×0.4+0.1×0.1)×(37.28−9×0.45)=3.655(m^3) $V_{合}$=1.308+1.308+4.486+3.655=10.757(m^3) 一层梁 KL−1(2) V=(0.25×0.65+0.1×0.1)×(7.65−0.45)+(0.25×0.5+0.1×0.1)×(5.14−0.45)=1.875(m^3) KL−9(2)同 KL−1(2) KL−10(9) V=(0.25×0.5+0.1×0.1)×(37.28−9×0.45)=4.486(m^3) KL−12(9)同 KL−10(9) $V_{合}$=12.722(m^3) 二层梁　V=12.722(m^3) 三层梁　V=12.722(m^3) 顶层梁　V=16.239(m^3) $V_{总}$=10.757+12.722+12.722+12.722+16.239=65.16(m^3)	m^3	65.16

续表

序号	工程项目名称	计算式	单位	数量
8	矩形梁 混凝土 C25	地下室梁 V=断面面积 S×梁长 L KL－2(2) V=0.25×0.65×(7.65－0.225－0.25)＋0.25×0.5×(5.14－0.225－0.25)=1.749(m^3) KL－3(2)同 KL－2(2) KL－4(2A) V=0.25×0.65×(7.65＋1.17＋0.125－0.45－0.225)＋0.25×0.5×(5.14－0.45)=1.930(m^3) KL－5(2A) V=0.25×0.65×(7.65－0.475)＋0.25×0.5×(5.14＋1.17＋0.125－0.225－0.475)=1.883(m^3) KL－6(2A)同 KL－4(2A) KL－7(2) V=0.3×0.65×(12.79－0.45－0.5)=2.309(m^3) KL－8(2)同 KL－7(2) KL－11(9) V=0.25×0.5×(37.28－6×0.5－3×0.45)=4.116(m^3) L－1(3) V=0.25×0.5×(12.64－3×0.25)=1.486(m^3) L－2(3) V=0.25×0.5×(12.64－2×0.3－1×0.25)=1.474(m^3) L－3(1) V=0.25×0.45×(5.54－0.25)=0.595(m^3) L－4(3) V=0.25×0.45×(12－3×0.25)=1.266(m^3) $V_{总}$=1.749＋1.749＋1.930＋1.883＋1.930＋2.309＋2.309＋4.116＋1.486＋1.474＋0.595＋1.266=22.796(m^3) 一层梁 KL－2(2) V=0.25×0.65×(7.65－0.475)＋0.25×0.5×(5.14－0.475)=1.749(m^3) KL－3(2)同 KL－2(2) KL－4(2A) V=0.25×0.65×(12.79＋1.17＋1.83－0.45－0.45－0.225)=2.383(m^3) KL－5(2A) V=0.35×0.65×(7.65＋1.17＋1.83－0.45－0.25)＋0.25×0.5×(5.14－0.475)=2.847(m^3) KL－6(2A) V=0.25×0.65×(7.65＋1.17＋1.83－0.45－0.225)＋0.25×0.5×(5.14－0.45)=2.207(m^3) KL－7(2)，KL－8(2)同 KL－2(2) KL－11(9) V=0.25×0.5×(37.28－6×0.5－3×0.45)=4.116(m^3) L－1(1) V=0.25×0.4×(5.54－0.25)=0.529(m^3) L－2(9) V=0.25×0.5×(37.28－7×0.25－2×0.35)=4.354(m^3) L－3(3) V=0.25×0.65×(12－3×0.4)=1.755(m^3) $V_{总}$=1.749＋1.749＋2.383＋2.847＋2.207＋1.749＋1.749＋4.116＋0.529＋4.354＋1.755=25.187(m^3) 二层梁　V=24.306 m^3 三层梁　V=24.306 m^3 顶层梁　V=19.978 m^3 $V_{总}$=22.796＋25.187＋24.306＋24.306＋19.978=116.57(m^3)	m^3	116.57

续表

序号	工程项目名称	计算式	单位	数量
9	现浇板 混凝土 C25	地下室板 V＝板净面面积 S×板厚 板厚 100 mm ①～②轴：V＝0.1×(3－0.25)×(2.11－0.25＋5.14－0.25)＝1.856(m^3) ②～③轴：V＝0.1×(6.44－0.25)×(2.11－0.25)＝1.151(m^3) ③～④轴：V＝0.1×(3.2－0.25)×(12.79－0.25×3)＝3.552(m^3) ④～⑤轴：V＝0.1×(3－0.25)×(12.79－0.25×2＋1.17－0.25)＝3.633(m^3) ⑤～⑥轴：V＝0.1×(6－0.25)×(1.17－0.25)＝5.29(m^3) ⑥～⑦轴同④～⑤轴 ⑦～⑧轴：V＝0.1×(3.2－0.275)×(7.25－0.25×2)＝1.974(m^3) ⑧～⑨轴：V＝0.1×(6.44－0.3)×(2.11－0.25)＝1.142(m^3) ⑨～⑩轴：V＝0.1×(3－0.275)×(12.79－0.25×3)＝3.281(m^3) 板厚 140 mm ②～③轴：V＝0.14×(6.44－0.25)×(5.14＋5.54－0.25×2)＝8.822(m^3) ⑤～⑥轴 V＝0.14×(6－0.25)×(12.79－0.25×2)＝9.893(m^3) ⑧～⑨轴：V＝0.14×(6.44－0.3－0.25)×(5.54－0.25)＋0.14×(6.44－0.3)×(5.14－0.25)＝8.566(m^3) $V_{总}$＝1.856＋1.151＋3.552＋3.633＋5.29＋3.633＋1.974＋1.142＋3.281＋8.822＋9.893＋8.566＝52.793(m^3) 一层板　V＝47.363 m^3 二层板　V＝48.530 m^3 三层板　V＝48.530 m^3 顶层板　V＝55.346 m^3 $V_{总}$＝52.793＋47.363＋48.530＋48.530＋55.346＝252.56(m^3)	m^3	252.56
10	楼梯柱 混凝土 C25	$V_{柱}$＝断面积 S×柱高 H 1＃楼梯 地下室　4 个混凝土 C30 V＝0.25×0.3×(2.95－1.388－0.35)×2＋0.25×0.3×(2.95－1.388－0.35－0.85)×2＝0.236(m^3) 一层　2 个 V＝0.25×0.3×(2.21＋0.1－0.35)×2＝0.294(m^3) 二层　2 个 V＝0.25×0.3×(6.26－4.4－0.35)×2＝0.227(m^3) 三层　2 个 V＝0.25×0.3×(9.86－8－0.35)×2＝0.227(m^3) $V_{合}$＝0.236＋0.294＋0.227＋0.227＝0.984(m^3) 2＃楼梯同 1＃楼梯 V＝0.984 m^3 $V_{总}$＝0.984×2＝1.968(m^3)	m^3	1.968

续表

序号	工程项目名称	计算式	单位	数量
11	楼梯(包括梯梁) 混凝土 C25	S投影面积=楼梯间净宽×楼梯长 L 长 1#楼梯 地下室层：$S=(1.425+0.15-0.1)\times(1.6+1.12+0.25-0.125)+(1.425-0.125)\times(5.54+0.125-0.125)=11.40(m^2)$ 一层：$S=(1.425+0.15-0.1)\times(5.54+0.125-0.075)+(1.425-0.075)\times(1.6+3.64+0.3+0.125-0.075)=15.79(m^2)$ 二层同一层：$S=15.79\ m^2$ 三层：$S=(1.425+0.15-0.1)\times(1.6+3.3+0.25-0.075)+(1.425-0.075)\times(1.6+3.3+0.25-0.075)=14.34(m^2)$ $S_{合}=11.40+15.79+15.79+14.34=57.32(m^2)$ 2#楼梯：$S=64.32\ m^2$ $S_{总}=57.32+64.32=121.64(m^2)$	m^2	121.64
12	雨篷底板 混凝土 C25	YP−1(小) $V=(1.13+0.2)\times0.14\times3=0.559(m^3)$ YP−2(大) $V=[2\times(3-0.125-0.175)+(6-0.35)]\times(1.83-0.125)\times0.12=2.261(m^3)$ $V_{总}=0.559+2.261=2.82(m^3)$	m^3	2.82
13	雨篷栏板 混凝土 C25	YP−1 栏板 $V=(0.26\times0.1)\times[(1.13+0.2)\times2+3+0.1\times2-0.1\times2]+(0.1\times0.2)\times[(1.13+0.2)\times2+3+0.1\times2-0.2\times2]=0.26(m^3)$ YP−2 栏板 $V=0.56\times0.12\times(12-0.125\times2-0.25\times2)+0.13\times0.12\times[(1.83-0.125)\times2+0.25\times2]+0.12\times0.3\times[(1.83-0.125)\times2+12\times0.12\times2]=1.043(m^3)$ $V_{总}=0.26+1.043=1.303(m^3)$	m^3	1.303
14	过梁 混凝土 C25	M−1　1个 $V=0.3\times(2.5+0.5)\times0.42\times1=0.378(m^3)$ M−2　2个 $V=0.15\times(1.5+0.5)\times0.42\times2=0.252(m^3)$ M−3　2个 $V=0.15\times(1.8+0.5)\times0.1\times2=0.069(m^3)$ M−4　1个 $V=0.15\times(1.5+0.5)\times0.24\times1=0.072(m^3)$ M−5　17个 $V=0.15\times(1.5+0.5)\times0.2\times17=1.02(m^3)$ M−6　25个 $V=0.12\times(1+0.5)\times0.2\times25=0.9(m^3)$ M−7　4个 $V=0.12\times(0.9+0.5)\times0.1\times4=0.067(m^3)$ M−9　1个 $V=0.15\times(1.3+0.5)\times0.1\times1=0.027(m^3)$ FM−1　2个 $V=0.15\times(1.3+0.5)\times0.2\times2=0.108(m^3)$ C−5　34个 $V=0.15\times(1.5+0.5)\times0.3\times34=3.06(m^3)$ C−6　8个 $V=0.15\times(1.5+0.5)\times0.3\times8=0.72(m^3)$ C−9　3个 $V=0.18\times(3.7+0.5)\times0.3\times3=0.68(m^3)$ C−12　2个 $V=0.15\times(1.2+0.5)\times0.3\times2=0.153(m^3)$ $V_{总}=7.506(m^3)$	m^3	7.506

续表

序号	工程项目名称	计算式	单位	数量
15	构造柱 混凝土 C25	构造柱位置、个数按建施图布置计算，其高度同墙净高 V＝S 断面面积×柱高 H×个数 一层：V＝3.85×(0.24×0.3＋0.03×0.3×2)×2＋4×(0.24×0.3＋0.03×0.3×2)×6＝2.853(m^3) 二层：V＝2.95×(0.24×0.3＋0.03×0.3×2)×2＋3.1×(0.24×0.3＋0.03×0.3×2)×6＝2.205(m^3) 三层同二层：V＝2.205 m^3 四层：V＝3.25×(0.24×0.3＋0.03×0.3×2)×2＋3.4×(0.24×0.3＋0.03×0.3×2)×6＝2.421(m^3) $V_{总}$＝2.421＋2.205×2＋2.853＝9.684(m^3)	m^3	9.684
16	女儿墙 混凝土 C25	女儿墙： 长度：[(12.64－0.225)×2＋12.79]×2＋4×0.25－4×0.15＝75.64(m) 宽度：0.15 m　高度：0.8 m V＝75.64×0.15×0.8＝9.08(m^3) 长度：(12＋0.45＋12.79＋1.17＋0.25)×2－4×0.12＝52.84(m) 宽度：0.12 m 高度：2.5 m V＝52.84×0.12×(2.7－0.2)＝15.85(m^3) 压顶： 长度：[(12.64－0.225)×2＋12.79]×2＋4×0.25－4×0.29＝75.08(m) 宽度：0.29 m　高度：0.2 m V＝75.08×0.29×0.2＝4.35(m^3) 长度：(12＋0.45＋12.79＋0.25)×2－4×0.25＝49.98(m) 宽度：0.25 m　高度：0.2 m V＝49.98×0.25×0.2＝2.50(m^3) V＝4.35＋2.5＝6.85(m^3) $V_{总}$＝9.08＋15.85＋4.35＋2.50－4.38(构造柱体积)＝27.4(m^3)	m^3	27.4
17	混凝土散水 C20	散水按图示设计尺寸计算　$S_{散水}$＝长×宽 外墙外边线：(12.79＋37.28)×2＋4×0.355＝101.56(m) 散水中心线：101.56＋4×0.9＝105.16(m) 台阶所占长度：2.946＋0.4＋0.4＋0.33＋0.33＋12＝16.406(m) 散水长度：105.16－16.406＝88.754(m) $S_{散水}$＝88.754×0.9＝79.88(m^2)	m^2	79.88
		二、钢筋(部分钢筋计算示例)		
18	柱钢筋工程量	本工程柱内纵向钢筋连接均采用电渣压力焊，具体做法见图集16G101－1第57、58页。箍筋加密区做法见16G101－1第61页。l_{aE}均按35d计算。 1. KZ－1的柱钢筋计算 －3.150～4.400 纵筋：螺纹钢筋 Φ16(2根)：L＝(3.15＋4.4＋35×0.016)×2＝16.22(m) 螺纹钢筋 Φ18(4根)：L＝(3.15＋4.4＋35×0.018)×4＝32.72(m)		

续表

序号	工程项目名称	计算式	单位	数量
18	柱钢筋工程量	螺纹钢筋 Φ20(4 根)：L=(3.15+4.4+35×0.02+0.5)×4=35(m) 4.400～15.600 纵筋：螺纹钢筋 Φ16(2 根)：L=(15.6−4.4−0.035+12×0.016)+(15.6−4.4−0.5+1.5×35×0.016)=22.897(m) 螺纹钢筋 Φ18(4 根)：L=(15.6−4.4−0.5−0.5+1.5×35×0.018)×2+(15.6−4.4−0.5−0.035+12×0.018)×2=44.052(m) 螺纹钢筋 Φ18(4 根)：L=(15.6−4.4−0.035+12×0.018)×2+(15.6−4.4−0.5+1.5×35×0.018)×2=46.052(m) 箍筋：光圆钢筋 Φ8@100/200 −3.15～0.100 单长：L=(0.45−2×0.04)×4+11.9×0.008×2+(0.45−0.04×2)×2+11.9×0.008×4=2.791 2(m) 个数：加密区：[(3.05−0.5)/3+0.5+0.5]/0.1+2=21(根) 非加密区：[3.05−0.5−(3.05−0.5)/3−0.5]/0.2−1=5(根) −0.1～4.400 单长：L=(0.45−2×0.035)×6+11.9×0.008×6=2.851 2(m) 个数：加密区：[(4.5−0.5)/6×2+0.5]/0.1+2=21(根) 非加密区：[4.5−0.5−(4.5−0.5)/6×2]/0.2−1=12(根) 4.40～8.00 单长：L=2.851 2 m 个数：加密区：[(3.6−0.5)/6×2+0.5]/0.1+2=17(根) 非加密区：[3.6−0.5−(3.6−0.5)/6×2]/0.2−1=9(根) 8.00～11.60 同 4.40～8.00 11.60～15.60 单长：L=2.851 2(m) 个数：加密区：[(4−0.74)/6×2+0.74−0.035]/0.1+2=20(根) 非加密区：[4−0.74−(4−0.74)/6×2]/0.2−1=10(根) 2. KZ−2 的柱钢筋计算 −3.150～4.400 纵筋：螺纹钢筋 Φ16(2 根)：L=(4.4+3.15+35×0.016)×2=16.22(m) 螺纹钢筋 Φ18(4 根)：L=(4.4+3.15+35×0.018)×4=32.72(m) 螺纹钢筋 Φ20(4 根)：L=(4.4+3.15+35×0.02)×4=33(m) 4.400～15.600 纵筋：螺纹钢筋 Φ16(2 根)：L=(15.6−4.4−0.035+12×0.016)+(15.6−4.4−0.74+1.5×35×0.016)=22.66(m) 螺纹钢筋 Φ18(4 根)：L=(15.6−4.4−0.035+12×0.018)×4=45.52(m) 螺纹钢筋 Φ20(4 根)：L=(15.6−4.4−0.74+1.5×35×0.02)×2+(15.6−4.4−0.035+12×0.02)×2=45.83(m) 箍筋：光圆钢筋 Φ8@100 −3.15～4.40 单长：L=(0.45−2×0.04)×6+11.9×0.008×6=2.791 2(m) L=(0.45−2×0.035)×6+11.9×0.008×6=2.851 2(m) 个数：(3.15−0.1)/0.1+1=32(根) (4.4+0.1)/0.1+1=46(根)		

续表

<table>
<tr><th>序号</th><th>工程项目名称</th><th>计算式</th><th>单位</th><th>数量</th></tr>
<tr><td>18</td><td>柱钢筋工程量</td><td>光圆钢筋 Φ8@100/200
4.40～8.00
单长：L=2.851 2(m)
个数：加密区：(0.5×2+0.65)/0.1+2=19(根)
非加密区：(3.6－0.65－0.5×2)/0.2－1=9(根)
8.00～11.60 同 4.40～8.00
11.60～15.60 同 KZ－2 11.60～15.60
3. KZ－3 的柱钢筋计算
－3.150～4.400
纵筋：螺纹钢筋 Φ18(4 根)：L=(4.4+3.15+35×0.018)×4=32.72(m)
螺纹钢筋 Φ20(2 根)：L=(4.4+3.15+0.5+35×0.02)×2=17.5(m)
螺纹钢筋 Φ20(4 根)：L=(4.4+3.15+35×0.02)×4=33(m)
4.400～15.600
纵筋：螺纹钢筋 Φ16(2 根)：L=(15.6－4.4－0.5－0.74+1.5×35×0.016)+(15.6－4.4－0.5－0.035+12×0.016)=21.66(m)
螺纹钢筋 Φ18(4 根)：L=(15.6－4.4－0.035+12×0.018)×4=45.52(m)
螺纹钢筋 Φ20(4 根)：L=(15.6－4.4－0.74+1.5×35×0.02)×2+(15.6－4.4－0.035+12×0.02)×2=45.83(m)
箍筋：同 KZ－1
KZ－6、KZ－7、KZ－8 做法同上
KZ－1、KZ－2、KZ－3
柱钢筋质量汇总
<table>
<tr><th>型号</th><th>总长/m</th><th>单位质量/kg</th><th>总质量/kg</th></tr>
<tr><td>Φ8</td><td>1 266.595 2</td><td>0.395</td><td>500.305</td></tr>
<tr><td>Φ16</td><td>99.657</td><td>1.578</td><td>157.259</td></tr>
<tr><td>Φ18</td><td>279.304</td><td>1.998</td><td>558.049</td></tr>
<tr><td>Φ20</td><td>210.16</td><td>2.446</td><td>514.051</td></tr>
</table></td><td></td><td></td></tr>
<tr><td>19</td><td>梁钢筋工程量</td><td>本工程梁做法完全参照 16G101－1，l_{aE}，l_a 均为 35d，保护层厚度为 30 mm，每 8 m 搭接一次。
一层 KL－11(9)
上部通长筋：螺纹钢筋 Φ20(2 根)：L=(37.28+0.225×2－0.03×2+15×0.02×2+35×0.02×5)×2=83.54(m)
①～②轴上部钢筋：
螺纹钢筋 Φ20(2 根)：L=[3－0.25－0.225+0.45－0.03+15×0.02+(6.44－0.5)/3]×2=10.45(m)
①～②轴下部钢筋：
螺纹钢筋 Φ20(2 根)：L=(3－0.25－0.225+0.45－0.03+15×0.02+35×0.02)×2=7.89(m)
螺纹钢筋 Φ16(1 根)：L=(3－0.25－0.225+0.45－0.03+15×0.016+35×0.016)×1=3.745(m)
①～②轴箍筋：</td><td></td><td></td></tr>
</table>

续表

序号	工程项目名称	计算式	单位	数量
19	梁钢筋工程量	光圆钢筋 Φ8@100/200(2)：单长 L＝(0.25＋0.5)×2－8×0.03＋11.9×0.008×2＝1.450 4(m) 个数：加密区：(1.5×0.5－0.05)×2/0.1＋2＝16(根) 非加密区：(3－0.225－0.25－1.5×0.5×2)/0.2－1＝5(根) ②～③轴下部钢筋： 螺纹钢筋 Φ25(2 根)：L＝(6.44－0.5＋35×0.025×2)×2＝15.38(m) 螺纹钢筋 Φ20(1 根)：L＝(6.44－0.5＋35×0.02×2)×1＝7.34(m) ②～③轴箍筋： 光圆钢筋 Φ8@100/150(2)：单长 L＝(0.25＋0.5)×2－8×0.03＋11.9×0.008×2＝1.450 4(m) 个数：加密区：(1.5×0.5－0.05)×2/0.1＋2＝16(根) 非加密区：(6.44－0.5－1.5×0.5×2)/0.15－1＝29(根) ③～⑤轴上部钢筋： 螺纹钢筋 Φ20(2 根)：L＝[(6.2－0.5)＋(6.44－0.25－0.225)/3＋0.5＋(6－0.5)/3＋0.5]×2＝21.04(m) ③～⑤轴下部钢筋： 螺纹钢筋 Φ22(2 根)：L＝[(6.2－0.5)＋35×0.022×2]×2＝14.48(m) ③～④轴箍钢筋： 光圆钢筋 Φ8@100/200(2)：单长 L＝(0.25＋0.5)×2－8×0.03＋11.9×0.008×2＝1.450 4(m) 个数：加密区：(1.5×0.5－0.05)×2/0.1＋2＝16(根) 非加密区：(3.2－0.225－0.25－1.5×0.5×2)/0.2－1＝5(根) ④～⑤轴上部钢筋： 螺纹钢筋 Φ20(2 根)：L＝[3－0.25－0.225＋0.45－0.03＋15×0.02＋0.5＋(6－0.5)/3]×2＝11.16(m) ④～⑤轴下部钢筋： 螺纹钢筋 Φ22(2 根)：L＝(3－0.225－0.25＋35×0.022×2)×2＝8.13(m) ④～⑤轴箍筋同第一跨。 ⑤～⑥轴下部钢筋： 螺纹钢筋 Φ25(2 根)：L＝(6－0.5＋35×0.025×2)×2＝14.5(m) ⑤～⑥轴箍筋： 光圆钢筋 Φ8@100/150(2)：单长 L＝(0.25＋0.5)×2－8×0.03＋11.9×0.008×2＝1.450 4(m) 个数：加密区：(1.5×0.5－0.05)×2/0.1＋2＝16(根) 非加密区：(6－0.5－1.5×0.5×2)/0.15－1＝26(根) ⑥～⑧轴上部钢筋： 螺纹钢筋 Φ20(1 根)：L＝[6.2－0.5)＋(6.44－0.25－0.225)/3＋0.5＋(6－0.5)/3＋0.5]×1＝10.52(m) ⑥～⑧轴下部钢筋： 螺纹钢筋 Φ20(2 根)：L＝(6.2－0.5＋35×0.02×2)×2＝14.2(m) ⑥～⑦轴箍筋：		

续表

<table>
<tr><th>序号</th><th>工程项目名称</th><th>计算式</th><th>单位</th><th>数量</th></tr>
<tr><td>19</td><td>梁钢筋工程量</td><td>光圆钢筋 φ8@100/200(2)：单长 L＝(0.25＋0.5)×2－8×0.03＋11.9×0.008×2＝1.450 4(m)
个数：加密区：(1.5×0.5－0.05)×2/0.1＋2＝16(根)
非加密区：(3－0.25－0.225－1.5×0.5×2)/0.2－1＝5(根)
⑦～⑧轴箍筋同③～④轴箍筋。
⑧～⑨轴下部钢筋：
螺纹钢筋 Φ25(2 根)：L＝(6.44－0.25－0.25＋35×0.025×2)×2＝15.38(m)
⑧～⑨轴箍筋同②～③轴箍筋。
⑨～⑩轴下部钢筋：
螺纹钢筋 Φ22(2 根)：L＝(3－0.225－0.25＋35×0.022＋0.45－0.03＋15×0.022)×2＝8.09(m)
⑨～⑩轴箍筋同①～②轴箍筋。
②轴上部 1/3 钢筋已经计算在①～②轴上部钢筋内。
②轴上部 1/4 钢筋：
螺纹钢筋 Φ16(2 根)：L＝[1/4×(6.44－0.25－0.25)×2＋0.5]×2＝6.94(m)
⑥轴上部 1/3 钢筋：
螺纹钢筋 Φ20(2 根)：L＝[1/3×(6－0.5)×2＋0.5]×1＝4.17(m)
⑥轴上部 1/4 钢筋：
螺纹钢筋 Φ16(2 根)：L＝[1/4×(6－0.5)×2＋0.5]×2＝6.5(m)
⑧轴上部 1/3 钢筋：
螺纹钢筋 Φ20(1 根)：L＝[1/3×(6.44－0.25－0.25)×2＋0.5]×1＝4.46(m)
⑧轴上部 1/4 钢筋：
螺纹钢筋 Φ16(2 根)：L＝[1/4×(6.44－0.25－0.25)×2＋0.5]×2＝6.94(m)
⑨轴上部 1/3 钢筋：
螺纹钢筋 Φ20(2 根)：L＝[1/3×(6.44－0.25－0.25)×2＋0.5]×2＝8.92(m)
⑨轴上部 1/4 钢筋：
螺纹钢筋 Φ16(2 根)：L＝[1/4×(6.44－0.25－0.25)×2＋0.5]×2＝6.94(m)
⑩轴上部 1/3 钢筋：
螺纹钢筋 Φ20(1 根)：L＝[(3－0.25－0.225)×1/3＋0.45－0.03＋15×0.02]×1＝1.56(m)
梁钢筋质量汇总
<table>
<tr><th>型号</th><th>总长/m</th><th>单位质量/kg</th><th>总质量/kg</th></tr>
<tr><td>φ8</td><td>374.203 2</td><td>0.395</td><td>147.81</td></tr>
<tr><td>Φ16</td><td>31.065</td><td>1.578</td><td>49.021</td></tr>
<tr><td>Φ20</td><td>181.98</td><td>2.446</td><td>445.123</td></tr>
<tr><td>Φ22</td><td>30.7</td><td>2.984</td><td>91.609</td></tr>
<tr><td>Φ25</td><td>45.26</td><td>3.85</td><td>174.251</td></tr>
</table></td><td></td><td></td></tr>
</table>

续表

序号	工程项目名称	计算式	单位	数量
20	板钢筋工程量	本工程板内钢筋做法参照图集16G101－1。 一层板钢筋工程量 ①～② /Ⓐ～Ⓑ轴间板： ①光圆钢筋 Φ10@200，板厚 100 mm 单长：L＝3＋6.25×0.01×2＝3.125(m) 个数：(5.14－0.25－0.1×2)/0.2＋1＝25(根) ②光圆钢筋 Φ8@180，板厚 100 mm 单长：L＝5.14＋6.25×0.008×2＝5.24(m) 个数：(3－0.25－0.09×2)/0.18＋1＝16(根) ③光圆钢筋 Φ8@200，板厚 100 mm 单长：L＝0.98＋15×0.008＋0.1－0.03×2＝1.14(m) 个数：(5.14－0.25－0.1×2)/0.2＋1＝25(根) ④螺纹钢筋 Φ12@150，板厚 100 mm 单长：L＝1.41×2＋0.1－0.03×2＋0.14－0.03×2＝2.94(m) 个数：(5.14－0.25－0.075×2)/0.15＋1＝33(根) ⑱光圆钢筋 Φ10@150，板厚 100 mm 单长：L＝0.88＋2.11＋(0.1－0.03×2)＋15×0.01＝3.18(m) 个数：(3－0.25－0.075×2)/0.15＋1＝19(根) ②～③/Ⓐ～Ⓑ轴间板： ⑩光圆钢筋 Φ8@100，板厚 140 mm 单长：L＝6.44＋6.25×0.008×2＝6.54(m) 个数：(5.14－0.25－0.05×2)/0.1＋1＝49(根) ⑪光圆钢筋 Φ10@125，板厚 140 mm 单长：L＝5.14＋6.25×0.01×2＝5.265(m) 个数：(6.44－0.25－0.125)/0.125＋1＝50(根) ⑫光圆钢筋 Φ8@200，板厚 140 mm 单长：L＝1.51＋0.14－0.03×2＋15×0.008＝1.71(m) 个数：(6.44－0.25－0.01×2)/0.2＋1＝32(根) ⑮螺纹钢筋 Φ14@150，板厚 140 mm 单长：L＝1.41＋2.11＋1.51＋(0.14－0.03×2)×2＝5.19(m) 个数：(6.44－0.25－0.075×2)/0.15＋1＝42(根) 分布钢筋：光圆钢筋 Φ6 ③左：单长：L＝5.14－0.98－0.88＋0.15×2＝3.58(m) 个数：(0.98－0.25＋0.03－0.25/2)/0.25＋1＝4(根) ③下：单长：L＝3－0.98－1.41＋0.15×2＝0.91(m) 个数：(0.98－0.25＋0.03－0.25/2)/0.25＋1＝4(根) ④左：单长：L＝5.14－0.98－0.88＋0.15×2＝3.58(m) 个数：(1.41－0.25/2－0.25/2)/0.25＋1＝6(根) ⑱下：单长：L＝3－0.98－1.41＋0.15×2＝0.91(m) 个数：(0.88－0.25/2－0.25/2)/0.25＋1＝4(根) ④右：单长：L＝5.14－1.41－1.51＋0.15×2＝2.52(m) 个数：(1.41－0.25/2－0.25/2)/0.25＋1＝6(根) ⑫单长：L＝6.44－1.41×2＋0.15×2＝3.92(m) 个数：(1.51－0.25＋0.03－0.25/2)/0.25＋1＝6(根) ⑮单长：L＝6.44－1.41×2＋0.15×2＝3.92(m) 个数：(1.41－0.25/2－0.25/2)/0.25＋1＝6(根)		

续表

序号	工程项目名称	计算式				单位	数量
20	板钢筋工程量	板钢筋质量汇总					
		型号	总长/m	单位质量/kg	总质量/kg		
		Φ6	105.24	0.222	23.363		
		Φ8	487.52	0.395	192.57		
		Φ10	401.795	0.617	247.908		
		Ф12	97.02	0.888	21.538		
		Ф14	217.98	1.268	263.32		

表 6-25　直钢筋汇总表(部分)

构件类型	级别	6	8	10	12	14	16	18	20	22	25
柱	Ф					0.773	0.908	5.117	4.545	0.820	1.528
构造柱	Ф				1.820						
墙	Ф			4.473							
砌体加筋	Φ	1.651									
过梁	Ф			0.032	0.177	0.179					
梁	Φ	0.115									
	Ф				2.246	1.006	5.088	4.389	8.901	7.10	3.990
圈梁	Ф				0.504						
现浇板	Φ	1.14	8.782	9.461							
	Ф				6.656	3.00	0.962				
筏板基础	Ф			6.342							
桩	Φ	0.098									
	Ф				2.056						
合计	Φ	3.004	8.782	9.461							
	Ф			10.811	13.459	4.958	6.958	9.506	13.446	7.92	5.518

表 6-26　箍筋汇总表

构件类型	级别	6	8	10	12
柱	Φ		5.295	2.938	
	Ф				0.824
构造柱	Ф	0.657			
墙	Ф	0.098			
过梁	Ф	0.108			
梁	Ф	0.325	7.200	0.998	
	Ф				0.762
圈梁	Ф		0.151		

续表

构件类型	级别	6	8	10	12
桩	ф	0.105	0.125	0.333	0.021
合计	ф	1.293	12.771	4.269	0.021
	⌽				1.586

6.6 金属结构工程

6.6.1 定额工程量计算规则

1. 金属构件制作

(1)金属构件工程量按设计图示尺寸(图 6-50)乘以理论质量计算。

(2)金属构件计算工程量时不扣除单个面积≤0.3 m^2 的孔洞质量，焊缝、铆钉、螺栓等不另增加质量。

金属结构件制作、运输及安装工程量=构件用各种型钢总质量+构件用各种钢板总质量

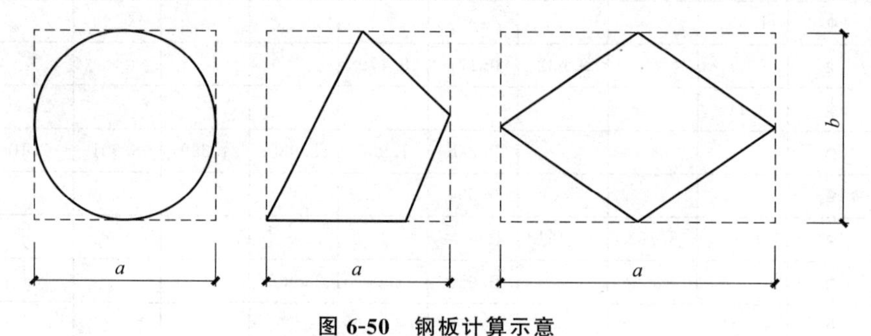

图 6-50 钢板计算示意

(3)钢网架计算工程量时，不扣除孔眼的质量，焊缝、铆钉等不另增加质量。焊接空心球网架质量包括连接钢管杆件、连接球、支托和网架支座等零件的质量，螺栓球节点网架质量包括连接钢管杆件(含高强度螺栓、销子、套筒、锥头或封板)、螺栓球、支托和网架支座等零件的质量。

(4)依附在钢柱上的牛腿及悬臂梁的质量等并入钢柱的质量内，钢柱上的柱脚板、加劲板、柱顶板、隔板和肋板并入钢柱工程量内。

(5)钢管柱上的节点板、加强环、内衬板(管)、牛腿并入钢管柱的质量内。

(6)钢平台的工程量包括钢平台的柱、梁、板、斜撑等的质量，依附于钢平台上的钢扶梯及平台栏杆，应按相应构件另行列项计算。

(7)钢楼梯的工程量包括楼梯平台、楼梯梁、楼梯踏步等的质量，钢楼梯上的扶手、栏杆另行列项计算。

(8)钢栏杆包括扶手的质量，合并套用钢栏杆项目。

(9)机械或手工及动力工具除锈按设计要求以构件质量或表面积计算。

2. 金属结构运输、安装

(1)金属结构构件运输、安装工程量同制作工程量。

(2)钢构件现场拼装平台摊销工程量按实施拼装构件的工程量计算。

3. 楼层板、围护体系及其他安装

(1)楼面板按设计图示尺寸以铺设面积计算，不扣除单个面积≤0.3 m^2 的柱、垛及孔洞所占面积。

(2)墙面板按设计图示尺寸以铺挂面积计算，不扣除单个面积≤0.3 m^2 的梁、孔洞所占面积。

(3)硅酸钙板墙面板按设计图示尺寸的墙体面积以 m^2 计算，不扣除单个面积≤0.3 m^2 孔洞所占面积。

(4)保温岩棉铺设、EPS 混凝土浇灌按设计图示尺寸的铺设或浇灌体积以 m^3 计算，不扣除单个面积≤0.3 m^2 孔洞所占体积。

(5)硅酸钙板包柱、包梁及蒸压砂加气保温块贴面工程量按钢构件设计断面尺寸以 m^2 计算。

(6)钢板天沟按设计图示尺寸以质量计算，依附天沟的型钢并入天沟的质量内计算；不锈钢天沟、彩钢板天沟按设计图示尺寸以长度计算。

(7)金属构件安装使用的高强螺栓、花篮螺栓和剪力栓钉按设计图纸数量以“套”为单位计算。

(8)槽铝檐口端面封边包角、混凝土浇捣收边板高度按 150 mm 考虑，工程量按设计图示尺寸以“延长米”计算；其他材料的封边包角、混凝土浇捣收边板按设计图示尺寸以展开面积计算。

【例 6-30】 某工业厂房柱支撑如图 6-51 所示，柱支撑构件见表 6-27，计算柱支撑的制作工程量。

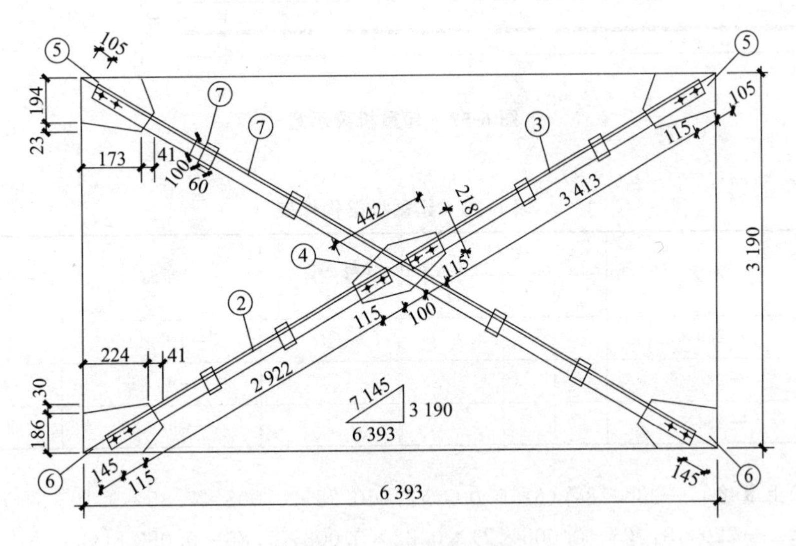

图 6-51　柱支撑示意

表 6-27　柱支撑构件

零件号	断面	数量		零件号	断面	数量	
		正	反			正	反
①	∟70×5	1	1	⑤	—217×10	2	
②	∟70×5	1	1	⑥	—216×10	2	
③	∟70×5	1	1	⑦	—60×10	8	
④	—218×10	1					

【解】 ①查表可知：∟70×5 的理论质量为 5.40 kg/m。

∟70×5 的质量：(7.145－0.105－0.145)×2×5.40÷1 000＝0.074 5(t)

②∟70×5 的质量：(2.922＋0.115×2)×2×5.40÷1 000＝0.034(t)

③∟70×5 的质量：(3.413＋0.115×2)×2×5.40÷1 000＝0.039 3(t)

④－218×10 的质量：0.218×0.442×0.01×7.85＝0.007 6(t)

⑤－217×10 的质量：(0.194＋0.023)×(0.173＋0.041)×0.01×7.85×2＝0.007 3(t)

⑥－216×10 的质量：(0.186＋0.03)×(0.224＋0.041)×0.01×7.85×2＝0.009(t)

⑦－60×10 的质量：0.06×0.1×0.01×7.85×8＝0.003 8(t)

柱支撑制作工程量：0.074 5＋0.034＋0.039 3＋0.007 6＋0.007 3＋0.009＋0.003 8＝0.175 5(t)

【例 6-31】 计算图 6-52 所示的起重机梁制作工程量，起重机梁构件见表 6-28。

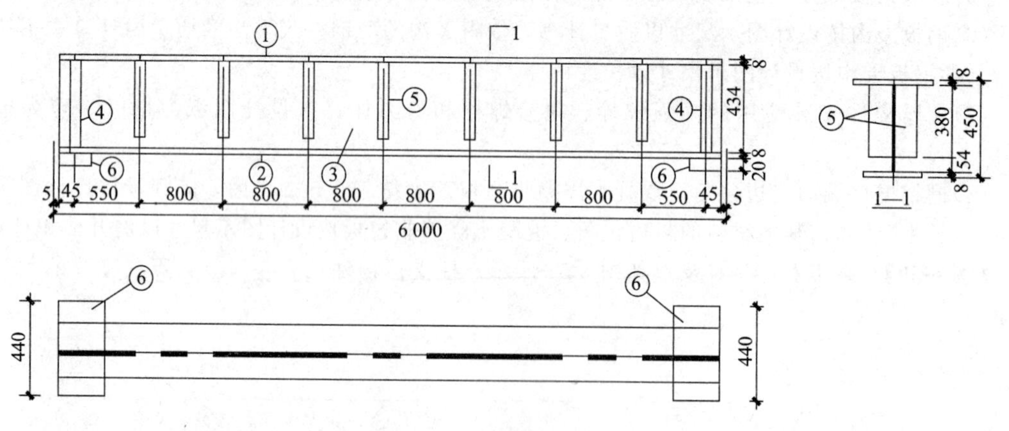

图 6-52 起重机梁示意

表 6-28 起重机梁构件表

零件号	断面	数量		零件号	断面	数量	
		正	反			正	反
①	－280×8	1		④	－100×10	4	
②	－220×8	1		⑤	－90×6	14	
③	－434×6	1		⑥	－90×20	2	

【解】 ①上翼缘：－280×8：(6－0.005×2)×0.28×0.008×7.85＝0.105 3(t)

②下翼缘：－220×8：(6－0.005×2)×0.22×0.008×7.85＝0.082 8(t)

③腹板：－434×6：(6－0.005×2)×0.434×0.006×7.85＝0.122 4(t)

④－100×10：0.01×0.1×0.434×7.85×4＝0.013 6(t)

⑤－90×6：0.09×0.006×0.38×7.85×14＝0.022 6(t)

⑥－90×20：0.09×0.02×0.44×7.85×2＝0.012 4(t)

故起重机梁的制作工程量：0.105 3＋0.082 8＋0.122 4＋0.013 6＋0.022 6＋0.012 4＝0.359 1(t)

6.6.2 定额使用说明

本章定额包括金属结构制作、金属结构运输、金属结构安装和金属结构楼(墙)面板及其他等十节。

1. 金属结构制作、安装

(1)构件制作定额按施工企业自有附属加工厂标准编制，如现场制作构件，按实际发生的机械设备进行调整；构件制作定额项目不适用于采用成品构件的工程。

(2)构件制作项目中钢材按钢号 Q235 编制，构件制作设计使用的钢材强度等级、型材组成比例与定额不同时，可按设计图纸进行调整；配套焊材单价相应调整，用量不变。

(3)构件制作项目中钢材的损耗量已包括了切割和制作损耗。

(4)构件制作项目已包括预装配所需的人工、材料、机械台班用量及预拼装平台摊销费用。

(5)钢网架制作、安装项目按平面网格结构编制，如设计为筒壳、球壳及其他曲面结构的，其制作项目人工、机械乘以系数 1.3，安装项目人工、机械乘以系数 1.2。

(6)钢桁架制作、安装项目按直线型桁架编制，如设计为曲线、折线型桁架，则其制作项目人工、机械乘以系数 1.3，安装项目人工、机械乘以系数 1.2。

(7)构件制作项目中焊接 H 型钢构件均按钢板加工焊接编制，如实际采用成品 H 型钢的，主材按成品价格进行换算，人工、机械及除主材外的其他材料乘以系数 0.6。

(8)定额中圆(方)钢管构件按成品钢管编制，如实际采用钢板加工而成的，主材价格调整，加工费用另计。

(9)构件制作按构件种类及截面形式不同套用相应项目，构件安装按构件种类及质量不同套用相应项目。构件安装项目中的质量指按设计图纸所确定的构件单元质量。

(10)轻钢屋架是指单榀质量在 1 t 以内，且用角钢或圆钢、管材作为支撑、拉杆的钢屋架。

(11)实腹钢柱(梁)是指 H 形、箱形、T 形、L 形、十字形等，空腹钢柱是指格构形等。

(12)制动梁、制动板、车挡套用钢起重机梁相应项目。

(13)柱间、梁间、屋架间的 H 形或箱形钢支撑，套相应的钢柱或钢梁制作、安装项目；墙架柱、墙架梁和相配套连接杆件套用钢墙架相应项目。

(14)型钢混凝土组合结构中的钢构件套用本章相应的项目，制作项目人工、机械乘以系数 1.15。

(15)钢栏杆(钢护栏)定额适用于钢楼梯、钢平台及钢走道板等与金属结构相连的栏杆，其他部位的栏杆、扶手应套用本定额“第十五章　其他工程”相应项目。

(16)单件质量在 25 kg 以内的加工铁件，套用本章定额中的零星构件。预埋混凝土中的铁件及螺栓套用本定额“第五章　混凝土、钢筋工程”相应项目。

(17)构件制作项目中未包括除锈工作内容，发生时套用相应项目。其中喷砂或抛丸除锈项目按 Sa2.5 除锈等级编制，如设计为 Sa3 级则定额乘以系数 1.1，设计为 Sa2 级或 Sa1 级则定额乘以系数 0.75；手工及动力工具除锈项目按 St3 除锈等级编制，如设计为 St2 级则定额乘以系数 0.75。

(18)构件制作中未包括油漆工作内容，如设计有要求时，套用本定额“第十四章　油漆、涂料、裱糊工程”相应项目。

(19)构件制作、安装项目中已包括施工企业按照质量验收规范要求所需的超声波探伤检测费用。

(20)钢结构单体构件 15 t 及以下构件按单机吊装编制；15 t 以上单体构件按双机抬吊考虑吊装机械；网架按分块吊装考虑配置相应机械。

(21)钢构件安装项目按檐高 20 m 以内、跨内吊装编制，实际须采用跨外吊装的，应按施工方案进行调整。

(22)钢构件安装项目中已考虑现场拼装费用，但未考虑分块或整体吊装的钢网架、钢桁架地面平台拼装摊销，如发生套用，则现场拼装平台摊销定额项目；如采用脚手架作为钢网架高空操作平台，则根据施工方案按实计算。

2. 金属结构运输

(1)金属结构构件运输定额是按加工厂至施工现场考虑的，运输距离以 30 km 为限，运距在 30 km 以上时按照构件运输方案和市场运价调整。

(2)金属结构构件运输按表 6-29 分为三类，套用相应项目。

表 6-29　金属结构构件分类表

类别	构件名称
一	钢柱、屋架、托架、桁架、起重机梁、网架、钢架桥
二	钢梁、檩条、支撑、拉条、栏杆、钢平台、钢走道、钢楼梯、零星构件
三	墙架、挡风架、天窗架、轻钢屋架、其他构件

(3)金属结构构件运输过程中，如遇路桥限载(限高)而发生的加固、拓宽的费用及有电车线路和公安交通管理部门的保安护送费用，则应另行处理。

3. 楼层板、围护体系及其他安装

(1)金属结构楼面板和墙面板按成品板编制。

(2)楼面板的收边板未包括在项目内，应单独计算。

(3)墙面板未包括包角、包边、窗台泛水等所需增加的用量，应单独计算。

(4)硅酸钙板墙面板项目中双面隔墙定额墙体厚度按 180 mm 考虑，其中，镀锌钢龙骨用量按 15 kg/m^2 编制；设计与定额不同时，材料进行调整换算，其他不变。

(5)不锈钢天沟、彩钢板天沟展开宽度为 600 mm，若实际展开宽度与定额不同，则板材按比例调整，其他不变。

本章项目中已包含探伤工作内容，如设计要求或施工需要重复探伤，则执行金属结构探伤相应项目。

6.7　木结构工程

6.7.1　定额工程量计算规则

1. 木屋架

(1)木屋架、檩条工程量按设计图示的规格尺寸以体积计算。附属于其上的木夹板、垫木、风撑、挑檐木、檩条三角条均按木料体积并入屋架、檩条工程量内。单独挑檐木并入檩条工程量内。檩托木、檩垫木已包括在定额项目内，不另行计算。

木屋架制作安装的体积＝$\sum$屋架杆件设计断面×屋架杆件的长度＋附属于屋架和屋架连接的木夹板、托木、挑檐木等的体积

屋架杆件的长度＝屋架跨度＋杆件长度系数

屋梁形式如图 6-53 所示，杆件长度系数见表 6-30。

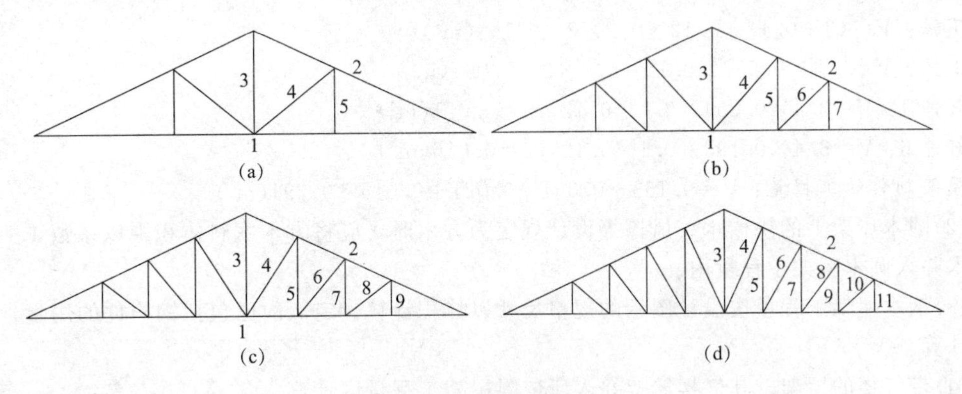

图 6-53　屋架形式示意

表 6-30　杆件长度系数

屋架类型	A		B		C		D	
屋架坡度	26°34′	30°	26°34′	30°	26°34′	30°	26°34′	30°
杆件 1(下弦)	1	1	1	1	1	1	1	1
杆件 2(上弦)	0.559	0.557	0.559	0.557	0.559	0.557	0.599	0.557
杆件 3	0.250	0.289	0.250	0.289	0.250	0.289	0.250	0.289
杆件 4	0.280	0.289	0.236	0.254	0.225	0.250	0.224	0.252
杆件 5	0.125	0.144	0.167	0.193	0.188	0.216	0.200	0.231
杆件 6			0.186	0.193	0.177	0.191	0.180	0.200
杆件 7			0.083	0.096	0.125	0.145	0.150	0.168
杆件 8					0.140	0.143	0.141	0.153
杆件 9					0.063	0.078	0.100	0.116
杆件 10							0.112	0.116
杆件 11							0.050	0.058

【例 6-32】 某工程方木屋架如图 6-54 所示。已知跨度为 6 m，上下弦木材断面尺寸为 120 mm×200 mm，杆件 3、5、7 为钢杆件，杆件 4、6 木材断面尺寸为 100 mm×120 mm，坡度为 30°，计算屋架制作的工程量。

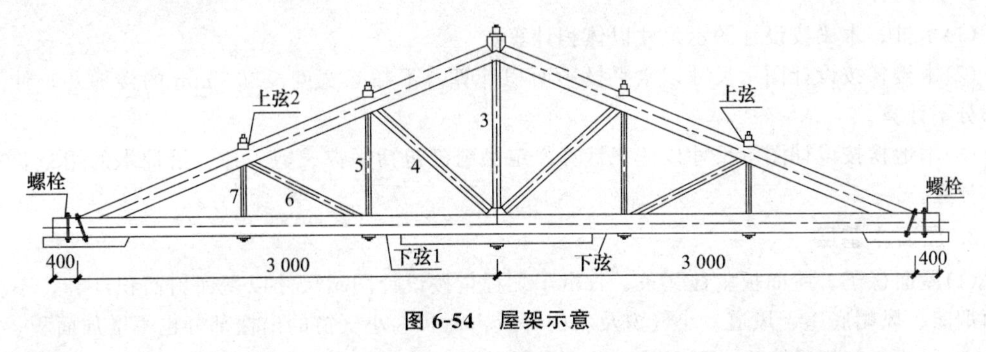

图 6-54　屋架示意

【解】 根据表 6-30 查出各杆件的系数，各杆件竣工木料的体积计算如下：

下弦：$V=(3+0.4)\times0.12\times0.2\times2=0.163(m^3)$

上弦：$V=3.4\times0.557\times0.12\times0.2\times2=0.091(m^3)$

杆件4：$V=3.4\times0.254\times0.1\times0.12\times2=0.021(m^3)$

杆件6：$V=3.4\times0.193\times0.1\times0.12\times2=0.016(m^3)$

屋架制作的工程量：$V=0.163+0.091+0.021+0.016=0.291(m^3)$

(2)圆木屋架上的挑檐木、风撑等设计规定为方木时，应将方木木料体积乘以系数1.7折合成圆木并入圆木屋架工程量内。

(3)钢木屋架工程量按设计图示的规格尺寸以体积计算。定额内已包括钢构件的用量，不再另行计算。

(4)带气楼的屋架，其气楼屋架并入所依附屋架工程量内计算。

(5)屋架的马尾、折角和正交部分半屋架，并入相连屋架工程量内计算。

(6)简支檩木长度按设计计算，设计无规定时，按相邻屋架或山墙中距增加0.20 m接头计算，两端出山檩条算至搏风板内侧(图6-55)；连续檩的长度按设计长度增加5%的接头长度计算(图6-56)。

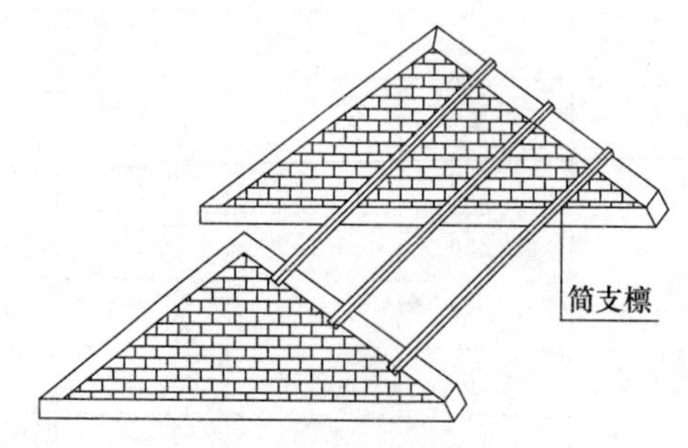

图6-55　简支檩示意

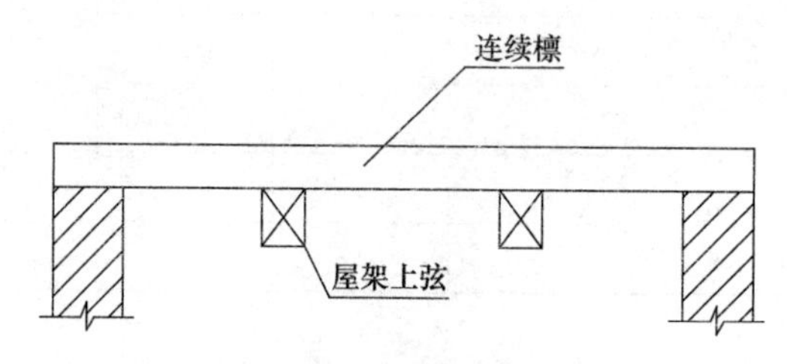

图6-56　连续檩示意

2. 木构件

(1)木桩、木梁按设计图示尺寸以体积计算。

(2)木楼梯按设计图示尺寸以水平投影面积计算。不扣除宽度≤300 mm的楼梯井，伸入墙内部分不计算。

(3)木地楞按设计图示尺寸以体积计算。定额内已包括平撑、剪刀撑、沿油木的用量，不再另外计算。

3. 屋面木基层

(1)屋面椽子、屋面板、挂瓦条、竹帘子工程量按设计图示尺寸以屋面斜面积计算，不扣除屋面烟囱、风帽底座、风道、小气窗及斜沟等所占面积。小气窗的出檐部分也不增加面积。

(2)封檐板工程量按设计图示檐口外围长度计算。搏风板按斜长度计算，每个大刀头增加长度0.50 m。

屋面木基层如图 6-57 所示。

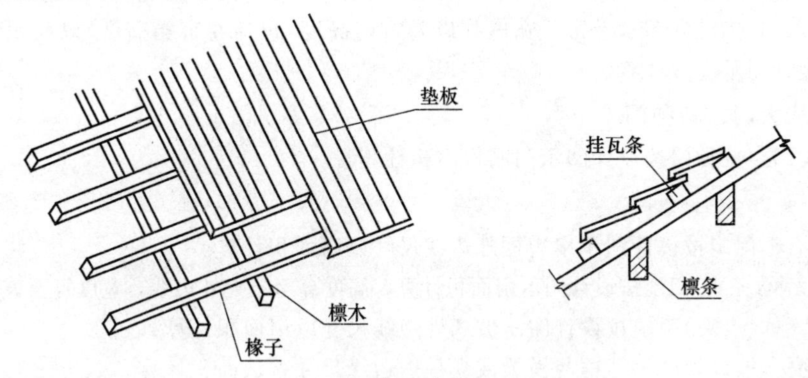

图 6-57　屋面木基层示意

6.7.2　定额使用说明

(1)本章定额包括木屋架、木构件、屋面木基层三节。

(2)木材木种均以一、二类木种取定。如采用三、四类木种时，相应定额制作人工、机械乘以系数 1.35。

(3)设计刨光的屋架、檩条、屋面板在计算木料体积时，应加刨光损耗，方木一面刨光加 3 mm，两面刨光加 5 mm，圆木直径加 5 mm；板一面刨光加 2 mm，两面刨光加 3.5 mm。

(4)屋架跨度是指屋架两端上、下弦中心线交点之间的距离。

(5)屋面板制作厚度不同时可进行调整。

(6)木屋架、钢木屋架定额项目中的钢板、型钢、圆钢用量与设计不同时，可按设计数量另加 8%损耗进行换算，其他不再调整。

6.8　门窗工程

6.8.1　定额工程量计算规则

1. 木门及门框

(1)成品木门框安装按设计图示框外围尺寸长度计算。

(2)成品木门扇安装按设计图示扇面积计算。

(3)成品套装木门安装按设计图示数量计算。

(4)木质防火门安装按设计图示洞口面积计算。

2. 金属门、窗

(1)铝合金门窗(飘窗、阳台封闭除外)、塑钢门窗均按设计图示门、窗洞口面积计算。

(2)门连窗按设计图示洞口面积分别计算门、窗面积，其中窗的宽度算至门框的外边线。

(3)纱门、纱窗扇按设计图示扇外围面积计算。

(4)飘窗、阳台封闭按设计图示框型材外边线尺寸以展开面积计算。

(5)钢质防火门、防盗门按设计图示门洞口面积计算。

(6)防盗窗按设计图示窗框外围面积计算。

(7)彩板钢门窗按设计图示门、窗洞口面积计算。彩板钢门窗附框按框中心线长度计算。

3. 金属卷帘(闸)

金属卷帘(闸)按设计图示卷帘门宽度乘以卷帘门高度(包括卷帘箱高度)以面积计算。电动装置安装按设计图示套数计算。

4. 厂库房大门、特种门

厂库房大门、特种门按设计图示门洞口面积计算。

5. 其他门

(1)全玻有框门扇按设计图示扇边框外边线尺寸以扇面积计算。

(2)全玻无框(条夹)门扇按设计图示扇面积计算，高度算至条夹外边线，宽度算至玻璃外边线。

(3)全玻无框(点夹)门扇按设计图示玻璃外边线尺寸以扇面积计算。

(4)无框亮子按设计图示门框与横梁或立柱内边缘尺寸玻璃面积计算。

(5)全玻转门按设计图示数量计算。

(6)不锈钢伸缩门按设计图示"延长米"计算。

(7)传感和电动装置按设计图示套数计算。

6. 门钢架、门窗套

(1)门钢架按设计图示尺寸以质量计算。

(2)门钢架基层、面层按设计图示饰面外围尺寸展开面积计算。

(3)门窗套(筒子板)龙骨、面层、基层均按设计图示饰面外围尺寸展开面积计算。

(4)成品门窗套按设计图示饰面外围尺寸展开面积计算。

7. 窗台板、窗帘盒、轨

(1)窗台板按设计图示长度乘宽度以面积计算。图纸未注明尺寸的，窗台板长度可按窗框的外围宽度两边共加 100 mm 计算。窗台板凸出墙面的宽度按墙面外加 50 mm 计算。

(2)窗帘盒、窗帘轨按设计图示长度计算。

(3)窗帘按设计图示尺寸以"m^2"计算。

6.8.2 定额使用说明

(1)本章定额包括木门、金属门、金属卷帘(闸)、厂库房大门(特种门)、其他门、金属窗、门钢架(门窗套)、窗台板、窗帘盒(轨)、门窗五金十节。

(2)本章成品门窗安装项目适用于施工企业负责安装；如为供应商负责安装，不执行成品门窗安装项目。

1. 木门

成品套装门安装包括门套和门扇的安装。

2. 金属门、窗

(1)铝合金成品门窗安装项目按隔热断桥铝合金型材考虑，当设计为普通铝合金型材时，按相应项目执行，其中人工乘以系数 0.8。

(2)金属门连窗，门、窗应分别执行相应项目。

(3)窗附框安装执行钢门附框安装项目。

(4)门窗贴脸项目执行本定额"第十五章　木装饰线"相应定额。

3. 金属卷帘(闸)

(1)金属卷帘(闸)项目是按卷帘侧装(即安装在门洞口内侧或外侧)考虑的，当设计为中装(即安装在门洞口中)时，按相应项目执行，其中人工乘以系数 1.1。

(2)金属卷帘(闸)项目是按不带活动小门考虑的，当设计为带活动小门时，按相应项目执行，其中人工乘以系数1.07，材料调整为带活动小门金属卷帘(闸)。

(3)金属防火卷帘门的安装参照本章定额中镀锌钢板卷帘(闸)子目，执行时只换算卷帘材料的价格，其他不变。

(4)无机布基防火卷帘(闸)门的安装执行防火卷帘(闸)门相应子目。

(5)转角窗的安装执行飘窗子目，工程量计算规则同飘窗。

4. 厂库房大门(特种门)

(1)厂库房大门项目是按一、二类木种考虑的，如采用三、四类木种时，制作按相应项目执行，人工和机械乘以系数1.3；安装按相应项目执行，人工和机械乘以系数1.35。

(2)厂库房大门的钢骨架制作以钢材重量表示，已包括在定额中，不再另列项计算。

(3)厂库房大门门扇上所用铁件均已列入定额，墙、柱、楼地面等部位的预埋铁件按设计要求另按本定额“第五章　混凝土、钢筋工程”中相应项目执行。

(4)冷藏库门、冷藏冻结间门、防辐射门安装项目包括筒子板制作安装。

5. 其他门

(1)全玻璃门窗安装项目按地弹门考虑，其中地弹簧消耗量可按实际调整。

(2)全玻璃门门框、横梁、立柱钢架的制作安装及饰面装饰，按本章门钢架相应项目执行。

(3)全玻璃门有框亮子安装按全玻璃门有框门扇安装项目执行，人工乘以系数0.75，地弹簧换成膨胀螺栓，消耗量调整为277.55个/100 m^2；无框亮子安装按固定玻璃安装项目执行。

(4)电子感应自动门传感装置、伸缩门电动装置安装已包括调试用工。

6. 门钢架(门窗套)

(1)门钢架基层、面层项目未包括封边线条，设计要求时，另按本定额“第十五章　其他装饰工程”中相应线条项目执行。

(2)门窗套、门窗筒子板均执行门窗套(筒子板)项目。

(3)门窗套(筒子板)项目未包括封边线条，设计要求时，按本定额“第十五章　其他装饰工程”中相应线条项目执行。

7. 窗台板

(1)窗台板与暖气罩相连时，窗台板并入暖气罩，按本定额“第十五章　其他装饰工程”中相应暖气罩项目执行。

(2)石材窗台板安装项目按成品窗台板考虑。实际为非成品需现场加工时，石材加工另按本定额“第十五章　其他装饰工程”中石材加工相应项目执行。

8. 门窗五金

(1)成品木门(扇)安装项目中，五金配件的安装仅包括合页安装人工和合页数量，合页数量可按照实际调整。设计要求的其他五金另按本章“门五金”一节中门特殊五金相应项目执行。

(2)成品金属门窗、金属卷帘(闸)、特种门、其他门安装项目包括五金安装人工、五金材料费包括在成品门窗价格中。

(3)成品全玻璃门扇安装项目中仅包括地弹簧安装的人工和材料费，设计要求的其他五金另执行本章“门五金”一节中门窗特殊五金相应项目。

(4)厂库房大门项目均包括五金铁件安装人工，五金铁件材料费另执行本章“门五金”一节中相应项目，当设计与定额取定不同时，按设计规定计算。

6.8.3 工程量计算实例

根据辽宁省2017年版《房屋建筑与装饰工程定额》中的门窗工程量计算规则，以×××公司办公楼(施工图纸见附录)为工程项目，完成门窗工程量计算(表6-31)。

项目名称：×××公司办公楼建筑与装饰工程。

项目任务：门窗工程量计算。

表6-31 工程量计算程序

序号	工程项目名称	计算式	单位	数量
1	成品全玻转门	M—1：2 500 mm×2 200 mm 1樘	樘	1
2	钛合金框门	M—2：1 500 mm×2 200 mm 2樘 M—3：1 800 mm×2 200 mm 2樘 $S=1.5\times2.2\times2+1.8\times2.2\times2=14.52(m^2)$	m^2	14.52
3	钢质三防门	M—4：1 500 mm×2 700 mm 1樘 $S=1.5\times2.7\times1=4.05(m^2)$	m^2	4.05
4	成品套装门(单扇)	M—6：1 000 mm×2 100 mm 25樘 M—7：900 mm×2 100 mm 4樘 M—8：800 mm×2 000 mm 8樘	樘	37
5	成品套装门(双扇)	M—5：1 500 mm×2 100 mm 16樘	樘	16
6	推拉门	M—9：1 300 mm×2 000 mm 1樘 $S=1.3\times2\times1=2.6(m^2)$	m^2	2.6
7	钢质防火门(乙级)	FM—1：1 300 mm×1 800 mm 1樘 $S=1.3\times1.8\times1=2.34(m^2)$	m^2	2.34
8	钛合金窗	C—1：2 640×3 400 mm 2樘 C—2：2 600 mm×3 400 mm 2樘 C—3：2 300 mm×3 400 mm 4樘 C—4：1 800 mm×3 400 mm 2樘 $S=2.64\times3.4\times2+2.6\times3.4\times2+2.3\times3.4\times4+1.8\times3.4\times2=79.15(m^2)$	m^2	79.152
9	塑钢成品窗(平开)	C—5：1 500 mm×2 100 mm 34樘 C—6：1 500 mm×2 200 mm 8樘 C—7：3 700 mm×3 000 mm 3樘 C—8：1 500 mm×3 000 mm5樘 C—9：3 700 mm×2 100 mm 9樘 C—10：1 200 mm×3 000 mm 2樘 C—11：1 200 mm×2 100 mm 4樘 C—12：1 200 mm×2 100 mm 2樘 C—13：1 500 mm×400 mm 11樘 $S=1.5\times2.1\times34+1.5\times2.2\times8+3.7\times3\times3+1.5\times3\times5+3.7\times2.1\times9+1.2\times3\times2+1.2\times2.1\times4+1.2\times2.1\times2+1.5\times0.4\times11=288.15(m^2)$	m^2	288.15
10	塑钢成品窗单玻	C—14：3 200 mm×2 600 mm 1樘 $S=3.2\times2.6\times1=8.32(m^2)$	m^2	8.32

6.9 屋面及防水工程

6.9.1 定额工程量计算规则

1. 瓦、型材及其他屋面

(1)各种屋面和型材屋面(包括挑檐部分)，均按设计图示尺寸以面积计算(平屋顶按水平投影面积计算，斜屋面按斜面面积计算)，不扣除房上烟囱、风帽底座、风道、小气窗、斜沟和脊瓦等所占面积，小气窗的出檐部分也不增加。

(2)西班牙瓦、瓷质波形瓦、英红瓦等屋面的正斜脊瓦、檐口线，按设计图示尺寸以长度计算。

(3)采光板屋面和玻璃采光顶屋面按设计图示尺寸以面积计算；不扣除面积≤0.3 m^2 孔洞所占面积。

(4)膜结构屋面按设计图示尺寸，以需要覆盖的水平投影面积计算，膜材料可以调整含量。

坡屋面计算公式为

两坡排水屋面面积：S 坡面积＝S 水平投影面积×延尺系数 C

四坡屋面斜脊的长度：L＝水平长度×隅延尺系数 D(当 $S=A$ 时)

沿山墙泛水长度：$L=A\times C$

屋面坡度系数见表 6-32。四坡排水屋面斜脊如图 6-58 所示。

表 6-32　屋面坡度系数

坡度 $B(A=1)$	坡度 $B/2A$	坡度 角度(α)	延尺系数 C $(A=1)$	隅延尺系数 D $(A=1)$
1	1/2	45°	1.414 2	1.732 1
0.75		36°52′	1.250 0	1.600 8
0.70		35°	1.220 7	1.577 9
0.666	1/3	33°40′	1.201 5	1.562 0
0.65		33°01′	1.192 6	1.556 4
0.60		30°58′	1.166 2	1.536 2
0.577		30°	1.154 7	1.527 0
0.55		28°49′	1.141 3	1.517 0
0.50	1/4	26°34′	1.118 0	1.500 0
0.45		24°14′	1.096 6	1.483 9
0.40	1/5	21°48′	1.077 0	1.469 7
0.35		19°17′	1.059 4	1.456 9
0.30		16°42′	1.044 0	1.445 7
0.25		14°02′	1.030 8	1.436 2
0.20	1/10	11°19′	1.019 8	1.428 3
0.15		8°32′	1.011 2	1.422 1
0.125		7°8′	1.007 8	1.419 1

续表

坡度 $B(A=1)$	坡度 $B/2A$	坡度 角度(α)	延尺系数 C ($A=1$)	隅延尺系数 D ($A=1$)
0.100	1/20	5°42′	1.005 0	1.417 7
0.083		4°45′	1.003 5	1.416 6
0.066	1/30	3°49′	1.002 2	1.415 7

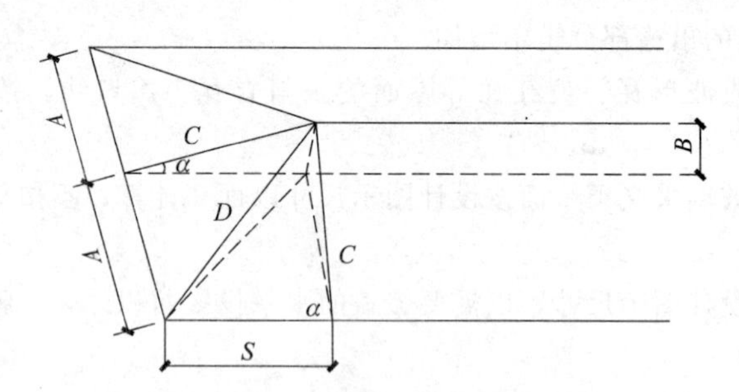

图 6-58　四坡排水屋面斜脊示意

【例 6-33】　某工程四坡瓦屋面如图 6-59 所示，计算四坡瓦屋面和屋脊的工程量。

【解】　查表坡度($\alpha=30°$)时的延尺系数 C 值为 1.154 7，隅延尺系数 D 值为 1.527 0

(1)瓦屋面面积：$S=(3+14+3)\times 8\times 1.154\,7=184.75(\mathrm{m}^2)$

(2)屋脊长度：$L=14+4\times 1.527\times 4=38.43(\mathrm{m})$

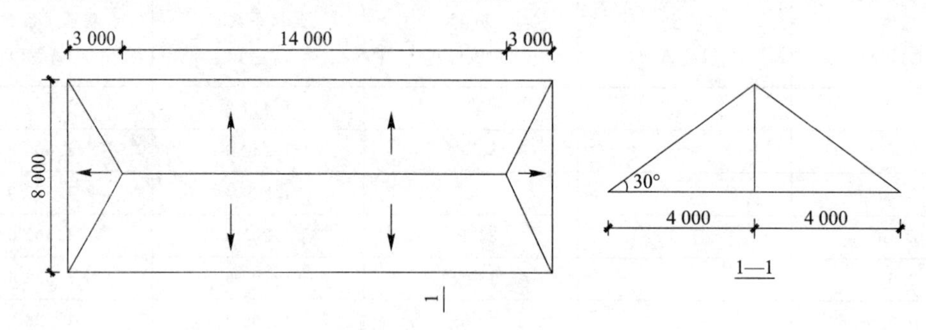

图 6-59　四坡瓦屋面示意

2. 屋面、楼(地)面防水及其他，墙面防水、防潮

(1)防水。

①屋面防水，按设计图示尺寸以面积计算(平屋顶按水平投影面积计算，斜屋面按斜面面积计算)，扣除 0.3 m^2 以上房上烟囱、风帽底座、风道、屋面小气窗、排气孔洞等所占面积；屋面的女儿墙、伸缩缝和天窗、烟囱、风帽底座、风道、屋面小气窗、排气孔洞等处的弯起部分，按设计图示尺寸计算；设计无规定时，伸缩缝、女儿墙、天窗、烟囱、风帽底座、风道、屋面小气窗、排气孔洞等处的弯起部分按 500 mm 计算，计入屋面工程量内。

卷材屋面面积＝水平投影面积×延迟系数

屋面基本构造层次如图 6-60 所示。

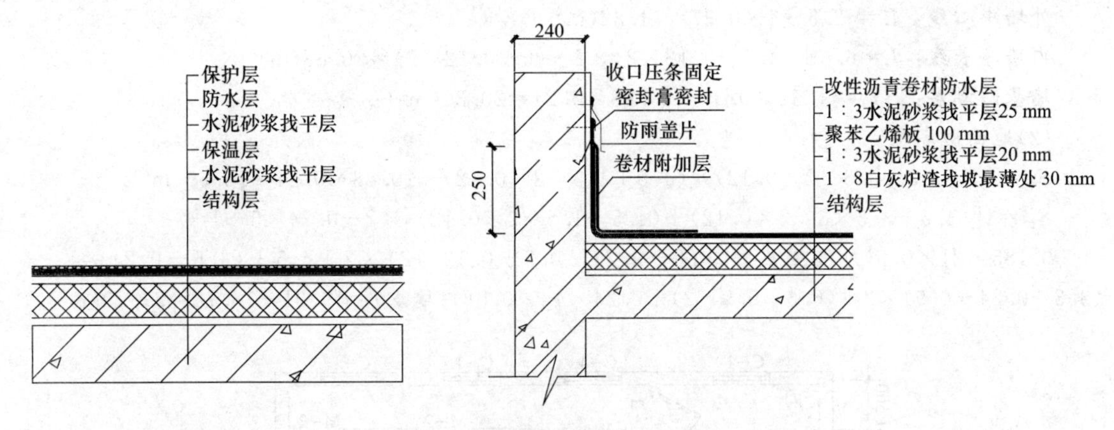

图 6-60　屋面基本构造层次示意

【例 6-34】 某工程屋面改性沥青防水，女儿墙部分卷起高度为 250 mm，如图 6-61 所示，计算屋面的防水面积。

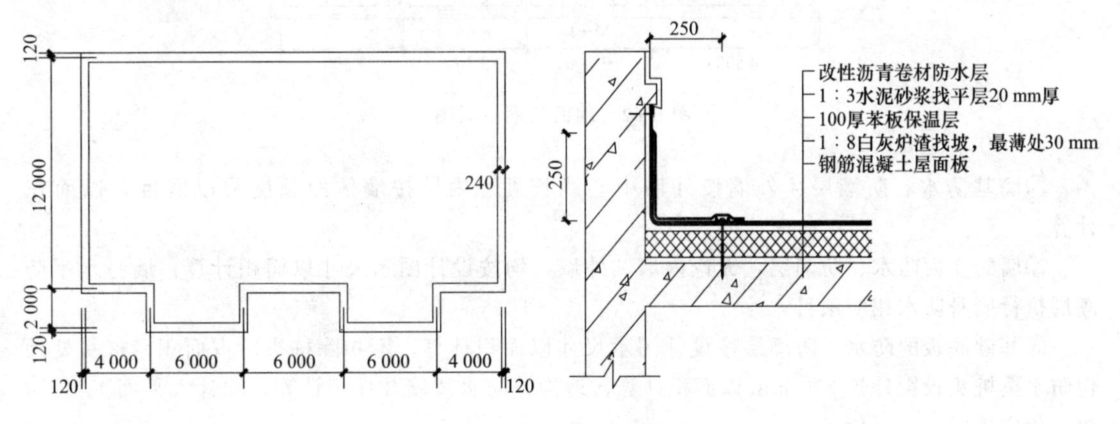

图 6-61　屋面防水做法示意

【解】 (1)卷材的水平面积。

$S_{水平}=(12-0.12\times2)\times(26-0.12\times2)+(6-2\times0.12)\times2\times2=325.98(m^2)$

(2)卷起面积。

$S_{卷起}=[(12-2\times0.12)\times2+(26-2\times0.12)\times2+2\times4]\times0.25=20.76(m^2)$

(3)防水面积。

$S_{水平}=325.98+20.76=346.74(m^2)$

②楼地面防水、防潮层按设计图示尺寸以主墙间净面积计算，扣除凸出地面的构筑物、设备基础等所占面积，不扣除间壁墙及单个面积≤0.3 m² 柱、垛、烟囱和孔洞所占面积，平面与立面交接处，上翻高度≤300 mm 时，按展开面积并入楼地面工程量内计算；高度＞300 mm 时，所有上翻工程量均按墙面防水项目计算。

【例 6-35】 某工程如图 6-62 所示，M－1：1 000 mm×2 000 mm，M－2：900 mm×2 000 mm，墙基防潮层做 20 mm 厚 1∶2 防水砂浆，地面防潮层做聚乙烯丙纶卷材防水，卷起高度为 500 mm，计算墙面、地面防潮层工程量。

【解】 (1)墙基防潮层。

外墙外边线：$L=(4.5+3.3\times3+0.25\times2)\times2+(4.5+1.5+0.25\times2)\times2=42.8(m)$

外墙中心线：$L=42.8-4\times0.37=41.32$(m)

内墙净长线：$L=6.6+(4.5-0.12\times2)\times2+(6-0.12\times2)=20.88$(m)

墙基防潮层：$S_{墙}=41.32\times0.37+20.88\times0.24=20.30$($m^2$)

(2)地面防潮层。

$S_{平}=(4.5+3.3\times3-2\times0.12)\times(4.5+1.5-2\times0.12)-20.88\times0.24=76.55$($m^2$)

$S_{立}=\{[(4.5+3.3\times3-2\times0.12)+(4.5+1.5-2\times0.12)]\times2-0.24\times5-1+0.185\times2\}\times0.5$(外墙里皮)$+[(6-0.24-0.9+0.12\times2)\times2+4.5+(4.5-0.24)\times3+(3.3-0.24-0.9)\times2+(6.6-0.9\times2)+0.24\times4]\times0.5$(内墙皮)$=19.01+18.78=37.79$($m^2$)

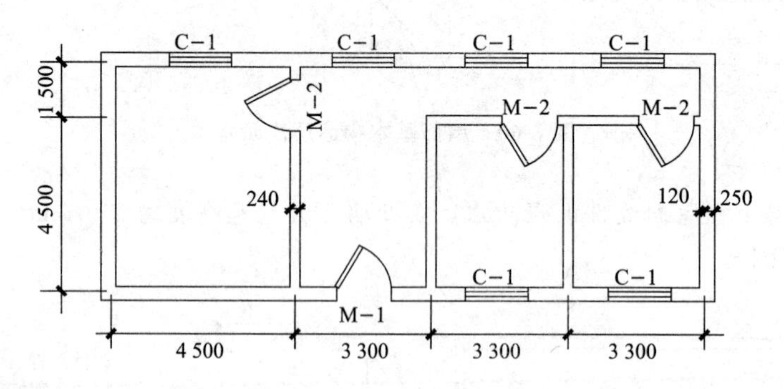

图 6-62　地面防潮平面图

③墙基防水、防潮层，外墙按外墙中心线长度、内墙按墙体净长度乘以宽度，以面积计算。

④墙的立面防水、防潮层，无论内墙、外墙，均按设计图示尺寸以面积计算；墙身水平防潮层执行墙身防水相应项目。

⑤基础底板的防水、防潮层按设计图示尺寸以面积计算，不扣除桩头所占面积。桩头处外包防水按桩头投影外扩 300 mm 以面积计算，地沟处防水按展开面积计算，均计入平面工程量，执行相应规定。

⑥屋面、楼地面及墙面、基础底板等，其防水搭接、拼缝、压边、留槎用量已综合考虑，不另行计算。卷材防水附加层按设计铺贴尺寸以面积计算。

⑦屋面分格缝，按设计图示尺寸，以长度计算。

(2)屋面排水。

①水落管、镀锌薄钢板天沟、檐沟，按设计图示尺寸，以长度计算。如设计未标注水落管尺寸，则以檐口至设计室外散水上表面垂直距离计算。

②水斗、下水口、雨水口、弯头、短管等，均以设计数量计算。

(3)变形缝与止水带。变形缝(嵌填缝与盖板)与止水带按设计图示尺寸，以长度计算。

6.9.2　定额使用说明

本章定额包括瓦、型材及其他屋面，屋面、楼(地)面防水及其他，墙面防水、防潮共三节。

本章中瓦屋面、金属板屋面、采光板屋面、玻璃采光顶、卷材防水、水落管、水口、水斗、沥青砂浆填缝、变形缝盖板、止水带等项目是按标准或常用材料编制，设计尺寸、规格与定额不同时，材料可以换算，人工、机械不变；屋面保温等项目执行本定额“第十章　保温、隔热、防腐工程”相应项目，找平层等项目执行本定额“第十一章　楼地面装饰工程”相应项目。

1. 瓦、型材及其他屋面

(1)黏土瓦若穿铁丝圆钉，每100 m^2 增加11工日，增加镀锌低碳钢丝(22#)3.5 kg，圆钉2.5 kg；若用挂瓦条，每100 m^2 增加4工日，增加挂瓦条(尺寸25 mm×30 mm)300.3 m，圆钉2.5 kg。

(2)金属板屋面中一般金属板屋面，执行彩钢板和彩钢夹心板项目；装配式单层金属压型板屋面区分檩距不同执行定额项目。

(3)采光板屋面如设计为滑动式采光顶，可以按照设计增加U形滑动盖帽等部件，调整材料，人工乘以系数1.05。

(4)膜结构屋面的钢支柱、锚固支座混凝土基础等执行其他章节相应项目。

(5)25%＜坡度≤45%及人字形、锯齿形、弧形等不规则瓦屋面，人工乘以系数1.3；坡度＞45%的，人工系数乘以1.43。

(6)琉璃脊瓦定额是按一般小三星考虑的，如采用大三星做法，则可按实际进行换算。

2. 屋面、楼(地)面防水及其他，墙面防水、防潮

(1)防水。

①本定额平屋面是按坡度≤15%编制的；当屋面15%＜坡度≤25%时，按相应项目的人工乘以系数1.18；当屋面25%＜坡度≤45%时，以及人字形、锯齿形、弧形等不规则屋面，人工乘以系数1.3；当屋面坡度＞45%时，人工乘以系数1.43。

②实际施工桩头、地沟、零星部位时，人工乘以系数1.43。

③卷材防水附加层套用卷材防水相应项目，人工乘以系数1.43。

④墙面防水项目是按直形编制的，半径在9 m以内弧形者，相应项目的人工乘以系数1.18。

⑤冷粘法、热熔法以满铺为依据编制的，点、条铺粘者按其相应项目的人工乘以系数0.91，胶粘剂乘以系数0.7。

⑥自带保护层的改性沥青防水卷材套用改性沥青防水卷材项目。

⑦三元乙丙丁基橡胶卷材屋面防水，按相应三元乙丙橡胶卷材防水项目计算。

(2)屋面排水。

①水落管、水口、水斗均按材料成品、现场安装考虑。

②薄钢板屋面及薄钢板排水项目内已包括薄钢板咬口和搭接的工料。

③采用不锈钢水落管排水时，执行镀锌钢管项目，材料按实换算。

(3)变形缝与止水带。

①变形缝嵌填缝定额项目中，建筑油膏、聚氯乙烯胶泥设计断面取定为30 mm×20 mm；油浸木丝板取定为150 mm×25 mm；其他填料取定为150 mm×30 mm。

②变形缝盖板，木板盖板断面取定为200 mm×25 mm；铝合金盖板厚度取定为1 mm；不锈钢板厚度取定为1 mm。

③钢板(紫铜板)止水带展开宽度为400 mm；氯丁橡胶宽300 mm；涂刷式氯丁胶贴玻璃纤维止水片宽350 mm。

6.9.3 工程量计算实例

根据辽宁省2017年版《房屋建筑与装饰工程定额》中的屋面及防水工程量计算规则，以×××公司办公楼(施工图纸见附录)为工程项目，完成屋面及防水工程量计算(表6-33)。

项目名称：×××公司办公楼建筑与装饰工程。

项目任务：屋面及防水工程量计算。

表 6-33 工程量计算程序

序号	工程项目名称	计算式	单位	数量
		屋面及防水工程		
1	屋面炉渣找坡	屋面面积： $S=(13.5-0.28\times2)\times(3+6.44+3.2-0.28)\times2+(13.5+1.295-0.28\times2-0.355)\times[(0.355-0.28)\times2+12]=488.52(m^2)$ 平均厚度： $H=0.03+1/2\times1/2\times(13.5-0.28\times2)\times3\%=0.127(m)$ $V=0.127\times488.52=62.04(m^2)$	m^3	62.04
2	屋面找平层	1∶3 水泥砂浆找平层： $S=488.52\ m^2$	m^2	488.52
3	屋面防水层	屋面女儿墙部分卷起高度 250 mm： $S=S_{立}+S_{平}$ $S_{立}=[(13.5-0.28\times2)\times4+(3+6.44+3.2-0.28)\times4+(12+0.355\times2-0.28\times2)\times2+(13.5+1.295-0.355-0.28\times2)\times2]\times0.25=38.32(m^2)$ $S_{平}=488.52(m^2)$ $S=38.32+488.52=526.84(m^2)$	m^2	526.84
4	屋面防水保护层	$S=38.32+488.52=526.84(m^2)$	m^2	526.84
5	雨篷炉渣找坡	雨篷面积： YP－1： $S=(1.88-0.1-0.295-0.08)\times(12+0.33\times2)=17.79(m^2)$ YP－2： $S=(1.2-0.1-0.1)\times3=3(m^2)$ 平均厚度： $h_1=0.03+1/2\times1/2\times(12+0.33\times2)\times3\%=0.124\ 95(m)$ $h_2=0.03+1/2\times1/2\times3\times3\%=0.052\ 5(m)$ $V=0.052\ 5\times3+0.124\ 95\times17.79=2.38(m^3)$	m^3	2.38
6	雨篷找平层	1∶3 水泥砂浆： $SYP-1=(1.88-0.1-0.295-0.08)\times(12+0.33\times2)=17.79(m^2)$ $SYP-2=1\times3=3(m^2)$ $S=3+17.79=20.79(m^2)$	m^2	20.79
7	雨篷改性沥青防水层	四周卷起高度 250 mm $S=S_{立}+S_{平}$ $S_{立}=[(1+3)\times2\times0.25+(1.88-0.295-0.08-0.1+12+0.33\times2)\times2]\times0.25=7.53(m^2)$ $S_{平}$＝雨篷面积＝20.79 m^2 $S=7.53+20.79=28.32(m^2)$	m^2	28.32
8	雨篷防水保护层	$S=7.53+20.79=28.32(m^2)$	m^2	28.32

续表

序号	工程项目名称	计算式	单位	数量
9	薄钢板水落管	水落管 L=(15.6+1.2)×4=67.2(m)下水口4个，水斗4个	m	67.2
10	卫生间地面聚氨酯涂膜防水	$S=S_{立}+S_{平}$ 平面： 一层 $S_{平}$=(6.3－0.1－0.2－0.075)×(5.54－0.075－0.1－0.1)=31.20(m^2) 二层同一层　$S_{平}$=31.20(m^2) 三层 $S_{平}$=(3－0.1－0.075)×(5.54－0.1－0.1－0.075)=14.874(m^2) 立面四周卷起高度600 mm： 一层 $S_{立}$=[(3.3－0.2)×4+(3－0.1－0.075)×4+(2.84－0.075－0.05)×4+(2.7－0.1－0.05)×4+0.1×4+0.2×2]×0.6=27.34(m^2) 二层同一层 $S_{立}$=27.34 m^2 三层 $S_{立}$=[(3－0.1－0.075)×4+(3.3－0.075－0.05)×2+(2.3－0.1－0.05)×2+0.2+0.1×2]×0.6=13.41(m^2) S=31.20×2+14.874+27.34×2+13.41=145.36(m^2)	m^2	145.36

6.10　保温、隔热、防腐工程

6.10.1　定额工程量计算规则

1. 保温隔热工程

(1)屋面保温隔热工程量按设计图示尺寸以面积计算，扣除>0.3 m^2 柱、垛、孔洞等所占面积。其他项目按设计图示尺寸以定额项目规定的计量单位计算。

屋面保温层的计算公式为

$$屋面保温层(V)=保温层实铺面积(S)\times厚度(H)$$

$$屋面保温层找坡体积(V)=保温层实铺面积(S)\times平均厚度(h)$$

式中　　$$平均厚度(h)=最薄处厚度+1/2\times半跨(A)\times坡度(i)$$

屋面找坡如图6-63所示。

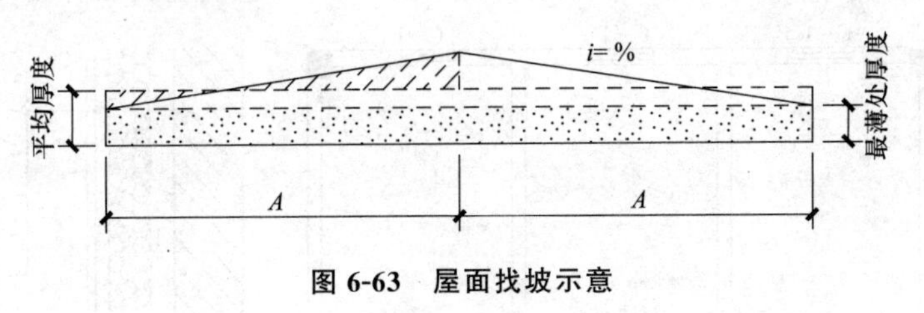

图 6-63　屋面找坡示意

【例 6-36】　某工程屋面长为46.35 m，宽为12.5 m，坡度 i=2%，采用炉渣找坡最薄处厚度为30 mm，计算屋面炉渣找坡保温层的工程量。

【解】　屋面面积=46.35×12.5=579.38(m^2)

平均厚度=0.03+1/2×6.25×2%=0.093(m)

屋面炉渣找坡工程量$=579.38\times0.093=53.88(m^3)$

【例 6-37】 某工程屋面做法如图 6-64 所示，屋面坡度 $i=2\%$，计算屋面层的工程量。

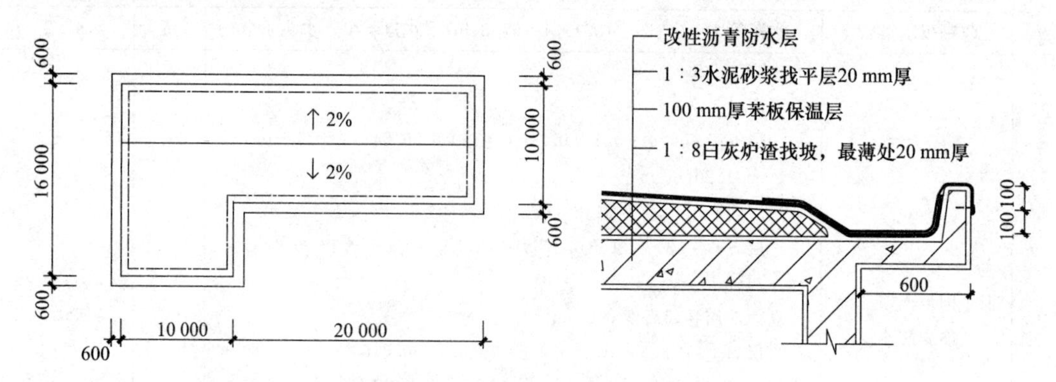

图 6-64 某工程屋面做法示意

【解】 (1)1∶8 炉渣找坡。

平均厚度$=0.03+1/2\times5\times2\%=0.08(m)$

$V_{找坡}=(30\times10+10\times6)\times0.08=28.8(m^3)$

(2)苯板保温层。

$S_{保温}=30\times10+10\times6=360(m^2)$

(3)1∶3 水泥砂浆找平层。

$S_{找平}=(10+0.6\times2+0.3)\times(30+0.6\times2+0.3)+(10+0.6\times2+0.3)\times6=431.25(m^2)$

(4)改性沥青防水层。

$S_{防水}=431.25\ m^2$

(2)天棚保温隔热层工程量按设计图示尺寸以面积计算。扣除面积>0.3 m² 柱、垛、孔洞等所占面积；与天棚相连接的梁按展开面积计算，其工程量并入天棚内。

(3)墙面保温隔热层工程量按设计图示尺寸以面积计算。扣除门窗洞口及面积>0.3 m² 梁、孔洞所占面积；门窗洞口侧壁(含顶面)及与墙相连的柱，并入保温墙体工程量内。墙体及混凝土板下铺贴隔热层不扣除木框架及木龙骨的体积。其中，外墙按隔热层中心线长度计算，内墙按隔热层净长度计算。

【例 6-38】 某工程外墙保温层采用苯板保温 100 mm 厚，如图 6-65 所示，M－1 的尺寸为 1 000 mm×2 200 mm，C－1 尺寸为 2 400 mm×1 800 mm，门窗口处保温板厚度为 30 mm，门窗框厚度为 60 mm，且在墙体中心线上，若外墙高度为 4.2 m，计算外墙保温工程量。

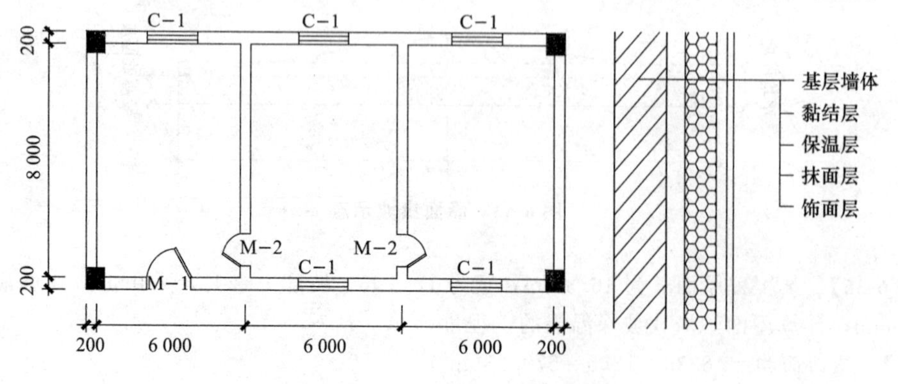

图 6-65 外墙苯板保温示意

【解】 $S_{外墙保温100\ mm厚}=[(6\times3+0.2\times2+8+0.2\times2)\times2+8\times0.05]\times4.2-1\times2.2-2.4\times1.8\times5=203(m^2)$

$S_{门窗洞口保温30\ mm厚}=[(0.2-0.06)\div2+0.1]\times(2.2\times2+1-0.03\times2)+[(0.2-0.06)\div2+0.1]\times(1.8\times2+2.4-0.03\times2)]\times5=5.96(m^2)$

(4)柱、梁保温隔热层工程量按设计图示尺寸以面积计算。柱按设计图示柱断面保温层中心线展开长度乘高度以面积计算，扣除面积＞0.3 m² 梁所占面积。梁按设计图示梁断面保温层中心线展开长度乘保温层长度以面积计算。

【例 6-39】 某框架柱如图 6-66 所示，其断面尺寸为 400 mm×400 mm，外围做 100 mm 厚苯板保温，若柱的高度为 2.6 m，求柱保温层工程量。

【解】 $S_{柱保温}=(0.6\times4-4\times0.1)\times2.6=5.2(m^2)$

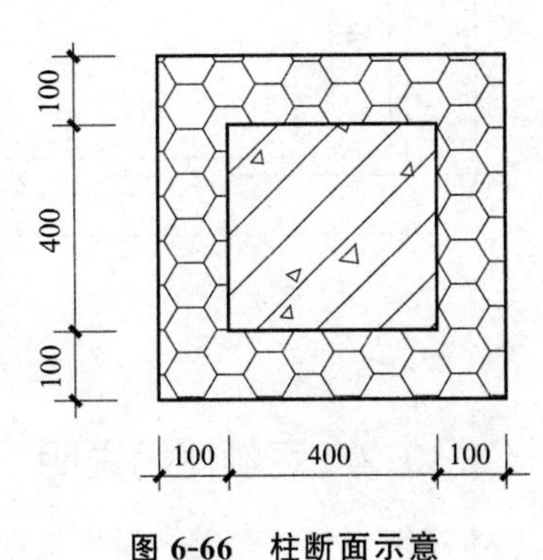

图 6-66 柱断面示意

(5)楼地面保温隔热层工程量按设计图示尺寸以面积计算。扣除柱、垛及单个＞0.3 m² 孔洞所占面积。

(6)其他保温隔热层工程量按设计图示尺寸以展开面积计算。扣除面积＞0.3 m² 孔洞及占位面积。

(7)大于 0.3 m² 孔洞侧壁周围(含顶面)及梁头、连系梁等其他零星工程保温隔热工程量，并入墙面的保温隔热工程量内。

(8)柱帽保温隔热层，并入天棚保温隔热层工程量内。

(9)保温层排气管按设计图示尺寸以长度计算，不扣除管件所占长度，保温层排气孔以数量计算。

(10)防火隔离带工程量按设计图示尺寸以面积计算。

2. 防腐工程

(1)防腐工程面层、隔离层及防腐油漆工程量均按设计图示尺寸以面积计算。

(2)平面防腐工程量应扣除凸出地面的构筑物、设备基础等，以及面积＞0.3 m² 孔洞、柱、垛等所占面积，门洞、空圈、暖气包槽、壁龛的开口部分不增加面积。

(3)立面防腐工程量应扣除门、窗、洞口，以及面积＞0.3 m² 孔洞、梁所占面积，门、窗、洞口侧壁(含顶面)、垛凸出部分按展开面积并入墙面内。

(4)池、槽块料防腐面层工程量按设计图示尺寸以展开面积计算。

(5)砌筑沥青浸渍砖工程量按设计图示尺寸以面积计算。

(6)踢脚板防腐工程量按设计图示长度乘高度以面积计算，扣除门洞所占面积，并相应增加侧壁展开面积。

(7)混凝土面及抹灰面防腐按设计图示尺寸以面积计算。

【例 6-40】 某工程防腐地面做法如图 6-67 所示，立面高度为 500 mm，若门 M－1：1 200 mm×2 500 mm，M－2：1 000 mm×2 000 mm，外墙 370 mm，内墙 240 mm，计算防腐地面的工程量。

【解】 (1)平面防腐地面面积。

$S_{平面}=(14-0.37\times2-0.24)\times(6-0.37\times2)-1.5\times1.5\times2=63.98(m^2)$

(2)立面防腐面积。

$S_{立面}=[(6-0.37\times2)\times4+(14-0.37\times2-0.24)\times2-1\times2+0.24\times2-1.2+0.185\times2]\times0.5=22.36(m^2)$

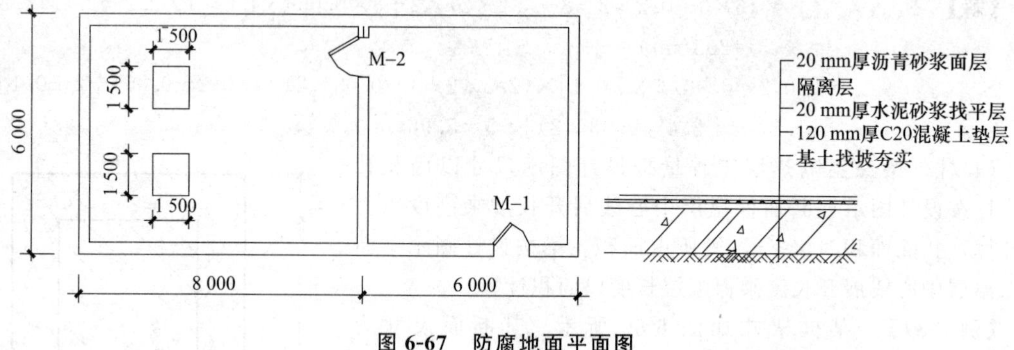

图 6-67 防腐地面平面图

6.10.2 定额使用说明

本章定额包括保温、隔热工程，防腐工程和其他防腐共三节。

1. 保温、隔热工程

(1)保温层的保温材料配合比、材质、厚度与设计不同时，可以换算，人工、机械不变。

(2)半径 9 m 以内的弧形墙墙面保温隔热层，按相应项目的人工乘以系数 1.1。

(3)柱面保温按墙面保温定额项目人工乘以系数 1.19、材料乘以系数 1.04。

(4)墙面岩棉板保温、聚苯乙烯板保温及保温装饰一体板保温如使用钢骨架，钢骨架按本定额"第十二章　墙、柱面装饰与隔断、幕墙工程"相应项目执行。

(5)抗裂保护层工程如采用塑料膨胀螺栓固定时，每 1 m^2 增加人工 0.03 工日，塑料膨胀螺栓 6.12 套。

(6)保温隔热材料应根据设计规范，必须达到国家规定要求的等级标准。

2. 防腐工程

(1)各种胶泥、砂浆、混凝土配合比及各种整体面层的厚度，如与设计不同时，可以换算。定额已综合考虑各种块料面层的结合层、胶结料厚度及灰缝宽度。

(2)花岗石面层按六面剁斧的块料、结合层厚度按 20 mm 编制，如板底为毛面时，其结合层胶结料用量按设计厚度调整。

(3)整体面层踢脚板按整体面层相应项目执行，块料面层踢脚板按立面砌块相应项目人工乘以系数 1.2。

(4)卷材防腐接缝、收头工料已包括在定额内，不再另行计算；附加层并入卷材防腐工程量中。

(5)块料防腐中面层材料的规格、材质与定额不同时，可以换算。

3. 其他防腐

环氧自流平防腐地面中间层(刮腻子)按每层 1 mm 厚度考虑，如卷材设计要求厚度不同，则按相应厚度可以调整。

本章防腐项目除定额明确列项外，均已综合考虑平面、立面防腐。

6.10.3 工程量计算实例

根据辽宁省 2017 年版《房屋建筑与装饰工程定额》中的防腐、保温、隔热工程量计算规则，以×××公司办公楼(施工图纸见附录)为工程项目，完成防腐、保温、隔热工程工程量计算(表 6-34)。

项目名称：×××公司办公楼建筑与装饰工程。

项目任务：防腐、保温、隔热工程工程量计算。

表 6-34　工程量计算程序

序号	工程项目名称	计算式	单位	数量
1	屋面苯板保温	保温层 S=屋面面积=488.52 m^2	m^2	488.52
2	外墙保温	1. 外墙苯板保温 保温面积 S=保温中心线 L×墙高 H－门窗洞口面积 保温中心线 L=105.02－4×0.08=104.7(m) 墙高 H=15.6＋1.2=16.8(保温墙高为轻骨料混凝土外墙) 门窗洞口面积 S=2.5×2.2×1(M－1：1个)＋1.5×2.2×2(M－2：2个)＋1.5×2.7×1(M－4：1个)＋2.64×3.4×2(C－1：2个)＋2.6×3.4×2(C－2：2个)＋2.3×3.4×4(C－3：4个)＋1.8×3.4×2(C－4：2个)＋1.5×2.1×34(C－5：34个)＋1.5×2.2×8(C－6：8个)＋3.7×3×3(C－7：3个)＋1.5×3×5(C－8：5个)＋3.7×2.1×9(C－9：9个)＋1.2×3×2(C－10：2个)＋1.2×2.1×4(C－11：4个)＋1.2×2.1×2(C－12：2个)＋1.5×0.4×11(C－13：11个)＋10.2×(15.6－4.5－1－0.46)(玻璃幕墙洞口)=481.78(m^2) 保温面积 S=104.7×16.8－481.78(门窗洞口面积)=1 277.18(m^2) 2. 女儿墙保温 女儿墙高 H=0.86 m 保温面积 S=保温中心线 L×女儿墙高 H 女儿墙保温中心线 L=[13.5＋37.99－(0.28＋0.075)×2]×2－0.13×4=101.04(m) 保温面积 S=101.04×0.86=86.89(m^2) 女儿墙高 H=2.7(m) 女儿墙保温中心线 L=[12＋(0.28＋0.075)×2]×2＋(1－0.28－0.075)×2－0.13×4=26.19(m) 保温面积 S=26.19×2.7=70.71(m^2) $S_{总}$=1 277.18＋86.89＋70.71=1 434.78(m^2)	m^2	1 434.78

6.11　楼地面装饰工程

6.11.1　定额工程量计算规则

1. 楼地面整体面层及找平层

楼地面整体面层及找平层按设计图示尺寸以面积计算。扣除凸出地面构筑物、设备基础、室内铁道、地沟等所占面积，不扣除间壁墙及单个面积≤0.3 m^2 柱、垛、附墙烟囱及孔洞所占面积。门洞、空圈、暖气包槽、壁龛的开口部分不增加面积。

2. 块料面层、橡塑面层

(1)块料面层、橡塑面层及其他材料面层按设计图示尺寸以面积计算。门洞、空圈、暖气包槽、壁龛的开口部分并入相应的工程量内。

(2)石材拼花按最大外围尺寸以矩形面积计算。有拼花的石材地面，按设计图示尺寸扣除拼花的最大外围矩形面积计算面积。

(3)点缀按“个”计算，计算主体铺贴地面面积时，不扣除点缀所占面积。

(4)石材底面刷养护液包括侧面涂刷，工程量按设计图示尺寸以底面积计算。

(5)石材表面刷保护液按设计图示尺寸以表面积计算。

(6)石材勾缝按石材设计图示尺寸以面积计算。

3. 踢脚线

踢脚线按设计图示长度乘高度以面积计算。楼梯靠墙踢脚线(含锯齿形部分)贴块料按设计图示面积计算。石材成品踢脚线按图示尺寸长度计算。

4. 楼梯面层

楼梯面层按设计图示尺寸以楼梯(包括踏步、休息平台及≤500 mm的楼梯井)水平投影面积计算。楼梯与楼地面相连时，算至梯口梁内侧边沿；无梯口梁者，算至最上一层踏步边沿加300 mm。

5. 台阶面层

台阶面层按设计图示尺寸以台阶(包括最上层踏步边沿加300 mm)水平投影面积计算。

6. 其他项目

(1)零星项目按设计图示尺寸以面积计算。

(2)圆弧形等不规则地面镶贴面层(不包括柱角)，饰面宽度按1 m计算工程量。

(3)分格嵌条按设计图示尺寸以“延长米”计算。

(4)块料楼地面做酸洗打蜡者，按设计图示尺寸以表面积计算；楼梯、台阶做酸洗打蜡者，按水平投影面积计算。

【例6-41】 某工程尺寸如图6-68所示，内外墙厚为240 mm，M－1：3 600 mm×2 700 mm，M－2：1 000 mm×2 000 mm，其室内地面做法是：C15混凝土垫层80厚、C20细石混凝土40厚面层(表面撒1∶1水泥砂子随打随磨光)。室内做水泥砂浆踢脚线高150 mm。计算混凝土垫层和面层、踢脚线的工程量。

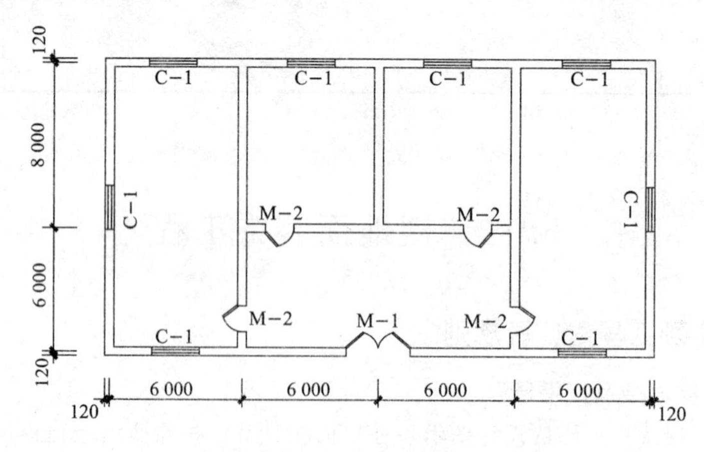

图6-68 工程平面图

【解】 (1)垫层工程量。

$V_{垫层}=[(6+8-0.24)\times(6-0.24)\times2+(6-0.24)\times(8-0.24)\times2+(12-0.24)\times(6-0.24)]\times0.08=25.25(m^3)$

(2)面层工程量。

$S_{面层}=(6+8-0.24)\times(6-0.24)\times2+(6-0.24)\times(8-0.24)\times2+(12-0.24)\times(6-0.24)$
$=315.65(m^2)$

(3)水泥砂浆踢脚线工程量。

$S_{踢脚线}=\{[(6+8-0.24)+(6-0.24)]\times2\times2+[(8-0.24)+(6-0.24)]\times2\times2+[(12-0.24)+(6-0.24)]\times2-(1\times2\times4+3.6)+0.24\times9\}\times0.15=(78.08+54.08+35.04-11.6+2.16)\times0.15=23.66(m^2)$

6.11.2 定额使用说明

本章定额包括整体面层及找平层、块料面层、橡塑面层、其他材料面层、踢脚线、楼梯面层、台阶装饰、零星装饰项目、分格嵌条、防滑条、酸洗打蜡十一节。

(1)水磨石地面水泥石子浆的配合比，设计与定额不同时，可以调整。

(2)同一铺贴面上有不同种类、材质的材料，应分别按本章相应项目执行。

(3)厚度≤60 mm的细石混凝土按找平层项目执行，厚度>60 mm的按本定额"第四章　砌筑工程"混凝土垫层项目执行。

(4)采用地暖的地板垫层，按不同材料执行相应项目，人工乘以系数1.3，材料乘以系数0.95。

(5)块料面层。

①镶贴块料项目是按规格料考虑的，如需现场倒角、磨边者按本定额"第十五章　其他装饰工程"相应项目执行。

②石材楼地面拼花按成品考虑。

③镶嵌规格在100 mm×100 mm以内的石材执行点缀项目。

④玻化砖按陶瓷地面砖相应项目执行。

⑤石材楼地面需做分格、分色的，按相应项目人工乘以系数1.10。

(6)木地板。

①木地板安装按成品企口考虑，若采用平口安装，其人工乘以系数0.85。

②木地板填充材料，按本定额"第十章　保温、隔热、防腐工程"相应项目执行。

(7)弧形踢脚线、楼梯段踢脚线按相应项目人工、机械乘以系数1.15。

(8)石材螺旋形楼梯，按弧形楼梯项目人工乘以系数1.2。

(9)零星项目面层适用于楼梯侧面、台阶的牵边，小便池、蹲台、池槽，以及面积在0.5 m^2以内且未列项目的工程。

(10)圆弧形等不规则地面镶贴面层按相应项目人工乘以系数1.3，块料消耗量损耗按实调整。

(11)水磨石地面包含酸洗打蜡，其他块料项目如需做酸洗打蜡者，单独执行相应酸洗打蜡项目。

(12)楼梯不包括踢脚线、侧边板底抹灰，另按相应项目计算。

6.11.3 工程量计算实例

根据辽宁省2017年版《房屋建筑与装饰工程定额》中的楼地面装饰工程量计算规则，以×××公司办公楼(施工图纸见附录)为工程项目，完成楼地面装饰工程工程量计算(表6-35)。

项目名称：×××公司办公楼建筑与装饰工程。

项目任务：楼地面装饰工程量计算。

表 6-35　工程量计算程序

序号	工程项目名称	计算式	单位	数量
		楼地面装饰工程		
1	地下室地面：1：2 水泥砂浆，20 mm 厚	$S=(37.28-0.125\times2)\times(12.79-0.125\times2)-(3.2-0.125)\times(3-0.125-0.1)-(5.54+2.11-2-0.125)\times(3.2-0.2)=439.25(m^2)$	m^2	439.25
2	地下室地面垫层：C15 混凝土垫层，80 mm 厚	$V=439.25\times0.08=35.14(m^3)$	m^3	35.14
3	地下室水泥砂浆踢脚线	$S=(37.28-0.125\times2+12.79-0.125\times2)\times2\times0.15=14.87(m^2)$	m^2	14.87
4	楼梯间磨光大理石地面	$S=[(3-0.075-0.1)\times(5.54-0.075+0.1)+3\times(5.54-0.075+0.1)]\times3+(5.54+2.11-0.075-0.1)\times(3-0.075-0.1)+3\times(5.54-0.075+0.1)=135.06(m^2)$	m^2	135.06
5	楼梯间人造大理石踢脚线	$S=[(3-0.075-0.1)\times3+3\times3+(5.54-0.075+0.1)\times4\times3+(5.54+2.11-2-0.075-0.1)\times2+(3-0.075-0.1)\times2-1.5+3+(5.54-0.075+0.1)\times2]\times0.15=17.02(m^2)$	m^2	17.02
6	卫生间防滑地砖	$S=(6.3-0.3-0.075)\times(5.54-0.1-0.075-0.08)\times2+(3-0.075-0.1)\times(5.54-0.1-0.075-0.1)=77.501(m^2)$	m^2	77.501
7	卫生间 1：3 水泥砂浆找坡层	$S=77.501\ m^2$	m^2	77.501
8	其他房间磨光大理石地面	一层： $S=(3.24+3.2\times2+3.14-0.6)\times(5.54-0.075-0.1)+6.565\times(3-0.1-0.05)\times2+(6-0.1)\times3.15+6.1\times(6.565-3.215)+(2.11-0.2)\times(37.28-0.075\times2)+(3-0.075-0.1+12-0.2)\times(5.14+0.1-0.075)+[(6.44+3.2-0.4)\times2+3-0.1-0.075]\times(5.14-0.1-0.075)=394.02(m^2)$ 二层： $S=(6.44+3.2+3.14-0.6)\times(5.54-0.1-0.075)+6.365\times(12-0.2)+(37.28-0.075\times2)\times(2.11-0.2)+(37.28-0.075\times2-0.2\times8)\times(5.14-0.1-0.075)=387.78(m^2)$ 三层： $S=(6.44+3.2-0.4)\times(5.54-0.175)+6.365\times11.8+(37.28-3-0.1-6.44-0.075)\times(2.11-0.2)+(3+6.44+3.2+3+6+3.2+3-5\times0.2-0.1-0.075)+(6.44-0.2)\times(12.79-0.075\times2)+(5.54+2.11-0.175)\times(3-0.1-0.075)=304.18(m^2)$ 四层： $S=(3+3.2+6.44+3-0.1\times2-0.075\times2)+(5.14-0.1-0.075)+(6.44+3-0.1-0.075)\times(5.54-0.1-0.075)+(3.2+6.44+3-0.1-0.075)\times(2.11-0.2)+(6.44+3.2)\times(12.79-0.075\times2)+(12-0.1\times2)\times(8.65+12.79-0.075)=467.73(m^2)$ 全部： $S=394.02+387.78+304.18+467.73=1\ 553.71(m^2)$	m^2	1 553.71

续表

序号	工程项目名称	计算式	单位	数量
9	其他房间 大理石踢脚线	一层： S=[(3.24+3.2×2+3.14−0.2×3)×2+(5.54−0.075−0.1)×6+6.565×2+(3−0.1−0.05)×2+(6−0.1)×2+3.115×2+6.1+3.215×2+(2.11−0.2)×2+(3.24+3.2×2+0.2)×2+(5.14−0.075+0.1)×4+(6.44+3+0.1−0.075)+(6.44+3+3.2+0.1−0.075)+(6.44+3.2−0.4)×2×2+(5.14−0.1−0.075)×10+(3−0.175)×2−1.5×3×2−1×11−1.8×4]×0.15=35.59(m^2) 二层： S=[(6.44+3.2+3.14−0.6)×2+(5.54−0.1−0.075)×6+(6.365+12−0.2)×2+(37.28−0.075×2)×2−(3−0.075−0.1)−3+(37.28−0.075×2−0.2×8)×2+(5.14−0.1−0.075)×18+(2.11−0.2)×2−1×18−1.5×12]×0.15=43.43(m^2) 三层： S=[(6.44+33.2−0.4)×2+(5.54−0.1×2−0.075×2)×4+6.365×2+11.8×2+(37.28−3−6.44−0.1−0.075)×2−(3−0.175)−3+(2.11−0.2)×2+(3+6.44+3.2+3+6+3+3.2−5×0.2−0.175)×2+(5.14−0.1−0.075)×13+(6.44−0.2)×2+(12.79−0.075×2)+(5.54+2.11−0.075+0.1)+(5.54+2.11−0.175)×2+(3−0.1−0.075)×2−1×13−1.5×10−1.2×2]×0.15=49.465(m^2) 四层： S=[(3.2+3+6.44+3−0.1×2−0.075×2)×2+(5.14−0.1−0.075)×4+(6.44+3−0.1−0.075)×2+(5.54−0.175)×2+(12.79−0.075×2)×2+1×2+(6.44+3.2+3+6+3−0.2)×2+3.2+6.44+3−0.1−0.075+6.44+3−0.075+0.1−1.5×7−1×2]×0.15=23.89(m^2) 全部： S=35.59+43.43+49.465+23.89=152.38(m^2)	m^2	152.38

6.12　墙、柱面抹灰、装饰与隔断、幕墙工程

6.12.1　定额工程量计算规则

1. 抹灰

(1)内墙面、墙裙抹灰面积应扣除门窗洞口和单个面积＞0.3 m^2 以上的空圈所占的面积，不扣除踢脚线、挂镜线及单个面积≤0.3 m^2 的孔洞和墙与构件交接处的面积，且门窗洞口、空圈、孔洞的侧壁及顶面面积也不增加，附墙柱、梁、垛、附墙烟囱的侧面抹灰应并入墙面、墙裙抹灰工程量内计算。

(2)内墙面、墙裙的长度以主墙间的设计图示净长计算，墙裙高度按设计图示高度计算，墙

面高度按室内楼地面结构净高计算；墙面抹灰面积应扣除墙裙抹灰面积，如墙面和墙裙抹灰种类相同者，工程量合并计算；吊顶天棚的内墙面一般抹灰，其高度按室内地面或者楼面至吊顶底面另加 100 mm 计算。

(3)外墙面抹灰面积按垂直投影面积计算，应扣除门窗洞口、外墙裙(墙面和墙裙抹灰种类相同者应合并计算)和单个面积＞0.3 m^2 的孔洞所占面积，不扣除单个面积≤0.3 m^2 的孔洞所占面积，门窗洞口和孔洞侧壁及顶面面积也不增加。附墙柱、梁、垛、附墙烟囱侧面抹灰面积应并入外墙面抹灰工程量内。

(4)外墙裙抹灰面积按墙裙长度乘以高度计算。扣除门窗洞口和大于 0.3 m^2 孔洞所占的面积，门窗洞口及孔洞的侧壁及顶面不增加。

(5)墙面勾缝按垂直投影面积计算，应扣除墙裙和墙面抹灰的面积，不扣除门窗洞口、门窗套、腰线等零星抹灰所占的面积，附墙柱和门窗洞口侧面及顶面的勾缝面积也不增加。独立柱、房上烟囱勾缝，按图示尺寸以“m^2”计算。

(6)柱面抹灰按设计图示柱结构断面周长乘以高度以面积计算。

(7)女儿墙(包括泛水、挑砖)内侧、阳台栏板(不扣除花格所占孔洞面积)内侧与阳台栏板外侧抹灰工程量按其投影面积分别计算，块料按展开面积计算。女儿墙无泛水挑砖者，人工及机械乘以系数 1.10；女儿墙带泛水挑砖者，人工及机械乘以系数 1.30 按墙面相应项目执行。女儿墙内侧、阳台栏板内侧并入内墙计算，女儿墙外侧、阳台栏板外侧并入外墙计算。

(8)装饰线条抹灰按设计图示尺寸以长度计算。

(9)装饰抹灰分格嵌缝按抹灰面面积计算。

(10)“零星抹灰”按设计图示尺寸以展开面积计算。

【例 6-42】 某建筑物如图 6-69 所示，内墙面抹 1∶2 水泥砂浆 20 厚、刮大白 3 遍，外墙抹 1∶2 水泥砂浆 20 厚、刷涂料，门窗洞口尺寸分别为：M－1，2 000 mm×2 500 mm，M－2，1 000 mm×2 000 mm，M－3，2 500 mm×2 700 mm C－1，3 000 mm×2 000 mm(注：门窗处均设过梁，伸入墙内 250 mm，$h\times b$＝180 mm×墙厚，框架柱之间均有框架梁连接，KZ，500 mm×500 mm 、KL，200×460 mm 板厚为 100 mm 厚)，计算内墙、外墙面抹灰的工程量。

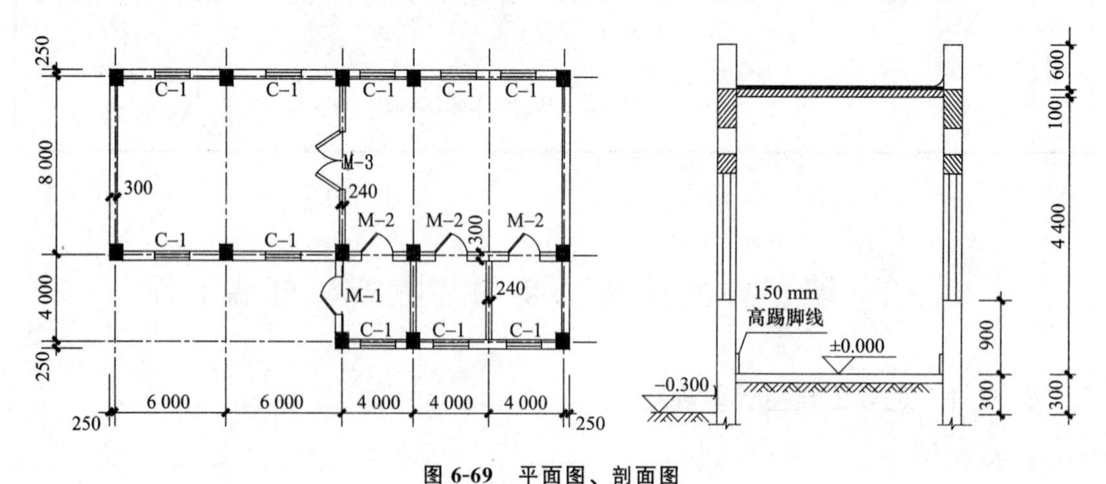

图 6-69　平面图、剖面图

【解】 (1)内墙抹灰工程量。

S＝[(8－0.05×2)×4＋(24－2×0.05－0.24)×2＋(0.5－0.3)×8(增加柱的侧面)]×4.4＋[4×6＋(12－0.05×2－0.24×2)×2]×4.4－(2×2.5＋1×2×3＋2.5×2.7＋3×2×10)＝482.63(m^2)

(2)外墙抹灰工程量。

$S=[(12+0.25\times2)\times2+(24+0.25\times2)\times2]\times(0.3+4.4+0.1+0.6)-(3\times2\times10+2\times2.5)=334.6(m^2)$

2. 块料面层

(1)挂贴石材零星项目中柱墩、柱帽是按圆弧形成品考虑的，按其圆的最大外径以周长计算；其他类型的柱帽、柱墩工程量按设计图示尺寸以展开面积计算。

(2)墙面块料面层按镶贴表面积计算。

(3)柱镶贴块料面层按设计图示饰面外围尺寸乘以高度以面积计算。

(4)干挂石材钢骨架按设计图示以质量计算。

3. 墙、柱(梁)饰面

(1)龙骨、基层、面层墙饰面项目按设计图示饰面尺寸以面积计算，扣除门窗洞口及单个面积＞0.3 m^2 以上的空圈所占的面积，门窗洞口及空圈侧壁按展开面积计算，不扣除单个面积≤0.3 m^2 的孔洞所占面积，门窗洞口及孔洞侧壁面积也不增加。

(2)柱(梁)饰面的龙骨、基层、面层按设计图示饰面尺寸以面积计算，柱帽、柱墩并入相应柱面积计算。

4. 幕墙、隔断

(1)带骨架幕墙，按设计图示框外围尺寸以面积计算，不扣除与幕墙同种材质的窗所占面积；全玻幕墙按设计图示尺寸以面积计算；带肋全玻璃幕墙是指玻璃墙带玻璃肋，其工程量按展开面积计算，即玻璃肋的工程量合并在玻璃幕墙工程量内。

(2)隔断按设计图示外围尺寸以面积计算，扣除门窗洞口及单个面积＞0.3 m^2 的孔洞所占面积；浴厕门的材质与隔断相同时，门的面积并入隔断面积。

6.12.2 定额使用说明

本章定额包括墙面抹灰、柱(梁)面抹灰、零星抹灰、墙面块料面层、柱(梁)面镶贴块料、镶贴零星块料，墙饰面、柱(梁)饰面、幕墙工程及隔断十节。

(1)圆弧形、锯齿形、异性等不规则墙面抹灰、镶贴块料、幕墙按相应项目乘以系数1.15。

(2)干挂石材骨架及玻璃幕墙型钢骨架均按钢骨架项目执行。预埋铁件按本定额“第五章　混凝土、钢筋工程”铁件制作安装项目执行。

(3)抹灰面层。

①抹灰项目中砂浆配合比与设计不同者，按设计要求调整；设计厚度与定额取定厚度不同者，按相应增减厚度项目调整。

②墙中的钢筋混凝土梁、柱侧面抹灰并入相应墙面项目执行。

③“零星抹灰”适用于各种壁柜、碗柜、飘窗板、空调隔板、暖气罩、池槽、花台及≤0.5 m^2 的其他少量分散的抹灰。

④抹灰工程的装饰线条适用于门窗套、挑檐、腰线、压顶、遮阳板外边，宣传栏边框等项目的抹灰，以及突出墙面且展开宽度≤300 mm 的竖、横线条抹灰。线条展开宽度＞300 mm 且≤400 mm者，按相应项目乘以系数 1.33；展开宽度＞400 且≤500 mm 者，按相应项目乘以系数 1.67。

⑤飘窗凸出外墙面增加的抹灰并入外墙工程量。

(4)块料面层。

①墙面贴块料、饰面高度在 300 mm 以内者，按本定额“第十一章　楼地面工程”踢脚线项

目执行。

②勾缝镶贴面砖子目，面砖消耗量分别按缝宽 5 mm 和 10 mm 考虑，灰缝宽度与取定不同者，其块料及灰缝材料(预拌水泥砂浆)允许调整。

③玻化砖、干挂玻化砖或玻岩板按面砖相应项目执行。

④“镶贴零星块料”适用于各种壁柜、碗柜、飘窗板、空调隔板、暖气罩、池槽、花台，以及≤0.5 m^2 的其他少量的块料镶贴。

(5)除已列有挂贴石材柱帽、柱墩项目外，其他项目的柱帽、柱墩并入相应柱面积内，每个柱帽或柱墩另增人工：抹灰 0.25 工日，块料 0.38 工日，饰面 0.5 工日。

(6)木龙骨基层是按双向计算的，如设计为单向时，材料、人工乘以系数 0.55。

(7)隔断、幕墙。

①玻璃幕墙中的玻璃按成品玻璃考虑；幕墙中的避雷装置已综合考虑，但幕墙的封边、封顶的费用另行计算。型材、挂件设计用量及材质与定额取定用量及材质不同时，可以调整。

②幕墙饰面中的结构胶与耐候胶设计用量与定额取定用量不同时可以调整，消耗量按设计计算的用量加 15%的施工损耗计算。

③玻璃幕墙设计带有平、推拉窗者，并入幕墙面积计算，窗的型材用量应予调整，窗的五金用量相应增加，五金施工损耗按 2%计算。

④面层、隔墙(间壁)、隔断(护壁)项目内，除注明者外均未包括压边、收边、装饰线(板)，如设计要求时，应按照本定额“第十五章　其他装饰工程”相应项目执行。浴厕隔断已综合了隔断门所增加的工料。

⑤隔墙(间壁)、隔断(护壁)、幕墙等项目中龙骨间距、规格如与设计不同时，允许调整。

(8)本章设计要求做防火处理者，应按本定额“第十四章　油漆、涂料、裱糊工程”相应项目执行。

6.12.3　工程量计算实例

根据辽宁省 2017 年版《房屋建筑与装饰工程定额》中的抹灰工程量计算规则，以×××公司办公楼(施工图纸见附录)为工程项目，完成抹灰工程量计算(表 6-36)。

项目名称：×××公司办公楼建筑与装饰工程。

项目任务：抹灰工程量计算。

表 6-36　工程量计算程序

序号	工程项目名称	计算式	单位	数量
		墙、柱面抹灰、装饰与隔断、幕墙工程		
1	地下室墙面抹灰、刮大白	S=(37.28−0.125×2+12.79−0.125×2)×2×(2.19−0.1)=207.20(m^2)	m^2	207.20
2	楼梯间墙面抹灰、刮大白	S=[(3−0.075−0.1)+(3.2−0.1−0.1)+(5.54−0.075+0.1)×4]×(4.5+3.6+3.6−0.3)+[(5.54+2.11−0.075−0.1)×2−1.5+(3−0.075−0.1)×2+3+(5.54−0.075+0.1)×2]×(3.9−0.1)=446.44(m^2)	m^2	446.44
3	卫生间墙面贴瓷砖	S=[(3+3.3−0.1−0.075−0.2)×4+(5.54−0.1−0.075−0.2)×4]×4.4+[(3+3.3−0.1−0.075−0.2)×4+(5.54−0.1−0.075−0.2)×4]×3.5+[(3−0.075−0.1)×4+(5.54−0.1−0.2−0.075)×2]×3.5−(0.9×2.1×4×2+1×2.1×5+1.3×2×2)=395.33(m^2)	m^2	395.33

续表

序号	工程项目名称	计算式	单位	数量
4	其他房间墙面抹灰、刮大白	一层： S=[(3.24+3.2×2+3.14−0.2×3)×2+(5.54−0.075−0.1)×6+6.565×2+(3−0.1−0.05)×2+(6−0.1)×2+3.115×2+6.1+3.215×2+(2.11−0.2)×2+(3.24+3.2×2+0.2)×2+(5.14−0.075+0.1)×4+(6.44+3+0.1−0.075)+(6.44+3+3.2+0.1−0.075)+(6.44+3.2−0.4)×2×2+(5.14−0.1−0.075)×10+(3−0.175)×2−1.5×3×2−1×11−1.8×4]×(4.5−0.1)=1 044.076(m^2) 二层： S=[(6.44+3.2+3.14−0.6)×2+(5.54−0.1−0.075)×6+(6.365+12−0.2)×2+(37.28−0.075×2)×2−(3−0.075−0.1)−3+(37.28−0.075×2−0.2×8)×2+(5.14−0.1−0.075)×18+(2.11−0.2)×2−1×18−1.5×12]×(8.1−4.5−0.1)=1 013.478(m^2) 三层： S=[(6.44+33.2−0.4)×2+(5.54−0.1×2−0.075×2)×4+6.365×2+11.8×2+(37.28−3−6.44−0.1−0.075)×2−(3−0.175)−3+(2.11−0.2)×2+(3+6.44+3.2+3+6+3+3.2−5×0.2−0.175)×2+(5.14−0.1−0.075)×13+(6.44−0.2)×2+(12.79−0.075×2)+(5.54+2.11−0.075+0.1)+(5.54+2.11−0.175)×2+(3−0.1−0.075)×2−1×13−1.5×10−1.2×2]×(11.7−8.1−0.1)=1 154.18(m^2) 四层： S=[(3.2+3+6.44+3−0.1×2−0.075×2)×2+(5.14−0.1−0.075)×4+(6.44+3−0.1−0.075)×2+(5.54−0.175)×2+(12.79−0.075×2)×2+1×2+(6.44+3.2+3+6+3−0.2)×2+3.2+6.44+3−0.1−0.075+6.44+3−0.075+0.1−1.5×7−1×2]×(15.6−11.7−0.1)=605.302(m^2) 全部： $S_{总}$=1 044.076+1 013.478+1 154.18+605.302=3 817.04(m^2)	m^2	3 817.04

6.13 天棚工程

6.13.1 定额工程量计算规则

1. 天棚抹灰

按设计结构尺寸以展开面积计算。不扣除间壁墙、垛、柱、附墙烟囱、检查口和管道所占的面积，带梁天棚的梁两侧抹灰面积并入天棚面积内，板式楼梯底面抹灰面积(包括踏步、休息平台及≤500 mm宽的楼梯井)按水平投影面积乘以系数1.15计算，锯齿形楼梯底面抹灰面积(包括踏步、休息平台及≤500 mm宽的楼梯井)按水平投影面积乘以系数1.37计算。

2. 天棚吊顶

(1)天棚龙骨按主墙间水平投影面积计算，不扣除间壁墙、垛、柱、附墙烟囱、检查口和管道所占的面积，扣除单个>0.3 m^2 的孔洞、独立柱及与天棚相连的窗帘盒所占的面积。斜面龙骨按斜面计算。

(2)吊顶天棚的基层和面层均按设计图示尺寸以展开面积计算。天棚面中的灯槽及跌级、阶梯式、锯齿形、吊挂式、藻井式天棚面积按展开计算。不扣除间壁墙、垛、柱、附墙烟囱、检查口和管道所占的面积，扣除单个>0.3 m^2 的孔洞、独立柱及与天棚相连的窗帘盒所占的面积。

(3)格栅吊顶、藤条造型悬挂吊顶、织物软雕吊顶和装饰网架吊顶，按设计图示尺寸以水平投影面积计算。吊筒吊顶以最大外围水平投影尺寸，以外接矩形面积计算。

(4)保温吸声层按实铺面积计算。

3. 天棚其他装饰

(1)灯带(槽)按设计图示尺寸以框外围面积计算。

(2)灯光孔、风口按设计图示数量以“个”计算。

6.13.2 定额使用说明

本章定额包括天棚抹灰、天棚吊顶、吸声天棚、天棚其他装饰四节。

(1)抹灰项目中砂浆配合比与设计不同时，可按设计要求予以换算；设计厚度与定额取定厚度不同时，按相应项目调整。

(2)混凝土天棚刷素水泥浆或界面剂，按本定额“第十二章　墙、柱面抹灰、装饰与隔断、幕墙工程”相应项目人工乘以系数 1.15。

(3)吊顶天棚。

①除烤漆龙骨天棚为龙骨、面层合并列项外，其余均为天棚龙骨、基层、面层分别列项编制。

②龙骨的种类、间距、规格和基层、面层材料的型号、规格是按常用材料和常用做法考虑的，如设计要求不同时，材料可以调整，人工、机械不变。

③天棚面层在同一标高者为平面天棚，天棚面层不在同一标高者为跌级天棚。跌级天棚其面层按相应项目人工乘以系数 1.30。

④轻钢龙骨、铝合金龙骨项目中龙骨按双层双向结构考虑，即中、小龙骨紧贴大龙骨底面吊挂，如为单层结构时，即大、中龙骨底面在同一水平上者，人工乘以系数 0.85。

⑤轻钢龙骨、铝合金龙骨项目中，如面层规格与定额不同时，按相近面积的项目执行。

⑥轻钢龙骨和铝合金龙骨的吊杆设计用量与定额含量不同时，可按设计用量调整，人工不变。

⑦平面天棚和跌级天棚指一般直线型天棚，不包括灯光槽的制作安装。灯光槽制作安装应按本部分相应项目执行。吊顶天棚中的艺术造型天棚项目中包括灯光槽的制作安装。

⑧天棚面层不在同一标高，且高差在 4 000 mm 以下、跌级三级以内的一般直线型平面天棚按跌级天棚相应项目执行；高差在 400 mm 以上或跌级超过三级，以及圆弧形、拱形等造型天棚按吊顶天棚中的艺术造型天棚相应项目执行。

⑨天棚检查孔的工料已包括在项目内，不另行计算。

⑩龙骨、基层、面层的防火处理及天棚龙骨的刷防腐油，石膏板刮嵌缝膏、贴绷带，按本定额“第十四章　油漆、涂料、裱糊工程”相应项目执行。

⑪天棚压条、装饰线条，按本定额“第十五章　其他装饰工程”相应项目执行。

(4)格栅吊顶、吊筒吊顶、藤条造型悬挂吊顶、织物软雕吊顶、装饰网架吊顶，龙骨、面层合并列项编制。

(5)檐口、阳台底面、雨篷底面或顶面及楼梯底面抹灰按天棚抹灰执行，其中锯齿形楼梯按天棚抹灰项目人工乘以系数1.35。

(6)送风口、回风口执行通用安装工程《第九册 通风空调工程》相应项目。

6.13.3 工程量计算实例

根据辽宁省2017年版《房屋建筑与装饰工程定额》中的天棚工程量计算规则，以×××公司办公楼(施工图纸见附录)为工程项目，完成天棚工程量计算(表6-37)。

项目名称：×××公司办公楼建筑与装饰工程。

项目任务：天棚工程量计算。

表6-37 天棚工程量计算程序

序号	工程项目名称	计算式	单位	数量
		天棚工程		
1	地下室顶棚抹灰、刮大白	S=(37.28−0.125×2)×(12.79−0.125×2)−(3.2−0.125)×(3−0.125−0.1)−(5.71−0.125)×(3.2−0.2)=439.07(m^2)	m^2	439.07
2	楼梯间顶棚抹灰、刮大白	S=[(3−0.075−0.1)×(5.54−0.075+0.1)+3×(5.54−0.075+0.1)]×3+(5.54+2.11−0.075−0.1)×(3−0.075−0.1)+3×(5.54−0.075+0.1)=135.06(m^2)	m^2	135.06
3	卫生间顶棚抹灰、刮大白	S=(6.3−0.3−0.075)×(5.54−0.1−0.075−0.08)×2+(3−0.075−0.1)×(5.54−0.1−0.075−0.1)=77.50(m^2)	m^2	77.50
4	其他房间抹灰、刮大白	一层： S=(3.24+3.2×2+3.14−0.6)×(5.54−0.075−0.1)+6.56×(3−0.1−0.05)×2+(6−0.1)×3.15+6.1×(6.565−3.215)+(2.11−0.2)×(37.28−0.075×2)+(3−0.075−0.1+12−0.2)×(5.14+0.1−0.075)+[(6.44+3.2−0.4)×2+3−0.1−0.075]×(5.14−0.1−0.075)=393.99(m^2) 二层： S=(6.44+3.2+3.14−0.6)×(5.54−0.1−0.075)+6.365×(12−0.2)+(37.28−0.075×2)×(2.11−0.2)+(37.28−0.075×2−0.2×8)×(5.14−0.1−0.075)=387.78(m^2) 三层： S=(6.44+3.2−0.4)×(5.54−0.175)+6.365×11.8+(37.28−3−0.1−6.44−0.075)×(2.11−0.2)+(3+6.44+3.2+3+6+3.2+3−5×0.2−0.1−0.075)+(6.44−0.2)×(12.79−0.075×2)+(5.54+2.11−0.175)×(3−0.1−0.075)=304.18(m^2) 四层： S=(3+3.2+6.44+3−0.1×2−0.075×2)+(5.14−0.1−0.075)+(6.44+3−0.1−0.075)×(5.54−0.1−0.075)+(3.2+6.44+3−0.1−0.075)×(2.11−0.2)+(6.44+3.2)×(12.79−0.075×2)+(12−0.1×2)×(8.65+12.79−0.075)=467.22(m^2) 全部： S=393.99+387.78+304.18+467.22=1 533.17(m^2)	m^2	1 533.17

6.14 油漆、涂料、裱糊工程

6.14.1 定额工程量计算规则

1. 木门油漆工程

执行单层木门油漆的项目，其工程量计算规则及相应系数见表6-38。

表6-38 工程量计算规则和系数

项目		系数	工程量计算规则(设计图示尺寸)
1	单层木门	1.00	门洞口面积
2	单层半玻门	0.85	
3	单层全玻门	0.75	
4	半截百叶门	1.50	
5	全百叶门	1.70	
6	厂库房大门	1.10	
7	纱门扇	0.80	
8	特种门(包括冷藏门)	1.00	
9	装饰门扇	0.90	扇外围尺寸面积
10	间壁、隔断	1.00	长×宽 (满外量、不展开)
11	玻璃间壁露明墙筋	0.80	
12	木栅栏、木栏杆(带扶手)	0.90	
注：多面涂刷按单面计算工程量			

2. 木扶手及其他板条、线条油漆工程

(1)执行木扶手(不带托板)油漆的项目，其工程量计算规则及相应系数见表6-39。

表6-39 工程量计算规则和系数

项目		系数	工程量计算规则(设计图示尺寸)
1	木扶手(不带托板)	1.00	延长米
2	木扶手(带托板)	2.50	
3	封檐板、博风板	1.70	
4	黑板框、生活园地框	0.50	

(2)木线条油漆按设计图示尺寸以长度计算。

3. 其他木材面油漆工程

(1)执行其他木材面油漆的项目，其工程量计算规则及相应系数见表6-40。

表 6-40　工程量计算规则和系数

<table>
<tr><th colspan="2">项目</th><th>系数</th><th>工程量计算规则(设计图示尺寸)</th></tr>
<tr><td>1</td><td>木板、胶合板天棚</td><td>1.00</td><td>长×宽</td></tr>
<tr><td>2</td><td>屋面板带檩条</td><td>1.10</td><td>斜长×宽</td></tr>
<tr><td>3</td><td>清水板条檐口天棚</td><td>1.10</td><td rowspan="6">长×宽</td></tr>
<tr><td>4</td><td>吸声板(墙面或天棚)</td><td>0.87</td></tr>
<tr><td>5</td><td>鱼鳞板墙</td><td>2.40</td></tr>
<tr><td>6</td><td>木护墙、木墙裙、木踢脚</td><td>0.83</td></tr>
<tr><td>7</td><td>窗台板、窗帘盒</td><td>0.83</td></tr>
<tr><td>8</td><td>出入口盖板、检查口</td><td>0.87</td></tr>
<tr><td>9</td><td>壁橱</td><td>0.83</td><td>展开面积</td></tr>
<tr><td>10</td><td>木屋架</td><td>1.77</td><td>跨度(长)×中高×1/2</td></tr>
<tr><td>11</td><td>以上未包括的其余木材面油漆</td><td>0.83</td><td>展开面积</td></tr>
</table>

(2)木地板油漆按设计图示尺寸以面积计算，空洞、空圈、暖气包槽、壁龛的开口部分并入相应的工程量内。

(3)木龙骨刷防火、防腐涂料按设计图示尺寸以投影面积计算。

(4)基层板刷防火、防腐涂料按实际涂刷面积计算。

(5)油漆面抛光打蜡按相应刷油部位油漆工程量计算规则计算。

4. 金属面油漆工程

(1)执行金属面油漆、涂料项目，其工程量按质量或设计图示尺寸以展开面积计算。质量在 500 kg 以内的单个金属构件，可参考表 6-41 中相应的系数，按质量(t)折算为面积。

表 6-41　质量折算面积参考系数

项目		系数
1	钢栅栏门、栏杆、窗栅	64.98
2	钢爬梯	44.84
3	踏步式钢扶梯	39.90
4	轻型屋架	53.20
5	零星铁件	58.00

(2)执行金属平板屋面、镀锌薄钢板面(涂刷磷化、锌黄底漆)油漆的项目，其工程量计算规则及相应的系数见表 6-42。

表 6-42　工程量计算规则和系数

<table>
<tr><th colspan="2">项目</th><th>系数</th><th>工程量计算规则(设计图示尺寸)</th></tr>
<tr><td>1</td><td>平板屋面</td><td>1.00</td><td rowspan="2">斜长×宽</td></tr>
<tr><td>2</td><td>瓦垄版屋面</td><td>1.20</td></tr>
<tr><td>3</td><td>排水、伸缩缝盖板</td><td>1.05</td><td>展开面积</td></tr>
<tr><td>4</td><td>吸气罩</td><td>2.20</td><td>水平投影面积</td></tr>
<tr><td>5</td><td>包镀锌薄钢板门</td><td>2.20</td><td>门窗洞口面积</td></tr>
<tr><td colspan="4">注：多面涂刷按单面计算工程量</td></tr>
</table>

5. 抹灰面油漆、涂料工程

(1)抹灰面油漆、涂料(另做说明的除外)按设计图示尺寸以面积计算。

(2)踢脚线刷耐磨漆按设计图示尺寸长度计算。

(3)槽型底板、混凝土折瓦板、有梁板底、密肋梁板底、井字梁板底刷油漆、涂料按设计图示尺寸展开面积计算。

(4)墙面及天棚面刷石灰油浆、白水泥、石灰浆、石灰大白浆、普通水泥浆、可赛银浆、大白浆等涂料工程量按实际展开面积计算。

(5)混凝土花格窗、栏杆花饰刷(喷)油漆、涂料按设计、单面外围面积计算。

(6)天棚、墙、柱面基层板缝粘贴胶带纸按相应天棚、墙、柱面基层板面积计算。

6. 裱糊工程

墙面、天棚面裱糊按设计图示尺寸以面积计算。

6.14.2 定额使用说明

(1)本章定额包括木门油漆、木扶手及其他板条线条油漆、其他木材面油漆、金属面油漆、抹灰面油漆、喷刷涂料、裱糊七节。

(2)当设计与定额取定的喷、涂、刷遍数不同时，可按本章相应每增加一遍项目进行调整。

(3)油漆、涂料定额中均已考虑刮腻子。当抹灰面油漆、喷刷涂料设计与定额取定的刮腻子遍数不同时，可按本章“喷刷涂料”一节中刮腻子每增减一遍项目进行调整。“喷刷涂料”一节中刮腻子项目仅适用于单独刮腻子工程。

(4)附着安装在同材质装饰面上的木线条、石膏线条等油漆、涂料，与装饰面同色者，并入装饰面计算；与装饰面分色者，单独计算。

(5)门窗套、窗台板、腰线、压顶、扶手(栏板上扶手)等抹灰面刷油漆、涂料，与整体墙面同色者，并入墙面计算；与整体墙面分色者，单独计算，按墙面相应项目执行，其中人工乘以系数 1.43。

(6)纸面石膏板等装饰板材面刮腻子刷油漆、涂料，按抹灰面刮腻子刷油漆、涂料相应项目执行。

(7)附墙柱抹灰面喷刷油漆、涂料、裱糊，按墙面相应项目执行；独立柱抹灰面喷刷油漆、涂料、裱糊，按墙面相应项目执行，其中人工乘以系数 1.2。

(8)油漆。

①油漆浅、中、深各种颜色已在定额中综合考虑，颜色不同时，不另行调整。

②定额综合考虑了在同一平面上的分色，但美术图案需另外计算。

③木材面硝基清漆项目中每增加刷理漆片一遍项目和每增加硝基清漆一遍项目均适用于三遍以内。

④木材面聚酯清漆、聚酯色漆项目，当设计与定额取定的底漆遍数不同时，可按每增加聚酯清漆(或聚酯色漆)一遍项目进行调整，其中聚酯清漆(或聚酯色漆)调整为聚酯底漆，消耗量不变。

⑤木材面刷底油一遍、清油一遍可按相应底油一遍、熟桐油一遍项目执行，其中熟桐油调整为清油，消耗量不变。

⑥木门、木扶手、其他木材面等刷广告漆，按熟桐油、底油、生漆两遍项目执行。

⑦当设计要求金属面刷两遍防锈漆时，按金属面刷防锈漆一遍项目执行，其中人工乘以系数 1.74，材料均乘以系数 1.90。

⑧金属面油漆项目均考虑了手工除锈，如实际为机械除锈，则另按本定额“第六章　金属结构工程”中相应项目执行，油漆项目中的除锈用工也不扣除。

⑨喷塑(一塑三油)：底油、装饰漆、面油，其规格划分如下：

a. 大压花：喷点压平，点面积在 1.2 cm^2 以上；

b. 中压花：喷点压平，点面积在 1～1.2 cm^2；

c. 喷中点、幼点：喷点面积在 1 cm^2 以下。

⑩墙面真石漆、氟碳漆项目不包括分格嵌缝，当设计要求做分格嵌缝时，费用另行计算。

(9)涂料。

①木龙骨刷防火涂料按四面涂刷考虑，木龙骨刷防腐涂料按一面(接触结构基层面)涂刷考虑。

②金属面防火涂料项目按涂料密度 500 kg/m^2 和项目中注明的涂刷厚度计算，当设计与定额取定的涂料密度、涂刷厚度不同时，防火涂料消耗量可作调整。

③艺术造型天棚吊顶、墙面装饰的基层板缝粘贴胶带，按本章相应项目执行，人工乘以系数 1.2。

④木门刷油按双面考虑，如采用单面刷油，其人工、材料含量乘以 0.49 系数计算。

6.15　其他装饰工程

6.15.1　定额工程量计算规则

1. 柜类、货架

工程量按各项目计量单位计算。其中以“m^2”为计量单位的项目，其工程量均按正立面的高度(包括脚的高度在内)乘以宽度计算。

2. 压条、装饰线

(1)压条、装饰线条按线条中心线长度计算。

(2)石膏角花、灯盘按设计图示数量计算。

3. 扶手、栏杆、栏板装饰

(1)扶手、栏杆、栏板、成品栏杆(带扶手)均按其中心线长度计算，不扣除弯头长度。如遇木扶手、大理石扶手为整体弯头时，扶手消耗量需扣除整体弯头的长度，设计不明确者，每只整体弯头按 40 mm 扣除。

(2)硬木弯头、大理石弯头按设计图示数量计算。

4. 暖气罩

暖气罩(包括脚的高度在内)按边框外围尺寸垂直投影面积计算，成品暖气罩安装按设计图示数量计算。

5. 浴厕配件

(1)大理石洗漱台按设计图示尺寸以开展面积计算，挡板、吊沿板面积并入其中，不扣除孔洞、挖弯、削角所占面积。

(2)大理石台面面盆开孔按设计图示数量计算。

(3)盥洗室台镜(带框)、盥洗室木镜箱按边框外围面积计算。

(4)盥洗室塑料镜箱、毛巾杆、毛巾环、浴帘杆、浴缸拉手、肥皂盒、卫生纸盒、晒衣架、晾衣绳等按设计图示数量计算。

6. 雨篷、旗杆

(1)雨篷按设计图示尺寸以水平投影面积计算。

(2)不锈钢旗杆按设计图示数量计算。旗杆高度按旗杆台座上表面至杆顶的高度(包括球珠)计算。

(3)电动升降系统和风动系统按套数计算。

7. 招牌、灯箱

(1)柱面、墙面灯箱基层，按设计图示尺寸以展开面积计算。

(2)一般平面广告牌基层，按设计图示尺寸以正立面边框外围面积计算。复杂平面广告牌基层，按设计图示尺寸以展开面积计算。

(3)箱(竖)式广告牌基层，按设计图示尺寸以基层外围体积计算。

(4)广告牌面层、灯箱面层，按设计图示尺寸以展开面积计算。

(5)广告牌钢骨架以“t”计算。

8. 美术字

美术字按设计图示数量计算。

9. 石材、瓷砖加工

(1)石材、瓷砖倒角按块料设计倒角长度计算。

(2)石材磨边按成型圆边长度计算。

(3)石材开槽按块料成型开槽长度计算。

(4)石材、瓷砖开孔按成型孔洞数量计算。

6.15.2 定额使用说明

本章定额包括柜类、货架，压条、装饰线，扶手、栏杆、栏板装饰，暖气罩，浴厕配件，雨篷、旗杆，招牌、灯箱，美术字，石材、瓷砖加工九节。

本章定额中铁件已包括刷防锈漆一遍，如设计需刷油漆、防火涂料，按本定额“第十四章油漆、涂料、裱糊工程”相应项目执行。

1. 柜台、货架

(1)柜、台、架以现场加工、手工制作为主，按常用规格编制。设计与定额不同时，应进行调整换算。

(2)柜、台、架项目包括五金配件(设计有特殊要求者除外)，未考虑压板拼花及饰面板上贴其他材料的花饰、造型艺术品。

(3)木质柜、台、架项目中板材按胶合板考虑，如设计为生态板(三聚氰胺板)等其他的板材时，可以换算材料。

2. 压条、装饰线

(1)压条、装饰线均按成品安装考虑。

(2)装饰线条(顶角装饰线除外)按直线型在墙面安装考虑。墙面安装圆弧型装饰线条、天棚面安装直线型、圆弧型装饰线条，按相应项目乘以系数执行：

①墙面安装圆弧型装饰线条，人工乘以系数 1.2，材料乘以系数 1.1；

②天棚面安装直线型装饰线条，人工乘以系数 1.34；

③天棚面安装圆弧型装饰线条，人工乘以系数 1.6，材料乘以系数 1.1；

④装饰线条做墙面艺术图案者，人工乘以系数1.8，材料乘以系数1.1；

⑤装饰线条做天棚艺术图案者，人工乘以系数2.41，材料乘以系数1.1；

⑥装饰线条直接安装在金属龙骨上，人工乘以系数1.68。

3. 扶手、栏杆、栏板装饰

(1)扶手、栏杆、栏板项目(护窗栏杆除外)适用于楼梯、走廊、回廊及其他装饰性扶手、栏杆、栏板。

(2)扶手、栏杆、栏板项目已综合考虑扶手弯头(非整体弯头)的费用。如遇木扶手、大理石扶手为整体弯头，弯头另按本章相应项目执行。

(3)当设计栏板、栏杆的主材消耗量与定额不同时，其消耗量可以调整。

(4)不锈钢扶手不锈钢栏杆按直线型编制，如为圆弧形，其人工乘以系数1.3，如为螺旋型，其人工乘以系数1.7。

(5)不锈钢扶手全玻璃栏板按直型编制，如为弧型，其人工乘以系数1.4。

(6)不锈钢扶手半玻璃栏板按直型编制，如为弧型，其人工乘以系数1.3。

4. 暖气罩

(1)挂板式是指暖气罩直接钩挂在暖气片上；平墙式是指暖气片凹嵌入墙中，暖气罩与墙面平齐；明式是指暖气片全凸或半凸出墙面，暖气罩凸出于墙外。

(2)暖气罩项目未包括封边线、装饰线，另按本章相应装饰线条项目执行。

5. 浴厕配件

(1)大理石洗漱台项目不包括石材磨边、倒角及开面盆洞口，另按本章相应项目执行。

(2)浴厕配件项目按成品安装考虑。

(3)洗漱台的挡板材料与台面不同时，另行计算。

6. 雨篷、旗杆

(1)点支式、拖架式雨篷的型钢、爪件的规格、数量是按常用做法考虑的，当设计要求与定额不同时，材料消耗量可以调整，人工、机械不变，托架式雨篷的斜拉杆费用另计。

(2)铝塑板、不锈钢面层雨篷项目按平面雨篷考虑，不包括雨篷侧面。

(3)旗杆项目按常用做法考虑，未包括旗杆基础、旗杆台座及其饰面。

7. 招牌、灯箱

(1)招牌、灯箱项目，当设计与定额考虑的材料品种、规格不同时，材料可以换算。

(2)一般平面广告牌正立面平整无凹凸面，复杂平面广告牌正立面有凹凸面造型，箱(竖)式广告牌具有多面体。沿雨篷、檐口阳台走向立式招牌，按平面招牌复杂项目计算。

(3)广告牌基层以附墙方式考虑，当设计为独立式的，按相应项目执行，人工乘以系数1.1。

(4)招牌、灯箱项目均不包括广告牌喷绘、灯饰、灯光、店徽、其他艺术装饰及配套机械。

8. 美术字

(1)美术字项目不区分字体，定额均按成品安装考虑。

(2)美术字按最大外接矩形面积区分规格，按相应项目执行。

9. 石材、瓷砖加工

石材、瓷砖倒角，磨制圆边，开槽，开孔等项目适用于现场加工。

6.16 拆除工程

6.16.1 定额工程量计算规则

(1)墙体拆除：各种墙体拆除按实际拆墙体体积以“m^3”计算，不扣除 0.30 m^2 以内孔洞和构件所占的体积。

(2)钢筋混凝土构件拆除：混凝土及钢筋混凝土的拆除按实拆体积以“m^3”计算，楼梯拆除按水平投影面积以“m^2”计算。

(3)木构件拆除：各种屋架、半屋架拆除按跨度分类以“榀”计算，檩、椽拆除不分长短按实拆根数计算，望板、油毡、瓦条拆除按实拆屋面面积以“m^2”计算。

(4)抹灰层铲除：楼地面面层按水平投影面积以“m^2”计算，踢脚线按实际铲除长度以“m”计算，各种墙、柱面面层的拆除或铲除均按实拆面积以“m^2”计算，天棚面层拆除按水平投影面积以“m^2”计算。

(5)块料面层铲除：各种块料面层铲除均按实际铲除面积以“m^2”计算。

(6)龙骨及饰面拆除：各种龙骨及饰面拆除均按实拆面积以“m^2”计算。

(7)屋面拆除：屋面拆除按屋面的实拆面积以“m^2”计算。

(8)铲除油漆涂料裱糊面：油漆涂料裱糊面层铲除均按实际铲除面积“m^2”计算。

(9)栏杆栏板、轻质隔断隔墙拆除：栏杆扶手拆除均按实拆长度以“m”计算。隔墙及隔断的拆除按实拆面积以“m^2”计算。

(10)门窗拆除：拆整樘门、窗、门窗套均按“樘”计算，拆门、窗扇以“扇”计算。

(11)金属构件拆除：各种金属构件拆除均按实拆构件质量以“t”计算。

(12)管道及卫生洁具拆除：管道拆除按实拆长度以“m”计算，卫生洁具拆除按实拆数量以套计算。

(13)灯具拆除：各种灯具、插座拆除均按实拆数量以“套”“只”计算。

(14)其他构件拆除：暖气罩、嵌入式柜体拆除按正立面边框外围尺寸垂直投影面积计算，窗台板拆除按实拆长度计算，筒子板拆除按洞口内测长度计算，窗帘盒、窗帘轨拆除按实拆长度计算，干挂石材骨架拆除按拆除构件的质量以“t”计算，干挂预埋件拆除以“块”计算，防火隔离带按实拆长度计算。

(15)开孔(打洞)：无损切割按切割构件断面以“m^2”计算，钻芯按实钻孔数以“孔”计算。

(16)建筑垃圾外运按实方体积计算。

(17)墙面处理：打磨(凿毛)项目不分局部打磨(凿毛)或星点打磨(凿毛)，打磨(凿毛)面积均按全部打磨(凿毛)考虑，工程量按墙或天棚的净面积计算，扣除门窗洞口和大于 0.3 m^2 孔洞所占的面积。凿槽长度按实凿槽长度以“m”计算。

(18)无损切割、绳锯切割工程量按截断面积以“m^2”计算。

6.16.2 定额使用说明

(1)本章定额适用于房屋工程的改扩建或二次装修之前的拆除工程。

(2)本章定额包括砌体拆除，混凝土及钢筋混凝土构件拆除，木构件拆除，抹灰层铲除，块料面层铲除，龙骨及饰面拆除，屋面拆除，铲除油漆涂料裱糊面，栏杆栏板、轻质隔断隔墙拆除，门窗拆除，金属构件拆除，管道及卫生洁具拆除，灯具拆除，其他构件拆除，开孔(打洞)，楼层运出垃圾十六节。

(3)本章不适用于控制爆破拆除或机械整体性拆除，按不能重复利用拆除考虑。

(4)利用拆除后的旧材料抵减拆除人工费者，由发包方与承包方协商处理。

(5)本章定额除说明者外不分人工或机械操作，均按定额执行。

(6)墙体凿门窗洞口者套用相应墙体拆除项目，洞口面积在0.5 m^2 以内者，相应项目的人工乘以系数3.0；洞口面积在1.0 m^2 以内者，相应项目的人工乘以系数2.4。

(7)混凝土构件拆除机械按风炮机编制，如采用切割机械无损拆除局部混凝土构件，另按无损切割项目执行。

(8)地面抹灰层与块料面层铲除不包括找平层，如需铲除找平层者，每10 m^2 增加人工0.20工日。

(9)带支架防静电地板按带龙骨木地板项目人工乘以系数1.30。

(10)整樘门窗、门窗框及钢门窗拆除，按每樘面积2.5 m^2 以内考虑，面积在4 m^2 以内者，人工乘以系数1.30；面积超过4 m^2 者，人工乘以系数1.50。

(11)钢筋混凝土构件、木屋架、金属压型板屋面、采光屋面、金属构件拆除按起重机械配合拆除考虑，实际使用机械与定额取定机械型号规格不同者，按定额执行，不予调整。

(12)楼层运出垃圾按已有垂直运输机械考虑的，不分卷扬机、施工电梯或塔式起重机，均按定额执行，如采用人力运输，每10 m^3 按垂直运输距离每5 m增加人工0.78工日，并取消楼层运出垃圾项目中相应的机械费。建筑垃圾外运按人工装车考虑的，如为机械装车外运，建筑垃圾外运执行本定额“第一章　土石方工程运石渣”项目。

(13)拆除工程所搭设的脚手架、安全支护按批准的施工方案执行本定额“第十七章　措施项目”相应项目。

6.17　措施项目

(1)本章定额包括脚手架工程，模板工程，垂直运输，建筑物超高增加费，大型机械设备进出场及安拆，施工排水、降水，临时设施费，冬期施工措施费共八节。

(2)同一建筑物有不同檐高时，按建筑物的不同檐高纵向分割，分别计算建筑面积，并按各自的檐高执行相应项目。建筑物有多种结构时，按不同结构分别计算。

(3)框架-剪力墙结构、框架核心筒结构执行框架结构项目。梁、板、柱、墙全部为现浇钢筋混凝土结构的，执行全现浇结构项目。

6.17.1　脚手架工程

1. 定额工量计算规则

(1)综合脚手架。

综合脚手架按设计图示尺寸以建筑面积计算。

【例6-43】 某工程如图6-70所示，计算综合脚手架工程量。

【解】 (1)檐高20 m以内建筑物综合脚手架。

$$S=24\times14\times5=1\ 680(m^2)$$

(2)檐高30 m以内建筑物综合脚手架。

$$S=(24\times20+10\times28)\times7=5\ 320(m^2)$$

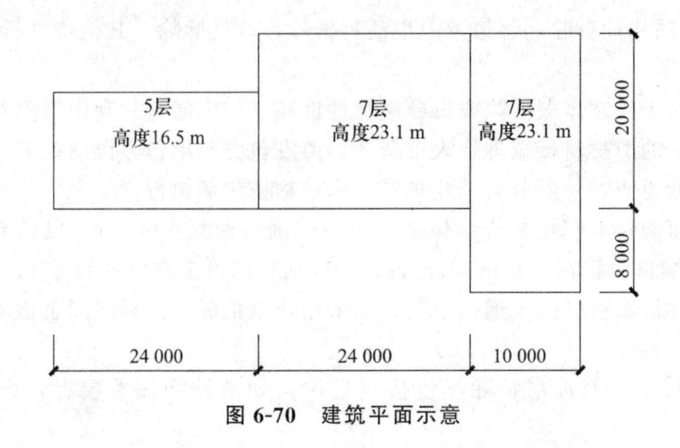

图 6-70　建筑平面示意

(2)单项脚手架。

①外脚手架、整体提升架按外墙外边线长度(含墙垛及附墙井道)乘以外墙高度以面积计算。

②里脚手架按墙面垂直投影面积计算。

③计算内、外墙脚手架时，均不扣除门、窗、洞口、空圈等所占面积。同一建筑物高度不同时，应按不同高度分别计算。

④独立柱按设计图示尺寸，以结构外围周长另加 3.6 m 乘以高度以面积计算。

【例 6-44】 某工程现浇混凝土独立柱 10 根，柱截面尺寸为 500 mm×500 mm，从室外地坪至柱顶的高度为 3.8 m，计算柱的脚手架工程量。

【解】　$S=(0.5\times4+3.6)\times3.8\times10=212.8(m^2)$

⑤现浇钢筋混凝土梁按梁顶面至地面(或楼面)间的高度乘以梁净长以面积计算。

⑥满堂脚手架按室内净面积计算，其高度为 3.6～5.2 m 时计算基本层；5.2 m 以外，每增加 1.2 m 计算一个增加层，不足 0.6 m 按一个增加层乘以系数 0.5 计算。其计算公式如下：

$$满堂脚手架增加层=(室内净高-5.2)/1.2\ m$$

⑦挑脚手架按搭设长度乘以层数以长度计算。

⑧悬空脚手架按搭设水平投影面积计算。

⑨吊篮脚手架按外墙垂直投影面积计算，不扣除门窗洞口所占面积。

⑩内墙面装饰脚手架按内墙面垂直投影面积计算，不扣除门窗洞口所占面积。

⑪立挂式安全网按架网部分的实挂长度乘以实挂高度以面积计算。

⑫挑出式安全网按挑出的水平投影面积计算。

⑬大型设备基础脚手架，按其外形周长乘以垫层底面至外形顶面之间的高度，以面积计算。

⑭围墙脚手架，按其高度乘以围墙中心线，以面积计算，高度是指室外设计地坪至围墙顶的距离。不扣除围墙门所占的面积，但独立门柱砌筑用的脚手架也不增加。

(3)其他脚手架。

①电梯井架，按单孔以“座”计算。

②水平防护架，按实际铺板的水平投影面积计算。

③垂直防护架，按设计室外地坪至最上一层横杆之间的搭设高度乘以实际搭设长度，以面积计算。

④卷扬机架，按其高度以“座”计算，定额是按高度在 10 m 以内为准，超过 10 m 时，按增高项目计算。

⑤架空运输脚手架，按搭设长度以“延长米”计算。

⑥斜道，按不同高度以“座”计算。

⑦建筑物垂直封闭工程量，按封闭面的垂直投影面积计算。

⑧烟囱脚手架，按不同高度以“座”计算，其高度以设计室外地坪至烟囱顶部的高度为准。

⑨水塔脚手架，按相应烟囱脚手架以“座”计算。

2. 定额使用说明

(1)一般说明。

①本章脚手架措施项目是指施工需要的脚手架搭、拆、运输及脚手架摊销的工料机消耗。

②本章脚手架措施项目材料均按钢管式脚手架编制。

③各项脚手架消耗量中未包括脚手架基础加固。基础加固是指脚手架立杆下端以下或脚手架底座下皮以下的一切做法。

④安全网、建筑物垂直封闭项目仅在单独计算该项费用时使用。

(2)综合脚手架。

①单层建筑综合脚手架适用于檐高 20 m 以内的单层建筑工程。

②二层及二层以上的建筑工程执行多层建筑综合脚手架项目，地下室部分执行地下室综合脚手架项目。

③综合脚手架中包括外墙砌筑及外墙装饰、混凝土浇捣用脚手架、3.6 m 以内的内墙砌筑，以及内墙面和天棚装饰脚手架；综合脚手架综合了依附斜道、上料平台、护卫栏杆、卷扬机架、电梯井架、悬空脚手架、基础脚手架、高层脚手架的卸载等各项内容。

④执行综合脚手架，有以下情况者，可另执行单项脚手架项目。

a. 满堂基础、条形基础底宽超过 3 m 或独立基础高度(垫层上皮至基础顶面)超过 1.2 m，按满堂脚手架基本层定额乘以系数 0.3 计算；高度超过 3.6 m，每增加 1 m 按满堂脚手架增加层定额乘以系数 0.3 计算。

b. 砌筑高度在 3.6 m 以外的砖内墙，按超过部分投影面积执行单排脚手架项目；砌筑高度在 3.6 m 以外的砌块内墙，按超过部分投影面积执行双排脚手架项目。

c. 砌筑高度在 1.2 m 以外的屋顶烟囱的脚手架，按设计图示烟囱外围周长另加 3.6 m 乘以烟囱出屋顶高度以面积计算，执行里脚手架项目。

d. 砌筑高度在 1.2 m 以外的管沟墙及砖基础，按设计图示砌筑长度乘以高度以面积计算，执行里脚手架项目。

e. 内墙墙面装饰高度在 3.6 m 以外的，超过部分执行内墙面装饰脚手架项目。

f. 天棚装饰高度在 3.6 m 以外的，执行满堂脚手架项目，如实际施工中未采用满堂脚手架，则应按满堂脚手架项目基价的 30%计算脚手架费用。

g. 外墙高度在 3.6 m 以上墙面装饰不能利用原砌筑脚手架时，可按实际发生计算脚手架。

h. 凡室内计算了满堂脚手架，则不再计算墙面装饰脚手架，只按每 100 m^2 墙面垂直投影面积增加改架一般技工工日 1.28 个。

i. 按照《建筑工程建筑面积计算规范》(GB/T 50353—2013)的有关规定未计入建筑面积，但施工过程中需搭设脚手架的施工部位。

⑤钢结构的脚手架费用，按实际搭设执行单项脚手架项目；钢结构与钢筋混凝土混合结构建筑物中的钢结构部分的脚手架费用，按实际搭设执行单项脚手架项目；钢结构与钢结构混凝土混合结构建筑物中的混凝土结构部分的脚手架费用，按混凝土结构部分建筑面积执行综合脚手架项目。

⑥凡不适宜使用综合脚手架的工程，执行相应的单项脚手架项目。

⑦由业主另行发包的专业分包工程，不能利用原总承包单位搭设脚手架，可执行相应的单项脚手架项目。

(3)单项脚手架。

①建筑物外墙脚手架，设计室外地坪至檐口的砌筑高度在15 m以下的按单排脚手架计算；砌筑高度在15 m以上或砌筑高度虽不足15 m，但外墙门窗及装饰面积超过外墙表面积60%以上的，执行双排脚手架项目。

②外脚手架消耗量中已综合斜道、上料平台、护卫栏杆等。

③建筑物内墙脚手架，设计室内地坪至板底(或山墙高度的1/2处)的砌筑高度在3.6 m以内的，执行里脚手架项目。

④围墙脚手架，室外设计地坪至围墙顶面的砌筑高度在3.6 m以内的，按里脚手架计算；砌筑高度在3.6 m以上的，执行单排外脚手架项目。

⑤石砌墙体，砌筑高度在1.2 m以上时，执行双排外脚手架项目。

⑥大型设备基础，距垫层底面高度在1.2 m以上时，执行双排外脚手架项目。

⑦挑脚手架适用于外檐挑檐等部位的局部装饰。

⑧悬空脚手架适用于有露明屋架的屋面板勾缝、油漆或喷浆等部位。

⑨整体提升架适用于高层建筑的外墙施工。

⑩独立柱、现浇混凝土单(连续)梁执行双排外脚手架定额项目乘以系数0.3。

(4)其他脚手架。

①电梯井架每一电梯台数为一孔。

②水平防护架和垂直防护架指脚手架以外单独搭设的，用于车辆通道、人行通道、临街防护和施工与其他物体隔离等的防护。

③架空运输道，以架宽2 m为准，如架宽超过2 m，则可按相应项目乘以系数1.2，超过3 m时可按相应项目乘以系数1.5。

④烟囱脚手架综合了垂直运输架、斜道、缆风绳、地锚等。

⑤水塔脚手架按相应的烟囱脚手架人工乘以系数1.11。

⑥用钢滑升模板施工的烟囱、水塔及贮仓，按实际搭设另行计算。

6.17.2 模板工程

1. 定额工程量计算规则

(1)现浇混凝土构件模板。

①现浇混凝土构件模板，除另有规定者外，均按模板与混凝土的接触面积(不扣除后浇带所占面积)计算。

②现浇钢筋混凝土柱、梁、板、墙的支模高度是指设计室内地坪至板底、梁底或板面至板底、梁底之间的高度，以3.6 m以内为准。超过3.6 m部分模板超高支撑费用，按超过部分模板面积，套用相应定额乘以1.2的n次方(n为超过3.6 m后每超过1 m的次数，超过高度不足1.0 m时舍去不计)。支模高度超过8 m时，按施工方案另行计算。

以柱为例，支撑高度超过3.6 m工程量为(柱高－3.6)×边长之和，套用相应定额乘以的系数为：

a. 当柱高≥3.6且＜4.6时，$n=0$，超过高度不足1.0 m时，舍去不计；

b. 当柱高≥4.6且＜5.6时，$n=1$，套用相应定额乘以系数1.2；

c. 当柱高≥5.6且＜6.6时，$n=2$，套用相应定额乘以系数1.44；

d. 当柱高≥6.6 且<7.6 时，$n=3$，套用相应定额乘以系数 1.728；

e. 当柱高≥7.6 且<8 时，$n=4$，套用相应定额乘以系数 2.704。

③基础。

a. 有肋式带形基础，肋高(指基础扩大顶面至梁顶面的高)≤1.2 m 时，合并计算；>1.2 m 时，基础底板模板按无肋式带形基础项目计算，扩大顶面以上部分模板按混凝土墙项目计算。

b. 独立基础：高度从垫层上表面计算到柱基上表面。

c. 满堂基础：无梁式满堂基础有扩大或角锥形柱墩时，并入无梁式满堂基础内计算。有梁式满堂基础梁高(从板面或板底计算，梁高不含板厚)≤1.2 m 时，基础和梁合并计算；>1.2 m 时，底板按无梁式满堂基础模板项目计算，梁按混凝土墙模板项目计算。箱式满堂基础应分别按无梁式满堂基础、柱、墙、梁、板的有关规定计算。地下室底板按无梁式满堂基础模板项目计算。

d. 设备基础：块体设备基础按不同体积，分别计算模板工程量。框架设备基础应分别按基础、柱，以及墙的相应项目计算；楼层面上的设备基础并入梁、板项目计算，如在同一设备基础中部分为块体、部分为框架，则应分别计算。框架设备基础的柱模板高度应由底板或柱基的上表面算至板的下表面；梁的长度按净长计算，梁的悬臂部分应并入梁内计算。

e. 设备基础地脚螺栓套孔按不同深度以数量计算。

④构造柱均应按图示外露部分计算模板面积。带马牙槎构造柱的宽度按马牙槎最宽处计算。

⑤现浇混凝土墙、板上单孔面积在 0.3 m^2 以内的孔洞，不予扣除，洞侧壁模板也不增加；单孔面积在 0.3 m^2 以外时，应予扣除，洞侧壁模板面积并入墙、板模板工程量以内计算。

对拉螺栓堵眼增加费按实际发生部位的墙面、柱面、梁面模板接触面计算工程量。

⑥现浇混凝土框架分别按柱、梁、板有关规定计算；附墙柱凸出墙面部分按柱工程量计算；暗梁、暗柱并入墙内工程量计算。

⑦挑檐、天沟与板(包括屋面板、楼板)连接时，以外墙外边线为分界线；与梁(包括圈梁等)连接时，以梁外边线为分界线；外墙外边线以外或梁外边线以外为挑檐、天沟。

⑧现浇混凝土悬挑板、雨篷、阳台按图示外挑部分尺寸的水平投影面积计算。挑出墙外的悬臂梁及板边不另计算。

⑨现浇混凝土楼梯(包括休息平台、平台梁、斜梁和楼层板的连接的梁)，按设计图示尺寸以水平投影面积计算，如两跑以上楼梯水平投影有重叠部分，则重叠部分单独计算水平投影面积。不扣除宽度≤500 mm 楼梯井所占面积，楼梯的踏步、踏步板、平台梁等侧面模板不另行计算，伸入墙内部分也不增加。当整体楼梯与现浇楼板无梯梁连接时，以楼梯的最后一个踏步边缘加 300 mm 为界。

⑩混凝土台阶不包括梯带，按图示台阶尺寸的水平投影面积计算，台阶与平台连接时其投影面积应以最上层踏步外沿加 300 mm 计算。台阶端头两侧不另计算模板面积；架空式混凝土台阶按现浇楼梯计算；场馆看台按设计图示尺寸，以水平投影面积计算。

⑪凸出的线条模板增加费，以凸出棱线的道数分别按长度计算。

⑫后浇带模板按与混凝土的接触面积计算。

【例 6-45】 某工程框架结构如图 6-71 所示，柱的截面尺寸为 500 mm×500 mm，计算板、梁的模板的工程量。

【解】 (1)现浇混凝土板的模板。

$S=(8-0.05\times2)\times(13.3-0.05\times2-0.2\times2)-(3.3-0.1-0.05)\times0.2\times2=99.86(m^2)$

(2)框架梁模板。

KL1 模板

$$S=[0.6+0.3+(0.6-0.12)]\times(13.3-0.5\times3)\times2=32.57(m^2)$$

KL2 模板

$$S=[0.6+0.3+(0.6-0.12)]\times(8-0.25\times2)\times2-0.2\times(0.6-0.12)\times2=20.51(m^2)$$

KL3 模板

$$S=[0.2+(0.45-0.12)\times2]\times(8-0.5)\times2-0.2\times(0.45-0.12)\times2=12.77(m^2)$$

LL1 模板

$$S=[0.2+(0.3-0.12)\times2]\times(3.3-0.1-0.05)\times2=3.53(m^2)$$

总面积

$$S=32.57+20.51+12.77+3.53=69.38(m^2)$$

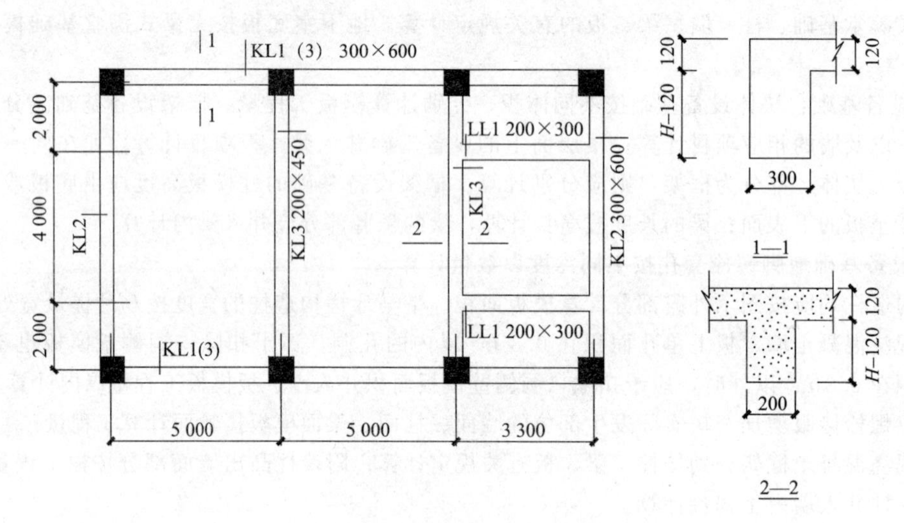

图 6-71 现浇混凝土梁示意

(2)现场预制混凝土构件模板。

预制混凝土模板按模板与混凝土的接触面积计算，地膜不计算接触面积。

(3)构筑物混凝土模板。

①贮水(油)池、贮仓、水塔按模板与混凝土构件的接触面积计算。

②大型池槽等分别按基础、柱、墙、梁等有关规定计算。

③液压滑升钢模板施工的烟筒、水塔塔身、筒仓等，均按混凝土体积计算。

2. 定额使用说明

(1)模板分组合钢模板、大钢模板、复合模板，定额未注明模板类型的，均按木模板考虑。

(2)复合模板适用于竹胶、木胶等品种的复合板。

(3)半径≤9 m的圆弧形带形基础模板执行带型基础相应项目，人工、材料、机械乘以系数1.15。

(4)地下室底板模板、地下室集水井(坑)模板执行满堂基础模板项目。

(5)满堂基础下翻构件的砖胎模，砖胎模中砌体执行本定额“第四章　砌筑工程”混凝土基础砌砖模项目；砖模抹灰执行本定额“第十一章　楼地面装饰工程”“第十二章　墙、柱面装饰与隔断、幕墙工程”抹灰的相应项目。

(6)独立桩承台执行独立基础项目；带形桩承台执行带形基础项目；与满堂基础相连的桩承台执行满堂基础项目。

杯形基础杯口高度大于杯口大边长度 3 倍以上的高杯基础执行柱项目。

(7)现浇混凝土柱(不含构造柱)、墙、梁(不含圈、过梁)、板按高度(板面或地面、垫层面至上层板面的高度)3.6 m 以内综合考虑。如遇斜板面结构，则柱分别以各柱的中心线高度为准；墙以分段墙的平均高度为准；框架梁以每跨两端的支座平均高度为准；板以高点与低点的平均高度为准。

异形柱、梁，是指柱、梁的断面形状为 L 形、十字形、T 形、Z 形的柱、梁。

L 形梁，当挑出部分宽度＞300 mm 时，梁执行矩形梁，挑出部分执行挑檐相应项目。

(8)柱模板如遇弧形与异形边组合时，执行圆柱项目。

(9)短肢剪力墙是指截面厚度≤300 mm，各肢截面长度与厚度之比的最大值＞4 但≤8 的剪力墙；各肢截面长度与厚度之比的最大值≤4 的剪力墙执行柱项目。

①截面厚度＞300 mm 的墙，执行直形墙子目。

②截面厚度≤300 mm，但各肢截面高度与厚度之比的最大值＞8 的剪力墙，为一般剪力墙，执行直形墙子目。

③截面厚度≤300 mm，各肢截面长度与厚度之比的最大值＞4 但≤8 的剪力墙，执行短肢剪力墙项目。有多个肢的剪力墙，有一肢截面高度与厚度之比的最大值＞8，多肢剪力墙是一般剪力墙，执行直形墙子目。

④各肢截面长度与厚度之比的最大值≤4 的剪力墙执行柱子目。

(10)异形截面剪力墙(图 6-72)执行项目应符合下列要求。

①图 6－72(a)～(e)中 a 与 b，c 与 d，e 与 f 之比的最大值大于 8 时，该剪力墙执行直形墙项目。

②图 6－72(a)～(e)中 a 与 b，c 与 d，e 与 f 之比的最大值大于 4 且小于等于 8 时，该剪力墙执行短肢剪力墙项目。

③图 6－72(a)～(e)中 a 与 b，c 与 d，e 与 f 之比的最大值小于等于 4 时，该剪力墙执行异形柱项目。

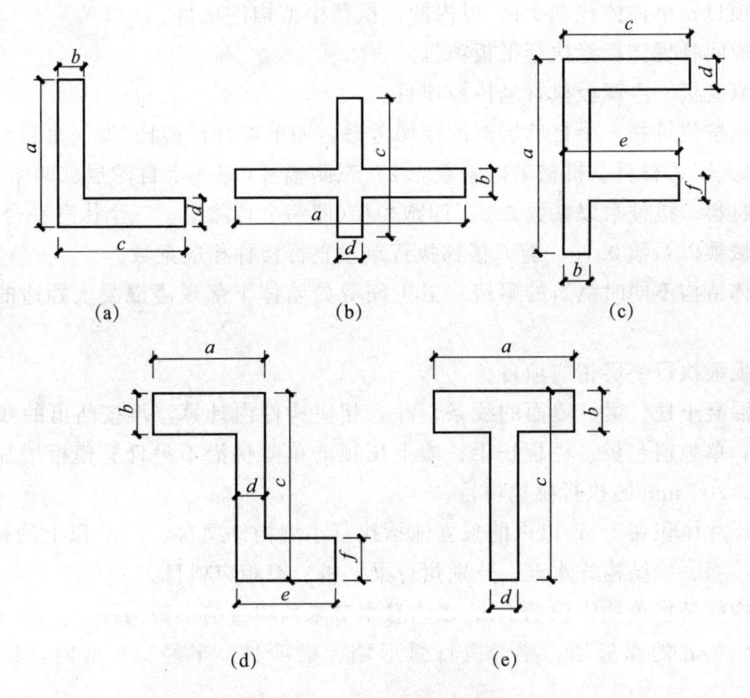

图 6-72　异形截面剪力墙

(a)L 形；(b)十字形；(c)F 形；(d)Z 形；(e)T 形

(11)采用一次摊销对拉螺栓方式支模时，扣除对拉螺栓摊销量和塑料套管数量，对拉螺栓用量按实际发生计算，执行铁件制作项目，其余不变。

柱、梁面对拉螺栓堵眼增加费，执行墙面螺栓堵眼增加费项目，柱面螺栓堵眼人工、机械乘以系数 0.3，梁面螺栓堵眼人工、机械乘以系数 0.35。

(12)梁、柱、墙模板项目中已综合考虑了模板内的定位支撑费用。

(13)斜板或拱形结构按板顶平均高度确定支模高度。

电梯井壁、电梯间顶盖按建筑物自然层层高确定支模高度。

(14)斜梁(板)按坡度≥10°且≤30°综合考虑。斜梁(板)坡度在 10°以内的执行梁、板项目；坡度在 30°以上、45°以内时人工乘以系数 1.05；坡度在 45°以上、60°以内时人工乘以系数 1.10；坡度在 60°以上时人工乘以系数 1.20。斜柱执行柱相应定额，人工乘以系数 1.05。

(15)混凝土梁、板应分别计算执行相应项目，混凝土板适用于截面厚度≤250 mm，如截面厚度超出 250 mm，则按施工组织设计增加费用另行计算；板中暗梁并入板内计算；墙、梁弧形且半径≤9 m 时，执行弧形墙、梁项目。

(16)现浇空心板执行平板项目，内模安装另计。

(17)薄壳板模板不分筒式、球形、双曲形等，均执行同一项目。

(18)型钢组合混凝土构件模板，按构件相应项目执行。

(19)屋面混凝土女儿墙高度＞1.2 m 时执行相应墙项目，≤1.2 m 时执行相应栏板项目。

(20)混凝土栏板高度(含压顶扶手及翻沿)，净高按 1.2 m 以内考虑，超过 1.2 m 时执行相应墙项目。

(21)现浇混凝土阳台板、雨篷板按三面悬挑形式编制，如一面是弧形且半径≤9 m 时，执行圆弧形阳台板、雨篷板项目；如非三面悬挑形式的阳台、雨篷，则执行梁、板相应项目。

(22)挑檐、天沟壁高度≤400 mm 时，执行挑檐项目；挑檐、天沟壁高度＞400 mm 时，按全高执行栏板项目；单件体积 0.1 m^3 以内的，执行小型构件项目。

(23)预制板间补现浇板缝执行平板项目。

(24)现浇飘窗板、空调板执行悬挑板项目。

(25)楼梯是按建筑物一个自然层双跑楼梯考虑，如单坡直行楼梯(即一个自然层、无休息平台)按相应项目人工、材料、机械乘以系数 1.2；三跑楼梯(即一个自然层、两个休息平台)按相应项目人工、材料、机械乘以系数 0.9；四跑楼梯(即一个自然层、三个休息平台)按相应项目人工、材料、机械乘以系数 0.75。剪刀楼梯执行单坡直行楼梯相应系数。

(26)与主体结构不同时浇筑的厨房、卫生间等处墙体下部现浇混凝土翻边的模板执行圈梁相应项目。

(27)散水模板执行垫层相应项目。

(28)凸出混凝土柱、梁、墙面的线条，并入相应构件内计算，再按凸出的线条道数执行模板增加费项目；单独窗台板、栏板扶手、墙上压顶的单阶挑沿不另计算模板增加费；其他单阶线条凸出宽度＞200 mm 的执行挑檐项目。

(29)外形尺寸体积在 1 m^3 以内的独立池槽执行小型构件项目，1 m^3 以上的独立池槽及与建筑物相连的梁、板、墙结构式水池，分别执行梁、板、墙相应项目。

(30)小型构件是指单件体积 0.1 m^3 以内且本节未列项目的小型构件。

(31)半径≤9 m 的弧形墙、梁，执行弧形墙、梁项目；半径＞9 m 时，执行一般墙、梁项目。

(32)建筑面积在 500 m^2 以下的单体多层住宅建筑，地上部分的模板按相应项目乘以系数 1.10。

(33)预制构件地膜的摊销已包括在预制构件的模板中。

(34)用钢滑升模板施工的烟囱、水塔及贮仓是按无井架施工计算的，并综合了操作平台。

(35)用钢滑升模板施工的烟囱、水塔提升模板使用的钢爬杆用量是按100%摊销计算的，贮仓是按50%摊销计算的，设计要求不同时可以换算。受力钢筋作为钢爬杆时，扣除项目中钢爬杆的消耗量。

(36)倒锥壳水塔塔身钢滑升模板项目也适用于一般水塔塔身滑升模板工程。

(37)烟囱钢滑升模板项目均已包括烟囱筒身、牛腿、烟道口，水塔钢滑升模板项目均已包括直筒、门窗洞口等模板消耗量。

(38)当设计要求为清水混凝土模板时，执行相应模板项目，并做如下调整：复合模板材料换算为镜面胶合板，机械不变，其人工按表6-43增加一般技工工日。

表6-43 清水混凝土模板增加一般技工工日 100 m^2

项目	柱			梁			墙		有梁板、无梁板、平板
	矩形柱	圆形柱	异形梁	矩形梁	异形梁	弧形、拱形梁	直形墙、弧形墙、电梯井壁墙	短肢剪力墙	
工日	4	5.2	6.2	5	5.2	5.8	3	2.4	4

6.17.3 垂直运输工程

1. 定额工程量计算规则

(1)建筑费垂直运输机械费，区分不同建筑物结构及檐高按建筑面积计算。地下室建筑面积与地上建筑面积分别计算。地下室项目，按全现浇结构30 m内相应项目的80%计算，地上部分套用相应高度的定额项目。

(2)本章按泵送混凝土考虑，如采用非泵送，垂直运输费按以下方法增加：相应项目乘以非泵送混凝土数量占全部混凝土数量的百分比，再乘以调整系数10%。

2. 定额使用说明

(1)垂直运输工作内容，包括单位工程在合理工期内完成全部工程项目所需要的垂直运输机械台班，不包括机械的场外往返运输、一次安拆及路基铺垫和轨道铺拆等的费用。

(2)檐高3.6 m以内的单层建筑，执行相应卷扬机垂直运输项目。

(3)本定额层高按3.6 m考虑，超过3.6 m者，应另计层高超高垂直运输增加费，每超过1 m，其超高部分按相应定额增加10%，超高不足1 m的按1 m计算。

(4)钢结构及钢结构与混凝土结构混合型结构的建筑，使用塔式起重机安装钢结构的，按本章现浇框架结构项目计算垂直运输费。

(5)砌筑围护结构的钢结构建筑，未使用塔式起重机安装钢结构的，计取金属结构安装项目中的起重机台班费。非钢结构部分的垂直运输费按20 m以内预制排架结构项目的30%计取。

(6)钢屋架建筑物，按其主体结构类型套用相应项目，单层建筑扣减相应项目垂直运输费的30%，多层建筑扣减相应项目垂直运输费的20%。

(7)高度超过3.6 m的挡土墙、水池等不能计算建筑物面积的构筑物工程，垂直运输费按该工程项目(含3.6 m以下工程量，但不含土石方、水平运输、脚手架部分)人工费乘以系数0.15计取。

6.17.4 建筑物超高增加费

1. 定额工程量计算规则

建筑物超高增加费按建筑物的建筑面积计算，均不包括地下室部分。

2. 定额使用说明

建筑物超高增加费定额适用于建筑物檐口高度超过 20 m 的工程项目。单层建筑按相应项目乘以系数 0.6。

【例 6-46】 某工程由三部分组成(图 6-73)，计算建筑物超高增加费。

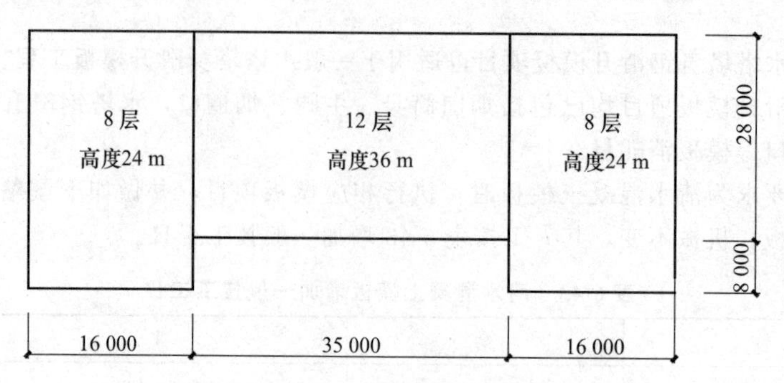

图 6-73 建筑平面图

【解】 檐高 30 m 以内的建筑物。

建筑面积：$S=16\times(8+28)\times8\times2=9\ 216(m^2)$

查 17—381 得综合单价为 901.47 元/100 m²

建筑物超高增加费：9 216×901.47/100=83 079.47(元)

檐高 40 m 以内的建筑物。

建筑面积：$S=28\times35\times12=11\ 760(m^2)$

查 17—382 得综合单价为 1 277.97 元/100 m²

建筑物超高增加费：11 760×1 277.97/100=150 289.27(元)

6.17.5 大型机械设备进出场及安拆费

1. 定额工程量计算规则

(1)大型机械设备安拆费按台次计算。

(2)大型机械设备进出场费按台次计算。

2. 定额使用说明

(1)大型机械设备进出场及安拆费是指机械整体或分体停放场地往返施工现场所发生的机械进出场运输和转移费用，以及机械在施工现场进行安装、拆卸所需的人工费、材料费、机械费、试运转费和安装所需的辅助设施的费用。

(2)塔式起重机及施工电梯基础。

①塔式起重机轨道铺拆以直线为准，如铺设弧线形时，定额乘以系数 1.15。

②固定式基础适用于混凝土体积在 10 m³ 以内的塔式起重机基础，超出者按实际混凝土工程、模板工程、钢筋工程分别计算工程量，按定额本定的相应项目执行。本定额未考虑混凝土基础拆除。

③固定式基础如需打桩时，打桩费另行计算。

④塔式起重机及施工电梯基础埋件及附着臂埋件按实际用量，执行铁件定额。

(3)大型机械安拆费。

①机械安拆费是安装、拆卸的一次性费用。

②机械安拆费中包括机械安装完毕后的试运转费用。

③柴油打桩机的安装费中已包括轨道的安拆费用。

④自升式塔式起重机安拆费按檐高 45 m 确定，>45 m 且≤200 m，檐高每增高 10 m，按相应定额增加费用 10%，尾数不足 10 m 按 10 m 计算。

(4)大型机械设备进出场费。

①进出场费中已包括往返一次的费用。

②进出场费中已包括臂杆、铲斗及附件、道木、道轨的运费。

③10 t 以内汽车式起重机，不计取场外开行费。10 t 以上汽车式起重机，进出场的场外开行费按其台班单价的 25%计算。

④机械运输路途中的台班费，不另行计取。

(5)大型机械现场的行驶路线需修整铺垫时，其人工修整可按实际计算。同一施工现场各建筑物之间的运输，定额按 100 m 以内综合考虑，如转移距离超过 100 m，在 300 m 以内的，按相应场外运输费用乘以系数 0.3；500 m 以内的，按相应场外运输费用乘以系数 0.6。使用道木铺垫按 15 次摊销，使用碎石零星铺垫按一次摊销。

6.17.6 施工排水、降水

1. 定额工程量计算规则

(1)轻型井点、喷射井点排水的井管安装、拆除以“根”为单位计算，使用以“套/d”计算；真空深井、直流深井排水的安装拆除以每口井计算，使用以每口井/d 计算。

(2)使用天数以每昼夜(24 h)为一天，并按确定的施工组织设计要求的使用天数计算。

(3)集水井按设计图示数量以“座”计算，大口井按累计井深以长度计算。

2. 定额使用说明

(1)轻型井点以 50 根为一套，喷射井点以 30 根为一套，使用时累计根数轻型井点少于 25 根、喷射井点少于 15 根，使用费按相应定额乘以系数 0.7。

(2)井管间距应根据地质条件和施工降水要求，按确定的施工组织设计确定，确定的施工组织设计未考虑时，可按轻型井点管距 1.2 m、喷射井点管距 2.5 m 确定。

(3)直流深井降水成孔直径不同时，只调整相应的黄砂含量，其余不变；PVC-U 加筋管直径不同时，调整管材价格的同时，按管子周长的比例调整相应的密目网及铁丝。

(4)排水井分集水井和大口井两种。集水井定额项目按基坑内设置考虑，井深在 4 m 以内，按本定额计算。井深超过 4 m 的，定额按比例调整。大口井按井管直径分两种规格，抽水结束时回填大口井的人工和材料未包括在消耗量内，实际发生时应另行计算。

6.17.7 临时设施项目

1. 定额工程量计算规则

(1)地面硬覆盖，按覆盖面积乘以覆盖厚度以体积计算。

(2)现场整体临时围挡，按安装垂直投影以面积计算。

(3)分解计算的临时围挡及临时大门，钢结构柱、支撑部分按整体用钢量以质量计算；砖柱部分按砌筑量以体积计算；围挡面板、门扇按垂直投影以面积计算。

(4)临时建筑按安装尺寸以建筑面积计算。

(5)临时管线按敷设长度按“延长米”计算，临时配电箱以“台”计算。

2. 定额使用说明

(1)本节定额包括措施项目中的地面硬覆盖，现场临时围挡、大门，临时建筑，临时管线四个部分。

(2)本节定额项目均为临时性建筑设施，不适合永久性建筑设施。

(3)本节临时建筑包括办公用房、库房、宿舍、食堂、卫生间等，临时建筑含电气照明系统。

(4)本定额未含临时设施的基础、地面及抹灰工程，如发生，则套用其他章节相应定额。

(5)本定额临时围挡面板采用彩钢板，如采用不同材料，材料可以代换，人工、机械不变。

(6)临时围挡项目可选用整体围挡，也可将围挡柱、支撑及面板分别计算工程量，按本节相应项目执行。

(7)临时钢柱定额适用于施工现场临时大门的钢柱及门上钢横梁。

(8)本定额材料使用量为摊销量。

(9)本定额人工、材料费含安装脚手架及摊销材料周转维护费。

6.17.8 冬期施工措施费

1. 定额工程量计算规则

(1)暖棚搭设：分暖棚墙体搭设与棚顶搭设，按实际搭设暖棚墙与棚顶的外表面积以100 m^2为计量单位计算。

(2)混凝土外加剂：根据确定的施工方案、混凝土需要加入的外加剂种类和实际温度，执行相应定额项目，以每m^3混凝土为计量单位计算。

(3)供热系统安装与拆除：临时锅炉、暖风机安装与拆除费用以“套”为计量单位计算，其设备价值分5次摊销另计；供热管道、光排管散热器以“10 m”为计量单位计算。

(4)供热设施费：按暖棚搭设的底面积以“100 d”为计量单位计算。

(5)照明设施安装与拆除：按暖棚搭设的底面积以“100 m^2”为计量单位计算。

(6)人工、机械降效：按冬期施工实际完成的工程量的人工和机械费分别乘以相应的降效系数计算。

2. 定额使用说明

(1)工程冬期施工措施项目是根据冬期施工常规施工方法、施工方案综合确定的。

(2)冬期施工定额适用连续5 d平均气温低于5 ℃，搭设暖棚法施工的建筑和市政桥梁工程，采用临时锅炉或暖风机供热方式进行供暖，添加外加剂的施工方法。

(3)暖棚搭设的骨料按摊销量进入定额，保温材料及辅助材料按实际使用量一次性摊销。

(4)供暖系统安装与拆除：锅炉购置按5次摊销，供热管道以摊销量进入定额；管道保温按一次摊销量进入定额；散热设备按光排管散热器现场制作安装一次性摊销进入定额。

(5)供热设备运行费：按照暖棚实际面积每100 m^2每天消耗的燃料、动力用电、人工用量进入定额。

(6)冬期施工定额包括的工作内容：

①暖棚搭设：暖棚骨架搭设，保温材料与保护材料绑扎；上述设施的拆除。

②供暖系统：临时锅炉场内搬运与安装，临时管道安装与保温，散热设备安装，临时锅炉附属设备安装；上述设施的拆除。

③锅炉运行：上煤，除灰，暖棚温度检查，监视锅炉运行压力等。

④照明系统：临时照明灯具安装，临时电力电缆、电线安装，以及拆除。

⑤人工、机械降效：适用于暖棚法施工工程运输机械产生降效，以及暖棚内材料二次搬运等。

(7)冬期施工定额未包括内容：低温环境中施工发生的人工与机械降效、除雪、冬期施工增加的劳保用品，混凝土增加的覆盖物，砂石加热。上述费用包括在《建设工程费用标准》的冬期施工费中。

(8)在建筑围护结构已封闭的建筑物内施工与建筑工程配套的室内装饰装修工程、采暖工程、给水排水工程、电气工程、通风空调工程、消防工程等不受室外温度影响，不计取冬期施工增加费。

(9)钢结构工程与机电设备安装工程在冬期施工，如需焊缝加热，则执行通用安装工程相应项目。

6.17.9 工程量计算实例

根据辽宁省2017年版《房屋建筑与装饰工程定额》中的措施项目工程量计算规则，以×××公司办公楼为工程项目，完成措施项目工程量计算(表6-44)。

项目名称：×××公司办公楼建筑与装饰工程。

项目任务：措施项目工程量计算。

表6-44 工程量计算程序

序号	工程项目名称	计算式	单位	数量
		措施项目		
1	垫层模板	$S_{模}=(37.28+0.425\times2)\times0.1\times2+(12.79+0.425\times2)\times0.1\times2=10.35(m^2)$	m^2	10.35
2	筏形基础模板	$S_{模}=(37.28+0.325\times2+12.79+0.325\times2)\times2\times0.2=20.55(m^2)$	m^2	20.55
3	地下室剪力墙模板	$S_{模}=(37.28+0.25)\times(2.95-0.1-0.4)+(37.28+0.25)\times(2.95-0.1-0.5)+(37.28-0.25)\times(2.95-0.1-0.4)+(37.28-0.25)\times(2.95-0.1-0.5)+[(12.79+0.25)\times2]\times(2.95-0.1-0.4)+[(12.79-0.25)\times2]\times(2.95-0.1-0.4)+11\times[1.5\times0.1+(1.5+0.1\times2)\times0.1]=486.75(m^2)$	m^2	486.75
4	框架柱模板	框架柱：KZ－1 2个　KZ－2 4个　KZ－3 4个　KZ－4 4个　KZ－5 4个　KZ－6 9个　KZ－7 1个　KZ－8 2个 $S_{模}$=柱周长L×柱高H×个数 柱高$H=15.6-(-3.15)=18.75(m)$ KZ－1　$S_{模}=0.45\times4\times18.75\times2=67.5(m^2)$ KZ－2　$S_{模}=0.45\times4\times18.75\times4=135(m^2)$ KZ－3，KZ－4同KZ－2 KZ－5　$S_{模}=[0.5\times4\times(4.4+3.15)+0.45\times4\times(15.6-4.4)]\times4=141.04(m^2)$ KZ－6　$S_{模}=0.45\times4\times18.75\times9=303.75(m^2)$ KZ－7　$S_{模}=0.45\times4\times(11.6+3.15)=26.55(m^2)$ KZ－8　$S_{模}=[0.5\times4\times(4.4+3.15)+0.45\times4\times(15.6-4.4)]\times2=70.52(m^2)$ $S_{总}=67.5+135+135+135+141.04+303.75+26.55+70.52-47=967.36(m^2)$ 注：47为梁与柱接触面的估算值	m^2	967.36

续表

序号	工程项目名称	计算式	单位	数量
5	异形梁模板	地下室层梁： KL－1(2) $S_{模}$＝(0.35＋0.1＋0.4×2)×(5.54－0.225－0.125)＋(0.35＋0.1＋0.4×2－0.1)×(7.25＋0.125－0.225－0.45)＝14.193(m^2) KL－9(2) $S_{模}$＝(0.35＋0.1＋0.4×2－0.1)×(12.79－0.45×2)＝13.67(m^2) KL－10(9) $S_{模}$＝(0.35＋0.5×2)×(3×4＋3.2×2－6×0.45)＋(0.35＋0.1＋0.5×2－0.14)×(6.44×2＋6－3×0.45)＝44.159(m^2) KL－12(9) $S_{模}$＝(0.35＋0.1＋0.45×2)×(3＋3.2－0.45×2)＋(0.35＋0.1＋0.45×2－0.14)×(6.44×2－0.45×2)＋(0.35＋0.45×2)×(3.2＋3－0.45×2)＋(0.35＋0.1＋0.45×2－0.1－0.1)×(3＋3－0.45×2)＋(0.35＋0.1＋0.45×2－0.1－0.14)×(6－0.45)＝40.302(m^2) $S_{总}$＝14.193＋13.67＋44.159＋40.302＝112.324(m^2) 一层梁： KL－1(2) $S_{模}$＝(0.35＋0.1＋0.65×2)×(5.54－0.125－0.225)＋(0.35＋0.65×2)×(2.11－0.125－0.225)＋(0.35＋0.5×2)×(5.14－0.45)＝18.318(m^2) KL－9(2) $S_{模}$＝(0.35＋0.65×2)×(7.65－0.45)＋(0.35＋0.5×2)×(5.14－0.45)＝18.212(m^2) KL－10(9) $S_{模}$＝(0.35＋0.5×2)×(3×4＋3.2×2－6×0.45)＋(0.35＋0.1＋0.5×2－0.14)×(6.44×2＋6－3×0.45)＝44.159(m^2) KL－12(9) $S_{模}$＝(0.35＋0.1＋0.5×2)×(3＋3.2－2×0.45)＋(0.35＋0.1＋0.5×2－0.14)×(6.44－0.45)＋(0.35＋0.5×2)×(3.2＋3＋6.44－3×0.45)＋(0.35＋0.1＋0.5×2－0.1－0.1)×(3×2－2×0.45)＋(0.35＋0.1＋0.5×2－0.1－0.14)×(6－0.45)＝43.864(m^2) $S_{总}$＝18.318＋18.212＋44.159＋43.864＝124.553(m^2) 二层梁：$S_{模}$＝99.985 m^2 三层梁：$S_{模}$＝99.985 m^2 顶层梁：$S_{模}$＝133.835 m^2 $S_{合}$＝112.324＋124.553＋99.985＋99.985＋133.835＝570.68(m^2)	m^2	570.68
6	矩形梁模板	地下室层梁： KL－2(2) $S_{模}$＝(0.25＋0.65×2－0.14)×(5.54－0.125－0.225)＋(0.25＋0.65×2－0.1－0.1)×(2.11－0.125－0.25)＋(0.25＋0.5×2－0.1－0.14)×(5.14－0.475)＝14.372(m^2)	m^2	1 026.85

续表

序号	工程项目名称	计算式	单位	数量
6	矩形梁模板	KL－3(2) $S_{模}$＝(0.25＋0.65×2－0.14－0.1)×(5.54－0.125－0.225)＋(0.25＋0.65×2－0.1－0.1)×(2.11－0.125－0.25)＋(0.25＋0.5×2－0.1－0.14)×(5.14－0.475)＝13.853(m^2) KL－4(2A) $S_{模}$＝(0.25＋0.65×2－0.1－0.1)×(7.65－0.45)＋(0.25＋0.5×2－0.1－0.1)×(5.14－0.45)＋(0.25＋0.65×2－0.1)×(1.17＋0.125－0.225)＝16.196(m^2) KL－5(2A) $S_{模}$＝(0.25＋0.65×2－0.1－0.14)×(7.65－0.225－0.25)＋(0.25＋0.5×2－0.14－0.1)×(5.14－0.225－0.25)＋(0.25＋0.5×2－0.1－0.1)×(1.17＋0.125－0.225)＝15.448(m^2) KL－6(2) $S_{模}$＝(0.25＋0.65×2－0.1)×(5.54－0.225－0.125)＋(0.25＋0.65×2－0.1－0.1)×(2.11－0.225－0.125)＋(0.25＋0.65×2－0.1)×(1.17＋0.125－0.225)＋(0.25＋0.5×2－0.1－0.1)×(5.14－0.45)＝16.378(m^2) KL－7(2) $S_{模}$＝(0.3＋0.65×2－0.14)×(5.54－0.225－0.125)＋(0.3＋0.65×2－0.1－0.1)×(2.11＋5.14－0.5－0.225)＝16.712(m^2) KL－8(2) $S_{模}$＝(0.3＋0.65×2－0.14－0.1)×(5.54＋5.14－0.45－0.125－0.25)＋(0.3＋0.65×2－0.1－0.1)×(2.11－0.125－0.25)＝15.832(m^2) KL－11(9) $S_{模}$＝(0.25＋0.5×2－0.1－0.1)×(3×4＋3.2×2－3×0.45－3×0.5)＋(0.25＋0.5×2－0.1－0.14)×(6.44＋6＋6.44－3×0.5)＝33.881(m^2) WKL－1(3) $S_{模}$＝(0.25＋0.5×2－0.1)×(3－0.25)＋(0.25＋0.5×2－0.14－0.1)×(6.44－0.25)＋(0.25＋0.5×2－0.1－0.1)×(3.2－0.25－0.225)＝12.276(m^2) WKL－2(3) $S_{模}$＝(0.25＋0.5×2－0.1)×(3.2－0.25)＋(0.25＋0.5×2－0.14－0.1)×(6.44－0.25)＋(0.25＋0.5×2－0.1－0.1)×(3－0.25－0.225)＝12.296(m^2) WKL－3(1) $S_{模}$＝(0.25＋0.45×2－0.14－0.14)×(5.54－0.25)＝4.602(m^2) $S_{总}$＝14.372＋13.853＋16.196＋15.234＋16.378＋16.712＋15.832＋33.881＋12.276＋12.296＋4.602＝171.632(m^2) KL－2(2) 一层梁： $S_{模}$＝(0.25＋0.65×2－0.14)×(5.54－0.125－0.225)＋(0.25＋0.65×2－0.1－0.1)×(2.11－0.125－0.25)＋(0.25＋0.5×2－0.1－0.14)×(5.14－0.475)＝14.372(m^2)	m^2	1 026.85

续表

序号	工程项目名称	计算式	单位	数量
6	矩形梁模板	KL－3(2) $S_{模}$＝(0.25＋0.65×2－0.14－0.1)×(5.54－0.125－0.225)＋(0.25＋0.65×2－0.1－0.1)×(2.11－0.125－0.25)＋(0.25＋0.5×2－0.1－0.14)×(5.14－0.475)＝12.452(m^2) KL－4(2A) $S_{模}$＝(0.25＋0.65×2－0.1－0.1)×(12.79＋1.17＋1.83－0.45×2－0.225)＝19.798(m^2) KL－5(2A) $S_{模}$＝(0.35＋0.65×2－0.1－0.14)×(5.54＋5.14－0.45－0.25－0.125)＋(0.35＋0.65×2－0.1－0.1)×(1.17＋5.14－0.25－0.25－0.225)＋(0.35＋0.65×2－0.12－0.12)×(1.83－0.125)＝24.398(m^2) KL－6(2A) $S_{模}$＝(0.25＋0.65×2－0.1)×(5.54－0.225－0.125)＋(0.25＋0.65×2－0.1－0.1)×(2.11－0.225－0.125)＋(0.25＋0.65×2－0.1)×(1.83＋1.17－0.225)＋(0.25＋0.5×2－0.1－0.1)×(5.14－0.45)＝18.85(m^2) KL－7(2) $S_{模}$＝(0.25＋0.65×2－0.1)×(5.54－0.225－0.125)＋(0.25＋0.65×2－0.1－0.1)×(2.11－0.25－0.125)＋(0.25＋0.5×2－0.1－0.14)×(5.14－0.225－0.25)＝14.579(m^2) KL－8(2)同 KL－7(2) KL－11(9) $S_{模}$＝(0.25＋0.5×2－0.1－0.1)×(3×4＋3.2×2－3×0.5－2×0.45)＋(0.25＋0.5×2－0.1－0.14)×(6.44×2＋6－3×0.5)＝34.354(m^2) L－1(1) $S_{模}$＝(0.25＋0.4×2－0.1－0.1)×(5.54－0.25)＝4.497(m^2) L－2(9) $S_{模}$＝(0.25＋0.5×2－0.1)×(3＋3.2－2×0.25)＋(0.25＋0.5×2－0.1－0.14)×(6.44＋6－0.25×2)＋(0.25＋0.5×2－0.1－0.1)×(3×3＋3.2＋6.44－5×0.25)＝36.874(m^2) L－3(3) $S_{模}$＝(0.25＋0.65×2－0.1－0.12)×(3＋3＋6－3×0.25)＝14.963(m^2) $S_{合}$＝14.372＋12.452＋19.798＋24.398＋18.850＋14.579＋14.579＋34.354＋4.497＋36.874＋14.963＝209.716(m^2) 二层梁：$S_{模}$＝227.225 m^2 三层梁：$S_{模}$＝227.225 m^2 顶层梁：$S_{模}$＝191.066 m^2 $S_{总}$＝171.632＋209.716＋227.225＋227.225＋191.066 ＝1 026.85(m^2)	m^2	1 026.85

续表

序号	工程项目名称	计算式	单位	数量
7	现浇板模板	地下室层板： ①～②轴　$S_{模}$＝(3－0.25)×(2.11－0.25＋5.14－0.25)＝18.563(m^2) ②～③轴　$S_{模}$＝(6.44－0.25)×(12.79－3×0.25)＝74.528(m^2) ③～④轴　$S_{模}$＝(3.2－0.25)×(12.79－0.25×3)＝35.518(m^2) ④～⑤轴　$S_{模}$＝(3－0.25)×(12.79－0.25×2＋1.17－0.25)＝36.328(m^2) ⑤～⑥轴　$S_{模}$＝(6－0.25)×(12.79＋1.17－3×0.25)＝75.958(m^2) ⑥～⑦轴　同④～⑤轴 ⑦～⑧轴　$S_{模}$＝(3.2－0.275)×(7.25－0.25×2)＝19.744(m^2) ⑧～⑨轴　$S_{模}$＝(6.44－0.3)×(7.25－0.25×2)＋(6.44－0.3－0.25)×(5.54－0.25)＝72.603(m^2) ⑨～⑩轴　$S_{模}$＝(3－0.275)×(12.79－0.25×3)＝32.81(m^2) $S_{合}$＝18.563＋74.528＋35.518＋36.328＋75.958＋36.328＋19.744＋72.603＋32.81＝402.38(m^2) 一层板：$S_{模}$＝430.000 m^2 二层板：$S_{模}$＝408.862 m^2 三层板：$S_{模}$＝408.862 m^2 顶层板：$S_{模}$＝436.872 m^2 $S_{总}$＝402.38＋430＋408.862＋408.862＋436.872＝2 086.98(m^2)	m^2	2 086.98
8	楼梯柱模板	地下室层梯柱： $S_{模}$＝[(0.25＋0.3)×2]×(2.95－1.388－0.35)×4＋[(0.25＋0.3)×2]×(2.95－1.388－0.85－0.35)×4＝6.926(m^2) 做法同地下室 一层：$S_{模}$＝7.744 m^2 二层：$S_{模}$＝6.38 m^2 三层：$S_{模}$＝6.644 m^2 $S_{合}$＝6.926＋7.744＋6.38＋6.644＝27.69(m^2)	m^2	27.69
9	楼梯模板(包括梯梁)	投影面积 S＝楼梯间净宽×楼梯长 L 1＃楼梯： 地下室层 $S_{模}$＝(1.425＋0.15－0.1)×(1.6＋1.12＋0.25－0.125)＋(1.425－0.125)×(1.6＋1.96＋1.98＋0.125－0.125)＝11.40(m^2) 一层 $S_{模}$＝(1.425＋0.15－0.1)×(1.6＋1.96＋1.98＋0.125－0.075)＋(1.425－0.075)×(1.6＋3.64＋0.3＋0.125－0.075)＝15.79(m^2) 二层同一层　$S_{模}$＝15.79(m^2) 三层　$S_{模}$＝(1.425＋0.15－0.1)×(1.6＋3.3＋0.25－0.075)＋(1.425－0.075)×(1.6＋3.3＋0.25－0.075)＝14.34(m^2) $S_{合}$＝11.40＋15.79＋15.79＋14.34＝57.32(m^2) 2＃楼梯： $S_{模}$＝64.32 m^2 $S_{总}$＝57.32＋64.32＝121.64(m^2)	m^2	121.64

续表

序号	工程项目名称	计算式	单位	数量
10	雨篷底板模板	YP－1(小)： $S_{模}$＝1.33×3＋(1.33×2＋3)×0.14＝4.78(m^2) YP－2(大)： $S_{模}$＝(12－0.25×3)×(1.17－0.25)＋(12－0.25×3)×(1.83－0.125)＋(12－0.25×3)×0.12＝30.88(m^2) $S_{总}$＝4.78＋30.88＝35.66(m^2)	m^2	35.66
11	雨篷栏板模板	YP－1(小)： $S_{模}$＝(0.36＋0.1)×(3＋1.33×2)＋0.36×[(1.13－0.1)×2＋3－0.2]＝4.35(m^2) YP－2(大)： $S_{模}$＝(0.56＋0.12＋0.12)×(12－0.25×3)＋(12－0.25－0.25×3)×(0.56＋0.12＋0.12)＋3×0.25×2＋(3－0.24)×0.25＝19.99(m^2) $S_{总}$＝4.35＋19.99＝24.34(m^2)	m^2	24.34
12	构造柱模板	构造柱外露面均按图示外露部分计算模板面积 一层：$S_{模}$＝[3.85×(0.24＋0.03×2)＋4×(0.24＋0.03×2)]×2＝4.71(m^2) 二层：$S_{模}$＝[2.9×(0.24＋0.03×2)＋3.1×(0.24＋0.03×2)]×2＝3.6(m^2) 三层同二层：$S_{模}$＝3.6 m^2 四层：$S_{模}$＝[3.25×(0.24＋0.03×2)＋3.4×(0.24＋0.03×2)]×2＝3.99(m^2) $S_{合}$＝4.71＋3.6＋3.6＋3.99＝15.9(m^2)	m^2	15.9
13	女儿墙模板	墙高2.5 m女儿墙： $S_{模}$＝(12＋0.45×2＋13.96)×2×2.5＋[(12＋0.45×2＋13.96)×2－8×0.12]×2.5＝266.2(m^2) 墙高0.8 m女儿墙： $S_{模}$＝(3.2＋6.44＋3－0.25＋0.125)×4×0.8＋(12.79＋0.25)×2×0.8＋[(3.2＋6.44＋3－0.25＋0.125)×4＋(12.79＋0.25)×2－0.15×8]×0.8＝120.86(m^2) 墙高2.5 m女儿墙压顶： $S_{模}$＝(12＋0.45×2＋13.96)×2×0.2＋[(12＋0.45×2＋13.96)×2－0.25×8]×0.2＝21.088(m^2) 墙高0.8 m女儿墙压顶： $S_{模}$＝(3.2＋6.44＋3－0.25＋0.125)×4×0.2＋(12.79＋0.25)×2×0.2＋[(3.2＋6.44＋3－0.25＋0.125)×4＋(12.79＋0.25)×2－0.29×8]×0.2＝29.99(m^2) $S_{总}$＝266.2＋120.86＋21.088＋29.99＝438.14(m^2)	m^2	438.14

续表

序号	工程项目名称	计算式	单位	数量
14	垂直运输	建筑面积 $S=2\ 373.55$	m^2	2 373.55
15	综合脚手架	建筑面积 $S=2\ 373.55$	m^2	2 373.55
16	塔式起重机安拆费		台次	1
17	塔式固定式基础		座	1
18	塔式起重机场外运输费		台次	1

思考与练习

1. 什么是工作面？如何确定？
2. 余土和取土的工程量如何计算？
3. 钢筋混凝土预制方桩的工程量如何计算？
4. 什么是接桩？工程量如何计算？
5. 墙身和基础是怎样划分的？
6. 建筑物外墙、内墙的高度是如何确定的？
7. 怎样计算框架结构间砌墙的工程量？
8. 有梁板、无梁板、平板的工程量如何计算？
9. 怎样计算混凝土墙的工程量？
10. 阳台、雨篷的工程量是如何确定的？
11. 如何计算木屋架制作安装的工程量？
12. 檩木工程量是如何计算的？
13. 瓦屋面包括哪些内容？工程量如何计算？
14. 卷材屋面工程量如何计算？
15. 什么是整体楼梯？工程量如何计算？
16. 怎样计算地面、墙体防潮层的工程量？
17. 独立柱、围墙的脚手架工程量如何计算？
18. 哪些工程按双排外脚手架计算？

模块7　建筑与装饰工程定额计价

模块概述

本模块主要介绍建筑与装饰工程定额计价的内容，包括工程量计算与整理、计算直接费、工料分析、材料调价、工程造价计算；房屋建筑与装饰工程预算书的编制，包括封面、编制说明、建筑工程取表、工程预算书、工料分析表和材料价差表。

知识目标

理解建筑工程施工图预算编制的原理；掌握工程量汇总、直接费计算、工料分析、材料价格确定、材料调价、取费计算方法；理解建筑工程施工图预算编制的原理；掌握各种预算表格的填写方法。

能力目标

能运用建筑工程施工图预算编制的原理，做工程量汇总、直接费计算、工料分析、材料价格确定、材料调价、取费计算；能运用建筑工程施工图预算编制的原理，填写各种预算表格，并装订成册。

课时建议

4学时。

7.1　建筑与装饰工程定额计价的内容

1. 工程量计算与整理

(1)工程量计算。工程量是编制施工图预算的基础。计算工程前，首先要熟悉施工图纸，准备标准图、预算定额、预算工作手册等资料，采用合理施工组织设计或施工方案，包括单位工程进度计划、施工方法或主要技术措施及施工现场平面布置等内容。其次，要按照预算定额的项目划分正确的列项、按工程量计算规则和计算单位的规定进行正确的计算。

(2)工程量整理。工程量计算完成后，即根据分部工程直接费计算要求，各分项工程量按分部工程进行整理，同时注意其部位，在按分部工程整理时，以定额编号的先后顺序为主，同时考虑施工顺序，将结构特征、施工方法、材料规格等都相同的工程项目工程量进行汇总，以达到减少分项工程项目、简化计算的目的，并将整理结果按一定顺序填入工程预算表。

2. 计算直接费

(1)正确选套定额项目。工程量计算和整理完成后，按各分部分项工程项目的名称、计量单位及工程数量分别填入工程预算表中相应栏内，然后套用预算单价，计算直接费。不得重套、错套，力求准确地使用预算定额。

套用预算单价时，应注意以下几点。

①当所计算项目的工作内容与预算定额一致时，可以直接套用预算单价。

②当所计算项目的工作内容与预算定额不完全一致，而且定额规定允许换算时，应首先进行定额换算，然后套用换算后的定额单价。

③当设计图纸中的项目在定额中缺项，没有相应定额项目可套时，应按设计要求，按建筑安装工程施工规范及预算定额等有关规定，编制补充预算单价，作为一次性使用。但是，编制的补充预算单价必须征得建设单位同意及送交工程造价管理部门审批。

(2)计算直接费。将各分项工程量分别与相应预算单价相乘，即得出各分项工程直接费；各分项工程直接费小计，即得各分部工程直接费；各分部工程直接费合计，即得一般土建单位工程直接费。

3. 工料分析

建筑安装工程预算书中，分部分项工程所消耗的人工、材料等不能直观地表示出来，而在预算中，工料分析表是调整材料差价的重要依据，也是建筑企业施工管理工作中必不可少的一项技术资料。

(1)编制方法。

①按照工程预算表中各分项工程的排列顺序，将各有关分项工程定额编号、名称、计量单位和工程数量摘抄到工料分析表中的相应栏内。

②套预算定额消耗量指标。从预算定额中查出有关分项工程所需人工、各种主要材料的定额消耗量，抄到工料分析表中相应栏内。

③计算单位工程人工、主要材料消耗量。将各分项工程量分别与相应人工、主要材料消耗定额相乘，求出各分项工程人工、主要材料消耗数量。工程中所使用的各种混凝土、砂浆要按照分项定额中的含量及混凝土、砂浆的配合比表进行二次分析，求出构成混凝土、砂浆的材料消耗数量。

(2)编制形式。工料分析表一般是以单位工程为单位编制的。此种形式，数据比较系统而全面，便于使用。另一种是以分部工程为单位编制，然后汇总成单位工程工料分析表。

(3)主要工料汇总表。为了统计和汇总单位工程所需的主要材料用量和主要工种用工量，要填写单位工程主要工料汇总表。

材料汇总一般按钢材、木材、水泥、砖、瓦、灰、砂石、油毡等材料，按不同的种类、规格及需要量一一列出。

【例 7-1】 根据某单位工程的预(结)算书(省略表)(表 7-1)，进行工料分析及材料汇总。

表 7-1 建设工程预(结)算书

序号	定额编号	分部分项工程名称	计量单位	工程量	综合单价/元	单价/元
1	3－178	人工挖孔灌注混凝土桩 桩芯 混凝土	10 m^3	9.57	4 200.76	40 201.27
2	5－12	现浇混凝土柱 矩形柱 预拌	10 m^3	22.07	3 485.45	71 923.88
3	4－14	加气混凝土砌块墙 墙厚 370 mm	10 m^3	6.50	3 354.96	21 807.24

【解】 工料分析计算结果见表 7-2、表 7-3。

表 7-2　工料分析

序号	定额编号	分部分项工程名称（或材料名称）	规格型号	计量单位	工程量	单位定额	数量
11	3－178	人工挖孔灌注混凝土桩 桩芯 混凝土		10 m³	9.57		
		护壁		m³	9.57		
		预拌混凝土	C30	m³	9.57	10.100	32.48
		塑料薄膜		m³	9.57	2.700	25.839
		水		m	9.57	3.930	37.610 1
		电		kW·h	9.57	1.560	14.93
		汽车式起重机 8 t		台班	9.57	0.390	3.73
32	4－14	现浇混凝土柱 矩形柱 预拌		10 m³	22.07		
		预拌混凝土	C30	m³	1.94	9.797	19.006
		预拌水泥砂浆		m³	1.94	0.303	0.59
		水		m³	1.94	0.911	1.77
		电		kW·h	1.94	3.750	7.275
13	4－14	加气混凝土砌块墙 墙厚 370mm	600 mm×240 mm×240 mm	m³	22.07	9.770	215.62
		干混砌筑砂浆	DM M10	m³	22.07	0.710	15.67
		水		m³	22.07	0.400	8.83
		其他材料费		元	22.07	6.97	153.83
		灰浆	200 L	台班	22.07		
		干混砂浆罐式搅拌机		台班	22.07	0.071	1.57

表 7-3　工料分析汇总

序号	材料编号	材料名称	规格、型号	单位	数量
1		预拌混凝土	C30	m³	115.6
2		塑料薄膜		m³	25.839
3		水		m³	47.210
4		电		kW·h	22.205
5		汽车式起重机	8 t	台班	3.73
6		预拌水泥砂浆		m³	0.59
7		加气混凝土砌块墙 墙厚 370 mm	600 mm×240 mm×240 mm	m³	215.62
8		干混砌筑砂浆	DM M10	m³	15.67
9		其他材料费		元	153.83
10		干混砂浆罐式搅拌机		台班	1.57

4. 材料调价

各施工企业按《省、市工程造价信息》公布的材料市场价格表，将单位工程需要找差价的各种材料预算用量，分别乘以相应材料调价前后的单价差额，汇总后即得单位工程材料调价差额。其调价差额的计算可用下式表示：

$$单位工程材料调价差 = \sum[(材料市场价格 - 材料预算价格) \times 材料预算用量]$$

5. 工程造价计算

工程预算中除计算直接费外，还要计算间接费、利润及税金等各项费用。

7.2 建筑与装饰工程定额计价示例

7.2.1 建筑与装饰工程图纸说明

(1)本工程为四层办公楼，总建筑面积为 2 373.57 m²，其中一至四层面积为 2 117.12 m²，地下室面积(计一半)为 256.45 m²。

(2)建筑结构形式为框架结构，建筑结构的类别为三类，使用年限为 50 年，抗震设防烈度为 7 度。

(3)设计范围。

①墙体工程：建筑外墙、内隔墙均为轻骨料混凝土砌块。墙身防潮层，在室内地坪下约 60 处做 20 厚水泥砂浆(内加 5%的防水剂)的墙身防潮层。凡遇消火栓箱、配电箱等穿透墙体时，要求在其两面如设钢板网抹灰，钢板网尺寸每边比箱体大 150 mm。砌筑墙体预留洞过梁见结构施工图说明。

②屋面工程：屋顶为 100 厚阻燃型聚苯保温板。伸出屋面的管道、设备或预埋件等，应在防水层施工前安设完毕。屋面防水等级为三级，防水层耐久年限为十年，防水层为改性沥青防水卷材。

③门窗工程：建筑外门窗气密性能为 4 级，抗风压为 3 级，水密性 3 级，保温性能 5 级，隔声性能 3 级。门窗玻璃的选用应遵照《建筑玻璃应用技术规程》(JGJ 113—2015)和《建筑安全玻璃管理规定》及地方主管部门的有关规定。一层外窗均应采用防盗栏杆，外墙门窗保温采用 80 厚岩棉，保温长度为 150 mm。

④外装修工程：外装修设计和做法索引见立面图及外墙详图。外装修选用的各项材料其材质、规格、颜色等均由施工单位提供样板经建设和设计单位确认后进行封样并据此验收。檐口、腰线、阳台、雨篷及窗口等凸出墙面部分，均用 1∶2 水泥砂浆抹面，凸出墙面 50 mm 以上的做滴水沟，50 mm 以下的做鹰嘴滴水并要求平直、整齐、光洁，清水墙用 1∶1 水泥砂浆勾缩口缝。

⑤内装修工程：内装修工程执行《建筑内部装修设计防火规范》(GB 50222—2017)，楼地面部分执行《建筑地面设计规范》(GB 50037—2013)。楼地面构造交接处和地坪高度变化处，除图中另有注明者外均位于齐平门扇开启面处。凡没有地漏房间应做防水层，图中未注明整个房间做坡度者，均在地漏周围范围内做 1%～2%坡度坡向地漏。有水房间的楼地面应低于相邻房间或做高 20 mm 水门槛。

⑥建筑防火设计：按照《建筑设计防火规范(2018 年版)》(GB 50016—2014)，本工程建筑物耐火等级(地上)为二级，选用与其耐火等级相适应的结构造及建筑材料。该工程的承重结构(梁、柱、楼板)及非承重墙均采用非燃烧体。

(4)施工中注意事项。

①图中所选用标准图中有对结构工种的预埋件、预留洞如楼梯平台钢栏杆门窗、建筑配件等，本图所标注的各种留洞与预埋件应与各工种密切配合，经确认无误后方可施工。

②在设计中所使用的标准图、通用图和重复利用图无论选用局部节点还是全部详图，在设计中所使用的标准图均按照各选用图的有关说明进行施工。

③两种材料的墙体交接处应根据饰面材质在做饰面前加钉金属网或在施工中加贴玻璃丝网格布防止裂缝。

④凡预埋木件处均须做防腐处理，木件接触墙体处刷防腐油二道；凡预埋铁件处均须做防锈处理，铁件刷樟丹防锈漆二道。

⑤凡穿墙穿楼板管道施工后应用水泥砂浆堵严，再施以相应饰面，安装完工后每层均浇筑与楼板强震等级相同的混凝土。

⑥本工程门窗须牢固与墙、梁、柱相连接，凡应设埋件而未设者应用膨胀螺栓。

(5)工程量计算汇总表。根据辽宁省 2017 年版《房屋建筑与装饰工程定额》中的工程量计算规则，以×××公司办公楼为一个工程项目，根据模块 6 中各分部分项工程量计算结果进行工程量计算汇总(表 7-4)。

表 7-4　工程量计算汇总

序号	工程名称	项目特征	单位	数量
1. 土石方工程				
1	平整场地	场地类别：三类	m^3	525.82
2	地下室挖土 (大开挖挖到基础梁底)	1. 土壤类别：三类 2. 挖土深度：2.25 m	m^3	1 446.34
3	基础回填土	夯填	m^3	368.08
4	室内回填土	夯填	m^3	404.74
5	余土装土、运土	弃土运距：3 km	m^3	673.52
6	散水挖土、装土	1. 土壤类别：三类 2. 挖土深度：2 m 以内	m^3	24.38
7	台阶挖土、装土	1. 土壤类别：三类 2. 挖土深度：2 m 以内	m^3	14.48
8	散水台阶运土	弃土运距：3 km		38.86
2. 桩基础工程				
9	灌注桩挖土	1. 土壤类别：三类 2. 挖土深度：8 m 以内	m^3	173.84
10	桩护壁混凝土	1. 护壁的厚度、高度：150～75 mm、6 m 2. 混凝土强度等级：C15	m^3	62.79
11	人工挖孔桩灌注混凝土桩芯	1. 人工挖孔桩，桩设计直径：800 mm 2. 混凝土强度等级：C25	m^3	109.12
3. 砌筑工程				
12	外墙 420 mm	1. 材质：MU5.0 加气混凝土砌块 2. 墙体厚度：外墙 420 mm 3. 砂浆强度等级：M5 混合砂浆	m^3	16.83

续表

序号	工程名称	项目特征	单位	数量
3. 砌筑工程				
13	外墙 300 mm	1. 材质：MU5.0 加气混凝土砌块 2. 墙体厚度：外墙 300 mm 3. 砂浆强度等级：M5 混合砂浆	m^3	220.71
14	内墙 200 mm	1. 材质：MU5.0 加气混凝土砌块 2. 墙体厚度：内墙 200 mm 3. 砂浆强度等级：M5 混合砂浆	m^3	247.85
15	内墙 100 mm	1. 材质：MU5.0 加气混凝土砌块 2. 墙体厚度：内墙 100 mm 3. 砂浆强度等级：M5 混合砂浆	m^3	11.18
16	台阶挡墙砌体 370 mm（砖砌体）	1. 材质：MU10 非黏土实心砖 2. 墙体厚度：挡墙 370 mm 3. 砂浆强度等级：M5 混合砂浆	m^3	1.50
4. 混凝土工程				
17	基础垫层	混凝土强度等级：C15	m^3	49.42
18	筏形基础	混凝土强度等级：C25	m^3	91.06
19	剪力墙	混凝土强度等级：C30	m^3	52.96
20	框架柱(地下室)	混凝土强度等级：C30	m^3	19.4
21	框架柱(首层一顶层)	混凝土强度等级：C25	m^3	95.85
22	基础梁	混凝土强度等级：C25	m^3	21.8
23	异形梁	混凝土强度等级：C25	m^3	65.16
24	矩形梁	混凝土强度等级：C25	m^3	116.57
25	现浇板	混凝土强度等级：C25	m^2	252.56
26	楼梯柱	混凝土强度等级：C25	m^3	1.968
27	楼梯(包括梯梁)	混凝土强度等级：C25	m^2	121.64
28	雨篷底板	混凝土强度等级：C25	m^3	2.82
29	雨篷栏板	混凝土强度等级：C25	m^3	1.303
30	过梁	混凝土强度等级：C25	m^3	7.506
31	构造柱	混凝土强度等级：C25	m^3	9.684
32	女儿墙	混凝土强度等级：C25	m^3	27.4
33	混凝土散水	混凝土强度等级：C20	m^3	79.88
34	圆钢筋 Φ6	现浇构件 圆钢筋 HPB300 直径 6 mm	t	3.004
35	圆钢筋 Φ8	现浇构件 圆钢筋 HPB300 直径 8 mm	t	8.782
36	圆钢筋 Φ10	现浇构件 圆钢筋 HPB300 直径 10 mm	t	9.461
37	带肋钢筋 Φ10	现浇构件 带肋钢筋 HRB335 直径 10 mm	t	10.811
38	带肋钢筋 Φ12	现浇构件 带肋钢筋 HRB335 直径 12 mm	t	13.459
39	带肋钢筋 Φ14	现浇构件 带肋钢筋 HRB335 直径 14 mm	t	4.958
40	带肋钢筋 Φ16	现浇构件 带肋钢筋 HRB335 直径 16 mm	t	6.958

续表

序号	工程名称	项目特征	单位	数量
		4. 混凝土工程		
41	带肋钢筋 Φ18	现浇构件 带肋钢筋 HRB335　直径 18 mm	t	9.506
42	带肋钢筋 Φ20	现浇构件 带肋钢筋 HRB335　直径 20 mm	t	13.446
43	带肋钢筋 Φ22	现浇构件 带肋钢筋 HRB335　直径 22 mm	t	7.92
44	带肋钢筋 Φ25	现浇构件 带肋钢筋 HRB335　直径 25 mm	t	5.518
45	箍筋圆钢筋 Φ6	箍筋 圆钢筋 HPB300　直径 6 mm	t	1.293
46	箍筋圆钢筋 Φ8	箍筋 圆钢筋 HPB300　直径 8 mm	t	12.771
47	箍筋圆钢筋 Φ10	箍筋 圆钢筋 HPB300　直径 10 mm	t	4.269
48	箍筋圆钢筋 Φ12	箍筋 圆钢筋 HPB300　直径 12 mm	t	0.021
49	箍筋带肋钢筋 Φ12	箍筋 带肋钢筋 HRB335 直径 12 mm	t	1.586
		5. 门窗工程		
50	成品转门	成品全玻转门	樘	1
51	钛合金框门	钛合金框门 6 mm 钢化玻璃	m^2	14.52
52	钢质三防门	钢质三防门	m^2	4.05
53	成品套装门(单扇)	木质成品套装门	樘	37
54	成品套装门(双扇)	木质成品套装门	樘	16
55	推拉门	塑钢成品门安装 推拉	m^2	2.6
56	钢质防火门	钢质防火门(乙级)	m^2	2.34
57	钛合金窗	钛合金窗框，10 mm 钢化玻璃	m^2	79.152
58	塑钢成品窗	塑钢成品窗(平开)	m^2	288.15
59	塑钢成品窗单玻	塑钢成品窗单玻(推拉)	m^2	8.32
		6. 屋面工程		
60	屋面、雨篷面防水层	改性沥青卷材防水层	m^2	555.16
61	薄钢板水落管	薄钢板水落管　管径 100 mm	m	67.2
62	卫生间地面防水	卫生间地面防水聚氨酯涂膜防水	m^2	145.36
		7. 保温、隔热、防腐工程		
63	屋面、雨篷炉渣找坡	1∶6 水泥炉渣找坡最薄处 30 mm 厚	m^3	64.78
64	屋面苯板保温	屋面聚苯板保温(EPS 板)100 mm 厚	m^2	488.52
65	外墙保温	岩棉板 80 mm 厚	m^2	1 414.14
		8. 楼地面装饰工程		
66	屋面、雨篷面找平层	20 mm 厚 1∶2 水泥砂浆	m^2	509.31
67	屋面、雨篷面防水保护层	20 mm 厚 1∶2 水泥砂浆	m^2	556.65
68	地下室地面	1. 1∶2 水泥砂浆 20 mm 厚 2. 刷素水泥浆一道	m^2	439.25
69	地下室地面垫层	C15 混凝土垫层 80 mm 厚	m^3	35.14
70	地下室水泥砂浆踢脚线	1. 8 mm 厚 1∶2 水泥砂浆罩面压实压光 2. 12 mm 厚 1∶2 水泥砂浆打底扫毛或刮出纹道	m^2	14.87

续表

序号	工程名称	项目特征	单位	数量
8. 楼地面装饰工程				
71	楼梯间磨光大理石地面	1. 磨光大理石 20 mm 厚，水泥砂浆擦缝 2. 1∶3 干硬性水泥砂浆结合层 20 mm 厚 3. 刷素水泥浆一道	m^2	135.06
72	楼梯间大理石踢脚线	1. 20 mm 厚大理石板 2. 12 mm 厚水泥砂浆结合层	m^2	17.02
73	卫生间防滑地砖	1. 彩色釉面砖 8～10 mm 厚，干水泥擦缝10 mm厚 2. 1∶3 干硬性水泥砂浆结合层	m^2	77.501
74	卫生间找坡层	1∶3 水泥砂浆找坡层最薄处 20 mm 厚	m^2	77.501
75	其他房间磨光大理石地面	1. 磨光大理石 20 mm 厚，水泥砂浆擦缝 2. 1∶3 干硬性水泥砂浆结合层 20 mm 厚 3. 刷素水泥浆一道	m^2	1 553.7
76	其他房间大理石踢脚线	1. 20 mm 厚大理石板 2. 12 mm 厚水泥砂浆结合层	m^2	152.38
9. 墙、柱面抹灰、装饰与隔断、幕墙工程				
77	地下室墙面	1. 满刮大白腻子三遍 2. 20 mm 厚水泥砂浆打底 3. 刷一道建筑胶水溶液	m^2	207.20
78	楼梯间墙面	1. 满刮大白腻子三遍 2. 20 mm 厚水泥砂浆打底 3. 刷一道建筑胶水溶液	m^2	446.44
79	其他房间墙面	1. 满刮大白腻子三遍 2. 20 mm 厚水泥砂浆打底 3. 刷一道建筑胶水溶液	m^2	3 817.04
80	卫生间墙面	1. 2.5 白瓷砖，白水泥擦缝 10 mm 厚 2. 5 mm 厚 1∶2 建筑胶水泥砂浆 3. 素水泥浆一道 4. 9 mm 厚 1∶3 水泥砂浆打底压实抹平	m^2	395.33
10. 天棚工程				
81	地下室顶棚	1. 刷素水泥浆一道 2. 10 mm 厚混合砂浆打底 3. 2 mm 厚纸筋灰面罩 4. 喷大白浆	m^2	439.07
82	楼梯间顶棚	1. 刷素水泥浆一道 2. 10 mm 厚混合砂浆打底 3. 2 mm 厚纸筋灰面罩 4. 喷大白浆	m^2	135.06
83	其他房间	1. 刷素水泥浆一道 2. 10 mm 厚混合砂浆打底 3. 2 mm 厚纸筋灰面罩 4. 喷大白浆	m^2	1 533.17
84	卫生间顶棚	1. 刷素水泥浆一道 2. 10 mm 厚混合砂浆打底 3. 2 mm 厚纸筋灰面罩 4. 喷大白浆	m^2	77.50

续表

序号	工程名称	项目特征	单位	数量
11. 措施项目				
85	垫层模板	基础垫层 100 mm 厚	m^2	10.35
86	筏板基础模板	筏板基础 200 mm 厚	m^2	20.55
87	地下室剪力墙模板	混凝土墙 250 mm 厚	m^2	486.75
88	框架柱模板	矩形柱 450 mm×450 mm，500 mm×500 mm	m^2	967.36
89	异形梁模板	异形梁 250 mm×400 mm 250 mm×500 mm 250 mm×650 mm	m^2	570.68
90	矩形梁模板	矩形梁 250 mm×450 mm 250 mm×500 mm 250 mm×650 mm	m^2	1 026.85
91	现浇板模板	现浇平板 100 mm，140 mm 厚	m^2	2 086.98
92	楼梯柱模板	楼梯柱　250 mm×300 mm 厚	m^2	27.69
93	楼梯模板(包括梯梁)	楼梯 直形	m^2	121.64
94	雨篷底板模板	雨篷底板 140 mm 厚	m^2	35.66
95	雨篷栏板模板	雨篷栏板 120 mm 厚	m^2	24.34
96	构造柱模板	构造柱 240 mm×240 mm	m^2	15.9
97	女儿墙模板	女儿墙 120 mm、150 mm 厚	m^2	438.14
98	垂直运输	1. 框架结构 檐高 16.8 m 4 层 2. 地下室面积：256.45 m^2	m^2	2 373.55
99	综合脚手架	框架结构 檐高 16.8 m	m^2	2 373.55
100	塔式起重机安拆费		台次	1
101	塔式固定式基础		座	1
102	塔式起重机场外运输费		台次	1

7.2.2 房屋建筑与装饰工程预算书的编制示例

1. 封面

工程概(预)算书封面见表 7-5。

表 7-5　工程概(预)算书封面

工程概(预)算书

建设单位：______________________

工程名称：×××公司办公楼建筑与装饰工程

建筑面积：______________________

工程造价：　　2 971 225.86　　元

建设单位(盖章)　　　　　　施工单位(盖章)

编制日期：______________________

2. 编制说明

编制说明见表 7-6。

表 7-6 编制说明

一、编制依据。
1. 采用现行的标准图集、规范、工艺标准、材料做法。
2. 辽宁省建设工程计价依据 2017 年版《房屋建筑与装饰工程定额》。
3. 根据现场施工条件、实际情况编制。
二、工程竣工调价系数(根据本地区的现行规定)。
三、补充单位估价项目(　　)项，换算定额单位(　　)项。
四、暂估单价(　　)项。
五、工程概况：本工程为四层办公楼，总建筑面积为 2 373.57 m^2，其中一至四层面积为 2 117.12 m^2，地下室面积(计一半)为 256.45 m^2，建筑结构形式为框架结构。
六、设备及主要材料来源。
七、其他：施工时发生图纸变更或赔偿，双方协商解决。

3. 建筑工程取费表

建筑工程取费见表 7-7。

表 7-7 建筑工程取费表

项目名称：×××公司办公楼建筑与装饰工程

行号	序号	费用名称	取费说明	费率/%	金额/元
		建筑工程			2 945 459.01
1	A	工程定额分部分项工程费、技术措施费合计	人工费＋材料费＋机械费预算价＋机上人工价差＋机上其他价差＋燃料动力价差＋主材费＋设备费＋其中：企业管理费＋其中：利润		2 509 475.13
2	A1	其中：人工费预算价＋机械费预算价	人工费预算价＋机械费预算价		727 628.6
3	B	一般措施项目费(不含安全施工措施费)	文明施工和环境保护费＋雨期施工费		9 459.18
4	B1	文明施工和环境保护费	其中：人工费预算价＋机械费预算价	0.65	4 729.59
5	B2	雨期施工费	其中：人工费预算价＋机械费预算价	0.65	4 729.59
6	C	其他措施项目费	夜间施工增加费和白天施工需要照明费＋二次搬运费＋冬期施工费＋已完工程及设备保护费＋市政工程(含园林绿化工程)施工干扰费＋其他		26 558.44
7	C1	夜间施工增加费和白天施工需要照明费			
8	C2	二次搬运费			
9	C3	冬期施工费	其中：人工费预算价＋机械费预算价	3.65	26 558.44

续表

行号	序号	费用名称	取费说明	费率/%	金额/元
10	C4	已完工程及设备保护费			
11	C5	市政工程(含园林绿化工程)施工干扰费			
12	C6	其他			
13	D	其他项目费			
14	E	工程定额分部分项工程费、措施项目费(不含安全施工措施费)、其他项目费合计	工程定额分部分项工程费、技术措施费合计＋一般措施项目费(不含安全施工措施费)＋其他措施项目费＋其他项目费		2 545 492.75
15	E1	其中：企业管理费	其中：人工费预算价＋机械费预算价	8.5	61 848.43
16	E2	其中：利润	其中：人工费预算价＋机械费预算价	7.5	54 572.15
17	F	规费	社会保险费＋住房公积金＋工程排污费＋其他＋工伤保险		72 762.86
18	F1	社会保险费	其中：人工费预算价＋机械费预算价	10	72 762.86
19	F2	住房公积金	其中：人工费预算价＋机械费预算价	0	
20	F3	工程排污费			
21	F4	其他			
22	F5	工伤保险			
23	G	安全施工措施费	工程定额分部分项工程费、措施项目费(不含安全施工措施费)、其他项目费合计＋规费	2.27	59 434.4
24	H	税费前工程造价合计	工程定额分部分项工程费、措施项目费(不含安全施工措施费)、其他项目费合计＋规费＋安全施工措施费		2 677 690.01
25	I	税金	税费前工程造价合计	10	267 769
26	J	工程造价	税费前工程造价合计＋税金		2 945 459.01
		建筑土石方、拆除工程			25 766.85
27	A	工程定额分部分项工程费、技术措施费合计	人工费＋材料费＋机械费预算价＋机上人工价差＋机上其他价差＋燃料动力价差＋主材费＋设备费＋其他企业管理费＋其他利润		20 614.18
28	A1	其中：人工费预算价＋机械费预算价	人工费预算价＋机械费预算价		19 521
29	B	一般措施项目费(不含安全施工措施费)	文明施工和环境保护费＋雨期施工费		88.82
30	B1	文明施工和环境保护费	(人工费预算价＋机械费预算价)×0.35	0.65	44.41
31	B2	雨期施工费	(人工费预算价＋机械费预算价)×0.35	0.65	44.41

续表

行号	序号	费用名称	取费说明	费率/%	金额/元
32	C	其他措施项目费	夜间施工增加费和白天施工需要照明费＋二次搬运费＋冬期施工费＋已完工程及设备保护费＋市政工程(含园林绿化工程)施工干扰费＋其他		249.38
33	C1	夜间施工增加费和白天施工需要照明费			
34	C2	二次搬运费			
35	C3	冬期施工费	(人工费预算价＋机械费预算价)×0.35	3.65	249.38
36	C4	已完工程及设备保护费			
37	C5	市政工程(含园林绿化工程)施工干扰费		0	
38	C6	其他			
39	D	其他项目费			
40	E	工程定额分部分项工程费、措施项目费(不含安全施工措施费)、其他项目费合计	工程定额分部分项工程费、技术措施费合计＋一般措施项目费(不含安全施工措施费)＋其他措施项目费＋其他项目费		20 952.38
41	E1	其中：企业管理费	(人工费预算价＋机械费预算价)×0.35	8.5	580.75
42	E2	其中：利润	(人工费预算价＋机械费预算价)×0.35	7.5	512.43
43	F	规费	社会保险费＋住房公积金＋工程排污费＋其他＋工伤保险		1 952.1
44	F1	社会保险费	其中：人工费预算价＋机械费预算价	10	1 952.1
45	F2	住房公积金	其中：人工费预算价＋机械费预算价	0	
46	F3	工程排污费			
47	F4	其他			
48	F5	工伤保险			
49	G	安全施工措施费	工程定额分部分项工程费、措施项目费(不含安全施工措施费)、其他项目费合计＋规费	2.27	519.93
50	H	税费前工程造价合计	工程定额分部分项工程费、措施项目费(不含安全施工措施费)、其他项目费合计＋规费＋安全施工措施费		23 424.41
51	I	税金	税费前工程造价合计	10	2 342.44
52	J	工程造价	税费前工程造价合计＋税金		25 766.85
		工程造价			2 971 225.86
含税工程总造价：叁佰零壹万零伍佰捌拾玖元捌角叁分					

4. 工程预算书

单位工程概(预)算表见表 7-8。

表 7-8　单位工程概(预)算表

项目名称：×××公司办公楼建筑与装饰工程

序号	编码	子目名称	工程量		价值/元		其中/元		
			单位	数量	单价	合价	人工费	材料费	机械费
一、土石方工程									
1	1—1	人工场地平整	100 m²	5.26	153.17	805.4	805.4		
2	1—110	地下室挖土	10 m³	144.63	34	4 917.56	1 549.03		3 368.53
3	1—101	基础回填土	10 m³	36.81	65.33	2 404.67	772.97		1 631.7
4	1—100	室内回填土夯实	10 m³	40.47	122.62	4 962.92	4 083.83		879.1
5	1—134	装载机装车　土方	10 m³	67.35	18.97	1 277.67	292.31		985.36
6	1—140 换	基础余土自卸汽车运土方，运距：3 km	10 m³	67.35	69.08	4 652.68	148.85		4 503.83
7	1—119	散水、台阶挖装土方　三类土	10 m³	3.89	59.61	231.64	86.23		145.41
8	1—140 换	散水、台阶自卸汽车运土方，运距：3 km	10 m³	3.89	69.08	268.44	8.59		259.86
		分部小计				19 520.98	7 747.21		11 773.79
二、桩基工程									
9	3—164	人工挖孔桩土方 砂砾 孔深≤8 m	10 m³	17.38	1 313	22 825.19	20 456.45	2 368.74	
10	3—176 换	人工挖孔灌注混凝土桩 桩壁 现浇混凝土 C15	10 m³	6.28	3 305.61	20 755.93	2 119.48	18 636.45	
11	3—178 换	人工挖孔灌注混凝土桩 桩芯 混凝土 C25	10 m³	10.91	4 069.54	44 406.82	2 947.11	38 213.17	3 246.54
		分部小计				87 987.94	25 523.04	59 218.36	3 246.54
三、砌筑工程									
12	4—81 换	加气混凝土砌块墙 墙厚 420 mm　砂浆 混合砂浆 中砂 M5	10 m³	1.68	3 344.52	5 628.83	1 507.53	4 091.2	30.09
13	4—81 换	加气混凝土砌块墙 墙厚 300 mm　砂浆 混合砂浆 中砂 M5	10 m³	22.07	3 344.52	73 816.9	19 769.88	53 652.39	394.63
14	4—79 换	加气混凝土砌块墙 墙厚 200 mm 混合砂浆 中砂 M5	10 m³	24.79	3 499.29	86 729.9	25 993.27	60 293.48	443.16

续表

序号	编码	子目名称	工程量		价值/元		其中/元		
			单位	数量	单价	合价	人工费	材料费	机械费
三、砌筑工程									
15	4—77换	加气混凝土砌块墙 墙厚100 mm，混合砂浆 中砂 M5	10 m³	1.12	3 665.04	4 097.51	1 352.15	2 725.37	19.99
16	4—14换	台阶挡墙 墙厚370 mm 混合砂浆 M5	10 m³	0.15	3 178.88	476.83	172.77	294.85	9.22
		分部小计				170 749.97	48 795.6	121 057.2	897.09
四、混凝土、钢筋工程									
17	5—1	现浇混凝土基础垫层 C15	10 m³	4.94	3 182.58	15 728.31	982.96	14 740.55	4.79
18	5—6	现浇混凝土筏板基础 C25	10 m³	9.11	3 671.51	33 432.77	1 550.11	31 873.82	8.83
19	5—25	现浇混凝土墙 直形墙 C30	10 m³	5.3	3 734.07	19 775.63	1 164.91	18 610.73	
20	5—12	现浇混凝土柱 矩形柱 C30	10 m³	1.94	3 768.85	7 311.57	497.69	6 813.88	
21	5—12	现浇混凝土柱 矩形柱 C25	10 m³	9.59	3 719.87	35 654.95	2 458.94	33 196.02	
22	5—17	现浇混凝土梁 基础梁 C25	10 m³	2.18	3 683.77	8 030.62	378.08	7 652.54	
23	5—19	现浇混凝土梁 异形梁 C25	10 m³	6.52	3 714.93	24 206.48	1 346.99	22 859.5	
24	5—18	现浇混凝土梁 矩形梁 C25	10 m³	11.66	3 708.28	43 227.42	2 313.1	40 914.32	
25	5—33	现浇混凝土板 平板 C25	10 m³	25.26	3 727.17	94 133.41	4 936.03	89 099.13	98.25
26	5—12	现浇混凝土柱 楼梯柱 C25	10 m³	0.2	3 719.87	732.07	50.49	681.58	
27	5—46	现浇混凝土楼梯 C25	10 m²	12.16	1 034.68	12 585.85	1 635.08	10 950.76	
28	5—38	现浇混凝土板 雨篷板 C25	10 m³	0.28	3 868.33	1 090.87	89.84	1 001.03	
29	5—36	现浇混凝土板 雨篷栏板 C25	10 m³	0.13	3 839.02	500.22	44.36	455.86	
30	5—21	现浇混凝土梁 过梁 C25	10 m³	0.75	3 789.43	2 844.35	185.15	2 659.2	
31	5—13	现浇混凝土柱 构造柱 C25	10 m³	0.97	3 767.85	3 648.79	290.47	3 358.31	

续表

序号	编码	子目名称	工程量		价值/元		其中/元		
			单位	数量	单价	合价	人工费	材料费	机械费
四、混凝土、钢筋工程									
32	5—25	现浇混凝土墙 女儿墙 C25	10 m^3	2.74	3 684.95	10 096.76	602.69	9 494.07	
33	5—49 换	混凝土散水 C15	10 m^2	7.99	461.44	3 685.98	667.64	2 996.14	22.21
34	5—146 换	现浇构件 圆钢筋 HPB300 直径 6 mm	t	3	4 477.29	13 449.78	3 157.44	10 218.53	73.81
35	5—147	现浇构件 圆钢筋 HPB300 直径 8 mm	t	8.78	4 334.08	38 061.89	7 972.91	29 873.2	215.77
36	5—148	现浇构件 圆钢筋 HPB300 直径 10 mm	t	9.46	4 254.21	40 249.08	7 833.71	32 182.92	232.46
37	5—162	现浇构件 带肋钢筋 HRB300 直径 10 mm	t	10.81	4 251.73	45 965.45	7 411.59	38 287.81	266.06
38	5—163	现浇构件 带肋钢筋 HRB335 直径 12 mm	t	13.46	4 332.97	58 317.44	8 683.48	48 624	1 009.96
39	5—164	现浇构件 带肋钢筋 HRB335 直径 14 mm	t	4.96	4 319.95	21 418.31	3 134.25	17 912.01	372.05
40	5—165	现浇构件 带肋钢筋 HRB335 直径 16 mm	t	6.96	4 307.66	29 972.7	4 313.06	25 137.51	522.13
41	5—166	现浇构件 带肋钢筋 HRB335 直径 18 mm	t	9.51	4 223.93	40 152.68	5 096.55	34 342.8	713.33
42	5—167	现浇构件 带肋钢筋 HRB335 直径 20 mm	t	13.45	4 101.85	55 153.48	5 959.94	48 372.52	821.01
43	5—168	现浇构件 带肋钢筋 HRB335 直径 22 mm	t	7.92	4 075.26	32 276.06	3 299.95	28 492.52	483.6
44	5—169	现浇构件 带肋钢筋 HRB335 直径 25 mm	t	5.52	4 052.69	22 362.74	2 174.59	19 851.23	336.93
45	5—239	箍筋 圆钢筋 HPB300 直径 6 mm	t	1.29	5 008.35	6 475.8	1 997.4	4 404.15	74.24
46	5—240	箍筋 圆钢筋 HPB300 直径 8 mm	t	12.77	4 699.06	60 011.7	15 778.44	43 499.94	733.31
47	5—241	箍筋 圆钢筋 HPB300 直径 10 mm	t	4.27	4 513.8	19 269.41	4 301.7	14 722.59	245.13
48	5—242	箍筋 圆钢筋 HPB300 直径 12 mm	t	0.02	4 183.77	87.86	15.17	72.11	0.58
49	5—244	箍筋 带肋钢筋 HRB335 直径 12 mm	t	1.59	4 237.44	6 720.58	1 199.92	5 475.24	45.42
		分部小计				806 631.01	101 524.63	698 826.52	6 279.87

续表

序号	编码	子目名称	工程量		价值/元		其中/元		
			单位	数量	单价	合价	人工费	材料费	机械费
五、门窗工程									
50	8—58换	旋转门 全玻转门安装	樘	1	3 816.75	3 816.75	816.75	3 000	
51	8—8换	钛合金门安装 平开	100 m²	0.15	90 379.87	13 123.16	436.42	12 686.74	
52	8—14换	钢质三防门安装	100 m²	0.04	81 680.22	3 308.05	115.77	3 191.11	1.16
53	8—4换	成品套装木门安装 单扇门	10樘	3.7	13 974.77	51 706.65	6 211.86	45 494.79	
54	8—5换	成品套装木门安装 双扇门	10樘	1.6	19 044.05	30 470.48	3 927.73	26 542.75	
55	8—9换	塑钢成品门安装 推拉	100 m²	0.03	40 648.32	1 056.86	48.47	1 008.38	
56	8—13换	钢质防火门安装	100 m²	0.02	62 091.72	1 452.95	66.89	1 386.05	
57	8—68换	钛合金 普通窗安装 平开	100 m²	0.79	42 906.11	33 960.19	2 255.56	31 704.62	
58	8—72换	塑钢成品窗安装 平开	100 m²	2.88	26 134.86	75 307.6	6 220.52	69 087.07	
59	8—71换	塑钢成品窗安装 推拉	100 m²	0.08	24 347.05	2 025.67	144.78	1 880.89	
		分部小计				216 228.36	20 244.75	195 982.4	1.16
六、屋面及防水工程									
60	9—47	屋面、雨篷面改性沥青卷材 热熔法一层	100 m²	5.55	5 368.27	29 802.49	1 501.93	28 300.56	
61	9—94	屋面排水管 镀锌薄钢板排水 水落管	100 m	0.67	1 626.07	1 092.72	320.29	772.43	
62	9—67	涂膜防水 聚氨酯防水涂膜 2 mm厚	100 m²	1.45	3 122.45	4 538.79	470.01	4 068.79	
		分部小计				35 434	2 292.23	33 141.78	
七、防腐、保温、隔热工程									
63	10—10换	屋面 炉(矿)渣 石灰 换为(垫层混凝土砂浆 水泥石灰炉渣 1∶3∶6)	10 m³	6.48	2 570.23	16 649.95	6 125.21	10 524.74	
64	10—31换	屋面 干铺聚苯乙烯板 厚度 100 mm	100 m²	4.89	3 514.81	17 170.55	1 225.26	15 945.29	
65	10—26	屋面 粘贴岩棉板 厚度 80 mm	100 m²	14.14	4 559.05	64 471.35	10 603.79	53 867.56	
		分部小计				98 291.85	17 954.26	80 337.59	

续表

序号	编码	子目名称	工程量		价值/元		其中/元		
			单位	数量	单价	合价	人工费	材料费	机械费
八、楼地面装饰工程									
66	11—2	屋面、雨篷面找平层 填充材料 20 mm	100 m^2	5.09	1 687.64	8 595.32	5 410.91	2 639.35	545.06
67	11—1	屋面、雨篷面防水保护层 硬基层上 20 mm	100 m^2	5.57	1 389.54	7 734.87	4 948.9	2 309.43	476.55
68	11—6	地下室水泥砂浆楼地面 混凝土或硬基层上 20 mm	100 m^2	4.39	1 696.51	7 451.92	5 199.4	1 876.48	376.04
69	4—144	预拌混凝土 地面垫层	10 m^3	3.51	3 166.71	11 127.82	641.52	10 486.3	
70	11—69	地下室水泥砂浆踢脚线 水泥砂浆	100 m^2	0.15	4 585.24	681.83	591.71	74.2	15.91
71	11—85	楼梯面层 石材 水泥砂浆	100 m^2	1.35	17 883.78	24 153.83	6 210.68	17 787.05	156.1
72	11—70	楼梯石材踢脚线 石材 水泥砂浆	100 m^2	0.17	13 838.58	2 355.33	810.76	1 527.42	17.14
73	11—33	块料楼地面 陶瓷地砖 0.10 m^2 以内	100 m^2	0.78	8 836.92	6 848.61	1 988.58	4 793.69	66.35
74	11—1	卫生间找披层 混凝土或硬基层 20 mm	100 m^2	0.78	1 389.54	1 076.89	689.01	321.53	66.35
75	11—20	其他房间石材楼地面(每块面积) 0.36 m^2 以内	100 m^2	15.54	15 381.51	238 982.52	39 079.44	198 572.96	1 330.12
76	11—70	其他房间石材踢脚线 石材 水泥砂浆	100 m^2	1.52	13 838.58	21 087.23	7 258.77	13 674.98	153.48
		分部小计				330 096.17	72 829.68	254 063.39	3 203.1
九、墙、柱面抹灰、装饰与隔断、幕墙工程									
77	12—1	室内墙面抹灰 内墙(14 mm+6 mm)	100 m^2	44.71	1 959.33	87 595.37	63 305.72	19 944.6	4 345.05
78	12—55	卫生间墙面块料墙面 陶瓷马赛克	100 m^2	3.95	9 826.42	38 846.79	18 129.72	20 350.2	366.87
		分部小计				126 442.16	81 435.44	40 294.8	4 711.92
十、天棚工程									
79	13—1	室内混凝土天棚 一次抹灰(10 mm)	100 m^2	21.07	1 422.49	29 976.13	24 383.57	4 594.97	997.6
80	13—1	卫生间混凝土天棚一次抹灰(10 mm)	100 m^2	0.78	1 422.49	1 102.43	896.75	168.99	36.69
		分部小计				31 078.56	25 280.32	4 763.96	1 034.29

续表

序号	编码	子目名称	工程量		价值/元		其中/元		
			单位	数量	单价	合价	人工费	材料费	机械费
十一、油漆、涂料、裱糊工程									
81	14—284	刮大白 墙面 满刮三遍	100 m^2	44.71	987.6	44 152.44	33 315.06	10 837.38	
82	14—205	刮腻子 天棚面 满刮二遍	100 m^2	20.95	719.41	15 070.2	12 625.36	2 444.84	
83	14—242	大白浆 天棚面 三遍	100 m^2	20.95	582.01	12 191.95	11 748.9	443.05	
		分部小计				71 414.59	57 689.32	13 725.27	
84	17—9	多层建筑综合脚手架 框架结构 檐高20 m以内	100 m^2	23.74	3 151.61	74 805.04	32 905.24	32 776.83	9 122.98
85	17—123	基础垫层 复合模板	100 m^2	0.1	3 657.72	378.57	158.06	220.4	0.12
86	17—150	筏板基础 复合模板 钢支撑	100 m^2	0.21	3 812.36	783.44	437.98	345.35	0.11
87	17—197	混凝土墙 复合模板 钢支撑	100 m^2	4.87	4 638.14	22 576.15	10 442.39	12 132.44	1.31
		小计				587 548.26	254 686.96	316 506.99	16 354.33
十二、措施项目									
88	17—174	矩形柱 复合模板 钢支撑	100 m^2	9.67	4 981.82	48 192.13	26 344.79	21 831.19	16.15
89	17—185	矩形梁 复合模板 钢支撑	100 m^2	10.27	4 583.57	47 066.39	26 557.42	20 497.47	11.5
90	17—187	异形梁 复合模板 钢支撑	100 m^2	5.71	5 415.11	30 902.95	19 181.24	11 715.32	6.39
91	17—209	现浇平板 复合模板 钢支撑	100 m^2	20.87	4 500.76	93 929.96	51 507.92	42 369.45	52.59
92	17—174	楼梯柱 复合模板 钢支撑	100 m^2	0.28	4 981.82	1 379.47	754.1	624.9	0.46
93	17—228	楼梯 直形 复合模板 钢支撑	100 m^2	1.22	11 895.94	14 470.22	10 031.52	4 436.86	1.85
94	17—209	雨篷底板 复合模板 钢支撑	100 m^2	0.36	4 500.76	1 604.97	880.11	723.96	0.9
95	17—219	雨篷栏板 复合模板 钢支撑	100 m^2	0.24	5 576.65	1 357.36	839.56	516.64	1.15
96	17—176	构造柱 复合模板 钢支撑	100 m^2	0.16	3 891.39	618.73	311.81	306.66	0.27

续表

序号	编码	子目名称	工程量		价值/元		其中/元		
			单位	数量	单价	合价	人工费	材料费	机械费
十二、措施项目									
97	17－197	女儿墙 复合模板 钢支撑	100 m^2	4.38	4 638.14	20 321.55	9 399.55	10 920.81	1.18
98	17－318	垂直运输 20 m(6层)以内塔式起重机施工 现浇框架	100 m^2	23.74	1 419.21	33 685.66	2 549.67		31 135.99
99	17－402	大型机械设备安拆 自升式塔式起重机安拆费 塔高 45 m 内	台次	1	11 196.55	11 196.55	4 349.76	213.09	6 633.7
100	17－431	大型机械设备进出场 自升式塔式起重机进出场费	台次	1	9 556.09	9 556.09	1 156.09		8 400
101	17－399	塔式起重机 固定式基础(带配重) 预拌混凝土	座	1	5 874.72	5 874.72	1 406.5	4 383.22	85
		分部小计				418 699.95	199 213.71	164 014.59	55 471.65
		合计				2 412 575.54	660 530.19	1 665 425.95	86 619.41

5. 工料分析表

单位工程人材机汇总表见表 7-9。

表 7-9 单位工程人材机汇总

项目名称：×××公司办公楼建筑与装饰工程

序号	材料号	名称规格	单位	材料量	市场价/元	合价/元
一		人工				660 529.82
1	R00 000	合计工日	工日	5 148.672 2		660 529.82
二		材料				1 665 425.25
1	C00012	水	m^3	518.025 2	3.85	1 994.4
2	C00012@1	水	m^3	13.880 3	3.85	53.44
3	C00013	烧结煤矸石普通砖 240 mm×115 mm×53 mm	千块	0.793 5	288	228.53
4	C00019	砂子 中砂	m^3	36.691 2	82	3 008.68
5	C00022	电	kW·h	654.797 2	0.89	582.77
6	C00022@1	电	kW·h	0.182	0.89	0.16
7	C00023	预拌混凝土 C15	m^3	119.754 5	292	34 968.31
8	C00023@1	预拌混凝土 C15	m^3	35.491 4	292	10 363.49
9	C00025	其他材料费	元	4 197.555 3	1	4 197.56

续表

序号	材料号	名称规格	单位	材料量	市场价/元	合价/元
10	C00025@1	其他材料费	元	639.018 2	1	639.02
11	C00034	铁件综合	kg	46.998 6	4.4	206.79
12	C00038	塑料薄膜	m^2	3 271.419 7	0.34	1 112.28
13	C00041	板枋材	m^3	27.774 3	935	25 968.97
14	C00046	型钢综合	kg	13.08	3.1	40.55
15	C00061	预拌混凝土 C20	m^3	0.121 2	325	39.39
16	C00064	预拌混凝土 C30	m^3	78.969 4	350	27 639.29
17	C00070	预拌混凝土 C25	m^3	838.274 2	345	289 204.6
18	C00073	镀锌铁丝 ϕ0.7	kg	427.366 7	4	1 709.47
19	C00073@1	镀锌铁丝 ϕ0.7	kg	191.432 6	4	765.73
20	C00074	低合金钢焊条 E43 系列	kg	317.400 6	11.36	3 605.67
21	C00077	镀锌铁丝 ϕ4.0	kg	626.522 3	4	2 506.09
22	C00090	原木	m^3	0.166 1	1 630	270.74
23	C00094	脚手架钢管	kg	3 016.782 1	4.08	12 308.47
24	C00095	扣件	个	1 209.964 6	3.66	4 428.47
25	C00104	石料切割锯片	片	14.368 3	63.75	915.98
26	C00141	圆钉	kg	282.281	3.5	987.98
27	C00142	钢筋 Φ10 以内	kg	396	3.25	1 287
28	C00183	砂子粗砂	m^3	0.885 5	72	63.76
29	C00185	草帘	m^2	73.794	0.94	69.37
30	C00199@1	HPB300Φ6	kg	3 064.08	3.3	10 111.46
31	C00206	石油沥青	kg	66.967 2	3.1	207.6
32	C00219	预拌水泥砂浆	m^3	6.446 4	252.54	1 627.97
33	C00222	木模板	m^3	0.257 8	1 650	425.37
34	C00223	石油沥青砂浆 1：2：7	m^3	0.399 4	1 116.34	445.87
35	C00231	垫木 60 mm×60 mm×60 mm	块	122.095 4	0.26	31.74
36	C00232	木支撑	m^3	7.363 1	1 020	7 510.36
37	C00244	钢筋综合	kg	8.954 6	3.25	29.1
38	C00246	镀锌铁丝综合	kg	25	4	100
39	C00250	钢管	kg	18.89	3.4	64.23
40	C00253@1	HPB300 Φ8	kg	8 957.64	3.3	29 560.21
41	C00253@2	HPB300 Φ10	kg	9 650.22	3.3	31 845.73
42	C00253@3	HPB300 Φ6	kg	1 318.86	3.3	4 352.24
43	C00253@4	HPB300 Φ8	kg	13 026.42	3.3	42 987.19
44	C00253@5	HPB300 Φ10 以内	kg	4 409.450 1	3.3	14 551.19
45	C00257@1	钢筋 HRB335 级 Φ10	kg	11 027.22	3.45	38 043.91
46	C00258@1	钢筋 HRB335 级 Φ12	kg	13 795.475	3.45	47 594.39

续表

序号	材料号	名称规格	单位	材料量	市场价/元	合价/元
47	C00258@2	钢筋 HRB335 级 Φ14	kg	5 081.95	3.45	17 532.73
48	C00258@3	钢筋 HRB335 级 Φ16	kg	7 131.95	3.45	24 605.23
49	C00258@4	钢筋 HRB335 级 Φ18	kg	9 743.65	3.45	33 615.59
50	C00258@5	钢筋 HRB335 Φ12	kg	1 625.65	3.35	5 445.93
51	C00259@1	钢筋 HRB335 级 Φ20	kg	13 782.15	3.45	47 548.42
52	C00259@2	钢筋 HRB400 Φ22 以内	kg	8 118	3.45	28 007.1
53	C00259@3	钢筋 HRB400 Φ25 以内	kg	5 655.95	3.45	19 513.03
54	C00281@1	钢筋 HPB300 Φ12	kg	21.735	3.3	71.73
55	C00295	棉纱头	kg	19.849 6	7.06	140.14
56	C00321	低碳钢焊条 J422 ϕ4.0	kg	0.392 4	6.22	2.44
57	C00325	红丹防锈漆	kg	276.21	8.93	2 466.56
58	C00327	油漆溶剂油	kg	23.925 4	5.61	134.22
59	C00434	不锈钢合页	个	207	9.6	1 987.2
60	C00435	沉头木螺钉 L32	个	869.4	0.04	34.78
61	C00436	水砂纸	张	289.119 2	0.51	147.45
62	C00438	铝合金门窗配件固定连接铁件(地脚)3 mm×30 mm×300 mm	个	2 756.382 6	0.5	1 378.19
63	C00438@1	铝合金门窗配件固定连接铁件(地脚)3 mm×30 mm×300 mm	个	11.593 7	0.5	5.8
64	C00439	硅酮耐候密封胶	kg	396.239 5	33.22	13 163.08
65	C00439@1	硅酮耐候密封胶	kg	1.734 4	33.22	57.62
66	C00440	聚氨酯发泡密封胶(750 mL/支)	支	585.735 3	18.64	10 918.11
67	C00440@1	聚氨酯发泡密封胶(750 mL/支)	支	3.022 8	18.64	56.34
68	C00441	塑料膨胀螺栓	个	83.555 8	0.45	37.6
69	C00442	镀锌自攻螺钉 ST5×16	个	2 864.693 9	0.04	114.59
70	C00442@1	镀锌自攻螺钉 ST5×16	个	11.934 8	0.04	0.48
71	C00443	塑料膨胀螺栓 M3.5	套	11.593 7	0.45	5.22
72	C00481	塑料膨胀螺栓	套	2 699.291 1	0.45	1 214.68
73	C00625	SBS 改性沥青防水卷材	m^2	641.959 3	35	22 468.58
74	C00626	改性沥青嵌缝油膏	kg	33.181 9	3.06	101.54
75	C00627	液化石油气	kg	149.848 8	5.67	849.64
76	C00628	SBS 弹性沥青防水胶	kg	160.552 3	30.4	4 880.79
77	C00639	二甲苯	kg	18.315 4	3.03	55.5
78	C00640	聚氨酯甲乙料	kg	393.460 4	10.2	4 013.3
79	C00665	镀锌薄钢板水落管 26#	m	70.56	10.3	726.77
80	C00700	白水泥	kg	311.174 7	0.48	149.36
81	C00701	锯木屑	m^3	11.909 7	12.75	151.85

续表

序号	材料号	名称规格	单位	材料量	市场价/元	合价/元
82	C00728	复合模板	m^2	1 480.959 3	46	68 124.13
83	C00729	钢支撑及配件	kg	2 910.384 4	3.68	10 710.21
84	C00731	隔离剂	kg	594.954 3	2.81	1 671.82
85	C00732	生石灰	kg	17 534.650 4	0.23	4 032.97
86	C00752	加气混凝土砌块	m^3	485.149	235	114 010.02
87	C00763	岩棉板 厚度 80 mm	m^3	115.393 8	419	48 350
88	C00766	聚合物粘结砂浆	kg	6 505.044	0.75	4 878.78
89	C00769	聚苯乙烯板	m^3	49.829	320	15 945.28
90	C00793	大白粉	kg	769.776 2	0.14	107.77
91	C00794	羧甲基纤维素	kg	19.376 9	13.26	256.94
92	C00905	干混地面砂浆 DS M20	m^3	71.880 9	202.62	14 564.51
93	C00916	天然石材饰面板 600 mm×600 mm	m^2	1 584.774	120	190 172.88
94	C00917	胶粘剂 DTA 砂浆	m^3	1.995 4	497.85	993.41
95	C00926	天然石材饰面板	m^2	371.594 3	85	31 585.52

6. 材料价差表

单位工程人材机价差表见表 7-10。

表 7-10　单位工程人材机价差表

工程名称：×××公司办公楼建筑与装饰工程

序号	材料名	规格	单位	材料量	预算价/元	市场价/元	价差/元	价差合计/元
1	预拌混凝土	C20	m^3	0.12	315	325	10	1.21
2	预拌混凝土	C30	m^3	78.97	349	350	1	78.97
3	预拌混凝土	C25	m^3	838.27	331	345	14	11 735.84
4	砂子	粗砂	m^3	0.89	82	72	−10	−8.86
5	钢筋 HRB335	Φ10	kg	11 027.22	3.25	3.45	0.2	2 205.44
6	钢筋 HRB335	Φ12	kg	13 795.48	3.25	3.45	0.2	2 759.1
7	钢筋 HRB335	Φ14	kg	5 081.95	3.25	3.45	0.2	1 016.39
8	钢筋 HRB335	Φ16	kg	7 131.95	3.25	3.45	0.2	1 426.39
9	钢筋 HRB335	Φ18	kg	9 743.65	3.25	3.45	0.2	1 948.73
10	钢筋 HRB335	Φ12	kg	1 625.65	3.25	3.35	0.1	162.57
11	钢筋 HRB335	Φ20	kg	13 782.15	3.25	3.45	0.2	2 756.43
12	钢筋 HRB400 以内	Φ22	kg	8 118	3.25	3.45	0.2	1 623.6
13	钢筋 HRB400 以内	Φ25	kg	5 655.95	3.25	3.45	0.2	1 131.19
14	SBS 改性沥青防水卷材		m^2	641.96	21	35	14	8 987.43
15	天然石材饰面板	600 mm×600 mm	m^2	1 584.77	128	120	−8	−12 678.19
16	天然石材饰面板		m^2	371.59	128	85	−43	−15 978.55

续表

序号	材料名	规格	单位	材料量	预算价/元	市场价/元	价差/元	价差合计/元
17	地砖	300 mm× 300 mm	m^2	79.83	46	55	9	718.43
18	陶瓷马赛克		m^2	403.24	25.5	45	19.5	7 863.11
19	水泥	32.5 级	kg	19 761.57	0.26	0.31	0.05	988.08
	合计							16 737.31

思考与练习

1. 施工图预算的组成是什么？
2. 什么是工料分析？工料分析的方法有哪些？
3. 施工图纸识读的内容有哪些？

模块8　建筑工程工程量清单编制

模块概述

本模块主要讲述工程量清单的概念，说明工程量清单由分部分项工程量清单、措施项目清单、其他项目清单、规费项目清单和税金项目清单组成，由具有编制能力的招标人或受招标人委托，具有相应资质的工程造价咨询机构，依据《建设工程工程量清单计价规范》(GB 50500—2013)和《房屋建筑与装饰工程工程量计算规范》(GB 50854—2013)中的统一项目编码、项目名称、计量单位和工程量计算规则进行编制。本模块详细阐述了工程量清单计价的意义、工程量清单计价的作用、工程量清单计价的特点、分部分项工程量清单的编制、措施项目清单的编制、其他项目清单的编制、规费项目清单的编制、税金项目清单的编制和工程量清单编制实例。

知识目标

理解分部分项工程工程量清单计算规则、工作内容；掌握项目划分、项目特征描述、计量单位、工程量清单编制方法；掌握措施项目清单工程量清单计算规则、工作内容；掌握其他项目清单、规费项目和税金项目清单的内容。

能力目标

能运用工程量清单规范、施工图纸等进行工程列项；能准确计算屋面及防水工程的清单工程量，编制分部分项工程量清单表、措施项目清单、其他项目清单、规费项目和税金项目清单。

课时建议

6 学时。

8.1　概述

8.1.1　工程量清单及工程量清单计价的概念

工程量清单是建设工程的分部分项工程项目、措施项目、其他项目、规费项目和税金项目的名称和相应数量等的明细清单。工程量清单由具有编制能力的招标人或受招标人委托、具有相应资质的工程造价咨询机构编制。编制时按照招标要求和施工设计图纸规定将拟建招标工程的全部项目和内容，依据《建设工程工程量清单计价规范》(GB 50500—2013)和《房屋建筑与装饰工程工程量计算规范》(GB 50854—2013)中的统一项目编码、项目名称、计量单位和工程量计算规则进行，作为承包商进行投标报价的主要参考依据之一。采用工程量清单方式招标，工程量清单须作为招标文件的组成部分一并发放给投标人。工程量清单是工程量清单计价的基础，是编制招标控制价、投标报价、支付工程款、调整合同价款、办理竣工结算以及工程索赔等的依据。

工程量清单计价狭义地讲是在建设工程招标投标过程中，招标人按照国家统一的工程量计算规则提供工程数量，由投标人按照工程量清单进行自主报价，经评审低价中标的一种计价方式。广义地讲工程量清单计价是工程建设项目在招标控制价、投标报价、合同价、结算价以及工程完工后的竣工结算等诸多计价活动中，以工程量清单为基础进行计价的模式。

8.1.2 工程量清单计价的意义

1. 推行和完善工程量清单计价是深化工程造价改革的产物

长期以来，我国发承包计价、定价均以工程预算定额作为主要依据。1992 年，为了适应建设市场改革的要求，针对工程预算定额编制和使用中存在的问题，提出了“控制量、指导价、竞争费”的改革措施，工程造价管理由静态管理模式逐步转变为动态管理模式。控制量的目的就是保证工程质量，指导价就是要逐步走向市场形成价格，这一措施在我国实行社会主义市场经济初期起到了积极的作用，但随着建设市场化进程的发展，这种做法难以改变工程预算定额中国家指令性较多的状况，难以满足招标投标竞争定价和经评审的合理低价中标的要求。因为国家定额控制的量是社会平均消耗量，它不能反映企业的实际消耗量，不能全面体现企业的技术装备水平、管理水平和劳动生产率，不能体现公平竞争的原则，难以满足招标和评标的要求。

当前国际上通用工程计价模式是工程量清单计价模式，这种方式能反映工程个别成本，通过众多企业自主报价参与竞争体现了公平竞争的原则，广东省顺德市(今为顺德区)早在 2000 年开始试用这种计价方式，并收到了很好的效果，后来，原建设部标准定额研究所受标准定额司组织委托各部门、省、直辖市造价总站共 60 多位专家，共同编写了《建设工程工程量清单计价规范》(GB 50500—2003)(以下简称 03 规范)，经反复征求意见和修改，多次审查，于 2003 年初编写完成，并于 2003 年 7 月 1 日开始以国家标准执行。03 规范的实施对规范工程招投标中的发、承包计价行为起到了重要作用，为建立市场形成工程造价的机制奠定了基础，但在使用中也发现了一些不完善的地方，如 03 规范主要侧重于工程招标投标中的工程量清单计价，对于工程合同签订、工程计量与价款支付、工程变更、工程价款调整、工程索赔和工程结算等方面缺乏相应的内容，对于工程招标投标中出现的哄抬标价等现象不能有效避免，不适应深入推行工程量清单计价改革工作。为此，原建设部标准定额司于 2006 年开始组织对 03 规范进行修订。修订过程中分析了 03 规范存在的问题，总结各地方、各部门推行工程量清单计价的经验，于 2008 年 7 月完成了《建设工程工程量清单计价规范》(GB 50500—2008)(以下简称 08 规范)，并以国家标准于 2008 年 12 月 1 实施，原 03 规范同时废止。08 规范增加了工程量清单计价中有关招标控制价、投标报价、合同价款约定、工程计量与价款支付、工程价款调整、索赔、竣工结算、工程计价争议处理等内容。

2012 年 12 月 25 日，住房和城乡建设部发布了《建设工程工程量清单计价规范》(GB 50500—2013)(以下简称 13 计价规范)和《房屋建筑与装饰工程工程量计算规范》(GB 50854—2013)、《仿古建筑工程工程量计算规范》(GB 50855—2013)、《通用安装工程工程量计算规范》(GB 50856—2013)、《市政工程工程量计算规范》(GB 50857—2013)、《园林绿化工程工程量计算规范》(GB 50858—2013)、《矿山工程工程量计算规范》(GB 50859—2013)、《构筑物工程工程量计算规范》(GB 50860—2013)、《城市轨道交通工程工程量计算规范》(GB 50861—2013)、《爆破工程工程量计算规范》(GB 50862—2013)9 本计量规范(以下简称 13 工程计量规范)。全部 10 本规范于 2013 年 7 月 1 日起实施。

13 计价规范和 13 工程计量规范是在 08 规范的基础上，以原建设部发布的工程基础定额、消耗量定额、预算定额以及各省、自治区、直辖市或行业建设主管部门发布的工程计价定额为参考，以工程计价相关的国家或行业的技术标准、规范、规程为依据，收集近年来新的施工技术、工艺和新材料等资料，经过整理，在全国广泛征求意见后编制而成的。13 计价规范适用于建设工程发承包及实施阶段的招标工程量清单、招标控制价、投标报价的编制，工程合同价款的约定，竣工结算的办理以及施工过程中的工程计量、合同价款支付、施工索赔与现场签证、合同价款调整和合同价款争议的解决等计价活动。相对于 08 规范，13 计价规范将“建设工程工程量清单计价活动”修改为“建设工程发承包及实施阶段的计价活动”，从而对清单计价规范的适用范围进一步进行了明确，表明了不分何种计价方式，建设工程发承包及实施阶段的计价活动必须执行 13 计价规范。

2. 实行工程量清单计价是规范建筑市场秩序，适应社会主义市场经济发展的需要

工程造价是工程建设的核心内容，也是建设市场运行的核心内容，建设市场上存在许多不规范行为，大多与工程造价有关。过去的工程预算定额在工程发包与承包工程计价中调节双方利益、反映市场价格等方面显得滞后，特别是在公开、公平、公正竞争方面，缺乏合理完善的机制，甚至出现了一些漏洞。实现建设市场的良性发展除了法律法规和行政监管以外，发挥市场规律中“竞争”和“价格”的作用是治本之策。工程量清单计价是市场形成工程造价的主要形式，工程量清单计价有利于发挥企业自主报价的能力，实现政府定价到市场定价的转变；有利于规范业主在招标中的行为，有效改变招标单位在招标中盲目压价的行为，从而真正体现公开、公平、公正的原则，反映市场经济规律。

3. 实行工程量清单计价是促进建设市场有序竞争和企业健康发展的需要

采用工程量清单计价模式招标投标，对发包单位，由于工程量清单是招标文件的组成部分，招标单位必须编制出准确的工程量清单，并承担相应的风险，促进招标单位提高管理水平。由于工程量清单是公开的，将避免工程招标中的弄虚作假、暗箱操作等不规范行为。对承包企业，采用工程量清单报价，必须对单位工程成本、利润进行分析，统筹考虑、精心选择施工方案，并根据企业的定额合理确定人工、材料、施工机械等要素的投入与配置，优化组合，合理控制现场费用和施工技术措施费用，确定投标价。企业可以改变过去过分依赖国家发布定额的状况，并根据自身的条件编制出自己的企业定额。

工程量清单计价的实行，有利于规范建设市场计价行为，规范建设市场秩序，促进建设市场有序竞争，有利于控制建设项目投资，合理利用资源；有利于促进技术进步，提高劳动生产率；有利于提高造价工程师的素质，使其成为懂技术、懂经济、懂管理的全面发展的复合型人才。

4. 实行工程量清单计价有利于我国工程造价管理政府职能的转变

按照政府部门真正履行起“经济调节、市场监管、社会管理和公共服务”职能的要求，政府对工程造价管理的模式要相应改变，将推行政府宏观调控、企业自主报价、市场竞争形成价格、社会全面监督的工程造价管理思路。实行工程量清单计价，有利于我国工程造价管理政府职能的转变，由过去政府控制的指令性定额转变为制定适应市场经济规律需要的工程量清单计价方法，由过去行政直接干预转变为对工程造价依法监管，可以更有效地强化政府对工程造价的宏观调控。

5. 实行工程量清单计价，是适应我国加入世界贸易组织(WTO)，与国际接轨的需要

国外的企业以及投资的项目越来越多地进入国内市场，我国企业走出国门在海外投资和经营的项目也在增加。为了适应这种对外开放建设市场的形式，就必须与国际通行的计价方法相适应，为建设市场主体创造一个与国际惯例接轨的市场竞争环境。工程量清单计价是国际通行的计价做法，在我国实行工程量清单计价，有利于提高国内建设各方主体参与国际化竞争的能力和工程建设的管理水平。

8.1.3 工程量清单计价的作用

1. 有利于规范建设市场管理行为

虽然工程量清单计价形式上只是要求招标文件中列出工程量表，但在具体计价过程中涉及造价构成、计价依据、评标办法等一系列问题，这些与定额预结算的计价形式有着根本的区别。清单计价规范附录中工程量清单项目明确清晰，工程量计算规则简洁，列有项目特征和工程内容，编制工程量清单时易于确定其具体项目名称和投标报价。清单计价规范不仅适应市场定价机制，亦是规范建设市场秩序的治本措施之一。实行工程量清单计价，并将其作为招标文件和合同文件的重要组成部分，可规范招标人的计价行为，从技术上避免在招标中弄虚作假，从而确保工程款的支付。

2. 利于造价管理机构职能转变

工程量清单计价模式的实施，促使我国工程造价人员改变以往单一的管理方式，有利于提高造价工程师的素质与职能部门人员的业务水平和管理思路，转变管理模式，从而逐渐成为既懂技术又懂管理的复合型人才，全面提高我国工程造价管理水平。

3. 利于控制建设项目投资

采用传统的定额计价模式，业主对因设计变更、工程量增减所引起的工程造价变化不敏感，当竣工结算时会发现这些变化对项目投资的影响非常重大。采用工程量清单计价方式，在进行设计变更时随即可知其对工程造价的影响，业主此时可根据投资情况做出正确的选择。

8.1.4 工程量清单计价的特点

1. 统一性

工程量清单编制与报价，全国统一采用综合单价形式。工程量清单编制与报价在我国作为一种新的计价模式，同以往采用的传统定额计价方法比较，内容有相当大的不同。其综合单价中包含了人工费、材料费、施工机械费和企业管理费与利润，以及一定范围内的风险费用。如此综合后，工程量清单报价更为简捷，更适合招、投标需要。

2. 规范性

工程量清单计价要求投标人根据市场行情和自身实力编制投标报价，通过采用计价规范，约束建筑市场行为。其规则和工程量清单计价方法均是强制性的，工程建设各方必须遵守。具体表现在规定全部使用国有资金或以国有资金投资为主的工程建设项目必须按照清单计价规范执行；明确了工程量清单是招标文件的组成部分；规定了招标人在编制工程量清单时应实施项目编码、项目名称、计量单位、工程量计算规则等“四统一”；采用规定的标准格式来表述。

建筑工程的招、投标，在相当程度上是单价的竞争，倘若采用以往单一的定额计价模式，就不可能体现竞争，因此，工程量清单编制与报价打破了工程造价形成的单一性和垄断性，反映出高低不等的多样性。

3. 法令性

工程量清单计价具有合同化的法定性，从其统一性和规范性均反映出其法制特征，许多发达国家经验表明，合同管理在市场机制运行中作用非常重大。通过竞争形成的工程造价，以合同形式确定，合同约束双方在履约过程中的行为，工程造价要受到法律保护，不得任意更改。

4. 竞争性

清单计价规范中的措施项目，在工程量清单中只列“措施项目”一栏，具体采用什么措施，如模板、安全文明施工、施工排水等详细内容由投标人根据企业的施工组织设计，视具体情况报价，为企业留有相应的竞争空间；此外，清单计价规范中人工、材料和施工机械没有具体的消耗量，而将工程消耗量定额中的工、料、机价格和利润、管理费全面放开，由市场供求关系自行确定价格。投标企业可依据企业定额和市场价格信息，亦可参照建设行政主管部门发布的社会平均消耗量定额进行报价，将定价权交给了企业

5. 平等性

采用传统定额模式下的施工图预算招投标，由于设计图纸的缺陷，招标人及各投标人的理解不尽相同，计算出的工程量也不同，报价往往相差甚远，极易产生纠纷。在工程量清单计价模式下，工程量由招标人在工程量清单中提供，对所有的投标人都是一样的，这就为投标人提供了一个平等竞争的条件，相同的工程量，由企业根据自身的实力来填报单价，符合商品交换的原则。

6. 风险合理化分配

采用工程量清单计价，投标人只对自己所报的综合单价负责，而对工程量的变更后计算错误等不负责；相应的，这一部分风险由业主承担。这种格局符合风险合理分担与责、权、利关系对等的一般原则。

8.1.5 工程量清单计价与定额计价的区别

1. 编制工程量的单位不同

工程量清单计价的工程量是招标文件的组成部分，由招标人编制或委托有相应资质的工程造价咨询单位编制；定额计价的工程量由招标单位和各投标单位分别编制。

2. 编制依据不同

定额计价是建设单位或施工企业依据政府建设行政主管部门颁布的预算定额及有关的计费资料来编制的。工程量清单计价是由施工企业依据发包人在招标文件中提供的工程量清单、企业拟定的施工组织设计、企业定额以及有关的计费资料按市场的情况来编制的。

3. 单价的构成和性质不同

工程量清单计价采用综合单价，综合单价包括人工费、材料费、机械使用费、管理费、利润，并考虑风险因素，是市场价；预算定额单价一般仅包括人工费、材料费、机械使用费，是计划价。

4. 项目编码不同

工程量清单计价，项目编码全国统一实行12位编码；预算定额项目编码，各部门、省市采用不同定额子目编码。

5. 费用组成不同

工程量清单计价工程造价包括分部分项工程费、措施项目费、其他项目费、规费、税金；预算定额计价法的工程造价一般由直接费、间接费、利润、税金组成。

8.1.6 工程量清单计价的使用范围

(1)全部使用国有资金投资或国有资金投资为主(二者简称国有资金投资)的工程建设项目，必须采用工程量清单计价。

国有资金投资项目包括“使用国有资金投资”和“国家融资投资”的工程建设项目，其中，“使用国有资金投资项目”包括使用各级财政预算资金的项目；使用纳入财政管理的各种政府性专项建设基金的项目；使用国有事业单位自有资金，并且国有资产投资者实际拥有控制权的项目。国家融资项目包括使用国家发行债券所筹集资金的项目；使用国家对外借款或者担保所筹资金的项目；使用国家政策性贷款的项目；国家特许的融资项目。

国有资金(含国家融资资金)为主的工程建设项目是指国有资金占投资总额50%以上，或虽不足50%但国有投资者实际上拥有控股权的工程建设项目。

(2)非国有资金投资的工程建设项目，可采用工程量清单计价。

对于非国有资金投资的项目，是否采用工程量清单计价方式由业主自主确定，但采用招投标方式确定承包人的工程项目，为了科学合理地确定中标人，一般也采用工程量清单计价。

8.2 工程量清单编制

工程量清单是招标投标活动中，对招标人和投标人都具有约束力的重要文件，也是招标投标活动的依据。其反映了拟建工程的全部工程内容，以及为实现这些工程内容而进行的其他工作，体现了招标人要求投标人完成的工程项目及相应工程数量，全面反映了投标报价要求，是投标人进行报价的依据，是招标文件不可分割的组成部分。

工程量清单主要由分部分项工程量清单、措施项目清单、其他项目清单、规费项目清单和税金项目清单组成。分部分项工程量清单表明拟建工程的全部分项实体工程名称和相应数量，编制时应避免错项、漏项；措施项目清单表明了为完成分项实体工程而必须采取的一些措施性工作，是发生于该工程施工准备和施工过程中的技术、生活、安全、环境保护等方面的非实体性项目，编制时力求全面；其他项目清单是招标人进行工程造价控制、合同管理、应付合同外工作以及在工程分包和材料设备自供的情况下需要承包方提供相应服务而列出的清单；规费项目清单反映了省级政府或省级有关权力部门规定必须缴纳的应计入建筑安装工程造价的费用项目；税金项目清单是国家税法规定的应计入建筑安装工程造价内的增值税。

工程量清单专业性强，内容复杂，对编制人的业务技术水平要求高，能否编制出完整、严谨的工程量清单，直接影响招标的质量，也是招标成败的关键，对工程造价控制有着至关重要的影响。因此，工程量清单应由具有编制招标文件能力的招标人或具有相应资质工程造价咨询机构进行编制，但其准确性和完整性由招标人负责。

8.2.1 分部分项工程量清单的编制

1. 编制工程量清单的依据

编制工程量清单既要依据13计价规范和13工程计量规范，也要考虑工程的设计情况和施工现场的实际情况，具体包括：13计价规范和13工程计量规范；国家或省级、行业建设主管部门颁发的计价依据和办法；建设工程设计文件；与建设工程项目有关的标准、规范、技术资料；招标文件及其补充通知、答疑纪要；施工现场情况、工程特点及常规施工方案；其他相关资料。

2. 分部分项工程量清单编制要求

分部分项工程量清单应包括项目编码、项目名称、项目特征、计量单位和工程量。以上五个方面为分部分项工程量清单的五个要件，这五个要件在分部分项工程量清单的组成中缺一不可。这五个要件要根据13工程计量规范附录规定的项目编码、项目名称、项目特征、计量单位和工程量计算规则进行编制。

(1)分部分项工程量清单的项目编码。分部分项工程量清单的项目编码，采用12位阿拉伯数字表示。1～9位应按附录的规定设置，为全国统一编码，不得变动；10～12位应根据拟建工程的工程量清单项目名称设置，为清单项目名称编码，同一招标工程的项目编码不得有重码。其编码格式如图8-1所示。

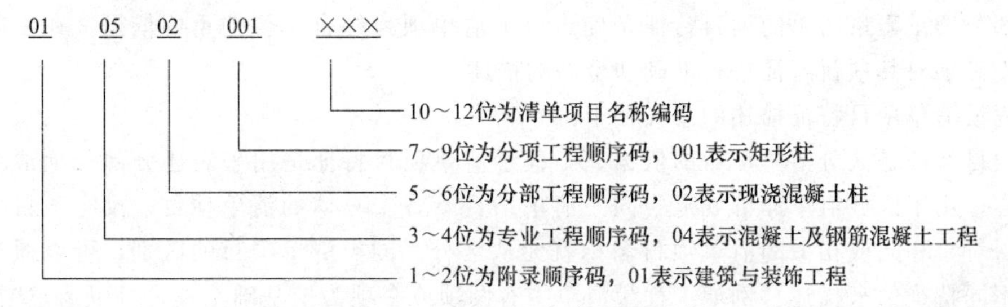

图 8-1　清单项目编码结构图

第一级为专业工程代码，用第 1～2 位表示：房屋建筑与装饰工程为 01，仿古建筑为 02，通用安装工程为 03，市政工程为 04，园林绿化工程为 05，矿山工程为 06，构筑物工程为 07，城市轨道交通工程为 08，爆破工程为 09。

第二级为专业工程附录分类顺序码，用第 3～4 位表示。在不同的附录里面，有不同的含义，例如图 8-1 中表示房屋建筑与装饰工程中的混凝土及钢筋混凝土工程。

第三级为分部工程顺序码，用第 5～6 位表示，在不同附录的不同专业里面代表不同的含义，如图 8-1 中表示的是混凝土及钢筋混凝土工程中的现浇混凝土柱项目。

第四级编码为分项工程顺序码，用第 7～9 位表示，在不同专业的不同分部工程里面代表不同的含义，如图 8-1 中表示的是现浇混凝土柱中的矩形柱项目。

第五级编码为清单项目名称编码，用第 10～12 位表示，由招标人根据设置的清单项目自行编制，一般从 001 起编。但对于一个招标工程，不管其包含多少单项或单位工程，在以单位工程为对象编制工程量清单时，这些清单中只能包含一个 001。例如一个标段(或合同段)的工程量清单中含有三个单位工程，每一单位工程中都有项目特征相同的实心砖墙砌体，在工程量清单中又需反映三个不同单位工程的实心砖墙砌体工程量时，工程量清单应以单位工程为编制对象，则第一个单位工程的实心砖墙的项目编码应为 010302001001，第二个单位工程的实心砖墙的项目编码应为 010302001002，第三个单位工程的实心砖墙的项目编码应为 010302001003，并分别列出各单位工程实心砖墙的工程量。

(2)分部分项工程量清单的项目名称和计量单位。分部分项工程量清单的项目名称应按附录的项目名称结合拟建工程的实际确定。在一个招标工程中，不同的分部分项名称可以相同，但一般通过在项目名称中表述项目的主要特点的方式来进行区分，以此来避免项目名称重复。如挖独立基础土方和挖条形基础土方，在 13 工程计量规范附录中项目名称同属挖基础土方，这里通过表述基础类型的方式来区分项目名称。

分部分项工程量清单中所列工程量应按 13 工程计量规范附录中规定的工程量计算规则计算。工程量的有效位数应遵守下列规定：

以“t”为计量单位的应保留小数点三位，第四位小数四舍五入；

以“m^3”“m^2”“m”、“kg”为计量单位的应保留小数点二位，第三位小数四舍五入；

以“项”“个”等为计量单位的应取整数。

分部分项工程量清单的计量单位应按 13 工程计量规范附录中规定的计量单位确定。当计量单位有两个或两个以上时，由清单编制人根据所编工程量清单项目的特征要求，选择适宜表现该项目特征并方便计量的单位。例如 13 工程计量规范对门窗工程的计量单位为“樘/m^2”两个计量单位，编制工程量清单时，就应选择最适宜、最方便计量的单位。

(3)分部分项工程量清单项目特征与工程内容。分部分项工程量清单项目特征应按 13 工程计量规范附录中规定的项目特征，结合拟建工程项目的实际进行描述。

分部分项工程量清单的项目特征是确定一个清单项目综合单价的重要依据，在编制的工程量清单中必须对其项目特征进行准确和全面的描述。

工程量清单项目特征描述的意义在于：

①项目特征是区分清单项目的依据。工程量清单项目特征是用来表述分部分项清单项目的实质内容，用于区分清单计价规范中同一清单条目下各个具体的清单项目。没有项目特征的准确描述，对于相同或相似的清单项目名称就无从区分。同类清单项目的区别，可以通过相同特征项的不同特征值来描述。例如工程量清单中有两项或多项为挖基础土方，可以通过“挖土深度这”一特征项的不同特征值进行区分。

②项目特征是确定综合单价的前提。由于工程量清单项目的特征决定了工程实体的实质内容，自然也就决定了工程实体的自身价值。因此，工程量清单项目特征描述得准确与否，直接关系到工程量清单项目综合单价的准确确定。例如砖砌体的实心砖墙，按照13工程计量规范中“项目特征”栏的规定，就必须描述砖的品种是页岩砖，还是煤灰砖；砖的规格是标准砖，还是非标准砖，非标准砖应注明规格、尺寸；砖的强度等级是MU10、MU15，还是MU20。因为砖的品种、规格、强度等级直接关系到砖的价格。还必须描述墙体的厚度，是1砖(240mm)，还是1砖半(370mm)等；墙体类型是混水墙，还是清水墙，清水是双面，还是单面，或者是一斗一卧、围墙等。因为墙体的厚度、类型直接影响砌砖的工效以及砖、砂浆的消耗量。还必须描述是否勾缝：是原浆，还是加浆勾缝，如是加浆勾缝，还需注明砂浆配合比。还必须描述砌筑砂浆的种类：是混合砂浆，还是水泥砂浆；描述砂浆的强度等级：是M5、M7.5，还是M10等。因为不同种类，不同强度等级、不同配合比的砂浆，其价格是不同的。由此可见，这些描述均不可少，因为其中任何一项都影响了实心砖墙项目综合单价的确定。

③项目特征是履行合同义务的基础。实行工程量清单计价，工程量清单及其综合单价是施工合同的组成部分，因此，如果工程量清单项目特征的描述不清甚至漏项、错误，从而引起在施工过程中的更改，都会引起分歧，导致纠纷。

通过准确地描述工程量清单的项目特征，就避免了由于招标人提供的工程量清单对项目特征描述不具体、特征不清、界限不明而导致的一系列问题。例如投标人无法准确把握工程量清单综合单价的构成要素，导致评标时难以合理地评定中标价；结算时，发、承包双方引起争议，影响工程量清单计价的适用，等等。

清单项目特征的描述，应根据13工程计量规范附录中有关项目特征的要求，结合技术规范、标准图集、施工图纸，按照工程结构、使用材质及规格或安装位置等，予以详细而准确的表述和说明。在描述工程量清单项目特征时应按以下原则进行：

①项目特征描述的内容按13工程计量规范附录规定的内容，项目特征的表述按拟建工程的实际要求，以能满足确定综合单价的需要为前提。

②对采用标准图集或施工图纸能够全部或部分满足项目特征描述要求的，项目特征描述可直接采用详见××图集或××图号的方式。但对不能满足项目特征描述要求的部分，仍应用文字描述进行补充。

③在工程量清单附录中还有工程内容。在工程量清单中，工程内容是无须描述的，因为其主要讲的是操作程序。例如13工程计量规范关于实心砖墙的“工程内容”中的“砂浆制作、运输，砌砖，勾缝，砖压顶砌筑，材料运输”就不必描述。因为，发包人没必要指出承包人要完成实心砖墙的砌筑还需要制作、运输砂浆，还需要砌砖、勾缝，还需要材料运输。

(4)分部分项工程量清单补充项目。随着科学技术日新月异的发展，工程建设中新材料、新技术、新工艺不断涌现，计价规范附录所列的工程量清单项目不可能包罗万象，更不可能包含随科技发展而出现的新项目。在实际编制工程量清单时，当出现规范附录中未包括的清单项目时，编制人应作补充。编制人在编制补充项目时应注意以下三个方面。

①补充项目的编码由附录的顺序码与B和三位阿拉伯数字组成，并应从×B001起顺序编制，同一招标工程的项目不得重码，即由附录的顺序码(A、B、C、D、E、F)与B和三位阿拉伯数字组成。

②在工程量清单中应附补充项目的项目名称、项目特征、计量单位、工程量计算规则和工作内容。

③将编制的补充项目报省级或行业工程造价管理机构备案。

8.2.2 措施项目清单的编制

措施项目清单编制应考虑多种因素，除工程本身的因素外，还涉及水文、气象、安全文明施工等，所以措施项目清单应根据拟建工程的实际情况列项。13 工程计量规范将措施项目分为通用措施项目与专业措施项目。通用措施项目是指各专业工程的措施项目清单中均可列的措施项目，见表 8-1。各专业工程的专用措施项目按 13 工程计量规范附录中各专业工程中的措施项目并根据工程实际进行选择列项，表 8-2 中所列为 13 工程计量规范中建筑工程部分的专用措施项目。当实际工程中有 13 工程计量规范通用措施项目和专业措施项目均未列的措施项目时，清单编制人可根据工程实际情况进行补充。

表 8-1　通用措施项目一览表

序号	项目名称
1	安全文明施工(含环境保护、文明施工、安全施工、临时设施)
2	夜间施工
3	二次搬运
4	冬雨期施工
5	大型机械设备进出场及安拆
6	施工排水
7	施工降水
8	地上、地下设施，建筑物的临时保护设施
9	已完工程及设备保护

表 8-2　建筑工程专用措施项目一览表

序号	项目名称
1.1	混凝土、钢筋混凝土模板及支架
1.2	脚手架
1.3	垂直运输机械

措施项目为非实体项目。所谓非实体性项目，一般来说，其费用的发生和金额的大小与使用时间、施工方法或者两个以上工序相关，与实际完成的实体工程量的多少关系不大，典型的是大中型施工机械进、出场及安、拆费，文明施工和安全防护、临时设施等。但有的非实体性项目，典型的是混凝土浇筑的模板工程，与完成的工程实体具有直接关系，并且是可以精确计量的项目，用分部分项工程量清单的方式，采用综合单价更有利于合同管理。所以措施项目中可以计算工程量的项目清单宜采用分部分项工程量清单的方式编制，列出项目编码、项目名称、

项目特征、计量单位和工程量计算规则；不能计算工程量的项目清单，以“项”为计量单位。

措施项目清单是由招标人提供的。投标人在编制措施项目报价表时，可根据实际施工组织设计采取的具体措施，在招标人提供的措施项目清单的基础上增加措施项目，对于清单中列出而实际上未采用的措施项目则不填写报价。

8.2.3 其他项目清单的编制

工程建设标准的高低、工程的复杂程度、工程的工期长短、工程的组成内容、发包人对工程管理要求等都直接影响其他项目清单的具体内容，13 计价规范提供了 4 项内容作为列项参考，有 4 项以外的其他内容的，编制人可以根据具体情况进行补充。这 4 项内容包括：暂列金额；暂估价(包括材料暂估单价、专业工程暂估价)；计日工；总承包服务费。

1. 暂列金额

暂列金额是招标人在工程量清单中暂定并包括在合同价款中的一笔款项，用于施工合同签订时尚未确定或者不可预见的所需材料、设备、服务的采购，施工中可能发生的工程变更、合同约定调整因素出现时的工程价款调整以及发生的索赔、现场签证确认等的费用。

暂列金额虽然包括在合同价之内，但并不直接属承包人所有，而是由发包人暂定并掌握使用的一笔款项，只有当以上因素出现时才会动用，并且只有按照合同约定程序实际发生后，才能成为承包人的应得金额，纳入合同结算价款中。扣除实际发生金额后的暂列金额余额仍属于招标人所有。设立暂列金额能使合同结算价格更接近合同价格，但其程度完全取决于工程量清单编制人对暂列金额预测的准确性，以及工程建设过程是否出现了其他事先未预测到的事件。

2. 暂估价

暂估价是指招标阶段直至签订合同协议时，招标人在招标文件中提供的用于支付必然要发生但暂时不能确定价格的材料以及需另行发包的专业工程金额。其类似于 FIDIC 合同条款中的 Prime Cost Items，在招标阶段预见肯定要发生，只是因为标准不明确或者需要由专业承包人完成，暂时无法确定其价格或金额。

一般而言，为方便合同管理和计价，需要纳入分部分项工程量清单项目综合单价中的暂估价则最好只是材料费，以方便投标人组价。以“项”为计量单位给出的专业工程暂估价一般应是综合暂估价，应当包括除规费、税金以外的管理费、利润等。

3. 计日工

计日工是在施工过程中，完成发包人提出的施工图纸以外的零星项目或工作，按合同中约定的计日工综合单价计价。计日工以完成零星工作所消耗的人工工时、材料数量、机械台班进行计量，并按照计日工表中填报的适用项目的单价进行计价支付。计日工适用的所谓零星工作一般是指合同约定之外的或者因变更而产生的、工程量清单中没有相应项目的额外工作，尤其是那些时间不允许事先商定价格的额外工作。

在以往的实践中，计日工经常被忽略，其中一个主要原因是计日工项目的单价水平一般要高于工程量清单项目单价的水平。理论上讲，合理的计日工单价水平一定高于工程量清单的价格水平，其原因在于计日工往往是用于一些突发性的额外工作，缺少计划性，承包人在调动施工生产资源方面难免不影响已经计划好的工作，生产资源的使用效率也有一定的降低，客观上造成超出常规的额外投入。另一方面，计日工清单往往忽略给出一个暂定的工程量，无法纳入有效的竞争，也是造成计日工单价水平偏高的原因之一。因此，为了获得合理的计日工单价，清单编制人在计日工表中一定要给出暂定数量，并且需要根据经验，尽可能估算一个比较贴近实际的数量。

4. 总承包服务费

总承包服务费是在工程建设的施工阶段实行施工总承包时，为了解决招标人在法律法规允许的条件下进行专业工程发包以及自行采购供应材料、设备时，要求总承包人对发包的专业工程提供协调和配合服务(如分包人使用总包人的脚手架、水电接驳等)；对供应的材料、设备提供收、发和保管服务以及对施工现场进行统一管理；对竣工资料进行统一汇总整理等发生并向总承包人支付的费用。招标人应当预计该项费用并按投标人的投标报价向投标人支付该项费用。

8.2.4 规费项目清单的编制

规费是根据省级政府或省级有关权力部门规定必须缴纳的、应计入建筑安装工程造价的费用。规费项目包括以下几项。

(1)工程排污费；

(2)工程定额测定费；

(3)社会保障费：包括养老保险费、失业保险费、医疗保险费；

(4)住房公积金；

(5)危险作业意外伤害保险。

规费作为政府和有关权力部门规定必须缴纳的费用，政府和有关权力部门可根据形势发展的需要，对规费项目进行调整。因此，以上5项未包括的内容，在计算规费时应根据省级政府和省级有关权力部门的规定进行补充。除此以外，向施工企业收取的行政性事业收费均为乱收费。

8.2.5 税金项目清单的编制

税金是国家税法规定的应计入建筑安装工程造价内的增值税额，按税前造价乘以增值税税率确定。

8.3 工程量清单表格应用说明

工程量清单表格包括封面、总说明、分部分项工程和单价措施项目清单与计价表、总价措施项目清单与计价表、其他项目清单与计价汇总表、暂列金额明细表、材料暂估单价表、专业工程暂估单价表、计日工表、总承包服务费计价表以及规费、税金项目清单与计价表，并且采用统一格式。

8.3.1 封面

招标人自行编制工程量清单时，由招标人单位注册的造价人员编制。招标人盖单位公章，法定代表人或其授权人签字或盖章；编制人是造价工程师的，由其签字并盖执业专用章；编制人是造价员的，在编制人栏签字并盖专用章，由造价工程师复核，并在复核人栏签字、盖执业专用章。工程量清单封面和扉页的格式见表8-3、表8-4。

招标人委托工程造价咨询人编制工程量清单时，由工程造价咨询人单位注册的造价人员编制。工程造价咨询人盖单位资质专用章，法定代表人或其授权人签字或盖章；编制人是造价工程师的，由其签字并盖执业专用章；编制人是造价员的，在编制人栏签字并盖专用章，由造价工程师复核，并在复核人栏签字、盖执业专用章。招标人委托工程造价咨询人编制工程量清单的封面的格式见表8-5。

表 8-3　工程量清单封面

<table>
<tr><td>

×××公司办公楼建筑与装饰工程

招标工程量清单

招　标　人：＿＿＿＿＿＿＿＿
（单位盖章）

造价咨询人：＿＿＿＿＿＿＿＿
（单位盖章）

年　　月　　日

</td></tr>
</table>

表 8-4　工程量清单扉页

<table>
<tr><td>

×××公司办公楼建筑与装饰工程

招标工程量清单

招标人：＿＿＿＿＿＿＿＿　　造价咨询人：＿＿＿＿＿＿＿＿
（单位盖章）　　（单位盖章）

（单位盖章）

编　制　人：＿＿＿＿＿＿＿＿　　复　核　人：＿＿＿＿＿＿＿＿
（造价人员签字盖专用章）　　（造价工程师签字盖专用章）

编制时间：　年　月　日　　复核时间：　年　月　日

</td></tr>
</table>

表 8-5　招标人委托工程造价咨询人编制工程量清单的封面

××　　　　　工程

工程量清单

招　标　人：	××工程 单位公章 （单位盖章）	造价咨询人：	工程造价　××工程造价咨询企业 资质专用章 （单位资质专用章）
法定代表人 或其授权人：	××工程 法定代表人 （签字或盖章）	法定代表人 或其授权人：	××工程造价咨询企业 法定代表人 （签字或盖章）
编　制　人：	×××签字 盖造价工程师 或造价员专用章 （造价人员签字盖专用章）	复　核　人：	×××签字 盖造价工程师专用章 （造价工程师签字盖专用章）

编制时间：××××年×月×日　　　　复核时间：××××年×月×日

8.3.2 总说明

总说明的格式见表 8-6，其应说明的内容主要包括：

(1)工程概况：如建设地址、建设规模、工程特征、交通状况、环保要求等；

(2)工程发包、分包范围；

(3)工程量清单编制依据：如采用的标准、施工图纸、标准图集等；

(4)使用材料设备、施工的特殊要求等；

(5)其他需要说明的问题。

表 8-6 总说明

工程名称：××工程

1. 工程概况：本工程为框架结构，采用混凝独立基础，建筑层数为三层，建筑面积为 637.64 m^2，计划工期为 120 日历天。 2. 工程招标范围：本次招标范围为施工图范围内的建筑工程和安装工程。 3. 工程量清单编制依据： (1)××工程施工图纸。 (2)《建设工程工程量清单计价规范》(GB 50500—2013)。 4. 其他需要说明的问题： (1)招标人供应现浇构件的全部钢筋，单价暂定为 5 200 元。 (2)防火门另进行专业发包。

8.3.3 分部分项工程量清单与计价表

13 计价规范中的工程量清单表与计价表采用统一格式，见表 8-7。此表也是编制招标控制价、投标价、竣工结算的最基本用表。单价措施项目和分部分项工程项目清单编制与计价均使用本表。

编制工程量清单时，使用本表在“工程名称”栏应填写详细具体的工程称谓，对于房屋建筑而言，习惯上并无标段划分，可不填写“标段”栏，但相对于管道敷设、道路施工，则往往以标段划分，此时，应填写“标段”栏。

“项目编码”栏应按 13 工程计量规范附录规定另加 3 位顺序码填写。

“项目名称”栏应按 13 工程计量规范附录规定根据拟建工程实际确定填写。

“项目特征”栏应按 13 工程计量规范附录规定根据拟建工程实际予以描述，其中涉及计价和结构要求的特征项目必须描述，对于计量计价没有实质影响或由投标人根据施工方案确定的特征项目可以不描述，对于无法准确描述的或施工图纸、标准图集标注明确的特征项目可以不详细描述。项目特征的描述是一项专业性很强的工作，需要在工作中不断学习和积累经验，并充分考虑工程的实际情况才能较好做到。

“计量单位”应按 13 工程计量规范附录规定填写，附录中该项目有两个或两个以上计量单位的，应选择最适宜计量的方式决定其中一个填写。

“工程量”应按 13 工程计量规范附录规定的工程量计算规则计算填写。

“金额”下所包含的“综合单价”“合价”“其中：暂估价”由投标人在投标报价时填写。

【例 8-1】 表 8-7 为××工程的分部分项工程量清单与计价表。

表 8-7　分部分项工程量清单与计价表

工程名称：××工程

序号	项目编码	项目名称	项目特征描述	计量单位	工程量	金额/元		
						综合单价	合价	其中： 暂估价
			A.3 砌筑工程					
1	010301001001	砖基础	MU10 实心砖 240 mm×115 mm×53 mm 砌条形基础，深度 2 m，M5 水泥砂浆	m^3	120			
2	010302001001	实心砖墙	实心墙，MU15 实心砖 240 mm×115 mm×53 mm，墙体厚度 240 mm，M5 混合砂浆砌	m^3	203			
本页小计								
合计								
注：根据建设部、财政部发布的《建筑安装工程费用组成》(建标[2003]206 号)的规定，为计取规费等的使用，可在表中增设其中："直接费""人工费"或"人工费＋机械费"								

【例 8-2】 表 8-8 为××工程的分部分项工程量清单与计价表。

表 8-8　分部分项工程和单价措施项目清单与计价表

工程名称：××工程

序号	项目编码	项目名称	项目特征描述	计量单位	工程量	金额/元		
						综合单价	合价	其中： 暂估价
			A.3 砌筑工程					
1	AB001	现浇钢筋混凝土平板模板及支架	矩形板，支模高度 2.7 m	m^3	1 000			
2	AB002	现浇钢筋混凝土有梁板及支架	矩形梁，断面 300 mm×600 mm，梁底支模高度 2.6 m，板底支模高度 3.08 m	m^3	1 200			
本页小计								
合计								

8.3.4 措施项目清单与计价表

《总价措施项目清单与计价表》适用于以“项”计价的措施项目，见表 8-9。编制招标工程量清单时，表中的项目可根据工程实际情况进行增减。编制招标控制价时，计费基础、费率应按省级或行业建设主管部门的规定计取。编制投标报价时，除“安全文明施工费”必须按 13 计价规范的强制性规定，按省级、行业建设主管部门的规定计取外，其他措施项目均可根据投标施工组织设计自主报价。

表 8-9 总价措施项目清单与计价表

工程名称：　　　　　　　　　　　　　　标段：

序号	项目编码	项目名称	计算基础	费率/%	金额/元	调整费率/%	调整后金额/元	备注
		安全文明施工费						
		夜间施工增加费						
		二次搬运费						
		冬雨期施工增加费						
		已完工程及设备保护费						
合计								
编制人(造价人员：)					复核人(造价工程师)			
注：1. “计算基础”中安全文明施工费可为“定额基价”“定额人工费”或“定额人工费＋定额机械费”，其他项目可为“定额人工费”或“定额人工费＋定额机械费” 2. 按施工方案计算的措施费，若无“计算基础”和“费率”的数值，也可只填“金额”数值，但应在备注栏说明施工方案出处或计算方法								

8.3.5 其他项目清单与计价表

其他项目清单与计价表包括其他项目清单与计价汇总表、暂列金额明细表、材料暂估单价表、专业工程暂估单价表、计日工表、总承包服务费计价表，分别见表 8-10～表 8-15。

编制其他项目清单与计价汇总表，应汇总“暂列金额”和“专业工程暂估价”，以提供给投标人报价。

暂列金额在实际履约过程中可能发生，也可能不发生。一般要求招标人能将暂列金额与拟用项目列出明细，但如确实不能详列，也可只列暂定金额总额，投标人应将上述暂列金额计入投标总价中。

材料暂估价数量和拟用项目应当在表 8-12 中备注栏给予补充说明，要求招标人针对每一类暂估价给出相应的拟用项目，即按照材料设备的名称分别给出，这样的材料设备暂估价能够纳入项目综合单价中。

专业工程暂估价应在表内填写工程名称、工程内容、暂估金额，投标人应将上述金额计入投标总价中。

计日工表编制工程量清单时，“项目名称”“计量单位”“暂估数量”由招标人填写。

总承包服务费计价表编制工程量清单时，招标人应将拟定进行专业分包的专业工程、自行采购的材料设备等决定清楚，填写项目名称、服务内容，以便投标人决定报价。

表 8-10　其他项目清单与计价汇总表

工程名称：　××工程　　　　　　　　　　　　　　标段：

序号	项目名称	计量单位	金额/元	备注
1	暂列金额	项	70 000	明细详见表 8-11
2	暂估价			
2.1	材料(工程设备)暂估价/结算价		—	明细详见表 8-12
2.2	专业工程暂估价/结算价	项	8 000	明细详见表 8-13
3	计日工			明细详见表 8-14
4	总承包服务费		10 000	明细详见表 8-15
5	索赔与现场签证			
合计				—
注：材料暂估单价进入清单项目综合单价，此处不汇总				

表 8-11　暂列金额明细表

工程名称：××工程　　　　　　　　　　　　　　标段：

序号	项目名称	计量单位	暂定金额/元	备注
1	工程量清单中工程量偏差和设计变更	项	50 000	
2	政策性调整和材料价格风险	项	10 000	
3	其他	项	10 000	
4				
合计			70 000	—
注：此表由招标人填写，如不能详列，也可只列暂定金额总额，投标人应将上述暂列金额计入投标总价中				

表 8-12　材料(工程设备)暂估单价及调整表

序号	名称	单位	单价/元	备注
1	装饰门	m^2	800	含门框、门扇，其他特征描述见工程量清单，用于本工程的门安装工程项目
2	钢筋(规格、型号综合)	t	4 500	用在所有现浇混凝土钢筋清单项目
	合计			
注：1. 此表由招标人填写，并在备注栏说明暂估价的材料拟用在那些清单项目上，投标人应将上述材料暂估单价计入工程量清单综合单价报价中。 2. 材料包括原材料、燃料、构配件以及按规定应计入建筑安装工程造价的设备				

表 8-13　专业工程暂估价及结算价表

序号	专业工程名称	工程内容	金额/元	备注
1	防火门	安装	8 000	
	小计		8 000	
注：此表由招标人填写，投标人应将上述专业工程暂估价计入投标总价中				

表 8-14　计日工表

工程名称：××工程　　　　　　　　　　　　标段：

编号	项目名称	单位	暂定数量	综合单价	合价
一	人工				
1	普工	工日	100		
2	技工(综合)	工日	30		
3					
	人工小计				
二	材料				
1	钢筋(规格、型号综合)	t	1		
2	水泥 42.5	t	4		
3	中砂	m^3	20		
4	砾石(5～40 mm)	m^3	10		
5	实心砖(240 mm×115 mm×53 mm)	千匹	1		
	材料小计				
三	施工机械				
1	自升式塔式起重机(起重力矩 1 250 kN·m)	台班	2		
2	灰浆搅拌机(400 L)	台班	2		
	施工机械小计				
	总计				
注：此表项目名称、数量由招标人填写，编制招标控制价时，单价由招标人按有关计价规定确定；投标时，单价由投标人自主报价，计入投标总价中					

表 8-15　总承包服务费计价表

工程名称：××工程　　　　　　　　　　　　标段：

序号	项目名称	项目价值/元	服务内容	费率/%	金额/元
1	发包人发包专业工程	10 000	1. 按专业工程承包人的要求提供施工工作面并对施工现场进行统一管理，对竣工资料进行统一整理汇总。 2. 为专业工程承包人提供垂直运输机械和焊接电源接入点，并承担垂直运输费和电费		
合计					

8.3.6 规费、税金项目清单与计价表

规费、税金项目计价表见表 8-16。

表 8-16　规费、税金项目计价表

工程名称：××工程　　　　　　　　　　　　标段：

序号	项目名称	计算基础	费率/%	金额/元
1	规费			
1.1	社会保障费			
1.2	养老保险费			
(1)	失业保险费			
(2)	医疗保险费			
(3)	工伤保险费			
1.3	生育保险费			
1.4	住房公积金			
1.5	工程排污费			
2	税金	分部分项工程费＋措施项目费＋其他项目费＋规费－按规定不计税的工程设备金额		
合计				
注：根据建设部、财政部发布的《建筑安装工程费用组成》(建标〔2003〕206 号)的规定，“计算基础”可为“直接费”“人工费”或“人工费＋机械费”				

8.4 建筑工程工程量清单编制示例

8.4.1 工程量清单封面与总说明编制

工程量清单封面与总说明见表 8-17～表 8-19。

表 8-17 工程量清单封面

<table>
<tr><td>

×××公司办公楼建筑与装饰 工程

招标工程量清单

招 标 人：________________
（单位盖章）

造价咨询人：________________
（单位盖章）

年 月 日

</td></tr>
</table>

表 8-18　工程量清单扉页

×××公司办公楼建筑与装饰　工程

招标工程量清单

招 标 人：＿＿＿＿＿＿＿＿（单位盖章）

造价咨询人：＿＿＿＿＿＿＿＿（单位盖章）

编 制 人：＿＿＿＿＿＿＿＿（造价人员签字盖章）

复 核 人：＿＿＿＿＿＿＿＿（造价人员签字盖章）

编制时间：　　年　　月　　日

复核时间：　　年　　月　　日

表 8-19 总说明

工程名称：×××公司办公楼建筑工程

1. 工程概况：本工程为框架结构，采用桩基础，建筑层数为四层，建筑面积为 2 373.55 m^2，计划工期为 150 日历天。

2. 工程招标范围：本次招标范围为施工图范围内的建筑工程和装饰装修工程。

3. 工程质量要求：合格工程。

4. 工程量清单编制依据：

(1)×××公司办公楼工程施工图纸。

(2)《房屋建筑与装饰工程工程量计算规范》(GB 50500—2013)。

8.4.2 分部分项工程量清单的编制

分部分项工程量清单的编制见表 8-20。

表 8-20 分部分项工程和单价措施项目清单与计价表

工程名称：×××公司办公楼建筑与装饰工程　　　标段：

序号	项目编码	项目名称	项目特征描述	计量单位	工程量	金额/元		
						综合单价	合价	其中：暂估价
			1 土石方工程					
1	010101001001	人工场地平整	土壤类别：三类	100 m^2	5.26			
2	010104003002	地下室挖土	1. 土壤类别：三类 2. 挖土深度：2.25 m	10 m^3	144.63			
3	010103001009	基础回填土	基础回填土夯实	10 m^3	36.81			
4	010103001008	室内回填土机械夯实	室内回填土夯实	10 m^3	40.47			
5	010104006001	装载机装车土方	装载机装土方	10 m^3	67.35			
6	010104006012	基础余土自卸汽车运土方运距≤1 km	1. 基础余土：自卸汽车外运土方 2. 弃土运距：3 km	10 m^3	67.35			
7	010104003011	散水、台阶挖装土方三类土	1. 土壤类别：三类 2. 挖土深度：2 m 以内	10 m^3	3.89			
8	010104006011	散水、台阶自卸汽车运土方运距 3 km	1. 散水、台阶自卸汽车运土方 2. 弃土运距：3 km	10 m^3	3.89			

续表

序号	项目编码	项目名称	项目特征描述	计量单位	工程量	金额/元		
						综合单价	合价	其中：暂估价
		2　桩基工程						
1	010302004017	人工挖孔桩土方 砂砾孔深≤8 m	1. 土壤类别：三类 2. 挖土深度：8 m以内	10 m^3	17.38			
2	010302004022	人工挖孔灌注混凝土桩桩壁 现浇混凝土	1. 护壁的厚度、高度：15～75 mm、6 m 2. 混凝土强度等级：C15	10 m^3	6.28			
3	010302004023	人工挖孔灌注混凝土桩桩芯 混凝土	1. 桩芯长度：8 m 2. 桩芯直径：800 mm 3. 混凝土强度等级：C25	10 m^3	10.91			
		3　砌筑工程						
1	010402001019	加气混凝土砌块墙墙厚420 mm	1. 材质：MU5.0 加气混凝土砌块 2. 墙体厚度：外墙420 mm 3. 砂浆强度等级：M5 混合砂浆	10 m^3	1.68			
2	010402001020	加气混凝土砌块墙墙厚300 mm	1. 材质：MU5.0 加气混凝土砌块 2. 墙体厚度：外墙300 mm 3. 砂浆强度等级：M5 混合砂浆	10 m^3	22.07			
3	010402001021	加气混凝土砌块墙 墙厚200 mm	1. 材质：MU5.0 加气混凝土砌块 2. 墙体厚度：内墙200 mm 3. 砂浆强度等级：M5 混合砂浆	10 m^3	24.79			
4	010402001007	加气混凝土砌块墙 墙厚100 mm	1. 材质：MU5.0 加气混凝土砌块 2. 墙体厚度：内墙100 mm 3. 砂浆强度等级：M5 混合砂浆	10 m^3	1.12			

续表

序号	项目编码	项目名称	项目特征描述	计量单位	工程量	金额/元		
						综合单价	合价	其中：暂估价
		3 砌筑工程						
5	010401003010	台阶挡墙 墙厚370mm	1. 材质：MU10非黏土实心砖 2. 墙体厚度：挡墙370 mm 3. 砂浆强度等级：M5混合砂浆	10 m^3	0.15			
		4 混凝土、钢筋工程						
1	010501001001	现浇混凝土 基础垫层	1. 混凝土种类：预拌混凝土 2. 混凝土强度等级：C15	10 m^3	4.94			
2	010501004001	现浇混凝土 筏板基础	1. 混凝土种类：预拌混凝土 2. 混凝土强度等级：C25	10 m^3	9.11			
3	010504001004	现浇混凝土 墙 直形墙	1. 混凝土种类：预拌混凝土 2. 混凝土强度等级：C30	10 m^3	5.3			
4	010502001004	现浇混凝土 柱 矩形柱（地下室）	1. 混凝土种类：预拌混凝土 2. 混凝土强度等级：C30	10 m^3	1.94			
5	010502001002	现浇混凝土 柱 矩形柱（首层一顶层）	1. 混凝土种类：预拌混凝土 2. 混凝土强度等级：C25	10 m^3	9.59			
6	010503001001	现浇混凝土 梁 基础梁	1. 混凝土种类：预拌混凝土 2. 混凝土强度等级：C25	10 m^3	2.18			
7	010503003002	现浇混凝土 梁 异形梁	1. 混凝土种类：预拌混凝土 2. 混凝土强度等级：C25	10 m^3	6.52			

续表

序号	项目编码	项目名称	项目特征描述	计量单位	工程量	金额/元		
						综合单价	合价	其中：暂估价
4 混凝土、钢筋工程								
8	010503002001	现浇混凝土梁矩形梁	1. 混凝土种类：预拌混凝土； 2. 混凝土强度等级：C25	10 m^3	11.66			
9	010505003001	现浇混凝土板平板	1. 混凝土种类：预拌混凝土； 2. 混凝土强度等级：C25	10 m^3	25.26			
10	010502001003	现浇混凝土柱楼梯柱	1. 混凝土种类：预拌混凝土 2. 混凝土强度等级：C25	10 m^3	0.2			
11	010506001001	现浇混凝土楼梯整体楼梯直形	1. 混凝土种类：预拌混凝土 2. 混凝土强度等级：C25	10 m^2	12.16			
12	010505008001	现浇混凝土板雨篷板	1. 混凝土种类：预拌混凝土 2. 混凝土强度等级：C25	10 m^3	0.28			
13	010505006001	现浇混凝土板雨篷栏板	1. 混凝土种类：预拌混凝土 2. 混凝土强度等级：C25	10 m^3	0.13			
14	010503005001	现浇混凝土梁过梁	1. 混凝土种类：预拌混凝土 2. 混凝土强度等级：C25	10 m^3	0.75			
15	010502002001	现浇混凝土柱构造柱	1. 混凝土种类：预拌混凝土 2. 混凝土强度等级：C25	10 m^3	0.97			
16	010504001003	现浇混凝土墙女儿墙	1. 混凝土种类：预拌混凝土 2. 混凝土强度等级：C25	10 m^3	2.74			

续表

序号	项目编码	项目名称	项目特征描述	计量单位	工程量	金额/元		
						综合单价	合价	其中：暂估价
4　混凝土、钢筋工程								
17	010507001004	混凝土散水 预拌混凝土	1. 面层厚度：50 mm 2. 混凝土种类：预拌混凝土 3. 混凝土强度等级：C15	10 m^2 水平投影面积	7.99			
18	010515001001	现浇构件 圆钢筋 HPB300 直径 6 mm	现浇构件 圆钢筋 HPB300 直径 6 mm	t	3.004			
19	010515001002	现浇构件 圆钢筋 HPB300 直径 8 mm	现浇构件 圆钢筋 HPB300 直径 8 mm	t	8.782			
20	010515001003	现浇构件 圆钢筋 HPB300 直径 10 mm	现浇构件 圆钢筋 HPB300 直径 10 mm	t	9.461			
21	010515001034	现浇构件 带肋钢筋 HRB335 直径 10 mm	现浇构件 带肋钢筋 HRB335 直径 10 mm	t	10.811			
22	010515001018	现浇构件 带肋钢筋 HRB335 直径 12 mm	现浇构件 带肋钢筋 HRB335 直径 12 mm	t	13.459			
23	010515001019	现浇构件 带肋钢筋 HRB335 直径 14 mm	现浇构件 带肋钢筋 HRB335 直径 14 mm	t	4.958			
24	010515001020	现浇构件 带肋钢筋 HRB335 直径 16 mm	现浇构件 带肋钢筋 HRB335 直径 16 mm	t	6.958			

续表

序号	项目编码	项目名称	项目特征描述	计量单位	工程量	金额/元		
						综合单价	合价	其中：暂估价
		4 混凝土、钢筋工程						
25	010515001021	现浇构件 带肋钢筋 HRB335 直径 18 mm	现浇构件 带肋钢筋 HRB335 直径 18 mm	t	9.506			
26	010515001022	现浇构件 带肋钢筋 HRB335 直径 20 mm	现浇构件 带肋钢筋 HRB335 直径 20 mm	t	13.446			
27	010515001023	现浇构件 带肋钢筋 HRB335 直径 22 mm	现浇构件 带肋钢筋 HRB335 直径 22 mm	t	7.92			
28	010515001024	现浇构件 带肋钢筋 HRB335 直径 25 mm	现浇构件 带肋钢筋 HRB335 直径 25 mm	t	5.518			
29	010515012002	箍筋 圆钢筋 HPB300 直径 6 mm	箍筋 圆钢筋 HPB300 直径 6 mm	t	1.293			
30	010515012003	箍筋 圆钢筋 HPB300 直径 8 mm	箍筋 圆钢筋 HPB300 直径 8 mm	t	12.771			
31	010515012004	箍筋 圆钢筋 HPB300 直径 10 mm	箍筋 圆钢筋 HPB300 直径 10 mm	t	4.269			
32	010515012005	箍筋 圆钢筋 HPB300 直径 12 mm	箍筋 圆钢筋 HPB300 直径 12 mm	t	0.021			
33	010515012007	箍筋 带肋钢筋 HRB335 直径 12 mm	现浇构件 带肋钢筋 HRB335 直径 12 mm	t	1.586			
		5 门窗工程						
1	010805002001	旋转门 全玻转门安装	门代号、洞口尺寸：成品全玻转门 M－1：2 500 mm×2 200 mm	樘	1			

续表

序号	项目编码	项目名称	项目特征描述	计量单位	工程量	金额/元		
						综合单价	合价	其中：暂估价
		5　门窗工程						
2	010802001002	钛合金门安装 平开	1. 门代号、洞口尺寸：钛合金框门 M－2：1 500 mm×2 200 mm，M—3：1 800 mm×2 200 mm 2. 玻璃品种、厚度：6 mm 钢化玻璃	100 m^2	0.15			
3	010802004001	钢质三防安装	门代号、洞口尺寸：钢质三防门　M－4：1 500 mm×2 700 mm	100 m^2	0.04			
4	010801007003	成品套装木门安装 单扇门	门代号、洞口尺寸：木质成品套装门 M－6：1 000 mm×2 100 mm，M—7：900 mm × 2 100 mm，M—8：800 mm×2 000 mm	10 樘	3.7			
5	010801007006	成品套装木门安装 双扇门	门代号、洞口尺寸：木质成品套装门 M－5：1 500 mm×2 100 mm	10 樘	1.6			
6	010802001003	塑钢成品门安装 推拉	门代号、洞口尺寸：塑钢成品门推拉门　M—9：1 300 mm×2 000 mm	100 m^2	0.03			
7	010802003001	钢质防火门安装	1. 门代号、洞口尺寸：钢质防火门(乙级) FM－1：1 300 mm × 1 800 mm	100 m^2	0.02			
8	01080001002	钛合金 普通窗安装 平开	1. 门代号、洞口尺寸：钛合金窗框，C—1：2 640 mm×3 400 mm，C—2：2 600 mm×3 400 mm C—3：2 300 mm×3 400 mm C—4：1 800 mm×3 400 mm 2. 玻璃品种、厚度：10 mm 钢化玻璃	100 m^2	0.79			

续表

序号	项目编码	项目名称	项目特征描述	计量单位	工程量	金额/元		
						综合单价	合价	其中：暂估价
5 门窗工程								
9	010807001006	塑钢成品窗安装 平开	1. 窗代号、洞口尺寸：塑钢成品窗(平开)C—5：1 500 mm×2 100 mm—C—13：1 500 mm × 400 mm 2. 玻璃品种、厚度：5 mm 双层玻璃	100 m^2	2.88			
10	010807001005	塑钢成品窗安装 推拉	1. 窗代号、洞口尺寸：塑钢成品窗(推拉)C—14：3 200 mm×2 600 mm 2. 玻璃品种、厚度：16 mm 单层玻璃	100 m^2	0.08			
6 屋面及防水工程								
1	010902001010	屋面、雨篷面改性沥青卷材 热熔法一层	1. 卷材品种：改性沥青卷材热熔 2. 防水层数：一层	100 m^2	5.55			
2	010902004001	屋面排水管 镀锌薄钢板排水 水落管	排水管的品种、规格：薄钢板落水管 管径 100 mm	100 m	0.67			
3	010902002007	涂膜防水 聚氨酯防水涂膜 2 mm 厚	1. 防水膜品种：聚氨酯涂膜防水 2. 涂膜的厚度：2 mm 厚	100 m^2	1.45			
7 防腐、保温、隔热工程								
1	011001001044	屋面、雨篷 炉(矿)渣找坡	保温材料品种、厚度：1∶6 水泥炉渣找坡最薄处 30 mm 厚	10 m^3	6.48			
2	011001001031	屋面 干铺聚苯乙烯板厚度 100 mm	保温材料品种、厚度：干铺聚苯乙烯板 厚度 100 mm	100 m^2	4.89			
3	011001001026	屋面 粘贴岩棉板厚度 80 mm	保温材料品种、厚度：粘贴岩棉板 厚度 80 mm	100 m^2	14.14			

续表

序号	项目编码	项目名称	项目特征描述	计量单位	工程量	金额/元		
						综合单价	合价	其中：暂估价
		8 楼地面装饰工程						
1	011101001002	屋面、雨篷面找平层填充材料上 20 mm	找平层厚度、砂浆配合比：20 mm 厚 1∶2 水泥砂浆	100 m^2	5.09			
2	011101001001	屋面、雨篷面防水保护层硬基层上 20 mm	找平层厚度、砂浆配合比：20 mm 厚 1∶2 水泥砂浆	100 m^2	5.57			
3	011101001006	地下室水泥砂浆楼地面	1. 找平层厚度、砂浆配合比：1∶2 水泥砂浆 20 mm 厚 2. 素水泥浆遍数：1 遍	100 m^2	4.39			
4	010404001016	预拌混凝土地面垫层	1. 混凝土种类：预拌混凝土 80 mm 厚 2. 混凝土强度等级：C15	10 m^3	3.51			
5	011105001001	地下室水泥砂浆踢脚线 水泥砂浆	1.8 mm 厚 1∶2 水泥砂浆罩面压实压光 2.12 mm 厚 1∶2 水泥砂浆打底扫毛或刮出纹道	100 m^2	0.15			
6	011106001001	楼梯面层 石材 水泥砂浆	1. 面层材料品种、规格：磨光大理石 20 mm 厚，水泥砂浆擦缝 2. 结合层厚度、砂浆配合比：1∶3 干硬性水泥砂浆结合层 20 mm 厚 3. 刷素水泥浆一道	100 m^2	1.35			
7	011105002001	楼梯石材踢脚线 石材 水泥砂浆	1. 面层材料品种、规格：20 mm 厚大理石板 2. 结合层厚度、砂浆配合比：12 mm 厚水泥砂浆结合层	100 m^2	0.17			

续表

序号	项目编码	项目名称	项目特征描述	计量单位	工程量	金额/元		
						综合单价	合价	其中：暂估价
8 楼地面装饰工程								
8	011102003001	块料楼地面 陶瓷地面砖 0.10 m^2 以内	1. 面层材料品种、规格：彩色釉面砖300 mm×300 mm，8～10 mm厚，干水泥擦缝10 mm厚 2. 结合层厚度、砂浆配合比：1∶3干硬性水泥砂浆结合层20 mm厚 3. 刷素水泥浆一道	100 m^2	0.78			
9	011101001010	卫生间找坡层	找平层厚度、砂浆配合比：20 mm厚1∶3水泥砂浆	100 m^2	0.78			
10	011102001001	其他房间石材楼地面(每块面积)0.36 m^2 以内	1. 面层材料品种、规格：磨光大理石20 mm厚，水泥砂浆擦缝 2. 结合层厚度、砂浆配合比：1∶3干硬性水泥砂浆结合层20 mm厚 3. 刷素水泥浆一道	100 m^2	15.54			
11	011105002005	其他房间石材踢脚线 石材 水泥砂浆	1. 面层材料品种、规格：20 mm厚大理石板 2. 结合层厚度、砂浆配合比：12 mm厚水泥砂浆结合层	100 m^2	1.52			
9 墙、柱面抹灰、装饰与隔断、幕墙工程								
1	011201001001	室内墙面抹灰 内墙(14+6 mm)	1. 内墙面20 mm厚水泥砂浆打底 2. 刷一道建筑胶水溶液	100 m^2	44.71			
2	011204003001	卫生间墙面陶瓷砖	1.2.5白瓷砖，白水泥擦缝10 mm厚 2.5 mm厚1∶2建筑胶水泥砂浆 3. 素水泥浆一道 4.9 mm厚1∶3水泥砂浆打底压实抹平	100 m^2	3.95			

续表

序号	项目编码	项目名称	项目特征描述	计量单位	工程量	金额/元		
						综合单价	合价	其中：暂估价
		10　天棚工程						
1	011301001006	室内混凝土天棚 一次抹灰(10 mm)	1. 刷素水泥浆一道 2. 10 mm 厚混合砂浆打底	100 m^2	21.07			
2	011301001007	卫生间混凝土天棚一次抹灰(10 mm)	1. 刷素水泥浆一道 2. 10 mm 厚混合砂浆打底	100 m^2	0.78			
		11　油漆、涂料、裱糊工程						
1	011407009003	刮大白 墙面满刮 3 遍	满刮大白腻子 3 遍	100 m^2	44.71			
2	011406003002	刮腻子 天棚面 满刮 2 遍	天棚面刮腻子满刮 2 遍	100 m^2	20.95			
3	011407002011	大白浆 天棚面 3 遍	大白浆 天棚面 3 遍	100 m^2	20.95			
		12　措施项目						
1	011701001009	多层建筑综合脚手架 框架结构 檐高 20 m 以内	框架结构 檐高 16.8 m	100 m^2	23.74			
2	011702001001	基础垫层 复合模板	基础垫层 100 mm 厚	100 m^2	0.1			
3	011702001028	筏板基础 复合模板 钢支撑	筏板基础 200 mm 厚	100 m^2	0.21			
4	011702011052	混凝土墙 复合模板 钢支撑	混凝土墙 250 mm 厚	100 m^2	4.87			
5	011702002002	矩形柱 复合模板 钢支撑	矩形柱 450 mm×450 mm，500 mm×500 mm	100 m^2	9.67			
6	011702006002	矩形梁 复合模板 钢支撑	矩形梁 250 mm×450 mm，250 mm×500 mm，250 mm×650 mm	100 m^2	10.27			

续表

序号	项目编码	项目名称	项目特征描述	计量单位	工程量	金额/元		
						综合单价	合价	其中：暂估价
12　措施项目								
7	011702007002	异形梁 复合模板 钢支撑	异形梁 250 mm×400 mm，250 mm×500 mm，250 mm×650 mm	100 m^2	5.71			
8	011702016002	现浇平板 复合模板 钢支撑	现浇平板 100 mm×140 mm 厚	100 m^2	20.87			
9	011702002051	楼梯柱 复合模板 钢支撑	楼梯柱 250 mm×300 mm 厚	100 m^2	0.28			
10	011702024001	楼梯 直形 复合模板 钢支撑	楼梯 直形	100 m^2	1.22			
11	011702016051	雨篷底板 复合模板 钢支撑	雨篷底板140 mm 厚	100 m^2	0.36			
12	011702021001	雨篷栏板 复合模板 钢支撑	雨篷栏板120 mm 厚	100 m^2	0.24			
13	011702003002	构造柱 复合模板 钢支撑	构造柱 240 mm×240 mm	100 m^2	0.16			
14	011702011051	女儿墙 复合模板 钢支撑	女儿墙 120 mm、150 mm 厚	100 m^2	4.38			
15	011703001005	垂直运输 20 m(6 层)以内塔式起重机施工 现浇框架	1. 框架结构 檐高 16.8 m 4 层 2. 地下室面积 256.45 m^2	100 m^2	23.74			
16	011705001004	大型机械设备安拆 自升式塔式起重机安拆费 塔高 45 m 内	大型机械设备安拆 自升式塔式起重机安拆费	台次	1			

续表

序号	项目编码	项目名称	项目特征描述	计量单位	工程量	金额/元		
						综合单价	合价	其中：暂估价
12 措施项目								
17	011705001033	大型机械设备进出场 自升式塔式起重机进出场费	大型机械设备进出场 自升式塔式起重机进出场费	台次	1			
18	011705001001	塔式起重机 固定式基础（带配重）预拌混凝土	塔式起重机 固定式基础（带配重）预拌混凝土 C30	座	1			
合　计								

8.4.3 措施项目清单的编制

措施项目清单的编制见表 8-21。

表 8-21　总价措施项目清单与计价表

工程名称：×××公司办公楼建筑与装饰工程　　　　标段：

序号	项目编码	项目名称	计算基础	费率/%	金额/元	调整费率%	调整后金额/元	备注
		一般措施项目费（不含安全施工措施费）						
1	1	文明施工和环境保护费	人工费预算价＋机械费预算价－（土石方、拆除工程人工费预算价＋土石方、拆除工程机械费预算价）×0.65	0.85				
2	2	雨期施工费	人工费预算价＋机械费预算价－（土石方、拆除工程人工费预算价＋土石方、拆除工程机械费预算价）×0.65	0.85				
		其他措施项目费						
3	1	夜间施工增加费和白天施工需要照明费						
4	2	二次搬运费						

续表

序号	项目编码	项目名称	计算基础	费率/%	金额/元	调整费率%	调整后金额/元	备注
5	3	冬期施工费	人工费预算价＋机械费预算价－(土石方、拆除工程人工费预算价＋土石方、拆除工程机械费预算价)×0.65					
6	4	已完工程及设备保护费						
7	5	市政工程(含园林绿化工程)施工干扰费						
合计								

编制人(造价人员)：　　　　复核人(造价工程师)：

8.4.4　其他项目清单的编制

其他项目清单的编制见表 8-22～表 8-24。

表 8-22　其他项目清单与计价汇总表

工程名称：×××公司办公楼建筑与装饰工程　　标段：　　第1页　共1页

序号	项目名称	金额/元	结算金额/元	备注
1	暂列金额	55 000		详见明细表
2	暂估价			
2.1	材料(工程设备)暂估单价	—		详见明细表
2.2	专业工程暂估单价			详见明细表
3	计日工			详见明细表
4	总承包服务费			详见明细表
5	工程担保费			
合计		55 000		
注：材料(工程设备)暂估单价计入清单项目综合单价，此处不汇总				

表 8-23　暂列金额明细表

工程名称：工程名称：×××公司办公楼建筑与装饰工程　　　　标段：

序号	项目名称	计量单位	暂定金额/元	备　注
1	工程量清单中工程量偏差和设计变更	项	30 000	
2	政策性调整和材料价格风险	项	20 000	
3	其他	项	5 000	
合　计			55 000	
注：此表由招标人填写，如不能详列，也可只列暂定金额总额，投标人应将上述暂列金额计入投标总价				

表 8-24　计日工表

工程名称：×××公司办公楼建筑与装饰工程　　　　标段：

编号	项目名称	单位	暂定数量	实际数量	综合单价/元	合价/元	
						暂定	实际
1	人工						
1.1	普工	工日	60				
1.2	技工(综合)	工日	16				
人工小计							
2	材料						
2.1	水泥 42.5	t	10				
	中砂	m^3	12				
	砾石(5～40 mm)	m^3	18				
	标准砖(240 mm×115 mm×53 mm)	千块	6				
材料小计							
3	机械						
3.1	灰浆搅拌机(400 L)	工日	4				
机械小计							
4	企业管理费和利润						
4.1							
企业管理费和利润小计							
总计							
注：此表项目名称、暂定数量由招标人填写，编制招标控制价时，单价由招标人按有关计价规定确定；投标时，单价由投标人自主报价，按暂定数量计算合价计入投标总价。结算时，按发承包双方确认的实际数量计算合价							

8.4.5 规费、税金项目清单的编制

规费、税金项目计价见表 8-25。

表 8-25 规费、税金项目计价表

工程名称：×××公司办公楼建筑与装饰工程　　　标段：

序号	项目名称	计算基础	计算基数	计算费率/%	金额/元
1	规费	社会保障费＋住房公积金＋工程排污费＋其他			
1.1	社会保障费	其中：人工费预算价＋其中：机械费预算价		10	
1.2	住房公积金	其中：人工费预算价＋其中：机械费预算价			
1.3	工程排污费				
1.4	其他				
2	税金	税费前工程造价合计		10	
合计					

编制人(造价人员)：　　　　　　　　复核人(造价工程师)：

思考与练习

1. 简述工程量清单的组成。
2. 工程量清单编制的要求是什么？
3. 分部分项工程量清单应包括哪些内容？
4. 项目特征描述方面有哪些要求？
5. 工程量清单的编制依据是什么？
6. 在建设工程招标中，采用工程量清单的优点是什么？
7. 现行“预算定额”与工程量清单的工程量计算规则有哪些区别？

模块9　建筑工程工程量清单计价编制

模块概述

本模块主要讲解工程量清单计价的概念、意义、作用及特点，招标控制价与投标报价的区别；综合单价的组成及计算过程，工程量清单综合单价分析表、分部分项工程量清单与计价表、措施项目清单与计价表、其他项目清单与计价表、规费税金项目清单与计价表的编制过程及编制实例。

知识目标

了解工程量清单计价费用组成、编制要求；掌握招标控制价、投标价的编制内容及清单综合单价的确定；熟悉工程量清单计价的表格组成、填写方法。

能力目标

能完成综合单价的计算；能完成工程量清单计价相关表格的编制。

课时建议

6学时。

9.1　工程量清单计价规定

9.1.1　工程造价的组成

采用工程量清单计价时，其工程造价由分部分项工程费、措施项目费、其他项目费、规费和税金组成。其工程造价组成如图9-1所示。

分部分项工程费采用综合单价计价，综合单价就是完成一个规定计量单位的分部分项工程量清单项目或措施清单项目所需的人工费、材料费、施工机械使用费和企业管理费与利润，以及一定范围内的风险费用。

措施项目清单计价根据拟建工程的施工组织设计，可以计算工程量的措施项目，按分部分项工程的方式采用综合单价计价；其余的措施项目可以“项”为单位的方式计价。无论是措施项目的综合单价还是以“项”为单位所报的价，均包括除规费、税金外的全部费用，并考虑风险因素。

措施项目清单中的安全文明施工费应按照国家或省级、行业建设主管部门的规定计价，不得作为竞争性费用，在招标投标时不得删减，招标人不能要求投标人对该项费用进行优惠，投标人也不得将该项费用参与市场竞争。

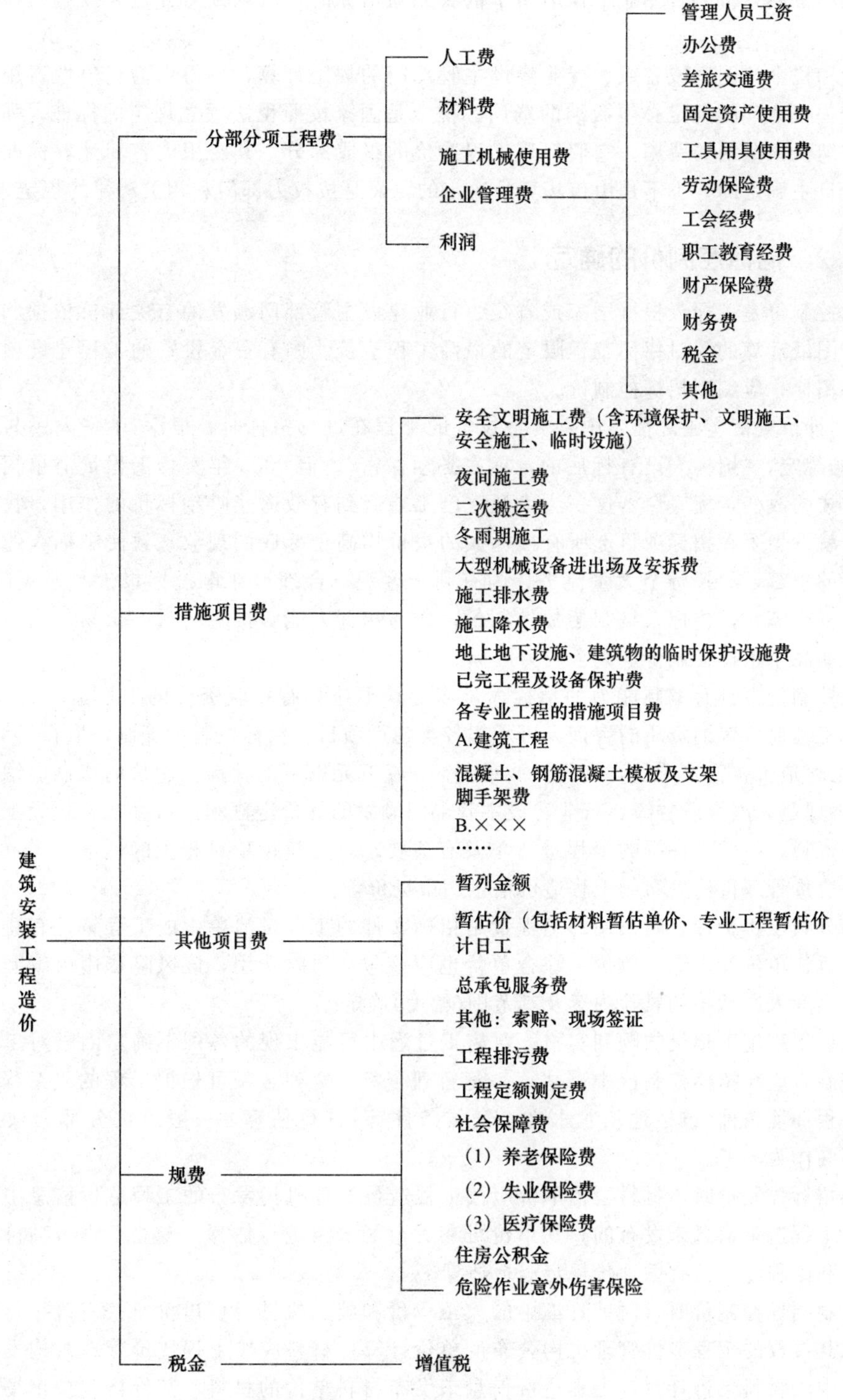

图 9-1　工程造价组成

其他项目费计算在编制招标控制价、投标报价时，要求是不一样的，具体方法见后面叙述。

招标人在工程量清单中提供了暂估价的材料和专业工程属于依法必须招标的，由中标人和招标人共同通过招标确定材料单价与专业工程分包价；若材料不属于依法必须招标的，经双方协商确认单价后计价；若专业工程不属于依法必须招标的，由双方与分包人按有关计价依据进行计价。

规费和税金按国家或省级、行业建设主管部门的规定计算，不得作为竞争性费用。规费是政府和有关权力部门规定必须缴纳的费用。税金是国家按照税法预先规定的标准，强制地、无偿地要求纳税人缴纳的费用。它们都是工程造价的组成部分，其费用内容和计取标准都不是发承包人能自主确定的，也不是由市场竞争决定的，而是按权力部门和相关法律的规定来计价。

9.1.2 招标控制价的确定

招标控制价是招标人根据国家或省级、行业建设主管部门颁发的有关计价依据和办法，按设计施工图纸计算的，对招标工程限定的最高工程造价。国有资金投资的工程建设项目实行工程量清单招标，应编制招标控制价。

在13计价规范实施之前，国有资金投资的工程在进行招标时，根据《中华人民共和国招标投标法》的规定，“招标人设有标底的，标底必须保密”。但2003年实行工程量清单招标后，由于招标方式的改变，标底保密这一法律规定已不能起到有效遏止哄抬标价的作用，我国有的地区和部门就发生了在招标项目上所有投标人的报价均高于标底的现象，致使中标人的中标价高于招标人的预算，导致资金大量流失。为有利于客观、合理地评审投标报价和避免哄抬标价，避免国有资产流失，招标人编制招标控制价，作为招标人能够接受的最高交易价格。投标人的投标报价如高于招标控制价，则会成为废标。

招标控制价由具有编制能力的招标人，或受其委托具有相应资质的工程造价咨询人编制。取得甲级工程造价咨询资质的咨询人可承担各类建设项目的招标控制价编制，取得乙级(包括乙级暂定)工程造价咨询资质的咨询人只能承担5 000万元以下的招标控制价的编制。编制时应依据13计价规范，国家或省级、行业建设主管部门颁发的计价定额和计价办法，建设工程设计文件及相关资料，招标文件中的工程量清单及有关要求，与建设项目相关的标准、规范、技术资料，工程造价管理机构发布的工程造价信息、市场价等。

分部分项工程费计算时采用的工程量是招标文件的工程量清单中的工程量；有暂估单价的材料，按暂估单价计入综合单价；综合单价也应该包括风险费用，该风险费用由编制人按照招标人要求投标人所承担的风险内容及其范围(幅度)确定。

为保证工程施工建设的顺利实施，对施工过程中可能出现的各种不确定因素对工程造价的影响，编制人应在招标控制价中需估算一笔暂列金额。暂列金额可根据工程的复杂程度、设计深度、工程环境条件(包括地质、水文、气候条件等)进行估算，一般可按分部分项工程费的10％～15％作为参考。

编制招标控制价时，材料暂估单价应按工程造价管理机构发布的工程造价信息中的材料单价计算，工程造价信息未发布的，其单价可参考市场价格进行估算。专业工程暂估价应区分不同的专业和工程量，按有关计价规定进行估算。

在编制招标控制价时，对计日工中的人工单价和施工机械台班单价应按省级、行业建设主管部门或其授权的工程造价管理机构公布的单价计算；材料应按工程造价管理机构发布的工程造价信息中的材料单价计算，工程造价信息未发布材料单价的材料，其价格应按市场调查确定的单价计算。

编制招标控制价时，总承包服务费应按照省级或行业建设主管部门的规定计算，也可参照以下规定计算。

(1)招标人仅要求对分包的专业工程进行总承包管理和协调时，按分包的专业工程估算造价的1.5％计算。

(2)招标人要求对分包的专业工程进行总承包管理和协调，并同时要求提供配合服务时，根据招标文件列出的配合服务内容和提出的要求，按分包的专业工程估算造价的3%～5%计算。

(3)招标人自行供应材料的，按招标人供应材料价值的1%计算。

招标控制价在招标时公布，招标投标过程中不能上调或下浮，编制好的招标控制价及有关资料应报送工程所在地工程造价管理机构备查。投标人经复核认为招标人公布的招标控制价未按规范的规定进行编制的，应在开标前5 d向招标投标监督机构或(和)工程造价管理机构投诉。招标投标监督机构应会同工程造价管理机构对投诉进行处理，发现确有错误的，应责成招标人修改。

9.1.3 投标价的确定

投标价是投标人在投标时报出的工程造价，由投标人或受其委托具有相应资质的工程造价咨询人编制，但最终由投标人自主确定。为了保证工程项目质量、安全、卫生及环境保护等方面满足国家强制性标准，同时，为了使建设市场良性发展，规范要求投标价不得低于工程成本价。

招标人在招标文件中提供了工程量清单，为各投标人提供了一个公平竞争的平台，投标人的报价必须在此平台上展开，也即投标人在投标报价表中填写的工程量清单的各个项目及项目编码、项目名称、项目特征、计量单位、工程数量必须与招标人在招标文件中提供的一致。为避免出现差错，投标人可以按招标人提供的分部分项工程量清单与计价表直接填写价格。

投标价编制时要依据13计价规范；国家或省级、行业建设主管部门颁发的计价办法；企业定额，国家或省级、行业建设主管部门颁发的计价定额；招标文件、工程量清单及其补充通知、答疑纪要；建设工程设计文件及相关资料；施工现场情况、工程特点及拟订的投标施工组织设计或施工方案；与建设项目相关的标准、规范等技术资料；市场价格信息或工程造价管理机构发布的工程造价信息及其他相关的资料。

分部分项工程费最主要的就是要确定综合单价，除按照一般规定的要求外，还要注意清单项目的特征描述。投标人投标报价时要依据招标文件中分部分项工程量清单项目的特征描述确定清单项目的综合单价。在招标投标过程中，当出现招标文件中分部分项工程量清单特征描述与设计图纸不符时，投标人应以分部分项工程量清单的项目特征描述为准，确定投标报价的综合单价。当施工中施工图纸或设计变更与工程量清单项目特征描述不一致时，发承包双方应按实际施工的项目特征，依据合同约定重新确定综合单价。除此以外，还要注意材料暂估价。招标文件中提供了暂估单价的材料，按暂估的单价计入综合单价。最后，还要考虑面临的风险因素。招标文件中要求投标人承担的风险费用，投标人应考虑进入综合单价。在施工过程中，当出现的风险内容及其范围(幅度)在招标文件规定的范围(幅度)内时，综合单价不得变动，工程价款不做调整。

措施项目费报价时，由于各投标人拥有的施工装备、技术水平和采用的施工方法有所差异，而招标人提出的措施项目清单是根据一般情况确定的，没有考虑不同投标人的“个性”，投标人投标时应根据自身编制的投标施工组织设计(或施工方案)确定措施项目，并对招标人提供的措施项目进行增补。

措施项目费的计价方式要根据招标文件的具体情况，已给出工程量或增补的措施项目可以计算工程量的采用综合单价方式报价，其余的措施清单项目采用以“项”为计量单位的方式报价；措施项目费由投标人自主确定，但其中安全文明施工费应按国家或省级、行业建设主管部门的规定确定，不得参与竞价。

其他项目费投标报价时，暂列金额按招标文件其他项目清单中列出的金额填写，不得变动；暂估价按招标文件不列出的金额填写，不得变动和更改，材料暂估价按照暂估单价计入综合单价，专业工程暂估价按照其他项目清单中列出的金额填写；计日工应按照其他项目清单列出的项目和估算的数量，自主确定各项综合单价并计算费用，这里的综合单价应考虑管理费、利润和风险；总承包服务费依据招标人在招标文件中列出的分包专业工程内容和供应材料、设备情况，按照招标人提出的协调、配合与服务要求和施工现场管理需要自主确定。

规费和税金按一般规定中的要求报价。

工程量清单招标，投标人的投标总价应当与组成工程量清单的分部分项工程费、措施项目费、其他项目费、规费和税金的合计金额相一致，即投标人在进行工程量清单招标的投标报价时，不能进行投标总价优惠(或降价、让利)，投标人对投标报价的任何优惠(或降价、让利)均应反映在相应清单项目的单价中。

9.1.4 合同价及有关工程造价事项的约定

实行招标的工程合同价款应在中标通知书发出之日起 30 d 内，由发承包双方依据招标文件和中标人的投标文件在书面合同中约定。不实行招标的工程合同价款，在发承包双方认可的工程价款基础上，由发承包双方在合同中约定。合同约定不得违背招标投标文件中关于造价、工期、质量等方面的实质性内容。招标文件与中标人投标文件不一致的地方，以投标文件为准。这是因为，在工程招标投标过程中，招标文件为要约邀请，投标文件为要约，中标通知书为承诺。因此，在签订建设工程合同时，若招标文件与中标人的投标文件有不一致的地方，则应以投标文件为准。

为便于合同的实施，减少纠纷，合同中应对以下事项进行约定。

1. 预付工程款

预付工程款是发包人为解决承包人在施工准备阶段资金周转问题提供的协助。如使用的水泥、钢材等大宗材料，可根据工程具体情况设置工程材料预付款。应在合同中约定预付款数额：可以是绝对数，如 50 万元、100 万元，也可以是额度，如合同金额的 10%、15%等；约定支付时间，如合同签订后一个月支付、开工日前 7 d 支付等；约定抵扣方式，如在工程进度款中按比例抵扣；约定违约责任，如不按合同约定支付预付款的利息计算、违约责任等。

2. 工程计量与进度款支付

工程计量与进度款支付，应在合同中约定计量时间和方式：可按月计量，如每月 28 日；可按工程形象部位(目标)划分分段计量，如±0.000 以下基础及地下室、主体结构 1～3 层、4～6 层等。进度款支付周期与计量周期保持一致；约定支付时间，如计量后 7 d 以内、10 d 以内支付；约定支付数额，如已完工作量的 70%、80%等；约定违约责任，如不按合同约定支付进度款的利率、违约责任等。

3. 工程价款的调整

工程价款约定调整因素，如工程变更后综合单价调整、钢材价格上涨超过投标报价时的 3%、工程造价管理机构发布的人工费调整等；约定调整方法，如结算时一次调整、材料采购时报发包人调整等；约定调整程序，如承包人提交调整报告交发包人，由发包人现场代表审核签字等；约定支付时间，如与工程进度款支付同时进行等。

4. 索赔与现场签证

索赔与现场签证约定的程序，如由承包人提出、发包人现场代表或授权的监理工程师核对等；约定索赔提出时间，如知道索赔事件发生后的28 d内等；约定核对时间，如收到索赔报告后7 d以内、10 d以内等；约定支付时间，原则上与工程进度款同期支付等。

5. 工程价款争议

解决价款争议约定的办法是协商还是调解，如由哪个机构调解；如在合同中约定仲裁，应标明具体的仲裁机关名称，以免仲裁条款无效、约定诉讼等。

6. 承担风险

约定风险的内容范围，如全部材料、主要材料等；约定物价变化调整幅度，如钢材、水泥价格涨幅超过投标报价的3%，其他材料超过投标报价的5%等。

7. 工程竣工结算

约定承包人在什么时间提交竣工结算书、发包人或其委托的工程造价咨询企业在什么时间内核对完毕、核对完毕后什么时间内支付结算价款等。

8. 工程质量保修金

在合同中约定数额，如合同价款的3%等；约定支付方式，如竣工结算一次扣清等；约定归还时间，如保修期满1年退还等。

9. 其他事项

合同中对以上事项没有约定或约定不明的，由双方协商确定；协商不能达成一致的，按13计价规范执行。

9.2 清单计价综合单价的确定

9.2.1 招标控制价和投标报价综合单价确定的区别与联系

工程量清单计价综合单价的确定包括招标控制价综合单价的确定和投标报价综合单价的确定。两者的区别体现在以下几个方面。

(1)编制人不同。前者由招标人或受其委托具有相应资质的工程造价咨询人编制；后者由投标人或受其委托具有相应资质的工程造价咨询人编制。

(2)编制目的不同。前者是招标人为了避免投标人哄抬标价而设立的报价上限；后者是投标人为承包工程根据企业和市场的实际情况进行的自主报价。

(3)综合单价水平不同。前者的单价水平一般稍高于平均水平，保证在能够避免投标人哄抬标价的前提下获得尽可能多的投标人，以便于择优；后者的单价水平既要反映企业的技术管理水平，还要反映市场及其风险，同时体现企业的报价策略。综合单价水平的不同主要取决于人工、材料、施工机械使用三者基础价格的不同，前者的基础价格往往要稍高一些。

(4)适用的工程范围不同。前者一般适用于国有资金投资且实行工程量清单招标的工程建设项目，后者适用于实行工程量清单招标的所有工程。

(5)编制时需考虑的因素不同。前者在编制时一般不考虑施工现场情况和施工组织设计或施工方案，后者则需要考虑这些因素。

虽然两者有较多的不同，但是存在一些相同的地方，体现在以下几个方面。

(1)包含的内容相同。其都是由人工费、材料费、施工机械使用费、企业管理费与利润，以及一定范围内的风险费用构成。

(2)确定的基本思路相同。在确定综合单价时，首先需要将人工单价、各种材料单价和机械台班单价(基础价格)确定下来，再利用行业或企业定额的消耗量及取费费率确定定额模式下单位工程量的人工费、材料费、机械台班费、管理费、利润及单位工程量的价格，然后确定清单项目下包含的定额项目及其工程量，并用定额项目的费用计算给定工程量的清单项目的综合单价；也可以直接利用行业、地方或企业定额中的费用数据来计算综合单价，但需要注意的是，由于定额数据的过时性，在综合单价中应该体现的市场因素和风险因素并没有被体现，所以，往往需要根据实际情况进行价差调整。

(3)计算形式相同。两者在计算时往往采用表格的形式，能够用于确定招标控制价综合单价的表格同样能够用于确定投标报价的综合单价。

9.2.2 投标报价综合单价计算过程

下面以投标报价综合单价的确定来说明综合单价的计算过程。

【例 9-1】 某多层砖混住宅土方工程，土壤类别为三类土，基础为砖大放脚带型基础，混凝土垫层宽度为 920 mm，挖土深度为 1.8 m，弃土运距为 4 km，基础总长度为 1 590.60 m。

发包方在工程量清单中提供的基础土方挖方工程量为 2 634 m^3。

投标人根据地质资料和施工方案计算的工程量如下：

基础挖土截面面积＝(0.92＋0.3×2＋1.8×0.33)×1.8＝3.805(m^2)

基础土方挖方体积＝3.805×1 590.60＝6 052.23(m^3)

根据施工方案，除沟边堆土外，现场堆土 2 170.5 m^3，运距 60 m，人工运输；场外堆土 1 210 m^3，运距 4 km，采用装载机装土，自卸汽车运土。

试计算在不考虑市场和风险因素的前提下，利用地方定额计算该分项工程的投标报价。

【解】 由于不考虑市场和风险因素，可以直接利用地方定额中的费用数据来计算综合单价。

1. 该清单项下包含的定额项目包括：

(1)A1－17　人工挖沟槽 三类土 深度 2 m 以内

(2)A1－95　人工运土方 运距 20 m 以内

(3)A1－96　人工运土方 运距 200 m 以内每增加 20 m

(4)A1－169 装载机装土方斗容量 1 m^3 以内

(5)A1－193 自卸汽车运土方(载重 4.5 t)运距 5 km 以内

2. 每个定额项目对应的工程量为：

(1)A1－17　6 052.233 m^3

(2)A1－95　2 170.5 m^3

(3)A1－96　2 170.5 m^3

(4)A1－169　1 210 m^3

(5)A1－193　1 210 m^3

3. 每一单位清单工程量对应包含各项定额工程量为：

(1)A1－17　6 052.233/2 634＝2.298(m^3)

(2)A1－95　2 170.5/2 634＝0.824(m^3)

(3)A1－96　2 170.5 /2 634＝0.824(m^3)

(4)A1－169　1 210/2 634＝0.459(m^3)

(5)A1－193　1 210/2 634＝0.459(m^3)

把以上数据和地方定额中的费用数据整理到综合单价计算表中，其中，管理费和利润按(人工费＋机械费)×41.6%计算，可以计算出综合单价，见表 9-1。

表 9-1　工程量清单综合单价计算表

<table>
<tr><td colspan="2">项目编码</td><td colspan="3">010101003001</td><td>项目名称</td><td colspan="4">挖基础土方</td><td>计量单位</td><td>m^3</td></tr>
<tr><td colspan="12">清单综合单价组成明细</td></tr>
<tr><td rowspan="2">定额编号</td><td rowspan="2">定额名称</td><td rowspan="2">定额单位</td><td rowspan="2">数量</td><td colspan="4">单价/元</td><td colspan="4">合价/元</td></tr>
<tr><td>人工费</td><td>材料费</td><td>机械费</td><td>管理费和利润</td><td>人工费</td><td>材料费</td><td>机械费</td><td>管理费和利润</td></tr>
<tr><td>A1－17</td><td>人工挖沟槽</td><td>100 m^3</td><td>0.022 98</td><td>1 891.28</td><td></td><td></td><td>786.77</td><td>43.46</td><td></td><td></td><td>18.08</td></tr>
<tr><td>A1－95</td><td>人工运土方</td><td>100 m^3</td><td>0.008 24</td><td>538.56</td><td></td><td></td><td>22.40</td><td>4.44</td><td></td><td></td><td>0.18</td></tr>
<tr><td>A1－96</td><td>人工运土方</td><td>100 m^3</td><td>0.008 24</td><td>240.8</td><td></td><td></td><td>10.02</td><td>1.98</td><td></td><td></td><td>0.08</td></tr>
<tr><td>A1－169</td><td>机械运土方</td><td>1 000 m^3</td><td>0.000 459</td><td>211.2</td><td></td><td>1 494.03</td><td>709.38</td><td>0.10</td><td></td><td>0.69</td><td>0.33</td></tr>
<tr><td>A1－193</td><td>机械运土方</td><td>1 000 m^3</td><td>0.000 459</td><td>211.2</td><td></td><td>12 158.74</td><td>5 145.90</td><td>0.10</td><td></td><td>5.58</td><td>2.36</td></tr>
<tr><td colspan="2">人工单价</td><td colspan="6">小计</td><td>50.08</td><td></td><td>6.27</td><td>21.03</td></tr>
<tr><td colspan="2">50 元/工日</td><td colspan="6">未计价材料费</td><td colspan="4"></td></tr>
<tr><td colspan="8">清单项目综合单价/元</td><td colspan="4">77.38</td></tr>
</table>

【例 9-2】 某住宅楼工程，业主在工程量清单中提供了现浇混凝土钢筋工程量，见表 9-2。

表 9-2　分部分项工程量清单

<table>
<tr><td rowspan="2">序号</td><td rowspan="2">项目编码</td><td rowspan="2">项目名称</td><td rowspan="2">项目特征描述</td><td rowspan="2">计量单位</td><td rowspan="2">工程量</td><td colspan="3">金额/元</td></tr>
<tr><td>综合单价</td><td>合价</td><td>其中：暂估价</td></tr>
<tr><td>1</td><td>010416001001</td><td>现浇混凝土钢筋</td><td>圆钢筋 Φ10</td><td>t</td><td>59.25</td><td></td><td></td><td></td></tr>
</table>

投标人拟定钢筋现场制作安装，并考虑 3% 的损耗，不考虑市场和风险因素，利用地方定额，试计算该清单项目的综合单价。

【解】

1. 该清单项下包含的定额项目包括：

A4－267　钢筋制作、安装圆钢筋 Φ10

2. 每个定额项目对应的工程量为：

A4－267　59.25×1.03＝61.028(t)

3. 每一单位清单工程量对应包含各项定额工程量为：

A4－267　61.028÷59.25＝1.03(t)

将以上数据和地方定额中的费用数据整理到综合单价计算表中，其中管理费和利润按(人工费＋机械费)×41.6%计算，可以计算出综合单价，见表 9-3。

表 9-3　工程量清单综合单价计算表

项目编码		010416001001		项目名称		现浇混凝土钢筋			计量单位		t
清单综合单价组成明细											
定额编号	定额名称	定额单位	数量	单价/元				合价/元			
				人工费	材料费	机械费	管理费和利润	人工费	材料费	机械费	管理费和利润
A4－267	圆钢筋 Φ10	t	1.03	384.17	3 649.20	46.13	179	395.70	3 758.68	47.51	184.37
人工单价		小计						395.70	3 758.68	47.51	184.37
50 元/工日		未计价材料费									
清单项目综合单价/元								4 386.26			

当给定的清单中有材料暂估单价时，应将暂估单价计入综合单价中。例 9-2 中的钢筋单价是按照地方定额上的单价数据计算的，即钢筋 φ10 mm 单价为 3 550 元/t。如果清单中给定钢筋暂估单价为 3 800 元/t，其他材料价格不变，则例 9-2 中的综合单价计算见表 9-4。

其中材料费的计算过程如下：

A4－267 中的材料费：3 649.20＋3 800－3 550＝3 899.2(元)

当材料单价采用工程造价管理机构发布的工程造价信息或采用市场价时，其综合单价的计算过程同上述在暂估单价条件下的综合单价计算过程。

当需要考虑风险因素时，往往需要按照招标文件中的有关条款的要求进行计算。通常可将风险反映到基础价格上，然后按上述暂估材料单价条件下的计算过程计算综合单价，只是此时调整的可能不仅仅是材料费，有可能会对人工费和机械费也做出调整。

表 9-4　工程量清单综合单价计算表

项目编码		010416001001		项目名称		现浇混凝土钢筋			计量单位		t
清单综合单价组成明细											
定额编号	定额名称	定额单位	数量	单价/元				合价/元			
				人工费	材料费	机械费	管理费和利润	人工费	材料费	机械费	管理费和利润
A4－267	圆钢筋 φ10	t	1.03	384.17	3 899.2	46.13	179	395.70	4 016.18	47.51	184.37
人工单价		小计						395.70	4 016.18	47.51	184.37
50 元/工日		未计价材料费									
清单项目综合单价/元								4 643.76			

措施项目单价的计算分为以“项”计价的措施项目和以综合单价形式计价的措施项目。

前者往往利用“计算基础”×费率计算，计算基础可以是“直接费”“人工费”或“人工费＋机械费”，具体可以根据行业或地方规定计算，费率选用时除安全和文明施工费不得随意调整须严格按照规定计算外，其他项目的费率可以根据竞价的需要调整。

后者单价的计算类同分部分项工程，不再赘述。

计算计日工中人工、材料、施工机械的综合单价时，由于不确定因素较多，往往需要企业根据经验和报价策略进行估算。计算过程可以参考分部分项工程量清单项目在考虑市场和风险因素情况下综合单价的计算过程。

9.3 工程量清单计价表格应用说明

工程量清单计价表格包括招标控制价表格和投标总价表格，两者除封面所用表格不同外(表9-5、表9-6)，其他各个表格相同。其他表格包括总说明(见表9-7、表9-8)、工程项目招标控制价/投标报价汇总表、单项工程招标控制价/投标报价汇总表、单位工程招标控制价/投标报价汇总表、分部分项工程量清单与计价表、工程量清单综合单价分析表、措施项目清单与计价表(一)、措施项目清单与计价表(二)、其他项目清单与计价汇总表、暂列金额明细表、材料暂估单价表、专业工程暂估价表、计日工表、总承包服务费计价表、规费税金项目清单与计价表。

9.3.1 封面

封面应按规定的内容填写、签字、盖章，除承包人自行编制的投标报价外，受委托编制的招标控制价/投标报价应有工程造价咨询人盖章，若为造价员编制的，应由负责审核的造价工程师签字、盖章。在封面的有关签署和盖章中应遵守与满足有关工程造价计价管理规章和政策的规定，这是工程造价文件是否生效的必备条件。

9.3.2 总说明

总说明包括工程概况、招标控制价、投标报价范围和编制依据，具体见表9-7、表9-8。

表 9-5　招标控制价封面

________________工程

招标控制价

招标控制价(小写)：________________

(大写)：________________

招 标 人：________________
(单位盖章)

造价咨询人：________________
(单位资质专用章)

法定代表人
或其授权人：________________
(签字或盖章)

法定代表人
或其授权人：________________
(签字或盖章)

编 制 人：________________
(造价人员签字盖专用章)

复 核 人：________________
(造价工程师签字盖专用章)

编制时间：　　年　　月　　日

复核时间：　　年　　月　　日

表 9-6 投标总价封面

投标总价

招 标 人：______________________________

工程名称：______________________________

投标总价(小写)：______________________________

(大写)：______________________________

投 标 人：××建筑公司 单位公章
(单位盖章)

法定代表人
或其授权人：××建筑公司 法定代表人
(签字或盖章)

编 制 人：×××签字 或造价员章
(造价人员签字盖专用章)

编制时间：××××年×月×日

表 9-7　招标控制价总说明

工程名称 ：××工程

1. 工程概况：本工程为框架结构，采用混凝独立基础，建筑层数为 3 层，建筑面积为 637.64 m^2，计划工期为 120 日历天。 2. 工程招标范围：本次招标范围为施工图范围内的建筑工程和安装工程。 3. 招标控制价编制依据： (1)招标文件提供的工程量清单。 (2)招标文件中有关计价的要求。 (3)××楼施工图。 (4)省建设主管部门颁发的计价定额和计价管理办法及有关计价文件。 (5)材料价格采用工程所在地工程造价管理机构××××年×月工程造价信息发布的价格信息，对于工程造价信息没有发布价格信息的材料，其价格参照市场价。

表 9-8　投标价总说明

工程名称 ：××工程

1. 工程概况：本工程为框架结构，采用混凝独立基础，建筑层数为 3 层，建筑面积为 637.64 m^2，计划工期为 120 日历天。 2. 工程招标范围：本次招标范围为施工图范围内的建筑工程和安装工程。 3. 投标报价编制依据： (1)招标文件及其所提供的工程量清单和有关报价的要求，招标文件的补充通知和答疑纪要。 (2)××工程施工图及投标施工组织设计。 (3)有关的技术标准、规范和安全管理管理规定等。 (4)省建设主管部门颁发的计价定额和计价管理办法及相关计价文件。 (5)材料价格根据本公司掌握的价格情况并参照工程所在地工程造价管理机构××××年×月工程造价信息发布的价格。

9.3.3　工程项目、单项工程、单位工程招标控制价/投标报价汇总表

工程项目、单项工程、单位工程招标控制价/投标报价三个汇总表编制时包含的内容相同，见表 9-9～表 9-11，只是对价格的处理不同，因此，对招标控制价和投标报价汇总表 13 规范使用同一表格。使用时，表格名称可以根据具体情况确定是应用于招标控制价还是投标报价调整。

表 9-9　工程项目招标控制价/投标报价汇总表

工程名称：××中学教师住宅工程

序号	单项工程名称	金额/元	其中		
			暂估价/元	安全文明施工费/元	规费/元
合计					
注：本表适用于工程项目招标控制价或投标报价的汇总					

表 9-10　单项工程招标控制价/投标报价汇总表

工程名称：××中学教师住宅工程

序号	单位工程名称	金额/元	其中		
			暂估价/元	安全文明施工/元	规费/元
	合计				
注：本表适用于单项工程招标控制价或投标报价的汇总。暂估价包括分部分项工程中的暂估价和专业工程暂估价					

表 9-11　单位工程招标控制价/投标报价汇总表

工程名称：××工程

序号	汇总内容	金额/元	其中：暂估价/元
1	分部分项工程		
1.1	A.1 土(石)方工程		
1.2	A.2 桩与地基基础工程		
1.3	A.3 砌筑工程		
1.4	A.4 混凝土及钢筋混凝土工程		
1.5	A.6 金属结构工程		
1.6	A.7 屋面及防水工程		
1.7	A.8 防腐、隔热、保温工程		
1.8	B.1 楼地面工程		
1.9	B.2 墙柱面工程		
1.10	B.3 天棚工程		
1.11	B.4 门窗工程		
1.12	B.5 油漆、涂料、裱糊工程		
1.13	C.2 电气设备安装工程		
1.14	C.8 给水排水安装工程		
2	措施项目		—
2.1	安全文明施工费		—
3	其他项目		—
3.1	暂列金额		—
3.2	专业工程暂估价		
3.3	计日工		
3.4	总承包服务费		
4	规费		
5	税金		
招标控制价/投标报价合计=1+2+3+4+5			
注：本表适用于单位工程招标控制价或投标报价的汇总，如无单位工程的划分，单项工程汇总也使用本表汇总			

9.3.4 分部分项工程量清单与计价表

分部分项工程量清单与计价表的格式与表 8-7 一致，只是需要根据招标控制价、投标报价的需要填写综合单价、合价及暂估价。工程量清单与计价表中列明的所有需要填写的单价与合价，投标人均应填写，未填写的单价和合价视为此项费用已包含在工程量清单的其他单价和合价中。

编制投标报价时，投标人对表中的“项目编码”“项目名称”“项目特征”“计量单位”“工程量”均不应做改动。“综合单价”“合价”自主决定填写，对其中的“暂估价”栏，投标人应将招标文件中提供了暂估材料单价的暂估价计入综合单价，并应计算出暂估单价的材料在“综合单价”及其“合价”中的具体数额，因此，为更详细反映暂估价情况，也可在表中增设一栏“综合单价”其中的“暂估价”。

9.3.5 工程量清单综合单价分析表

招标文件要求附工程量清单综合单价分析表的，招标控制价与投标报价均应附工程量清单综合单价分析表。

工程量清单综合单价分析表是评标委员会评审和判别综合单价组成和价格完整性、合理性的主要基础，对因工程变更调整综合单价也是必不可少的基础价格数据来源。采用经评审的最低投标报价法评标时，该分析表的重要性更加突出，见表 9-12。

该分析表集中反映了构成每一个清单项目综合单价的各个价格要素的价格及主要的“人工、材料、机械”消耗量。投标人在投标报价时，需要对每一个清单项目进行组价，为了使组价工作具有可追溯性(回复评标质疑时尤其需要)，需要表明每一个数据的来源。该分析表实际上是投标人投标组价工作的一个阶段性成果文件，借助计算机辅助报价系统，可以由计算机自动生成，并不需要投标人付出太多额外劳动。

该分析表一般随投标文件一同提交，作为竞标价的工程量清单的组成部分，以便中标后作为合同文件的附属文件。

(1)编制招标控制价，使用本表应填写使用的省级或行业建设主管部门发布的计价定额名称。

(2)编制投标报价，使用本表可填写使用的省级或行业建设主管部门发布的计价定额，如不使用则不填写。

表 9-12　工程量清单综合单价分析表

工程名称：　　　　　　　　　　　　　　　　标段：

<table>
<tr><td colspan="2">项目编码</td><td colspan="3"></td><td>项目名称</td><td colspan="4"></td><td>计量单位</td><td></td></tr>
<tr><td colspan="12">清单综合单价组成明细</td></tr>
<tr><td rowspan="2">定额编号</td><td rowspan="2">定额名称</td><td rowspan="2">定额单位</td><td rowspan="2">数量</td><td colspan="4">单价</td><td colspan="4">合价</td></tr>
<tr><td>人工费</td><td>材料费</td><td>机械费</td><td>管理费和利润</td><td>人工费</td><td>材料费</td><td>机械费</td><td>管理费和利润</td></tr>
<tr><td></td><td></td><td></td><td></td><td></td><td></td><td></td><td></td><td></td><td></td><td></td><td></td></tr>
<tr><td></td><td></td><td></td><td></td><td></td><td></td><td></td><td></td><td></td><td></td><td></td><td></td></tr>
<tr><td colspan="2">人工单价</td><td colspan="6">小　计</td><td></td><td></td><td></td><td></td></tr>
<tr><td colspan="2"></td><td colspan="6">未计价材料费</td><td></td><td></td><td></td><td></td></tr>
</table>

<table>
<tr><td colspan="2">项目编码</td><td></td><td>项目名称</td><td colspan="3"></td><td>计量单位</td><td></td></tr>
<tr><td colspan="4">清单项目综合单价</td><td colspan="5"></td></tr>
<tr><td rowspan="5">材料费明细</td><td>主要材料名称、规格、型号</td><td>单位</td><td>数量</td><td colspan="2">单价/元</td><td>合价/元</td><td>暂估单价/元</td><td>暂估合价/元</td></tr>
<tr><td></td><td></td><td></td><td colspan="2"></td><td></td><td></td><td></td></tr>
<tr><td></td><td></td><td></td><td colspan="2"></td><td></td><td></td><td></td></tr>
<tr><td colspan="3">其他材料费</td><td colspan="2">—</td><td></td><td>—</td><td></td></tr>
<tr><td colspan="3">材料费小计</td><td colspan="2">—</td><td></td><td>—</td><td></td></tr>
<tr><td colspan="9">注：1. 如不使用省级或行业建设主管部门发布的计价依据，可不填定额项目、编号等。
2. 招标文件提供了暂估单价的材料，按暂估的单价填入表内“暂估单价”栏及“暂估合价”栏</td></tr>
</table>

9.3.6 措施项目清单与计价表

编制措施项目清单与计价表(一)时，对于招标控制价，计费基础、费率应按省级或行业建设主管部门的规定计取；对于投标报价，除“安全文明施工费”必须按13计价规范的强制性规定，按省级、行业建设主管部门的规定计取外，其他措施项目均可根据投标施工组织设计自主报价。

编制措施项目清单与计价表(二)时，只需要根据招标控制价、投标报价的需要填写综合单价、合价即可。

9.3.7 其他项目清单与计价汇总表、暂列金额明细表、暂估价表、计日工表与总承包服务费计价表

暂列金额由招标人根据工程特点，按有关计价规定进行估算确定，一般可按分部分项工程费的10%～15%编制。编制暂列金额明细表时，无论是招标控制价还是投标报价，都直接将工程量清单中所列的暂列金额纳入总价，并且不需要在工程量清单中所列的暂列金额以外再考虑任何其他费用。

对于工程量清单中给出的材料暂估单价，只需将这样的材料设备暂估价能够纳入项目综合单价中即可，并不需要对工程量清单中给定的暂估单价修改。对于工程量清单中给出的专业工程暂估价，只需将其计入总价即可，不需要更改。

编制计日工表时，对于招标控制价，人工、材料、机械台班单价由招标人按有关计价规定填写并计算合价。对于投标报价时，人工、材料、机械台班单价由投标人自主确定，按已给暂估数量计算合价计入投标总价中。

招标控制价的总承包服务费，招标人应根据招标文件中列出的内容和向总承包人提出的要求，具体确定。

投标报价的总承包服务费应根据招标人在招标文件中列出的分包工程内容和供应材料、设备情况，按招标人提出的协调配合与服务要求和施工现场管理需要自主确定。

其他项目清单与计价汇总表是对以上项目的汇总，按上述表格中填写的内容进行汇总即可。

9.3.8 规费、税金项目清单与计价表

招标控制价、投标报价的规费与税金项目的单价，均按税法和省级政府或省级有关权力机关的规定计算，并填入规费、税金项目清单与计价表中。

9.3.9 其他

实行工程量清单招标，投标人的投标总价应当与组成工程量清单的分部分项工程费、措施项目费、其他项目费和规费、税金的合计金额相一致，即投标人在投标报价时，不能进行投标总价优惠，投标人对招标人的任何优惠都应反映在相应清单项目的综合单价中。

9.4 建筑工程投标报价的编制示例

9.4.1 投标总价封面与总说明编制

投标总价封面与总说明的编制见表 9-13～表 9-15。

表 9-13 封面

×××公司办公楼建筑与装饰 工程 **投标总价** 投 标 人：________________ （单位盖章） 年 月 日

表 9-14　封面

投 标 总 价

招 标 人：×××单位

工程名称：×××公司办公楼建筑与装饰工程

投标总价(小写)：3 007 626.15

(大写)：叁佰万柒仟陆佰贰拾陆元壹角伍分

××建筑公司

投　标　人：单位公章

(单位盖章)

法定代表人　××建筑公司

或其授权人：法定代表人

(签字或盖章)

×××签字

盖造价工程师

编　制　人：或造价员专用章

(造价人员签字盖专用章)

表 9-15　总说明

工程名称：××办公楼建筑工程

1. 工程概况：本工程为框架结构，采用混凝独立基础，建筑层数为 6 层，建筑面积为 637.64 m^2，计划工期为 120 日历天。 2. 工程招标范围：本次招标范围为施工图范围内的建筑工程和装饰装修工程。 3. 工程量清单编制依据： (1)招标文件提供的工程量清单。 (2)招标文件中提供的有关计价要求。 (3)办公楼工程施工图。 (4)辽宁省建设主管部门颁发的计价定额和计价管理办法及有关计价文件。 (5)材料价格参考省工程造价管理机构的价格信息及市场的实际价格。

9.4.2　投标报价汇总表

单位工程投标报价汇总表见表 9-16。

表 9-16　单位工程投标报价汇总表

工程名称：×××公司办公楼建筑与装饰工程　　　标段：

序号	汇总内容	金额/元	其中：暂估价/元
1	工程定额分部分项工程费、技术措施费合计	2 513 722.46	
1.1	一 土石方工程	20 613.46	
1.2	二 桩基工程	91 037.51	
1.3	三 砌筑工程	178 326.06	
1.4	四 混凝土、钢筋工程	798 707.73	
1.5	五 门窗工程	219 629.96	
1.6	六 屋面及防水工程	26 792.44	
1.7	七 防腐、保温、隔热工程	100 604.65	
1.8	八 楼地面装饰工程	370 196.53	
1.9	九 墙、柱面抹灰、装饰与隔断、幕墙工程	132 341.2	
1.10	十 天棚工程	35 292.12	
1.11	十一 油漆、涂料、裱糊工程	80 651.17	
1.12	十二 措施项目	459 529.63	
1.13	其中：人工费预算价	660 587.31	
1.14	其中：机械费预算价	86 627.3	
2	一般措施项目费(不含安全施工措施费)	9 548.84	
3	其他措施项目费		
4	其他项目费	75 524	—
5	工程定额分部分项工程费、措施项目费(不含安全施工措施费)、其他项目费合计	2 598 795.3	
6	规费	74 721.46	—
6.1	社会保障费	74 721.46	—

续表

序号	汇总内容	金额/元	其中：暂估价/元
6.2	住房公积金		—
6.3	工程排污费		—
6.4	其他		
7	安全施工措施费	60 688.83	
8	税费前工程造价合计	2 734 205.59	—
9	税金	273 420.56	
合计		3 007 626.15	0
注：本表适用于单位工程招标控制价或投标报价的汇总，如无单位工程划分，单项工程也使用本表汇总			

9.4.3 分部分项工程和单价措施项目清单与计价的编制

分部分项工程和单价措施项目清单与计价的编制见表 9-17。

表 9-17 分部分项工程和单价措施项目清单与计价表

工程名称：×××公司办公楼建筑与装饰工程　　　标段：

序号	项目编码	项目名称	项目特征描述	计量单位	工程量	金额/元		
						综合单价	合价	其中：人工费＋机械费
1 土石方工程							20 613.46	19 521.08
1	010101001001	人工场地平整	土壤类别：三类	100 m²	5.26	161.75	850.81	805.67
2	010104003002	地下室挖土	1. 土壤类别：三类 2. 挖土深度：2.25 m	10 m³	144.63	35.9	5 192.22	4 917.42
3	010103001009	基础回填土	基础回填土夯实	10 m³	36.81	68.98	2 539.15	2 404.8
4	010103001008	室内回填土机械夯实	室内回填土夯实	10 m³	40.47	129.49	5 240.46	4 962.43
5	010104006001	装载机装车土方	装载机装土方	10 m³	67.35	20.03	1 349.02	1 277.63
6	010104006012	基础余土自卸汽车运土方运距≤1 km	1. 基础余土：自卸汽车外运土方 2. 弃土运距：3 km	10 m³	67.35	72.95	4 913.18	4 652.53
7	010104003011	散水、台阶挖装土方 三类土	1. 土壤类别：三类 2. 挖土深度：2 m 以内	10 m³	3.89	62.94	244.84	231.88
8	010104006011	散水、台阶自卸汽车运土方 运距 3 km	1. 散水、台阶自卸汽车运土方 2. 弃土运距：3 km	10 m³	3.89	72.95	283.78	268.72

续表

序号	项目编码	项目名称	项目特征描述	计量单位	工程量	金额/元		
						综合单价	合价	其中：人工费＋机械费
		2　桩基工程					91 037.51	28 764.06
1	01030204017	人工挖孔桩土方 砂砾 孔深≤8 m	1. 土壤类别：三类 2. 挖土深度：8 m 以内	10 m^3	17.38	1 501.28	26 092.25	20 451.74
2	010302004022	人工挖孔灌注混凝土桩 桩壁 现浇混凝土	1. 护壁的厚度、高度：15～75 mm、6 m 2. 混凝土强度等级：C15	10 m^3	6.28	3 359.62	21 098.41	2 119.81
3	010302004023	人工挖孔灌注混凝土桩 桩芯 混凝土	1. 桩芯长度：8 m 2. 桩芯直径：800 mm 3. 混凝土强度等级：C25	10 m^3	10.91	4 018.96	43 846.85	6 192.51
		3　砌筑工程					178 326.06	49 696.82
1	010402001019	加气混凝土砌块墙　墙厚 420 mm	1. 材质：MU5.0 加气混凝土砌块 2. 墙体厚度：外墙 420 mm 3. 砂浆强度等级：M5 混合砂浆	10 m^3	1.68	3 482.99	5 851.42	1 534.88
2	010402001020	加气混凝土砌块墙　墙厚 300 mm	1. 材质：MU5.0 加气混凝土砌块 2. 墙体厚度：外墙 300 mm 3. 砂浆强度等级：M5 混合砂浆	10 m^3	22.07	3 482.99	76 869.59	20 163.59
3	010402001021	加气混凝土砌块墙　墙厚 200mm	1. 材质：MU5.0 加气混凝土砌块 2. 墙体厚度：内墙 200 mm 3. 砂浆强度等级：M5 混合砂浆	10 m^3	24.79	3 662.24	90 786.93	26 441.76
4	010402001007	加气混凝土砌块墙　墙厚 100 mm	1. 材质：MU5.0 加气混凝土砌块 2. 墙体厚度：内墙 100 mm 3. 砂浆强度等级：M5 混合砂浆	10 m^3	1.12	3 853.7	4 316.14	1 374.6

续表

序号	项目编码	项目名称	项目特征描述	计量单位	工程量	金额/元		
						综合单价	合价	其中：人工费＋机械费
		3 砌筑工程					178 326.06	49 696.82
5	010401003010	台阶挡墙 墙厚 370 mm	1. 材质：MU10 非黏土实心砖 2. 墙体厚度：挡墙 370 mm 3. 砂浆强度等级：M5 混合砂浆	10 m^3	0.15	3 346.53	501.98	181.99
		4 混凝土、钢筋工程					798 707.73	107 809.21
1	010501001001	现浇混凝土 基础垫层	1. 混凝土种类：预拌混凝土 2. 混凝土强度等级：C15	10 m^3	4.94	3 214.56	15 879.93	987.36
2	010501004001	现浇混凝土 筏板基础	1. 混凝土种类：预拌混凝土 2. 混凝土强度等级：C25	10 m^3	9.11	3 557.5	32 408.83	1 559.64
3	010504001004	现浇混凝土 墙 直形墙	1. 混凝土种类：预拌混凝土 2. 混凝土强度等级：C30	10 m^3	5.3	3 759.45	19 925.09	1 165.79
4	010502001004	现浇混凝土 柱 矩形柱（地下室）	1. 混凝土种类：预拌混凝土 2. 混凝土强度等级：C30	10 m^3	1.94	3 800.11	7 372.21	497.69
5	010502001002	现浇混凝土 柱 矩形柱（首层－顶层）	1. 混凝土种类：预拌混凝土 2. 混凝土强度等级：C25	10 m^3	9.59	3 623.76	34 751.86	2 460.22
6	010503001001	现浇混凝土 梁 基础梁	1. 混凝土种类：预拌混凝土 2. 混凝土强度等级：C25	10 m^3	2.18	3 570.12	7 782.86	378.08
7	010503003002	现浇混凝土 梁 异形梁	1. 混凝土种类：预拌混凝土 2. 混凝土强度等级：C25	10 m^3	6.52	3 606.6	23 515.03	1 347.81

续表

序号	项目编码	项目名称	项目特征描述	计量单位	工程量	金额/元		
						综合单价	合价	其中：人工费+机械费
		4 混凝土、钢筋工程					798 707.73	107 809.21
8	010503002001	现浇混凝土梁 矩形梁	1. 混凝土种类：预拌混凝土 2. 混凝土强度等级：C25	10 m³	11.66	3 598.63	41 960.03	2 313.69
9	010505003001	现浇混凝土板 平板	1. 混凝土种类：预拌混凝土 2. 混凝土强度等级：C25	10 m³	25.26	3 617.66	91 382.09	5 035.07
10	010502001003	现浇混凝土柱 楼梯柱	1. 混凝土种类：预拌混凝土 2. 混凝土强度等级：C25	10 m³	0.2	3 623.75	724.75	51.31
11	010506001001	现浇混凝土楼梯 整体楼梯 直形	1. 混凝土种类：预拌混凝土 2. 混凝土强度等级：C25	10 m²	12.16	1 019.98	12 402.96	1 634.55
12	010505008001	现浇混凝土板 雨篷板	1. 混凝土种类：预拌混凝土 2. 混凝土强度等级：C25	10 m³	0.28	3 777.89	1 057.81	89.2
13	010505006001	现浇混凝土板 雨篷栏板	1. 混凝土种类：预拌混凝土 2. 混凝土强度等级：C25	10 m³	0.13	3 752.08	487.77	44.26
14	010503005001	现浇混凝土梁 过梁	1. 混凝土种类：预拌混凝土 2. 混凝土强度等级：C25	10 m³	0.75	3 687.51	2 765.63	185
15	010502002001	现浇混凝土柱 构造柱	1. 混凝土种类：预拌混凝土 2. 混凝土强度等级：C25	10 m³	0.97	3 678.69	3 568.33	290.95
16	010504001003	现浇混凝土墙 女儿墙	1. 混凝土种类：预拌混凝土 2. 混凝土强度等级：C25	10 m³	2.74	3 582.6	9 816.32	602.69

续表

序号	项目编码	项目名称	项目特征描述	计量单位	工程量	金额/元		
						综合单价	合价	其中：人工费＋机械费
		4 混凝土、钢筋工程					798 707.73	107 809.21
17	010507001004	混凝土散水 预拌混凝土	1. 面层厚度：50 mm 2. 混凝土种类：预拌混凝土 3. 混凝土强度等级：C15	10 m^2 水平投影面积	7.99	475.26	3 797.33	690.01
18	010515001001	现浇构件 圆钢筋 HPB300 直径 6 mm	现浇构件 圆钢筋 HPB300 直径 6 mm	t	3.004	4 649.39	13 966.77	3 231.25
19	010515001002	现浇构件 圆钢筋 HPB300 直径 8 mm	现浇构件 圆钢筋 HPB300 直径 8 mm	t	8.782	4 483.27	39 372.08	8 188.68
20	010515001003	现浇构件 圆钢筋 HPB300 直径 10 mm	现浇构件 圆钢筋 HPB300 直径 10 mm	t	9.461	4 390.62	41 539.66	8 066.17
21	010515001034	现浇构件 带肋钢筋 HRB335 直径 10 mm	现浇构件 带肋钢筋 HRB335 直径 10 mm	t	10.811	4 161.35	44 988.35	7 677.65
22	010515001018	现浇构件 带肋钢筋 HRB335 直径 12 mm	现浇构件 带肋钢筋 HRB335 直径 12 mm	t	13.459	4 243.21	57 109.36	9 693.44
23	010515001019	现浇构件 带肋钢筋 HRB335 直径 14 mm	现浇构件 带肋钢筋 HRB335 直径 14 mm	t	4.958	4 228.1	20 962.92	3 506.3
24	010515001020	现浇构件 带肋钢筋 HRB335 直径 16 mm	现浇构件 带肋钢筋 HRB335 直径 16 mm	t	6.958	4 213.85	29 319.97	4 835.19
25	010515001021	现浇构件 带肋钢筋 HRB335 直径 18 mm	现浇构件 带肋钢筋 HRB335 直径 18 mm	t	9.506	4 116.72	39 133.54	5 809.88

续表

序号	项目编码	项目名称	项目特征描述	计量单位	工程量	金额/元		
						综合单价	合价	其中：人工费＋机械费
4 混凝土、钢筋工程							798 707.73	107 809.21
26	010515001022	现浇构件 带肋钢筋 HRB335 直径 20 mm	现浇构件 带肋钢筋 HRB335 直径 20 mm	t	13.446	3 977.54	53 482	6 780.95
27	010515001023	现浇构件 带肋钢筋 HRB335 直径 22 mm	现浇构件 带肋钢筋 HRB335 直径 22 mm	t	7.92	3 946.7	31 257.86	3 783.55
28	010515001024	现浇构件 带肋钢筋 HRB335 直径 25mm	现浇构件 带肋钢筋 HRB335 直径 25mm	t	5.518	3 920.52	21 633.43	2 511.52
29	010515012002	箍筋 圆钢筋 HPB300 直径 6 mm	箍筋 圆钢筋 HPB300 直径 6 mm	t	1.293	5 266.75	6 809.91	2 071.64
30	010515012003	箍筋 圆钢筋 HPB300 直径 8 mm	箍筋 圆钢筋 HPB300 直径 8 mm	t	12.771	4 907.97	62 679.68	16 511.75
31	010515012004	箍筋 圆钢筋 HPB300 直径 10 mm	箍筋 圆钢筋 HPB300 直径 10mm	t	4.269	4 686.27	20 005.69	4 546.83
32	010515012005	箍筋 圆钢筋 HPB300 直径 12 mm	箍筋 圆钢筋 HPB300 直径 12 mm	t	0.021	4 305.71	90.42	15.75
33	010515012007	箍筋 带肋钢筋 HPB335 直径 12mm	现浇构件 带肋钢筋 HRB335 直径 12mm	t	1.586	4 260.57	6 757.26	1 245.34
5 门窗工程							219 629.96	20 243.58
1	010805002001	旋转门 全玻转门安装	门代号、洞口尺寸：成品全玻转门 M－1：2 500 mm×2 200 mm	樘	1	3 947.43	3 947.43	816.75
2	010802001002	钛合金门安装 平开	1. 门代号、洞口尺寸：钛合金框门 M－2：1 500 mm×2 200 mm，M－3：1 800 mm×2 200mm 2. 玻璃品种、厚度：6 mm钢化玻璃	100 m^2	0.15	90 860.8	13 629.12	450.85

续表

序号	项目编码	项目名称	项目特征描述	计量单位	工程量	金额/元		
						综合单价	合价	其中：人工费＋机械费
			5 门窗工程				219 629.96	20 243.58
3	010802004001	钢质三防安装	门代号、洞口尺寸：钢质三防门 M－4：1 500 mm×2 700 mm	100 m^2	0.04	82 139.5	3 285.58	115.5
4	010801007003	成品套装木门安装 单扇门	门代号、洞口尺寸：木质成品套装门 M－6：1 000 mm×2 100 mm，M－7：900 mm×2 100 mm，M－8：800 mm×2 000 mm	10 樘	3.7	14 243.39	52 700.54	6 211.86
5	010801007006	成品套装木门安装 双扇门	门代号、洞口尺寸：木质成品套装门 M－5：1 500 mm×2 100 mm	10 樘	1.6	19 436.82	31 098.91	3 927.73
6	010802001003	塑钢成品门安装 推拉	门代号、洞口尺寸：塑钢成品门推拉门 M－9：1 300 mm×2 000 mm	100 m^2	0.03	40 947	1 228.41	55.93
7	010802003001	钢质防火门安装	门代号、洞口尺寸：钢质防火门(乙级) FM－1：1 300×1 800 mm	100 m^2	0.02	62 535.5	1 250.71	57.17
8	010807001002	钛合金 普通窗安装 平开	1. 门代号、洞口尺寸：钛合金窗框，C－1：2 640 mm × 3 400 mm，C－2：2 600 mm×3 400 mm，C－3：2 300 mm×3 400 mm，C－4：1 800 mm×3 400 mm 2. 玻璃品种、厚度：10 mm 钢化玻璃	100 m^2	0.79	43 362.08	34 256.04	2 251.29
9	010807001006	塑钢成品窗安装 平开	1. 窗代号、洞口尺寸：塑钢成品窗(平开)C－5：1 500 mm×2 100 mm—C－13：1 500 mm×400 mm 2. 玻璃品种、厚度：5 mm 双层玻璃	100 m^2	2.88	26 480.27	76 263.18	6 217.29

续表

序号	项目编码	项目名称	项目特征描述	计量单位	工程量	金额/元		
						综合单价	合价	其中：人工费+机械费
10	010807001005	塑钢成品窗安装 推拉	1. 窗代号、洞口尺寸：塑钢成品窗(推拉)C－14：3 200 mm×2 600 mm 2. 玻璃品种、厚度：16 mm 单层玻璃	100 m²	0.08	24 625.5	1 970.04	139.21
		6 屋面及防水工程					26 792.44	2 289.68
1	010902001010	屋面、雨篷面改性沥青卷材 热熔法一层	1. 卷材品种：改性沥青卷材热熔 2. 防水层数：一层	100 m²	5.55	3 792.67	21 049.32	1 501.5
2	010902004001	屋面排水管 镀锌薄钢板排水 水落管	排水管的品种、规格：薄钢板水落管 管径 100 mm	100 m	0.67	1 702.33	1 140.56	319.34
3	010902002007	涂膜防水 聚氨酯防水涂膜 2 mm 厚	1. 防水膜品种：聚氨酯涂膜防水 2. 涂膜的厚度：2 mm	100 m²	1.45	3 174.18	4 602.56	468.84
		7 防腐、保温、隔热工程					100 604.65	17 956.3
1	011001001044	屋面、雨篷 炉(矿)渣找坡	保温材料品种、厚度：1∶6 水泥炉渣找坡最薄处 30 mm 厚	10 m³	6.48	2 632.64	17 059.51	6 127.1
2	011001001031	屋面 干铺聚苯乙烯板 厚度 100 mm	保温材料品种、厚度：干铺聚苯乙烯板 厚度 100 mm	100 m²	4.89	3 554.94	17 383.66	1 226.46
3	011001001026	屋面 粘贴岩棉板 厚度 80 mm	保温材料品种、厚度：粘贴岩棉板 厚度 80 mm	100 m²	14.14	4 679.03	66 161.48	10 602.74
		8 楼地面装饰工程					370 196.53	76 037.65
1	011101001002	屋面、雨篷面找平层填充材料上 20 mm	找平层厚度、砂浆配合比：20 mm 厚 1∶2 水泥砂浆	100 m²	5.09	1 874.75	9 542.48	5 952.35
2	011101001001	屋面、雨篷面防水保护层 硬基层上 20 mm	找平层厚度、砂浆配合比：20 mm 厚 1∶2 水泥砂浆	100 m²	5.57	1 545.49	8 608.38	5 428.86
3	011101001006	地下室水泥砂浆楼地面	1. 找平层厚度、砂浆配合比：1∶2 水泥砂浆 20 mm 厚 2. 素水泥浆遍数：1 遍	100 m²	4.39	1 899.6	8 339.24	5 572.27

续表

序号	项目编码	项目名称	项目特征描述	计量单位	工程量	金额/元		
						综合单价	合价	其中：人工费＋机械费
		8 楼地面装饰工程					370 196.53	76 037.65
4	010404001016	预拌混凝土地面垫层	1. 混凝土种类：预拌混凝土 80 厚 2. 混凝土强度等级：C15	10 m^3	3.51	3 195.93	11 217.71	640.79
5	011105001001	地下室水泥砂浆踢脚线 水泥砂浆	1.8 mm 厚 1∶2 水泥砂浆罩面压实压光 2.12 mm 厚 1∶2 水泥砂浆打底扫毛或刮出纹道	100 m^2	0.15	5 239.07	785.86	612.94
6	011106001001	楼梯面层 石材水泥砂浆	1. 面层材料品种、规格：磨光大理石 20 mm 厚，水泥砂浆擦缝 2. 结合层厚度、砂浆配合比：1∶3 干硬性水泥砂浆结合层 20 mm 厚 3. 刷素水泥浆一道	100 m^2	1.35	24 859.69	33 560.58	6 363.95
7	011105002001	楼梯石材踢脚线 石材 水泥砂浆	1. 面层材料品种、规格：20 mm 厚大理石板 2. 结合层厚度、砂浆配合比：12 mm 厚水泥砂浆结合层	100 m^2	0.17	19 088.88	3 245.11	826.93
8	011102003001	块料楼地面 陶瓷地面砖 0.10 m^2 以内	1. 面层材料品种、规格：彩色釉面砖 300 mm×300 mm，8～10 mm 厚，干水泥擦缝 10 mm 厚 2. 结合层厚度、砂浆配合比：1∶3 干硬性水泥砂浆结合层 20 mm 厚 3. 刷素水泥浆一道	100 m^2	0.78	8 334.15	6 500.64	2 068.19
9	011101001010	卫生间找披层	找平层厚度、砂浆配合比：20 mm 厚 1∶3 水泥砂浆	100 m^2	0.78	1 545.49	1 205.48	760.24
10	011102001001	其他房间石材楼地面(每块面积) 0.36 m^2 以内	1. 面层材料品种、规格：磨光大理石 20 mm 厚，水泥砂浆擦缝 2. 结合层厚度、砂浆配合比：1∶3 干硬性水泥砂浆结合层 20 mm 厚 3. 刷素水泥浆一道	100 m^2	15.54	16 613.64	258 175.97	40 417.37

续表

序号	项目编码	项目名称	项目特征描述	计量单位	工程量	金额/元		
						综合单价	合价	其中：人工费＋机械费
		8　楼地面装饰工程					370 196.53	76 037.65
11	011105002005	其他房间石材踢脚线 石材 水泥砂浆	1. 面层材料品种、规格：20 mm厚大理石板 2. 结合层厚度、砂浆配合比：12 mm厚水泥砂浆结合层	100 m^2	1.52	19 088.87	29 015.08	7 393.76
		9　墙、柱面抹灰、装饰与隔断、幕墙工程					132 341.2	86 136.75
1	011201001001	室内墙面抹灰 内墙（14 mm+6 mm）	1. 内墙面20 mm厚水泥砂浆打底 2. 刷一道建筑胶水溶液	100 m^2	44.71	2 201.44	98 426.38	67 655.61
2	011204003001	卫生间墙面陶瓷砖	1.2.5白瓷砖，白水泥擦缝10 mm厚 2.5 mm厚1∶2建筑胶水泥砂浆 3. 素水泥浆一道4.9 mm厚1∶3水泥砂浆打底压实抹平	100 m^2	3.95	8 586.03	33 914.82	18 481.14
		10　天棚工程					35 292.12	26 317.02
1	011301001006	室内混凝土天棚 一次抹灰(10 mm)	1. 刷素水泥浆一道 2.10 mm厚混合砂浆打底	100 m^2	21.07	1 615.2	34 032.26	25 377.55
2	011301001007	卫生间混凝土天棚 一次抹灰(10 mm)	1. 刷素水泥浆一道 2.10 mm厚混合砂浆打底	100 m^2	0.78	1 615.21	1 259.86	939.47
		11　油漆、涂料、裱糊工程					80 651.17	57 694.03
1	011407009003	刮大白 墙面 满刮3遍	满刮大白腻子3遍	100 m^2	44.71	1 106.83	49 486.37	33 317.44
2	011406003002	刮腻子 天棚面 满刮2遍	天棚面刮腻子满刮2遍	100 m^2	20.95	815.84	17 091.85	12 626.57
3	011407002011	大白浆 天棚面 3遍	大白浆 天棚面 3遍	100 m^2	20.95	671.74	14 072.95	11 750.02
		12　措施项目					459 529.63	254 748.43
1	011701001009	多层建筑综合脚手架 框架结构 檐高20 m以内	框架结构 檐高16.8 m	100 m^2	23.7	3 434.92	81 545	42 036.18

续表

序号	项目编码	项目名称	项目特征描述	计量单位	工程量	金额/元		
						综合单价	合价	其中：人工费+机械费
		12　措施项目					459 529.63	254 748.43
2	011702001001	基础垫层复合模板	基础垫层 100 mm 厚	100 m²	0.1	3 902	390.2	152.83
3	011702001028	筏板基础 复合模板 钢支撑	筏板基础 200 mm 厚	100 m²	0.21	4 147.33	870.94	447.69
4	011702011052	混凝土墙 复合模板 钢支撑	混凝土墙 250 mm 厚	100 m²	4.87	4 981.44	24 259.61	10 449.07
5	011702002002	矩形柱 复合模板 钢支撑	矩形柱 450×450(mm)，500×500(mm)	100 m²	9.67	5 417.83	52 390.42	26 351.14
6	011702006002	矩形梁 复合模板 钢支撑	矩形梁 250×450(mm)，250×500(mm)，250×650(mm)	100 m²	10.27	4 997.34	51 322.68	26 572.8
7	011702007002	异形梁 复合模板 钢支撑	异形梁 250×400(mm)，250×500(mm)，250×650(mm)	100 m²	5.71	5 952.85	33 990.77	19 198.4
8	011702016002	现浇平板 复合模板 钢支撑	现浇平板 100 mm，140 mm 厚	100 m²	20.87	4 895.44	102 167.83	51 561
9	011702002051	楼梯柱 复合模板 钢支撑	楼梯柱 250×300(mm)	100 m²	0.28	5 417.82	1 516.99	763.01
10	011702024001	楼梯 直形 复合模板钢支撑	楼梯 直形	100 m²	1.22	13 215.68	16 123.13	10 063.06
11	011702016051	雨篷底板 复合模板 钢支撑	雨篷底板 140 mm 厚	100 m²	0.36	4 895.44	1 762.36	889.41
12	011702021001	雨篷栏板 复合模板钢支撑	雨篷栏板 120 mm 厚	100 m²	0.24	6 129.29	1 471.03	828.98
13	011702003002	构造柱 复合模板 钢支撑	构造柱 240×240(mm)	100 m²	0.16	4 205.44	672.87	314.04
14	011702011051	女儿墙 复合模板 钢支撑	女儿墙 120 mm、150 mm 厚	100 m²	4.38	4 981.44	21 818.71	9 397.73
15	011703001005	垂直运输 20 m(6 层)以内 塔式起重机施工 现浇框架	1. 框架结构 檐高 16.8 m 4 层 2. 地下室面积：256.45 m²	100 m²	23.74	1 646.28	39 082.69	33 692.04
16	011705001004	大型机械设备安拆 自升式塔式起重机安拆费 塔高 45 m内	大型机械设备安拆 自升式塔式起重机安拆费	台次	1	12 953.9	12 953.9	10 983.46

续表

序号	项目编码	项目名称	项目特征描述	计量单位	工程量	金额/元		
						综合单价	合价	其中：人工费＋机械费
		12　措施项目					459 529.63	254 748.43
17	011705001033	大型机械设备进出场 自升式塔式起重机进出场费	大型机械设备进出场 自升式塔式起重机进出场费	台次	1	11 085.07	11 085.07	9 556.09
18	011705001001	塔式起重机固定式基础(带配重)预拌混凝土	塔式起重机 固定式基础(带配重) 预拌混凝土 C30	座	1	6 105.43	6 105.43	1 491.5
		合　计					2 513 722.46	747 214.61

9.4.4　措施项目清单投标报价的编制

措施项目清单投标报价的编制见表 9-18。

表 9-18　总价措施项目清单与计价表

工程名称：×××公司办公楼建筑与装饰工程

序号	项目编码	项目名称	计算基础	费率/%	金额/元	调整费率/%	调整后金额/元	备注
		一般措施项目费(不含安全施工措施费)						
1	1	文明施工和环境保护费	人工费预算价＋机械费预算价－(土石方、拆除工程人工费预算价＋土石方、拆除工程机械费预算价)×0.65	0.65	4 774.42			
2	2	雨期施工费	人工费预算价＋机械费预算价－(土石方、拆除工程人工费预算价＋土石方、拆除工程机械费预算价)×0.65	0.65	4 774.42			
		其他措施项目费						
3	1	夜间施工增加费和白天施工需要照明费						
4	2	二次搬运费						

续表

序号	项目编码	项目名称	计算基础	费率/%	金额/元	调整费率/%	调整后金额/元	备注
5	3	冬期施工费	人工费预算价＋机械费预算价－(土石方、拆除工程人工费预算价＋土石方、拆除工程机械费预算价)×0.65					
6	4	已完工程及设备保护费						
7	5	市政工程(含园林绿化工程)施工干扰费						
合　计					9 548.84			
编制人(造价人员)：					复核人(造价工程师)：			
注：按施工方案计算的措施费，若无“计算基础”和“费率”的数值，也可只填“金额”数值，但应在备注栏说明施工方案出处或计算方法								

9.4.5 其他项目清单投标报价的编制

其他项目清单投标报价的编制见表9-19～表9-21。

表9-19　其他项目清单与计价汇总表

工程名称：×××公司办公楼建筑与装饰工程　　标段：

序号	项目名称	金额/元	结算金额/元	备注
1	暂列金额	55 000		
2	暂估价			
2.1	材料(工程设备)暂估价			
2.2	专业工程暂估价			
3	计日工	20 524		
4	总承包服务费			
5	工程担保费			
合　计		75 524		
注：材料(工程设备)暂估单价进入清单项目综合单价，此处不汇总				

表 9-20 暂列金额明细表

工程名称：×××公司办公楼建筑与装饰工程　　　　标段：

序号	项目名称	计量单位	暂定金额/元	备注
1	工程量清单中工程量偏差和设计变更	项	30 000	
2	政策性调整和材料价格风险	项	20 000	
3	其他	项	5 000	
合计			55 000	—
注：此表由招标人填写，如不能详列，也可只列暂列金额总额，投标人应将上述暂列金额计入投标总价中				

表 9-21 计日工表

工程名称：×××公司办公楼建筑与装饰工程　　　　标段：

编号	项目名称	单位	暂定数量	实际数量	综合单价/元	合价	
						暂定	实际
1	人工						
1.1	普工	工日	60		120	7 200	
1.2	技工(综合)	工日	16		260	4 160	
人工小计						11 360	
2	材料						
2.1	水泥 42.5	t	10		360	3 600	
	中砂	m^3	12		78	936	
	砾石(5～40 mm)	m^3	18		56	1 008	
	标准砖(240 mm×115 mm×53 mm)	千块	6		450	2 700	
材料小计						8 244	
3	机械						
3.1	灰浆搅拌机(400 L)	工日	4		230	920	
机械小计						920	
4	企业管理费和利润						
4.1							
企业管理费和利润小计							
总计						20 524	
注：此表项目名称、暂定数量由招标人填写，编制招标控制价时，单价由招标人按有关计价规定确定；投标时，单价由投标人自主报价，按暂定数量计算合价计入投标总价中。结算时，按发承包双方确认的实际数量计算合价							

9.4.6 规费、税金项目清单投标报价的编制

规费、税金项目计价表见表9-22。

表9-22 规费、税金项目计价表

工程名称：×××公司办公楼建筑与装饰工程　　　标段：

序号	项目名称	计算基础	计算基数	计算费率/%	金额/元
1	规费	社会保障费+住房公积金+工程排污费+其他	74 721.46		74 721.46
1.1	社会保障费	其中：人工费预算价+其中：机械费预算价	747 214.61	10	74 721.46
1.2	住房公积金	其中：人工费预算价+其中：机械费预算价	747 214.61	0	
1.3	工程排污费				
1.4	其他				
2	税金	税费前工程造价合计	2 734 205.59	10	273 420.56
合计					348 142.02

编制人(造价人员)：　　　　　　　　　　　　复核人(造价工程师)：

思考与练习

1. 什么是综合单价？工程量清单为什么要使用综合单价计价？
2. 措施项目清单金额如何确定？
3. 工程量清单计价价款是怎样构成的？
4. 简述工程量清单计价的基本程序。
5. 投标价的编制依据有哪些？

模块10　建设工程结算与决算

模块概述

本模块主要介绍建设工程结算与决算的概念、意义、编制依据、编制要求，以及结算与决算的区别。

知识目标

了解工程结算与决算的概念、重要意义、编制依据、编制要求，以及结算与决算的区别。

能力目标

具有编制工程结算的能力。

课时建议

4课时。

10.1　建设工程结算

10.1.1　工程结算的概念及意义、编制分类

1. 工程结算的概念及意义

(1)工程结算是指施工单位与建设单位之间根据双方签订合同(含补充协议)进行已完工程价款清算的经济行为。

(2)工程结算是工程项目承包中的一项十分重要的工作。其意义主要表现在以下几个方面：

①工程结算是反映工程进度的主要指标。在施工过程中，工程结算的依据之一就是按照已完的工程进行结算，也就是说，承包商完成的工程量越多，所应结算的工程价款就越多，所以，根据累计已结算的工程价款占合同总价款的比例，能够近似反映出工程的进度情况，有利于准确掌握工程进度。

②工程结算是加速资金周转的重要环节。承包商尽快尽早地结算工程款，有利于偿还债务，也有利于资金回笼，降低内部运营成本。通过加速资金周转，可提高资金的使用效率。

③工程结算是考核经济效益的重要指标。对于施工单位来说，只有工程款如数地结清，才意味着避免了经营风险和达到了经济目的，承包商也才能够获得相应的利润，进而达到良好的经济效益。

2. 工程结算的编制依据

(1)国家有关法律、法规、规章制度和相关的司法解释。

(2)国务院住房城乡建设主管部门及各省、自治区、直辖市和有关部门发布的工程造价计价标准、计价办法、有关规定及相关解释。

(3)施工承发包合同、专业分包合同及补充合同，有关材料、设备采购合同。

(4)招标投标文件，包括招标答疑文件、投标承诺、中标报价书及其组成内容。

(5)工程竣工图或施工图、施工图会审记录，经批准的施工组织设计，以及设计变更、工程洽商和相关会议纪要。

(6)经批准的开工、竣工报告或停工、复工报告。

(7)建设工程工程量清单计价规范或工程预算定额、费用定额及价格信息、调价规定等。

(8)工程预算书。

(9)影响工程造价的相关资料。

(10)结算编制委托合同。

3. 工程结算的编制要求

(1)工程结算一般经过发包人或有关单位验收合格且点交后方可进行。

(2)工程结算应以施工承发包合同为基础，按合同约定的工程价款调整方式对原合同价款进行调整。

(3)工程结算应核查设计变更、工程洽商等工程资料的合法性、有效性、真实性和完整性。

(4)工程结算编制应采用书面形式，有电子文本要求的应一并报送与书面形式内容一致的电子版本。

4. 工程结算的分类

建筑产品价值大、生产周期长的特点，决定了工程结算必须采取阶段性结算的方法。工程结算一般可分为工程价款结算和工程竣工结算两种。

10.1.2 工程价款结算

工程价款结算是指施工企业在工程实施过程中，依据施工合同中关于付款条款的有关规定和工程进展所完成的工程量，按照规定程序向建设单位收取工程价款的一项经济活动。

我国目前采用的工程价款结算方式主要有以下几种。

(1)按月结算。实行旬末或月中预支、月终结算、竣工后清算的方法。跨年度竣工的工程，在年终进行工程盘点，办理年度结算。

(2)竣工后一次结算。建设项目或单项工程全部建筑安装工程建设期在12个月以内，或者工程承包价值在100万元以下的，可以实行工程价款每月月中预支，竣工后一次结算。

(3)分段结算。即当年开工，当年不能竣工的单项工程或单位工程按照工程形象进度，划分不同阶段进行结算。

(4)目标结算方式。即在工程合同中，将承包工程的内容分解成不同的控制界面，以业主验收控制界面作为支付工程款的前提条件。也就是说，将合同中的工程内容分解成不同的验收单元，当施工单位完成单元工程内容并经业主经验收后，业主支付构成单元工程内容的工程价款。

在目标结算方式下，施工单位要想获得工程价款，必须按照合同约定的质量标准完成界面内的工程内容，要想尽早获得工程价款，施工单位必须充分发挥自己的组织实施能力，在保证质量的前提下加快施工进度。

(5)结算双方约定的其他结算方式。

10.1.3 工程竣工结算

1. 工程竣工结算的概念及意义

(1)工程竣工结算的概念。工程竣工结算是指承包人按照合同规定的内容，全部完成所承包的单位工程或单项工程，经有关部门验收质量合格，并符合合同要求后，按照规定程序向发包人办理最终工程价款结算的一项经济活动。

工程竣工结算应以施工合同约定的合同价款为基础，结合合同约定的合同价款调整内容进行编制(或审核)。

(2)工程竣工结算的意义。

①工程竣工结算是施工单位与建设单位办理工程价款结算的依据。

②工程竣工结算是建设单位编制竣工决算的基础资料。

③工程竣工结算是施工单位统计最终完成工作量和竣工面积的依据。

④工程竣工结算是施工单位计算全员产值核算工程成本考核企业盈亏的依据。

⑤工程竣工结算是进行经济活动分析的依据。

2. 工程竣工结算的依据

(1)国家有关法律、法规、规章制度和相关的司法解释。

(2)施工合同。

(3)工程竣工图纸及资料。

(4)双方确认的工程量。

(5)双方确认追加(减)的工程价款。

(6)双方确认的索赔、现场签证事项及价款。

(7)投标文件。

(8)招标文件。

(9)其他依据。

3. 工程竣工结算的方式

(1)"预算+签证"结算方式。该结算方式是将经过审定确认的施工图预算作为工程竣工结算的依据。在施工过程中发生的而施工图预算或工程量清单中未包括的项目和费用，在施工过程中发生的由于设计变更、进度变更、施工条件变更所增减的费用等，经设计单位、建设单位、监理单位签证后，与原施工图预算一起在工程竣工结算时进行调整，交付建设单位经审计后办理工程竣工结算。

(2)"预算+系数包干"的结算方式。先由有关单位共同商定包干范围编制施工图预算时乘以一个不可预见的包干系数：

$$预算外包干费=施工图预算\times包干系数$$

$$结算工程价款=施工图预算\times(1+包干系数)$$

在签订合同时，要明确包干范围。如果发生包干范围以外的增加项目，如增加建筑面积提高原设计标准改变工程结构等，则必须由双方协商同意后方可变更，并随时填写工程变更结算单，经双方签证作为结算工程价款的依据。

(3)每平方米造价包干结算方式。该结算方式是双方根据一定的工程资料，事先经协定每平方米造价指标，结算时按实际完成的建筑面积汇总结算工程造价，确定应付的工程价款。

(4)招标投标结算方式。招标单位与投标单位，按照中标报价、承包方式、承包范围、工期、质量标准、奖惩规定、付款及结算方式等内容签订承包合同。合同规定的工程造价就是结算造价。工程竣工结算时，奖惩费用、包干范围外增加的工程项目另行计算。

(5)工程量清单结算方式。采用清单招标时，中标人填报的清单分项工程单价是承包合同的组成部分，结算时按实际完成的工程量，以合同中的工程单价为依据计算结算价款。

4. 工程竣工结算的编制步骤

(1)收集、整理、熟悉有关原始资料。

(2)深入现场、对照观察竣工工程。

(3)认真检查复核有关原始资料。

(4)调整工程量。

(5)套定额基价，计算结算造价。具体有以下几项工作：

①原施工图预算直接费。

②计算调增部分的直接费。按调增部分的工程量，查套相应的定额基价，求出调增部分的直接费，以“调增小计”表示。

③计算调减部分的直接费。按调减部分的工程量，查套相应的定额基价，求出调减部分的直接费，以“调减小计”表示。

④计算竣工结算直接费。

⑤计算材料价差。

⑥按取费标准计算其他各项费用。

⑦计算单位工程结算造价

(6)复制、装订、送审、定案。

对于包干形式工程结算，应按合同规定的包干范围清理有无包干范围外的增加项目、有无奖惩规定、有无经过签证的工程变更结算单等，将全部清理计算结果与原包干造价合并编制出单位包干工程结算书。

5. 工程结算资料内容

(1)单项工程竣工验收报告。

(2)单项工程竣工图。

(3)施工现场签证单、设计变更单、工程联系单。

(4)材料认价单、材料验收单。

(5)工程施工合同。

(6)中标通知书。

(7)招标文件、会议纪要、图纸会审记录、承诺书、协议书。

(8)投标文件、投标预算书。

(9)其他有效证明文件。

(10)工程量计算书。

(11)工程结算书。

10.2 建设工程竣工决算

10.2.1 竣工决算的概念及意义

1. 竣工决算的概念

竣工决算是指在建设项目在竣工后，由建设单位财务及有关部门，以竣工结算等资料为基础，编制的反映建设项目从工程项目立项到竣工验收交付使用为止全过程中全部费用和投资效果的经济文件。其是主管部门考核工程建设成果和新增固定资产核算的依据。

2. 竣工决算的意义

(1)为加强建设工程的投资管理提供依据。建设单位项目竣工决算全面反映出建设项目从筹建到竣工投产或交付使用的全过程中各项费用实际发生数额和投资计划的执行情况，通过竣工决算的各项费用数额与设计概算中的相应费用指标对比，得出节约或超支的情况，分析节约或超支的原因，总结经验和教训，加强投资的计划管理，提高建设工程的投资效果。

(2)为设计概算、施工图预算和竣工决算(以下简称“三算”)对比提供依据。设计概算和施工图预算是在建筑施工前，在不同的建设阶段根据有关资料进行计算，确定拟建工程所需要的费用。而建设单位项目竣工决算所确定的建设费用，是人们在建设活动中实际支出的费用。因此，它在“三算”对比中具有特殊的作用能够直接反映出固定资产投资计划完成情况和投资效果。

(3)为竣工验收提供依据。在竣工验收之前，建设单位向主管部门提出验收报告，其中，主要组成部分是建设单位编制的竣工决算文件。以此作为验收的主要依据，审查竣工决算文件中有关内容和指标，为建设项目验收结果提供依据。

(4)为确定建设单位新增固定资产价值提供依据。在竣工决算中，详细地计算了建设项目所有的建筑工程费、安装工程费、设备费和其他费用等新增固定资产总额及流动资金，可作为建设主管部门向企事业使用单位移交财产的依据。

3. 工程结算和工程决算的区别

工程结算和工程决算的区别主要体现在以下几个方面。

(1)编制人和审查人不同。

①工程竣工结算由承包人编制、发包人审查；实行总承包的工程，由具体承包人编制，在总承包人审查的基础上，发包人审查。单项工程竣工结算或建设项目竣工总结算由总(承)包人编制，发包人可直接审查，也可以委托具有相应资质的工程造价咨询机构进行审查。

②建设工程竣工决算的文件，由建设单位负责组织人员编写，上报主管部门审查，同时抄送有关设计单位。大、中型建设项目的竣工决算还应抄送财政部、建设银行总行和省、市、自治区的财政局和建设银行分行各一份。

(2)费用构成不同。工程竣工结算仅包括发生在该单位工程或单项工程范围以内的各项费用；竣工决算包括该建设项目从立项筹建到全部竣工验收过程中所发生的一切费用(即有资产费用和无形资产费用两大部分)。

(3)用途作用不同。工程竣工结算是建设单位与施工企业结算工程价款的依据，也是了结双方经济关系和终结合同关系的依据，同时，又是施工企业核定生产成果，考虑工程成本，确定经营活动最终效益的依据；而建设项目竣工决算是建设单位考核工程建设投资效果、正确确定有形资产价值和正确计算投资回收期的依据。

10.2.2 竣工决算的编制依据

(1)经批准的可行性研究报告及其投资估算。

(2)经批准的初步设计或扩大初步设计及其概算或修正概算。

(3)经批准的施工图设计及其施工图预算。

(4)设计交底或图纸会审纪要。

(5)招标投标的标底、承包合同、工程结算资料。

(6)施工记录或施工签证单，以及其他施工中发生的费用记录，如索赔报告与记录、停(交)工报告等。

(7)竣工图及各种竣工验收资料。

(8)历年基建资料、历年财务决算及批复文件。

(9)设备、材料调价文件和调价记录。

(10)有关财务核算制度、办法和其他有关资料、文件等。

10.2.3　竣工决算的内容

竣工决算是建设工程从筹建到竣工投产全过程中发生的所有实际支出，包括设备工器具购置费、建筑安装工程费和其他费用等。竣工决算由竣工财务决算说明书、竣工财务决算报表、工程造价比较分析、竣工图四部分组成。其中，竣工财务决算说明书和竣工财务决算报表属于竣工财务决算的内容。竣工财务决算是竣工决算的组成部分，是正确核定新增资产价值、反映竣工项目建设成果的文件，是办理固定资产交付使用手续的依据。

1. 竣工财务决算说明

竣工财务决算说明书，是综合归纳竣工情况的报告性文件，主要反映项目建设成果，各项技术经济指标完成情况，也是全面考核评价业主的工程建设投资和工程造价控制的文字总结说明。项目竣工结算书说明的编制应注重综合型、准确性、系统性的统一，报告和问题要层次清晰、条理分明。其主要内容如下：

(1)项目概况，主要是对项目将设的工期、工程质量、投资效果，以及设计、施工等各方面的情况进行概括分析和说明。

(2)对项目投资来源、会计财务处理、财产物资情况，以及项目债权债务的清偿情况等作分析说明。

(3)项目资金节超、竣工项目资金结余、上交分配等说明。

(4)项目各项主要经济技术指标的完成比较、分析说明等。

(5)项目管理及竣工决算中存在的问题及处理意见。

(6)其他需要说明的事项等。

2. 项目竣工财务决算报表

为正确反映建设项目的建设规模，按照国家的规定，建设项目划分为大型、中型、小型三类，其划分依据为《基本建设项目大中小型划分标准》。具体包括报表如下：

建设项目竣工财务决算审批表
- 大、中型建设项目概况表
- 大、中型建设项目竣工财务决算报表
- 大、中型建设项目竣工财务决算表
- 大、中型建设项目交付使用资产总表
- 建设项目交付使用资产明细表

建设项目竣工财务决算审批表
- 小型建设项目竣工财务决算报表
- 小型建设项目竣工财务决算总表
- 建设项目交付使用资产明细表

(1)建设项目竣工财务决算审批表。此表作为竣工决算上报有关部门审批时使用，大型、中型、小型建设项目决算均要按下列要求填报此表：

①建设性质按新建、扩建、改建、迁建和恢复建设项目等分类填列。

②主管部门是指建设单位的主管部门。

③所有建设项目均须先经开户银行签署意见后，按下列要求报批：

a. 中央级小型建设项目由主管部门签署审批意见；

b. 中央级大、中型建设项目报所在地财政监察专员办事机构签署意见后，再由主管部门签署意见报财政部审批；

c. 地方级项目由同级财政部门签署审批意见即可。

④已具备竣工验收条件的项目三个月内应及时填报此审批表，如三个月内不办理竣工验收和固定资产移交手续的视同项目已正式投产，其费用不得从基建投资中支付，所实现的收入作为经营收入，不再作为基建收入管理。

(2)大、中型建设项目概况表。此表用来反映建设项目总投资、基建投资支出、新增生产能力、主要材料消耗和主要技术经济指标等方面的设计或概算数与实际完成数的情况。其具体内容和填写要求如下：

①建设项目名称、建设地址、主要设计单位和主要施工单位，应按全称名填列。

②各项目的设计、概算、计划指标是指经批准的设计文件和概算、计划等确定的指标数据。

③设计概算批准文号，是指最后经批准的日期和文件号。

④新增生产能力、完成主要工程量、主要材料消耗的实际数据，是指建设单位统计资料和施工企业提供的有关成本核算资料中的数据。

⑤主要技术经济指标，包括单位面积造价、单位生产能力、单位投资增加的生产能力、单位生产成本和投资回收年限等反映投资效果的综合性指标。

⑥基建支出，是指建设项目从开工起至竣工止发生的全部基建支出，包括形成资产价值的交付使用资产，即固定资产、流动资产、无形资产、递延资产支出，以及不形成资产价值按规定应核销的非经营性项目的待核销基建支出和转出投资。

⑦收尾工程是指全部工程项目验收后还遗留的少量工程。在此表中应明确填写收尾工程内容、完成时间，尚需投资额(实际成本)可根据具体情况进行并加以说明，完工后不再编制竣工决算。

(3)大、中型建设项目竣工财务决算表。此表是用来反映建设项目的全部资金来源和资金占用(支出)情况，是考核和分析投资效果的依据。该表是采用平衡表形式，即资金来源合计等于资金占用(支出)合计。

①资金来源包括基建拨款、项目资本金、项目资本公积金、基建借款、上级拨入投资借款、企业债券资金、待冲基建支出、应付款和未交款及上级拨入资金和企业留成收入等。

a. 预算拨款、自筹资金拨款及其他拨款、项目资本金、基建借款及其他借款等项目是指自形式建设至竣工止的累计数，应根据历年批复的年度基本建设财务决算和竣工年度的基本建设财务决算中资金平衡表相应项目的数字经汇总后的投资额。

b. 项目资本金是经营性项目投资者按国家关于项目资本金制度的规定，筹集并投入项目的非负债资金。按其投资主体不同，可分为国家资本金、法人资本金、个人资本金和外商资本金并在财务决算表中单独反映，竣工决算后，相应转为生产经营企业的国家资本金、法人资本金、个人资本金和外商资本金。国家资本金包括中央财政预算拨款、单方财政预算拨款、政府设立的各种专项建设基金和其他财政性资金等。

c. 项目资本公积金。此处的项目资本公积金是指经营性项目对投资者实际缴付的出资额超出其资金的差额(包括发行股票的溢价净收入)、资产评估确认价值或者合同、协议约定价值与原账面净值的差额、接受捐赠的财产、资本汇率折算差额等，在项目建设期间作为资本公积金。项目建成交付使用并办理竣工决算后，转为生产经营企业的资本公积金。

d. 基建收入是指基建过程中形成的各项建设副产品变价净收入、负荷试车的试运行收入及其他收入。

②资金占用(支出)反映建设项目从开工准备到竣工全过程的资金支出的全面情况。具体内容包括基本建设支出、应收生产单位投资借款、库存器材、货币资金、有价证券和预付及应收款，以及拨付所属投资借款和库存固定资产等。

③补充资料的"基建投资借款期末余额"是指建设项目竣工时尚未偿还的基建投资借款数，应根据竣工年度资金平衡表内的"基建借款"项目期末数填列；"应收生产单位投资借款期末数"应根据竣工年度资金平衡表内的"应收生产单位投资借款"项目的期末数填列；"基建资金结余资金"是指竣工时的结余资金，应根据竣工财务决算表中有关项目计算填列。

(4)大、中型建设项目交付使用资产总表。此表是反映建设项目建成后，交付使用新增固定资产、流动资产、无形资产和递延资产的全部情况及价值，作为财产交接、检查投资计划完成情况和分析投资效果的依据。小型项目不编制"交付使用资产总表"，而直接编制"交付使用资产明细表"；大、中型项目在编制"交付使用资产总表"的同时，还需编制"交付使用资产明细表"。

(5)建设项目交付使用资产明细表。大、中型和小型建设项目均要填列此表，该表是交付使用财产总表的具体化，反映交付使用固定资产、流动资产、无形资产和递延资产的详细内容，是使用单位建立资产明细账和登记新增资产价值的依据。编制时要做到齐全完整、数字准确，各栏目价值应与会计账目中相应科目的数据保持一致。

(6)小型建设项目竣工财务决算总表。该表是大、中型建设项目概况表与竣工财务决算表合并而成的，主要反映小型建设项目的全部工程和财务情况，可参照大、中型建设项目概况表指标和大、中型建设项目竣工财务决算的指标口径填列。

3. 项目工程造价比较分析资料表

经批准的概预算是考核实际建设工程造价和进行工程造价比较分析的依据。在分析时，可先对比整修项目的总概算，然后将建筑安装工程费、设备工器具购置费和其他工程费用逐一与竣工决算表中所提供的实际数据和相关资料及批准的概算、预算指标，实际的工程造价进行对比分析，以确定竣工项目总造价是节约还是超支，并在对比的基础上总结先进经验，找出节约和超支的内容和原因，提出改进措施。在实际工作中，应注重分析以下内容：

(1)主要实物工程量。对实物工程量出入较大的项目，还必须查明原因。

(2)主要材料消耗量。在建筑安装工程投资中，材料费一般占直接工程费的70%以上，因此，考核材料费的消耗是重点。在考核主要材料消耗量时，要按照竣工决算表中所列三大材料实际超概算的消耗量，查清楚是在哪一个环节超出量最大，并查明超额消耗的原因。

(3)建设单位管理费、建筑安装工程措施费和间接费的取费标准。对此要按照国家和各地的有关规定，根据竣工决算报表中所列的建设单位管理费与概预算所列的建设单位管理费数额比较，依据规定查明是否多列或少列的费用项目，确定其节约超支的数额，并查明原因。

4. 项目竣工图

建设工程竣工图是真实地记录各种地上地下建筑物、构筑物等情况技术文件，是工程进行交工验收、维护改建和扩建的依据，是国家的重要技术档案。我国规定：各项新建、扩建、改建的基本建设工程，特别是基础、地下建筑、管线、结构、井巷、桥梁、隧道、港口、水坝及设备安装等隐蔽部位，都要编制竣工图。为确保竣工图质量，必须在施工过程中(不能在竣工后)及时做好隐蔽工程检查记录，整理好设计变更文件。其具体要求如下：

(1)凡按图竣工没有变动的，由施工单位(包括总包和分包施工单位，下同)在原施工图上加盖"竣工图"标志后，即作为竣工图。

(2)凡在施工过程中，虽有一般性设计变更，但能将原施工图加以修改补充作为竣工图的，可不重新绘制，由施工单位负责在原施工图(必须是新蓝图)上注明修改的部分，并附以设计变更通知单和施工说明，加盖"竣工图"标志后，作为竣工图。

(3)凡结构形式改变、施工工艺改变、平面布置改变、项目改变及有其他重大改变，不宜再在原施工图上修改、补充者，应重新绘制改变后的竣工图。由设计原因造成的，由设计单位负责重新绘图；由施工原因造成的，由施工单位负责重新绘图；由其他原因造成的，由建设单位自选绘图或委托设计单位绘图。施工单位负责在新图上方加盖“竣工图”标志，并附以有关记录和说明。

(4)为了满足竣工验收和竣工决算需要，还应绘制能反映竣工工程全部内容的工程设计平面示意图。

10.2.4 竣工决算的编制步骤

(1)收集、整理、分析原始资料。从建设工程开始就按编制依据的要求，收集、清点、整理有关资料，主要包括建设工程档案资料，如设计文件、施工记录、上级批文、概(预)算文件、工程结算的归集整理，财务处理、财产物资的盘点核实及债权债务的清偿，做到账账、账证、账实、账表相符。对各种设备、材料、工具、器具等要逐项盘点核实并填列清单，妥善保管，或按照国家有关规定处理，不准任意侵占和挪用。

(2)对照、核实工程变动情况，重新核实各单位工程、单项工程造价。将竣工资料与原设计图纸进行查对、核实，必要时可实地测量，确认实际变更情况；根据经审定的施工单位竣工结算等原始资料，按照有关规定对原概(预)算进行增减调整，重新核定工程造价。

(3)将审定后的待摊投资、设备工器具投资、建筑安装工程投资、工程建设其他投资严格划分和核定后，分别计入相应的建设成本栏目内。

(4)编制竣工财务决算说明书，力求内容全面、简明扼要、文字流畅、说明问题。

(5)填报竣工财务决算报表。

(6)做好工程造价对比分析。

(7)清理、装订好竣工图。

(8)按国家规定上报、审批、存档。

思考与练习

1. 什么是工程结算?
2. 工程结算可分为哪几类?
3. 工程价款结算的方式有哪些?
4. 工程竣工结算的方式有哪些?
5. 什么是竣工决算?
6. 工程结算与工程决算的区别是什么?
7. 竣工决算的内容有哪些?

模块11 建设工程概预算审查

模块概述

本模块主要介绍建设工程概预算审查的重要意义、依据及形式，其形式包括会审、单审、建设单位审查、专门机构审查。建设工程概算的审查可分为概算的审查和预算的审查两类，概算审查内容为：审查工程概算编制依据的合法性；审查工程概算编制依据的时效性；审查工程概算编制的内容是否符合国家或部门的规定；审查工程概算编制的内容是否完整、计算结果等是否符合规定和正确等。预算审查内容为审查工程量、审查预算单价、审查直接工程费用、查各种应取费用、审查利润及审查税金。

知识目标

了解工程概预算审查的形式、概算审查的内容和方法。

能力目标

能根据预算审查的步骤和方法对工程预算进行审查。

课时建议

4课时。

11.1 建设工程概预算审查概述

11.1.1 建设工程概预算审查的重要意义

建设工程概预算是计算和确定建设项目费用的文件，是衡量建设项目投资效益和制订投资计划、签订工程承包合同、办理工程贷款、进行工程结算、施工单位进行工程成本核算的重要依据。因此，概预算应完整地反映设计内容，合理地反映施工条件，做到实事求是、准确、客观，其质量的好坏是关系到国家计划、业主投资和施工企业经济利益的重大问题。要提高概预算的质量，除依靠设计人员和预算人员的努力外，还要通过对工程概预算的审查，实现经济合理的目的。

加强对工程概预算的审查具有以下重要意义：

(1)可以合理确定工程造价，为建设单位进行投资分析、施工企业进行工程成本分析、银行办理工程拨款和办理工程价款结算提供可靠的依据。

(2)可以制止采用各种不正当手段套取建设资金的行为，使建设资金合理使用，确保国家和建设单位的经济利益。

(3)在工程施工任务少、施工企业竞争激烈的情况下，通过审查工程预算，可以制止建设单位不合理的压价行为，维护施工企业的合法经济利益。

(4)可以促进工程概预算编制水平的提高，促使施工企业端正经营思想。

在进行概预算审查工作时，审查人员必须严格执行有关部门政策，实事求是，客观公正，切实维护国家、建设单位、施工单位的合法利益。

11.1.2 建设工程概预算审查的依据

(1)国家、省(市)有关单位颁发的有关决定、通知、细则和文件规定。

(2)国家或省(市)颁发的有关现行取费标准或费用定额。

(3)国家或省(市)颁发的现行定额或补充定额。

(4)现行的地区材料预算价格、本地区工效标准及机械台班费用标准。

(5)现行的地区单位估价表或汇总表。

(6)初步设计或扩大初步设计图样及施工图样。

(7)有关该工种的调查资料，地质钻探、水文气象等资料。

(8)甲乙双方签订的合同或协议书。

(9)工程资料，如施工组织设计等文件资料。

11.1.3 建设工程概预算审查的形式

建设工程概预算的审查，应由建设单位或其主管部门组织设计单位、施工单位和建设银行共同审查。各单位应尊重客观事实，如产生矛盾应根据有利于建设的原则协商解决，协商解决不了的，由各级基本建设委员会仲裁。现行的审查组织形式有以下几种。

1. 会审

会审是由建设单位、设计单位、施工单位各派代表和建设银行负责审查人员等一起会审，这种审查发现问题比较全面，又能及时交换意见，因此，审查的进度快、质量高，多用于重要项目的审查。

2. 单审

单审是由建设单位、建设银行、设计单位、施工单位分别由主管概预算工作的部门单独审查。这些部门单独审查后，将各自提出修改概预算文件的意见，通知有关单位协商解决。

3. 建设单位审查

建设单位具备审查概预算条件时，可以自行审查，对审查后提出的问题，同概预算的编制单位协商解决。

4. 专门机构审查

有一些地区设有造价管理处作为概预算审定的专门机构，随着造价师工作的开展，工程造价咨询机构应运而生，建设单位可以委托这些专门机构进行审查。

11.2 概算的审查

工程概算是确定某个工程建设费用的文件，是确定建设项目全部建设费用不可缺少的组成部分。审查工程概算是正确确定建设项目投资的一个重要环节，也是进一步加强工程建设管理，按基本建设程序办事的方法之一。

11.2.1 概算审查的内容

(1)审查工程概算编制依据的合法性。采用的各种设计概算的编制依据必须经过国家或授权机关的批准，符合国家的编制规定，未经批准的不能采用；也不能强调情况特殊，擅自提高或降低概算定额、概算指标和费用标准。

(2)审查工程概算编制依据的时效性。各种依据，如定额、指标、价格、取费标准等，都应按照国家有关部门的现行规定执行，注意有无调整和新规定。有的因颁发时间较长，不能全部使用，有的应按有关部门颁发的调整系数进行调整。

(3)审查工程概算编制的内容是否符合国家或部门的规定。

(4)审查工程概算编制的内容是否完整，有无漏算、多算、重算，各项费用取定标准，计算基础、计算程序、计算结果等是否符合规定和正确等。

11.2.2 概算审查的方法

概算审查主要为编制单位内部审查，主要有下述几种：

(1)编制人自我复核。

(2)审核人审查。审核人审查包括定额、指标的选用，指标差异的调整换算，分项工程量计算，分项工程合价及各项应取费用计算是否正确等。

(3)审定人审查。审定人审查是指由造价工程师、主任工程师等对本单位所编概算的全面审查。其包括概算的完整性、正确性、政策性等方面的审查和核准。

11.3 预算的审查

编制工程预算是一项技术性和政策性很强的工作，计算中往往会出现一些错漏。为了保证预算质量，核实造价，必须认真做好工程预算的审查工作。

11.3.1 预算审查的要求

预算编制单位对所编制的预算，应当有自校、校核和审核三道手续(即三级校审)，以确保其正确性。

(1)自校。自校就是预算编制人员自我校对，要自觉检查自己所编预算有无漏项或重算。

(2)校核。校核就是由有关造价人员对他人所编制预算进行检查核对。

(3)审核。审核就是对本单位所编制预算的审定和核准，一般由高级工程师、主任工程师专门负责审核工作。

11.3.2 预算审查的内容

1. 审查工程量

(1)审查项目是否齐全，有无遗漏和重复。在审查概预算时，对照分部分项工程名称，设计图样、定额子目核对是否有遗漏和重算、多算的项目。因为概算定额、综合预算定额都是在预算定额基础上进行扩大、综合而成，一些定额子目所包含的工作内容较多，审查时更要注意这一问题。

(2)审查工程量主要是依据工程量计算规则进行核算。下面结合定额项目来介绍审查各分项工程量计算时应注意的问题。

①审查建筑面积。重点审查计算建筑面积时依据的尺寸、计算的内容和方法是否符合建筑面积计算规则的要求；是否将应计入建筑面积的部分进行了全部的计算，是否将不应该计算建筑面积的部分也进行了计算。

②审查土石方工程量。重点平整场地、挖地槽、挖地坑、挖土方工程量的计算是否符合工程量计算规则的规定和施工图纸表示的尺寸，土壤的类别是否与地质勘察资料一致，地槽与地坑的放坡是否符合设计要求，放坡起点和放坡系数的确定是否符合规定，有无重算或漏算，支挡土板是否符合设计要求；回填土工程量应注意审查地槽、地坑回填土的体积是否扣除了基础所占的体积；地面和室内回填土的厚度及回填土面积是否符合设计要求和工程量计算规则；运土方的审查除注意运土距离外，还要注意运土数量是否扣除了就地回填土的土方；审查种类土方体积的计算是否以天然密实体积为准。

③审查打桩工程量。注意审查各种不同类型的桩是否分别计算，施工方法是否符合设计要求，桩的长度是否符合设计要求；注意审查接桩的接头数、送桩的长度是否正确。

④审查脚手架工程。重点审查内、外墙砌筑用脚手架的工程量是否分别计算，是否符合工程量计算规则的要求；满堂脚手架的增加层计算是否正确，计算满堂脚手架后，相应房间的墙面装饰工程是否没有再计算脚手架；其他各类单项脚手架的计算是否符合工程量计算规则。

⑤审查砌筑工程。重点审查墙基与墙身的划分是否符合规定；按规定不同厚度的墙、内墙和外墙是否分别计算；各种砌体的长度、高度的确定是否符合规定；应扣除的门窗洞口及埋入墙体的各种钢筋混凝土梁、柱等构件是否已经扣除，应并入砌体计算的工程量是否计算正确；不同强度等级、不同种类的砂浆或砖的墙体是否分别计算，有无混淆、错算或漏算。

⑥审查混凝土及钢筋混凝土工程。重点审查现浇构件与预制构件是否分别计算，是否混淆；各类构件是否按模板、钢筋、混凝土分别列项进行计算，计算参数是否正确；模板工程量是否按其与构件的接触面积进行计算；现浇柱与梁、主梁与次梁及各种构件计算的界线是否符合规定，有无重算或漏算；计算预制构件的混凝土工程量时是否考虑了制作废品损耗、运输堆放损耗及安装损耗。

⑦审查构件运输及安装工程。重点审查构件运输的距离；预制混凝土构件运输及安装的损耗是否按规定并入相应构件的工程量内，不允许计算损耗的预制构件是否进行了重复计算；预制混凝土构件的类型是否正确。

⑧审查门窗及木结构工程。重点审查普通木门、窗是否依洞口面积按框的制作、框的安装、扇的安装分别列项进行计算；门、窗类型的确定是否正确。

⑨审查楼地面工程。主要审查相应分项工程量的计算方法、计量单位、计算尺寸是否符合工程量计算规则，例如，地面垫层按体积进行计算，而面层按面积计算工程量；楼梯抹面是否按踏步、休息平台及小于500 mm宽的楼梯井的水平投影面积计算；台阶面层是否包括最上一层300 mm踏步沿；块料面层是否按实铺面积进行计算。

⑩审查屋面及防水工程。重点审查计算屋面面积时确定的屋面坡度系数是否符合规定，并入屋面工程量的卷材弯起部分的工程量计算是否准确；薄钢板排水工程量是否按展开面积进行计算，是否准确；屋面保温层的工程量计算是否采用平均厚度计算而不是用最大厚度进行计算等。

⑪审查装饰工程。主要审查计量单位、计算尺寸的计算方法与范围；内墙抹灰的工程量是否按墙面的净宽和净高计算，有无漏算或重算；墙面与墙裙是否分开计算，各自高度确定是否正确；并入天棚抹灰工程的有关工程量计算是否正确；块料面层是否按实贴面积进行计算；计算木材面、金属面油漆的工程量时选取的工程量计算系数是否准确。

⑫审查各类设备安装工程。主要依据设计图样和设备明细表，重点审查计量单位是否与相应定额项目的计量单位一致，设备的数量和质量是否符合设计文件规定，定额内所包括的配件及材料是否另列项目计算等。

⑬审查管道安装工程。主要审查计算范围，可按相应专业定额规定的计算范围进行审查；还要审查管道长度的计算方法是否与工程量计算规则相符合。

⑭审查电线、电缆和通信线路敷设工程。主要审查线路长度是否按工程量计算规则进行，是否存在重复计算现象；对于地下电缆工程，审查进应区分电费的型号、电缆内组线根数、质量和用途，核对电缆长度和计量单位。

2. 审查预算单价

审查预算单价主要是审查单价的套用及换算是否正确，有没有套错或换算错预算单价；计量单位是否与定额规定相同，小数点有没有点错位置长期等。审查时应注意以下几项：

(1)是否有错列已包括在定额内的项目。

(2)定额不允许换算的是否进行了换算。

(3)定额允许换算的项目其换算方法是否正确。

3. 审查直接工程费用

审查分项工程量和预算单价两者相乘之积及各个积数相加之和是否正确。因其是各项应取费用的计算基础，审查时应细心，认真逐项计算。

4. 审查各种应取费用

应审查以下主要内容：

(1)采用的费用标准是否与工程类别相符合，选用的标准与工程性质是否相符合。

(2)计费基数是否正确。

(3)有无多计费用项目。

5. 审查利润

利润的计取可分为“工料单价法”和“综合单价法”两种方法。

(1)“工料单价法”以直接费用为基础的利润计算：

利润=(直接工程费+措施费+间接费)×利润率

(2)“综合单价法”的单价中已经包括了利润，不必重新计算。

审查利润时，主要是看计算基础和利率是否套错、计算结果是否正确等。

6. 审查税金

根据规定，对施工企业承包工程所得收入征收增值税，同时计征以增值税为基础的城市维护建设税和教育费附加。审查时应主要注意计算基数是否完整、计税率选用是否正确。

11.3.3 预算审查的方法

由于建设工程的生产过程是一个周期长、数量大的生产消费过程，具有多次性计价的特点。因此，采用合理的审核方法不仅能达到事半功倍的效果，而且直接关系到审核的质量和效率，主要可分为以下几种。

1. 全面审查法

全面审查法就是按照施工图的要求，结合现行定额、施工组织设计、承包合同或协议及有关造价计算的规定和文件等，全面地审核工程数量、定额单价及费用计算。这种方法实际上与编制施工图预算的方法和过程基本相同。这种方法常常适用于工程规模较小、结构简单、施工工艺不复杂、投资不多的项目。这种方法的优点是全面和细致，审查质量高，效果好；其缺点是工作量大，时间较长，存在重复劳动。在投资规模较大、审核进度要求较紧的情况下，这种方法是不可取的，但建设单位为严格控制工程造价，仍常常采用这种方法。

2. 重点抽项审查法

重点抽项审查法就是抓住工程预结算中对工程造价影响比较大的项目和容易发生差错的项目重点进行审查。这种方法类似于全面审查法，其与全面审查法的区别仅是审核范围不同。该方法是有侧重的，一般选择工程量大而且费用比较高的分项工程的工程量作为审核重点，如基础工程、砖石工程、混凝土及钢筋混凝土工程、门窗幕墙工程等。

重点抽项审查法的特点是工作量相对减少、速度快、效果较佳，但审查质量不如全面审查法的质量高。审查的内容主要有以下几个方面：

(1)工程量大或费用较高的项目。如一般土建工程中的砌体工程、混凝土及钢筋混凝土工程及基础工程等分项工程的工程量；高层结构工程的基础工程、主体结构工程，以及内外装饰工程等分项工程的工程量是审查的重点。

(2)换算定额单价和补充定额单价。

(3)工程量计算规则。容易混淆的项目和根据以往审查经验，经常会发生差错的项目。

(4)各项费用的计费基础及其费率标准。

(5)市场采购材料的差价。在市场经济条件下，材料的市场采购价格浮动幅度较大，使材料差价在工程造价中占有较大比重。审查时，应根据各地区造价管理部门定期发布的市场采购材料的信息价格，严格审查市场采购材料的市场价格，准确计算材料差价。

3. 对比审查法

对比审查法是指在同一地区，如果单位工程的用途、结构和建筑标准都一样，其工程造价应该基本相似。因此，在总结分析预结算资料的基础上，找出同类工程造价及工料消耗的规律性，整理出用途不同、结构形式不同、地区不同的工程的单方造价指标和工料消耗指标。然后，根据这些指标对审核对象进行分析对比，从中找出不符合投资规律的分部分项工程，针对这些子目进行重点计算，找出其差异较大的原因的审核方法。对比审查法的特点是准确率较高，审查速度快。

4. 分组计算审查法

分组计算审查法就是将预结算中有关项目划分若干组，利用同组中一个数据审查分项工程量的一种方法。采用这种方法，首先将若干分部分项工程，按相邻且有一定内在联系的项目进行编组。利用同组中分项工程之间具有相同或相近计算基数的关系，审查一个分项工程数量，就能判断同组中其他几个分项工程量的准确程度。这种方法的最大优点是审查速度快、工作量小。

5. 筛选法

筛选法是统筹法的一种，通过找出分部分项工程在每单位建筑面积上的工程量、价格、用工的基本数值，归纳为工程量、价格、用工三个单方基本值表，当所审查的预算的建筑标准与“基本值”所适用的标准不同，就要对其进行调整。这种方法的优点是简单易懂，便于掌握，审查速度快，发现问题快，但解决差错问题尚须继续审查。

6. 经验审查法

经验审查法是根据以往审查类似工程的经验，只审查容易出现错误的费用项目，采用经验指标进行类比。它适用于具有类似工程概预算审查经验和资料的工程。经验审查法的特点是速度快，但准确度一般。

综上所述，审查工程预算同编制工程预算一样，也是一项既复杂又细致的工作，对某一具体工程项目，采用何种方法，应根据预算编制单位内部的具体情况综合考虑确定。

11.3.4 预算审查的步骤

1. 准备工作

(1)熟悉送审工程预算和承发包合同。

(2)搜集并熟悉有关设计资料，核对与工程预算有关的图样和标准图。

(3)了解施工现场情况，熟悉施工组织设计或技术措施方案，掌握与编制概预算有关的变更等情况。

(4)熟悉送审工程预算所依据的定额、单位估价表、费用标准和有关文件。

2. 审查计算

根据工程规模、工程性质、审查时间和质量要求、审查力量情况等合理确定审查方法，然后按照选定的审查方法进行具体审查。在审查计算过程中，应将审查的问题作出详细的记录。

3. 审查单位与工程预算编制单位交换审查意见

将审查记录中的疑点、错误、重复计算和遗漏项目等问题与编制单位和建设单位交换意见，做进一步核对，以便更正、调整预算项目和费用。

4. 审查定案

根据交换意见确定的结果，将更正后的项目进行计算并汇总，填制工程预算审查调整表，由编制单位责任人加盖公章，审查责任人签字并加盖审查单位公章。

思考与练习

1. 工程概预算审查的形式有哪些？
2. 预算审查的要求有哪些？
3. 预算审查的内容有哪些？
4. 预算审查的方法有哪些？
5. 预算审查的步骤有哪些？

参考文献

[1] 王武齐．建筑工程计量与计价[M]．4版．北京：中国建筑工业出版社，2015.
[2] 李景云，但霞．建筑工程定额与预算[M]．重庆：重庆大学出版社，2002.
[3] 廖天平．建筑工程定额与预算[M]．北京：高等教育出版社，2002.
[4] 姜言绪，王相学．建筑工程预算．沈阳：沈阳出版社，1996.
[5] 袁建新，迟晓明．建筑工程预算[M]．4版．北京：中国建筑工业出版社，2010.
[6] 赵平．建筑工程定额与概预算[M]．北京：中国建筑工业出版社，2007.
[7] 田永复．建筑装饰工程概预算[M]．北京：中国建筑工业出版社，2000.
[8] 中华人民共和国住房和城乡建设部，中华人民共和国国家质量监督检验检疫总局．GB 50500—2013 建设工程工程量清单计价规范[S]．北京：中国计划出版社，2013.
[9] 辽宁省建设厅．建筑工程计价定额[M]．沈阳：沈阳出版社，2008.
[10] 张国栋．图解建筑工程工程量清单计算手册[M]．4版．北京：机械工业出版社，2015.
[11] 全国造价工程师执业资格考试培训教材编审组．工程造价计价与控制[M]．北京：中国计划出版社，2009.
[12] 夏立明，朱俊文．工程造价管理基础理论与相关法规[M]．北京：中国计划出版社，2008.
[13] 张建新．新编安装工程预算[M]．北京：中国建材工业出版社，2009.
[14] 李玉芬．建筑工程概预算[M]．2版．北京：机械工业出版社，2010.